Python进阶编程

编写更高效、优雅的 Python 代码

刘宇宙 谢东 刘艳 ◎著

ADVANCED PROGRAMMING WITH PYTHON

Write More Efficient and Elegant Code

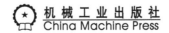

机械工业出版社
China Machine Press

图书在版编目（CIP）数据

Python 进阶编程：编写更高效、优雅的 Python 代码 / 刘宇宙，谢东，刘艳著 . -- 北京：
机械工业出版社，2021.5（2022.8 重印）
ISBN 978-7-111-67850-2

I. ① P… II. ① 刘… ② 谢… ③ 刘… III. ① 软件工具 - 程序设计 IV. ① TP311.561

中国版本图书馆 CIP 数据核字（2021）第 055786 号

Python 进阶编程：编写更高效、优雅的 Python 代码

出版发行：机械工业出版社（北京市西城区百万庄大街 22 号 邮政编码：100037）	
责任编辑：董惠芝	责任校对：殷 虹
印 刷：北京建宏印刷有限公司	版 次：2022 年 8 月第 1 版第 2 次印刷
开 本：186mm×240mm 1/16	印 张：34.75
书 号：ISBN 978-7-111-67850-2	定 价：129.00 元

客服电话：（010）88361066 88379833 68326294   投稿热线：（010）88379604
华章网站：www.hzbook.com   读者信箱：hzjsj@hzbook.com

近年来，Python 获得越来越多人的青睐。一些流行的开发者社区，包括 StackOverflow 和 CodeAcademy 都提到了 Python 作为主流编程语言的兴起。Python 让你能够将琐碎的编程自动化，让你专注于更多令人兴奋和有用的事情。刘老师连续出版了多部 Python 编程著作，本书融汇了他多年的 Python 编程经验和技巧，能启发读者在 Python 编程和职场上更进一步。

——施懿民　上海知平创始人

Python 3.8 在 Web 编程、人工智能、自动化运维等场景应用广泛。本书对 Python 3.8 相关特性进行了由浅入深的剖析，是不可错过的工具宝典。

——詹杰星　达牛集团 CTO

在全民编程时代，从大数据、人工智能到少儿编程，到处都有 Python 的身影。Python 入门容易，进阶难。本书是很好的 Python 进阶教程，特点是结合实际需求，配有大量操作示例，让进阶之路不再枯燥。让我们一起加入 Python 进阶之旅！

——肖力　云技术社区创始人、新钛云服技术副总裁

Python 是运维小伙伴最亲密的"战友"，已经渗透到运维工作的方方面面。从会用 Python 到用好 Python 需要一个过程，好的书会让你打开视野，少走很多弯路。刘老师的书包含丰富的案例，让读者有如临"战场"、突破层层"关卡"的体验。相信书友们很快能战斗力爆棚！

——秦洁　韵达科技运维总监

本书作者在 Python 领域实战多年，是 Python 领域的专家。有幸拜读作者新作，深感其内

容深入浅出、实战性强。强力向各位推荐，也希望读者受益多多。

——俞亚松　京东商城早期技术部成员、前找钢网系统架构师兼主管、

前米域联合办公技术负责人

在我看来，编程不仅有助于锻炼计算思维，还能提高决策性。本书作者基于自己的研究实践，梳理出一些很好的方法，并在实践的过程中逐步形成自己的风格。相信你在一番练习后，也能形成属于自己的代码风格。

——王晔倞　好买财富架构总监、公众号"头哥侃码"负责人

Python 是近年来快速发展的主流开发语言，广泛应用于大数据、自动化测试、DevOps 等领域。Python 具有上手快、体系成熟的特点，因此许多少儿编程教育机构都采用 Python 教学。本书是一本进阶实战宝典，是为有志成为 Python 高手的读者准备的。开发语言终究只是工具，真正想要提高开发能力并创造价值得靠实践。书中丰富的实操示例反映了作者之用心，而用心是成事的前提。

——史海峰　公众号"IT 民工闲话"作者

近年来，随着数据处理逐步成为企业的关键能力，Python 语言在大数据和人工智能领域的关键作用体现得越来越明显。各大企业也认识到了 Python 语言的重要性，Python 方面的高级人才也越来越受到企业的重视。本书是刘老师多年来对 Python 语言研究和实践经验的总结，内容覆盖全面，对于希望在 Python 语言方面有进一步提升的读者大有裨益。

——刘璟宇　信也科技资深架构师

一次偶然的机会宇宙加入我组织的得心研习社，我们一起研读中国传统文化。我逐渐了解到宇宙是一个极其自律且有恒心的人，平时发言很懂得照顾别人，一言一行极为得体。

在得知他又有新书发布，我一点也不惊讶。我一直相信优秀是一种习惯，我们在得心研习社也一直崇尚这样的信条——知行合一，日日不断，滴水石穿。相信如此优秀、坚持的人一定能交付优秀的作品。

身处信息化时代，学会一门编程语言对每一个人来说都是必要的。Python 作为一门易入门的语言，在科学计算、云计算和人工智能领域应用广泛，更值得大家去学习。

宇宙之前已经出版过多本 Python 类的书籍，而这本书更是深入学习 Python 的优秀作品。在本书中，宇宙结合自己工作所学，从更深层次对 Python 的使用进行讲解，相信读者阅读本书后能有不少收获。

期待更多人通过这本书认识宇宙，和宇宙一起探索优雅的 Python 世界。

——陈桂新　金雕生活创始人、前盛大游戏技术委员会主席

推荐序二 *Foreword 2*

在"互联网+"时代，不管是运维人员、研发人员，还是测试人员，都在寻求一种简单、通用的语言来助力自己快速成长。Python 正好是满足这种需求的较好选择，是智能化编程的首选。

本书作者刘宇宙是一位资深的 Python 研发工程师，之前陆续出版过"Python 3.X 从零开始学"系列、《Python 实战之数据库应用和数据获取》《Python 实用教程》《Python 实战之数据分析与处理》，在 Python 编程方面有自己独到的见解。

本书涵盖 Python 源码剖析，数字、字符串、数据等对象的进阶探索以及大量实例等，相信能帮助你在 Python 编程方面更进一步，以较高的水平胜任各类企业的编程岗位，提升职场竞争力。

——杨晨　快手游戏运维总监、前腾讯游戏运维专家在编写本书之前，笔者已经出版了《Python 3.8 从零开始学》《Python 实战之数据分析与处理》等多本 Python 基础方面的书。很多读者看后，通过邮件、QQ、微信等方式询问笔者是否有计划再写一本 Python 进阶的书。之前没有这样的意愿，一方面是因为 Python 进阶的书写起来不容易，需要长久的技术积累，另一方面是因为若编写不当，反而容易误导读者。

经过这些年的技术积累，以及很多项目的实践经验积累，笔者自认为可以编写一本关于 Python 进阶的书了。很庆幸，自己踏出了这一步，这才有了本书。

本书是一本偏实践型的书，建议读者在阅读的过程中多加实践，在实践过程中逐步形成自己的编程风格。作为研发人员，最大的乐事莫过于别人一看代码，就知道这是谁编写的。犹如大家评价雷军所编写的代码像诗般优美一样，希望读者在一番练习后，可以让同事一眼就识别出那是你独有风格的优美代码。

随着信息技术的不断发展，越来越多的公司开始进入以技术驱动的发展阶段。对于技术驱动型公司，就是需要在别人看不见的细节处做得极其精致。同时，在实践的过程中不要害怕出错，编程经验都是在不断尝试、不断更正错误的过程中逐步积累下来的。若能在这个过程中将遇到的一个又一个坑填平，他日回眸一看，身后必将填出一条康庄大道；若遇到坑就绕过或躲避，会看到身后依然满目疮痍。

遇到问题不要只局限于当前的层次思考问题，而是要尽量站在更高的层次，站在问题的制高点思考问题，这样你将看得更远，考虑问题也更加全面。

本书特色

❑ 结合 Python 的部分源码做讲解，让读者对整数、字符串、列表和字典等基础数据结构能知其然，并知其所以然。

❑ 结合实际应用需求，对一些问题做具体讲解。

❑ 配合大量操作示例，理论与实践结合。

❑ 基于 Python 3.8 编写，从 Python 最新版本入手。

❑ 致力于帮助读者编写更为高效和优雅的 Python 代码。

本书内容

本书共 17 章，各章内容安排如下。

第 0 章讲解 Python 的整体架构及源码组织形式，使读者对 Python 的实现有一个宏观的认识。

第 1 章讨论数字相关主题。

第 2 章讲解字符串的基础操作，如提取字符串、搜索、替换以及解析等。

第 3 章讲解 Python 中内置的数据结构，如列表、字典以及集合等。

第 4 章讲解 Python 中迭代对象的处理。

第 5 章讲解不同类型的文件处理。

第 6 章讲解使用 Python 处理不同编码格式的数据。

第 7 章讲解一些高级、不常见的函数定义与使用模式。

第 8 章讲解和类定义有关的常见编程模型。

第 9 章介绍元编程技术，并且通过示例展示如何利用该技术定制源码行为。

第 10 章讲解模块和包的常用编程技术，包括如何组织包，如何把大型模块分割成多个文件，如何创建命名空间包。

第 11 章讲解如何使用 Python 编写客户端程序来访问已有的服务，以及如何使用 Python 实现网络服务端程序。

第 12 章讲解并发编程的各种方法与技巧，包括通用的多线程技术以及并行计算的实现方法。

第 13 章讲解编写脚本时经常用到的一些功能，如解析命令行选项以及获取有用的系统配置数据等。

第 14 章讨论测试、调试和异常处理的常见问题。

第 15 章讲解 Python 中的内存管理机制。

第 16 章讲解提升 Python 运行效率的方法与实践。

读者对象

本书面向的读者对象为：

❏ 有一定基础的 Python 爱好者。

❏ 有 Python 基础，希望进一步提升编程能力的开发人员。

❏ 需要用到 Python 的运维人员。

❏ 开设 Python 相关课程的高校学生。

勘误

由于笔者能力有限，在编写过程中难免有错误之处。如果你在阅读过程中发现错误，不管是文本还是代码，希望告知笔者，笔者将不胜感激。这样既可以使其他读者免受同样问题的困扰，也可以帮助笔者在本书的后续版本中进行改进。

你可以通过以下方式与笔者联系：

❏ 邮箱地址：jxgzyuzhouliu@163.com。

❏ CSDN 留言地址：https://blog.csdn.net/youzhouliu/article/details/108329043。

❏ GitHub 地址：https://github.com/liuyuzhou/advanced_programming。

❏ QQ 群：893159718。

关于本书

本书的示例代码都是基于 Python 3.8 编写的，所以希望读者在根据示例进行操作时，使用的 Python 版本也是 3.8 及以上，那样可以避免很多因为版本不同所带来的问题。

致谢

本书在编写过程中参考了一些书，主要包括《 Python Cookbook 》《 Python 高级编程》《Python 源码剖析》《编写高质量代码：改善 Python 程序的 91 个建议》《Python 3.8 从零开始学》等。在此，对这些书的作者表示感谢。

同时，感谢阅读我之前作品的很多读者，你们通过各种方式反馈的问题与建议，让笔者在编写本书的过程中避免了很多不当之处，衷心感谢你们无私的指正。

特别感谢机械工业出版社华章分社的策划编辑杨福川和责任编辑董惠芝，及参与本书其他审稿老师和设计人员，因为有你们的不断校稿和版面设计工作，才使得本书更好地呈现在读者面前。

感谢陈桂新和杨晨老师百忙之中帮忙写推荐序。和桂新老师相识于他创建的得心研习社，在那里我们探讨了许多有趣且有意义的话题，并认识了冯祯旺、肖力、冯聪颖、汤源、秦洁、李道兵等有趣的老师。

感谢冯祯旺、陈斌、施懿民、詹杰星、肖力、李道兵、曹洪伟、黄哲铿、秦洁、俞亚松、王晔倞、史海峰、刘璟宇老师的精彩推荐语。与陈斌、施懿民、詹杰星、曹洪伟、黄哲铿、俞亚松、王晔倞、史海峰、刘璟宇等老师相识于一次合作，虽然那次合作最后没能达到预期，但过程中的很多探讨让我受益颇丰。

最后感谢家人和朋友在写作期间给予的安静的写作环境，让笔者不被更多琐事打扰，从而专心写作。

感谢你们，没有你们的帮助与关心，本书不能如期完成。

刘宇宙
2021 年 1 月

Contents 目　　录

Python 总览

在开始讲解 Python 进阶编程之前，先做一些准备工作。

本章将通过讲解 Python 的整体架构及源码组织形式，使读者对 Python 的实现有一个宏观的认识。为更好地全面展示 Python 的总体结构，本章会展示部分 C 语言的源码。

0.1　Python 总体架构

Python 的整体架构主要分为 3 个部分，如图 0-1 所示。

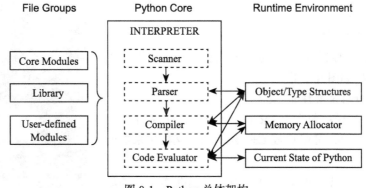

图 0-1　Python 总体架构

图 0-1 的左边是 Python 提供的大量模块、库以及用户自定义的模块。比如在执行 import os 时，这个 os 就是 Python 内置的模块。当然，用户还可以通过定义模块来扩展 Python 系统。

图 0-1 的右边是 Python 的运行时环境，包括对象 / 类型系统（Object/Type Structures）、

内存分配器（Memory Allocator）和运行时状态信息（Current State of Python）。运行时状态维护了解释器在执行字节码时不同状态（比如，正常状态和异常状态）之间切换的动作，我们可以将它视为一个巨大而复杂的有穷状态机。内存分配器则全权负责 Python 中创建对象、内存的申请工作。实际上，它就是 Python 运行时与 C 中 malloc 的一层接口。而对象 / 类型系统则包含 Python 中存在的各种内置对象，比如整数、list 和 dict，以及各种用户自定义的类型和对象。

图 0-1 的中间部分是 Python 的核心——解释器（Interpreter），或者称为虚拟机。在解释器中，箭头的方向指示了 Python 运行过程中的数据流方向。其中，Scanner 对应词法分析——将文件输入的 Python 源码或从命令行输入的 Python 源码切分为一个个 token；Parser 对应语法分析——在 Scanner 的分析结果上进行语法分析，建立抽象语法树（AST）；Compiler 根据建立的 AST 生成指令集合——Python 字节码（Bytecode），就像 Java 编译器和 C# 编译器所做的那样；Code Evaluator 执行这些字节码，因此又被称为虚拟机。

图 0-1 中，解释器与右边的对象 / 类型系统、内存分配器之间的箭头表示使用关系；而与运行时状态之间的箭头表示修改关系，即 Python 在执行的过程中会不断地修改当前解释器所处的状态，在不同的状态之间切换。

0.2 Python 源码组织

要查看 Python 源码的组织，首先要获得 Python 源码。读者可以从 Python 的官方网站自由下载源码，也可以从 GitHub 自由获取。

GitHub 获取源码的方式如下：

```
git clone https://github.com/python/cpython.git
# clone 成功后，会在当前目录下增加一个 cpython 文件夹，进入
cpython 目录，执行如下命令
git checkout v3.8.0
```

将获取到的源码包解压，进入源码目录，可以看到源码包的目录结构如图 0-2 所示。

其中，部分目录解释如下：

❏ Include 目录：包含 Python 提供的所有头文件。如果用户需要，可用 C 或 C++ 编写自定义模块来扩展 Python。

❏ Lib 目录：包含 Python 自带的所有标准库，且都是用 Python 语言编写的。

❏ Modules 目录：包含所有用 C 语言编写的模块，比如 math、hashlib 等。它们都是对运行效率要求非常严格的模块。相比而言，Lib 目录下则是存放一些对速度没有太严格要求的模块，比如 os。

图 0-2　Python 3 目录结构

❑ Parser 目录：包含 Python 解释器中的 Scanner 和 Parser 部分，即对 Python 源码进行词法分析和语法分析的部分。除此以外，该目录还包含一些有用的工具。这些工具能够根据 Python 语言的语法自动生成 Python 语言的词法和语法分析器，与 YACC 非常类似。

❑ Objects 目录：包含所有 Python 的内置对象，包括整数、list、dict 等。同时，该目录还包括 Python 在运行时需要的所有内部使用对象的实现。

❑ Python 目录：包含 Python 解释器中的编译（Compiler）和执行引擎部分，是 Python 运行的核心所在。

❑ PCbuild 目录：包含 Visual Studio 2003 的工程文件，对于 Python 源码的研究就从这里开始。

❑ Programs 目录：包含 Python 二进制可执行文件的源码。

0.3　Python 对象初探

对象是 Python 最核心的一个概念。在 Python 的世界，一切都是对象，比如一个整数是一个对象，一个字符串也是一个对象。更为奇妙的是，类型也是一个对象，比如整数类型是一个对象，字符串类型也是一个对象。换句话说，面向对象理论中的类和对象在 Python 中都是通过 Python 内的对象来实现的。

在 Python 中已经预先定义了一些类型对象，比如 int 类型、string 类型、dict 类型等，我们称之为内置类型对象。这些内置类型对象实现了面向对象理论中“类”的概念。通过实例化，可以创建内置类型对象的实例对象，比如 int 对象、string 对象、dict 对象。类似地，这些实例对象被视为面向对象理论中“对象”这个概念在 Python 中的体现。

同时，Python 还允许程序员通过 class A(object) 表达式自定义类型对象。基于这些类型对象，程序员可以进行实例化操作。创建的对象称为实例对象。Python 中存在千差万别的对象，这些对象之间又存在各种复杂的关系，从而构成了 Python 的类型系统或对象体系。

Python 中的对象体系是一个庞大而复杂的体系。这里的重点在于了解对象在 Python 内部是如何表示的。更确切地说，因为 Python 是由 C 实现的，所以我们首先要弄清楚一个问题：对象在 C 层面的呈现形式是怎样的。

除此之外，我们还需了解类型对象在 C 层面是如何实现的，并初步认识类型对象的作用及它与实例对象的关系。

0.3.1　Python 内的对象

从 1989 年 Guido 在圣诞节揭开 Python 的大幕开始至今，Python 经历了一次又一次的升级，但其实现语言一直都是 ANSI C。但 C 并不是一个面向对象的语言，那么在 Python 中，它的对象机制是如何实现的呢？

对于人来说，对象是一个比较形象的概念；对于计算机来说，对象却是一个抽象的概念，计算机并不能理解这是一个整数，还是一个字符串，所知道的一切都是字节。通常来说，对象是数据以及基于这些数据的操作的集合。在计算机中，一个对象实际上是一个被分配的内存空间，这些内存空间可能是连续的，也可能是离散的。不过，这些都不重要。重要的是，内存可以作为整体来考虑。这个整体就是一个对象。对象内存储着一系列数据以及对这些数据进行修改或读取操作的一系列源码。

在 Python 中，对象是为 C 中的结构体在堆上申请的一块内存。一般来说，对象不能被静态初始化，也不能在栈空间上生存。唯一的例外是类型对象，Python 中所有的内置类型对象（如整数类型对象，字符串类型对象）都是被静态初始化的。

在 Python 中，对象一旦被创建，它在内存中的大小就是不变的。这就意味着那些需要容纳可变长度数据的对象只能在对象内维护一个指向一块可变大小内存区域的指针。

为什么要设定这样一条特殊的规则呢？因为遵循这样的规则可以使通过指针维护对象的工作变得非常简单。

一旦允许对象的大小在运行期改变，就很容易出现如下的情形：在内存中有对象 A，并且其后紧跟有对象 B。如果在运行期某个时刻，A 的大小增大，这意味着必须将 A 整个移动到内存的其他位置，否则 A 增大的部分将覆盖原本属于 B 的数据。只要将 A 移动到内存的其他位置，那么所有指向 A 的指针就必须立即得到更新。这样的工作非常烦琐，也很容易出错。

0.3.2 对象的分类

Python 的对象从概念上大致分为 5 类。需要指出的是，这种分类并不一定完全正确，不过是提供一种看待 Python 中对象的视角而已。

❏ Fundamental 对象：类型对象。
❏ Numeric 对象：数值对象。
❏ Sequence 对象：容纳其他对象的序列集合对象。
❏ Mapping 对象：类似于 C++ 中 map 的关联对象。
❏ Internal 对象：Python 虚拟机在运行时内部使用的对象。
图 0-3 列出了对象分类体系，并给出了每个类别中一些有代表性的实例。

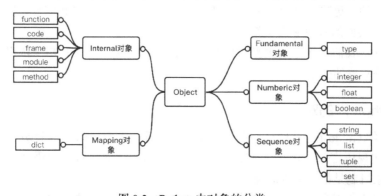

图 0-3　Python 中对象的分类

0.3.3 对象机制的基石——PyObject

Python 的对象机制是基于 PyObject 拓展开来的。在实际发布的 Python 中，PyObject 的定义非常简单。相关源码（Include/object.h）如下：

```
// Include/object.h
#define _PyObject_HEAD_EXTRA              \
    struct _object *_ob_next;            \
    struct _object *_ob_prev;

typedef struct _object {
    _PyObject_HEAD_EXTRA               // 双向链表 垃圾回收 需要用到
    Py_ssize_t ob_refcnt;              // 引用计数
    struct _typeobject *ob_type;       // 指向类型对象的指针，决定了对象的类型
} PyObject;
```

在 PyObject 的定义中，变量 ob_refcnt 与 Python 的内存管理机制有关，它实现了基于引用计数的垃圾收集机制。对于某一个对象 A，当有一个新的 PyObject * 引用该对象时，A 的引用计数增加 1；当有一个 PyObject * 被删除时，A 的引用计数则减少 1。当 A 的引用计数减少到 0 时，就可以从堆上删除 A，以释放出内存供别的对象使用。

在 ob_refcnt 之外，我们可以看到 ob_type 是一个指向 _typeobject 结构体的指针，这个结构体是一个什么对象呢？实际上，这个结构体对应着 Python 内部的一种特殊对象，即用来指定一个对象类型的类型对象。这个类型对象将在后面章节详细分析。可以看到，在 Python 中，对象机制的核心其实非常简单，一个是引用计数，一个是类型信息。

PyObject 中定义了每一个 Python 对象都必须有的内容，这些内容将出现在每一个 Python 对象所占用内存的最开始的字节中。

0.3.4 定长对象和变长对象

除了 0.3.2 节提到的分类方法外，还可以根据是否包含可变长度数据将 Python 对象分为定长对象和变长对象这两种形式。定长对象指不包含可变长度数据的对象，如整数对象；变长对象指包含可变长度数据的对象，如字符串对象。

变长对象都拥有一个相同的 PyVarObject 对象，而 PyVarObject 是基于 PyObject 扩展的。PyVarObject 的相关源码（Include/object.h）如下：

```
// Include/object.h
typedef struct _object {
    _PyObject_HEAD_EXTRA
    Py_ssize_t ob_refcnt;
    struct _typeobject *ob_type;
} PyObject;

typedef struct {
    PyObject ob_base;
    Py_ssize_t ob_size; /* Number of items in variable part */
} PyVarObject;
```

从代码中可以看出，PyVarObject 比 PyObject 多出了一个用于存储元素个数的变量 ob_size。PyVarObject 的简单图形表示如图 0-4 所示。

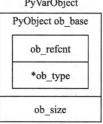

0.3.5 类型对象

前面提到了 PyObject 的对象类型指针 struct _typeobject *ob_type，它指向的对象类型决定了一个对象是什么类型。这是一个非常重要的结构体，不仅决定了对象的类型，还包含大量的元信息，包括创建对象需要分配多少内存，对象都支持哪些操作等。

图 0-4 PyVarObject 的简单图形表示

现在了解一下 struct _typeobject 的源码，相关源码（Include/object.h）如下：

```
// Include/object.h
typedef struct _typeobject {
    PyObject_VAR_HEAD
    const char *tp_name; /* For printing, in format "<module>.<name>" */ // 类型名
    Py_ssize_t tp_basicsize, tp_itemsize; /* For allocation */
    // 创建该类型对象分配的内存空间大小

    // 一堆方法定义，函数和指针
    /* Methods to implement standard operations */
    destructor tp_dealloc;
    printfunc tp_print;
    getattrfunc tp_getattr;
    setattrfunc tp_setattr;
    PyAsyncMethods *tp_as_async; /* formerly known as tp_compare (Python 2)
                                    or tp_reserved (Python 3) */
    reprfunc tp_repr;

    /* Method suites for standard classes */
    // 标准类方法集
    PyNumberMethods *tp_as_number;      // 数值对象操作
    PySequenceMethods *tp_as_sequence;  // 序列对象操作
    PyMappingMethods *tp_as_mapping;    // 字典对象操作

    // 更多标准操作
    /* More standard operations (here for binary compatibility) */
    hashfunc tp_hash;
    ......

} PyTypeObject;
```

PyTypeObject 的定义中包含许多信息，主要分为以下几类。

1）类型名 tp_name，主要用于 Python 内部调试。

2）创建该类型对象时分配的空间大小信息，即 tp_basicsize 和 tp_itemsize。

3）与该类型对象相关的操作信息，如 tp_print 这样的函数指针。

4）一些对象属性。

0.3.6 类型的类型

PyTypeObject 对象定义中，第一行是宏 PyObject_VAR_HEAD。查看源码可知 PyType-Object 是一个变长对象，相关源码（Include/object.h）如下：

```
// Include/object.h
#define PyObject_VAR_HEAD        PyVarObject ob_base;
```

对象的类型是由该对象指向的类型对象决定的，那么类型对象的类型是由谁决定呢？我们可以通过与其关联的类型对象确定类型。那么，如何来确定一个对象是类型对象呢？答案就是 PyType_Type。

PyType_Type 相关源码（Objects/typeobject.c）如下：

```
// Objects/typeobject.c
PyTypeObject PyType_Type = {
    PyVarObject_HEAD_INIT(&PyType_Type, 0)
    "type",                               /* tp_name */
    sizeof(PyHeapTypeObject),             /* tp_basicsize */
    sizeof(PyMemberDef),                  /* tp_itemsize */

    ......
};
```

PyType_Type 在类型机制中至关重要，所有用户自定义 class 所对应的 PyTypeObject 对象都是通过 PyType_Type 创建的。

现在看看 PyLong_Type 是怎么与 PyType_Type 建立联系的。前面提到在 Python 中，每一个对象都将自己的引用计数、类型信息保存在开始的部分。为了方便对这部分内存初始化，Python 中提供了有用的宏。相关源码（Include/object.h）如下：

```
// Include/object.h
#ifdef Py_TRACE_REFS
    #define _PyObject_EXTRA_INIT 0, 0,
#else
    #define _PyObject_EXTRA_INIT
#endif

#define PyObject_HEAD_INIT(type)      \
    { _PyObject_EXTRA_INIT            \
    1, type },
```

这些宏在各种内置类型对象的初始化中被大量使用。以 PyLong_Type 为例，我们可以清晰地看到一般的类型对象和 PyType_Type 之间的关系。

相关源码（Objects/longobject.c）片段如下：

```
// Objects/longobject.c

PyTypeObject PyLong_Type = {
    PyVarObject_HEAD_INIT(&PyType_Type, 0)
    "int",                                /* tp_name */
    offsetof(PyLongObject, ob_digit),     /* tp_basicsize */
```

```
      sizeof(digit),                                    /* tp_itemsize */

      ......
};
```

对象运行如图 0-5 所示。

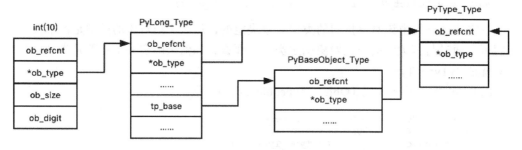

图 0-5　对象运行

0.3.7　对象的创建

Python 有两种创建对象的方式。

第一种：范型 API 或 AOL（Abstract Object Layer 抽象对象层）

通常，这类 API 形如 PyObject_XXX，可以应用在任何 Python 对象上，如 PyObject_New。创建一个整数对象的方式如下：

```
PyObject* longobj = PyObject_New(Pyobject, &PyLong_Type);
```

第二种：与类型相关的 API 或 COL（Concrete Object Layer 具体对象层）

这类 API 通常只能作用于某一种类型的对象上。对于每一种内置对象，Python 都提供了这样一组 API。例如，对于整数对象，可以利用如下 API 创建：

```
PyObject *longObj = PyLong_FromLong(10);
```

0.3.8　对象的行为

PyTypeObject 中定义了大量的函数指针。这些函数指针可以视为类型对象中所定义的操作，这些操作直接决定着对象在运行时所表现出的行为，比如 PyTypeObject 中的 tp_hash 指明了该类型对象如何生成其 hash 值。

在 PyTypeObject 的源码中，可以看到非常重要的 3 组操作族：PyNumberMethods *tp_as_number、PySequenceMethods *tp_as_sequence、PyMappingMethods *tp_as_mapping。

PyNumberMethods 的源码（Include/object.h）如下：

```
// Include/object.h
typedef PyObject * (*binaryfunc)(PyObject *, PyObject *);

typedef struct {
```

```
    binaryfunc nb_matrix_multiply;
    binaryfunc nb_inplace_matrix_multiply;

    ......
} PyNumberMethods;
```

PyNumberMethods 定义了数值对象该支持的操作。数值对象如果是整数对象，那么它的类型对象 PyLong_Type 中的 tp_as_number.nb_add 就指定了其进行加法操作时的具体行为。

在以下源码中，我们可以看出 PyLong_Type 中的 tp_as_number 指向的是 long_as_number：

```
// Objects/longobject.c
static PyNumberMethods long_as_number = {
    (binaryfunc)long_add,          /*nb_add*/
    (binaryfunc)long_sub,          /*nb_subtract*/
    (binaryfunc)long_mul,          /*nb_multiply*/
    ......
};

PyTypeObject PyLong_Type = {
    PyVarObject_HEAD_INIT(&PyType_Type, 0)
    "int",                                   /* tp_name */
    offsetof(PyLongObject, ob_digit),        /* tp_basicsize */
    sizeof(digit),                           /* tp_itemsize */
    long_dealloc,                            /* tp_dealloc */
    0,                                       /* tp_print */
    0,                                       /* tp_getattr */
    0,                                       /* tp_setattr */
    0,                                       /* tp_reserved */
    long_to_decimal_string,                  /* tp_repr */
    &long_as_number,                         /* tp_as_number */
    0,                                       /* tp_as_sequence */
    0,                                       /* tp_as_mapping */
    ......
};
```

PySequenceMethods 和 PyMappingMethods 的分析与 PyNumberMethods 相同，分别定义了作为序列对象和关联对象应该支持的行为。这两种对象的典型例子是 list 和 dict，大家可以自行查阅源码。

一种类型可以同时定义 3 个函数族中的所有操作。换句话说，一个对象可以既表现出数值对象的特性，也可以表现出关联对象的特性。

0.3.9 对象的多态性

Python 在创建一个对象比如 PyLongObject 时，会分配内存进行初始化。然后，Python 内部会用 PyObject* 变量来维护这个对象，其他对象与此类似，所以在 Python 内部各个函数之间传递的都是范型指针——PyObject*。如果你不清楚这个指针所指的对象是什么类型，只能通过所指对象的 ob_type 域动态进行判断，而 Python 正是通过 ob_type 实现了多态机制。

以 calc_hash 函数为例，相关源码如下：

```
Py_hash_t
calc_hash(PyObject* object)
{
    Py_hash_t hash = object->ob_type->tp_hash(object);
    return hash;
}
```

如果传递给 calc_hash 函数的指针是 PyLongObject*，那么它会调用 PyLongObject 对象对应的类型对象中定义的 hash 操作 tp_hash。tp_hash 可以在 PyTypeObject 中找到，而具体赋值绑定可以在 PyLong_Type 初始化源码中看到，其绑定的是 long_hash 函数：

```
// Objects/longobject.c
PyTypeObject PyLong_Type = {
    PyVarObject_HEAD_INIT(&PyType_Type, 0)
    "int",                              /* tp_name */
    ...

    (hashfunc)long_hash,                /* tp_hash */

    ...
};
```

如果指针是 PyUnicodeObject*，就会调用 PyUnicodeObject 对象对应的类型对象中定义的 hash 操作。查看源码，我们可以看到实际绑定的是 unicode_hash 函数：

```
// Objects/unicodeobject.c
PyTypeObject PyUnicode_Type = {
    PyVarObject_HEAD_INIT(&PyType_Type, 0)
    "str",                  /* tp_name */
    ...
    (hashfunc) unicode_hash,        /* tp_hash*/
    ...
};
```

0.3.10　引用计数

Python 通过引用计数来管理对象。

Python 中的每个变量都是一个对象，都有 ob_refcnt 变量。该变量用于维护对象的引用计数，并根据引用计数的值决定对象的创建与销毁。

Python 中主要通过 Py_INCREF(op) 与 Py_DECREF(op) 这两个宏来增加和减少对于对象的引用计数。

当一个对象的引用计数减少到 0 时，Py_DECREF 将调用该对象的 tp_dealloc 来释放对象所占用的内存和系统资源。但这并不意味着最终一定会调用释放的内存空间。由于频繁的申请、释放内存会大大降低 Python 的执行效率，因此 Python 中大量采用了内存对象池技术，使得对象释放的空间归还给内存池而不是直接释放，后续使用可先从对象池中获取。

相关源码如下：

```
// Include/object.h
#define _Py_NewReference(op) (                                  \
    _Py_INC_TPALLOCS(op) _Py_COUNT_ALLOCS_COMMA                 \
    _Py_INC_REFTOTAL   _Py_REF_DEBUG_COMMA                      \
    Py_REFCNT(op) = 1)

#define Py_INCREF(op) (                                     \
    _Py_INC_REFTOTAL   _Py_REF_DEBUG_COMMA                  \
    ((PyObject *)(op))->ob_refcnt++)

#define Py_DECREF(op)                                          \
    do {                                                       \
        PyObject *_py_decref_tmp = (PyObject *)(op);           \
        if (_Py_DEC_REFTOTAL   _Py_REF_DEBUG_COMMA             \
        --(_py_decref_tmp)->ob_refcnt != 0)                    \
            _Py_CHECK_REFCNT(_py_decref_tmp)                   \
        else                                                   \
            _Py_Dealloc(_py_decref_tmp);                       \
    } while (0)
```

0.4　本章小结

　　本章从 Python 总体架构开始，随后讲解了 Python 的源码组织及 Python 中的对象，目的是帮助读者在开始后续章节的学习之前，对 Python 的部分底层构建逻辑有一些初步了解。

　　对于读者而言，本章理解与否并不影响后续章节的阅读。后续章节将逐步对数字对象、字符串对象等展开详细的讲解。

第 1 章

数 字 对 象

在 Python 中，整数和浮点数的运算是很简单的，但是分数和数组的运算需要做很多工作。本章集中讨论数字相关主题，帮助读者更好地理解数字对象。

1.1 整数对象

在 Python 的所有对象中，整数对象是最简单的。CPython2 的整数对象有 PyIntObject 和 PyLongObject 两种类型，CPython3 只保留了 PyLongObject 对象类型。

1.1.1 PyLongObject 对象

Python 中对整数这个概念的实现是通过 PyLongObject 对象来完成的。

第 0 章讲解了定长对象和变长对象的区别，这是一种关于对象的二分法。实际上还存在另一种关于对象的二分法，即根据对象维护数据时的可变性将对象分为可变对象（Mutable）和不可变对象（Immutable）。

这里将要剖析的 PyLongObject 对象是一个不可变对象，这种不变性是针对 PyLong-Object 对象中所维护的真实的整数值而言的。也就是说，在创建了 PyLongObject 对象之后，就再也不能改变该对象的值了。在 Python 中，除 PyLongObject 之外，还有很多对象是不可变对象，比如字符串对象等。

在 Python 的应用程序中，整数的使用非常广泛，创建和删除操作非常频繁，并且结合了引用计数机制，这意味着系统堆将面临着整数对象大量的访问，这样的执行效率可以接受吗？因此设计一个高效的运行时机制，使得整数对象的使用不会成为 Python 的瓶颈，就成了一个至关重要的设计决策。

整数对象池是解决这个问题的一个非常好的办法。面向特定对象的缓冲池机制是 Python 语言实现时的核心设计策略之一。在 Python 中，几乎所有的内置对象都会有自己所特有的对象缓冲池机制。

PyLongObject 对象的源码位置为 Include/longobject.h 及 Include/longintrepr.h。

实际上，Python 中的整数对象 PyLongObject 是对 C 中原生类型 long 的简单包装。Python 中的对象与对象相关的元信息都保存在与对象对应的类型对象中。PyLongObject 的类型对象是 PyLong_Type。

PyLong_Type 的源码位置为 Objects/longobject.c，源码如下：

```
PyTypeObject PyLong_Type = {
    PyVarObject_HEAD_INIT(&PyType_Type, 0)
    "int",                                          /* tp_name */
    offsetof(PyLongObject, ob_digit),               /* tp_basicsize */
    sizeof(digit),                                  /* tp_itemsize */
    0,                                              /* tp_dealloc */
    0,                                              /* tp_vectorcall_offset */
    0,                                              /* tp_getattr */
    0,                                              /* tp_setattr */
    0,                                              /* tp_as_async */
    long_to_decimal_string,                         /* tp_repr */
    &long_as_number,                                /* tp_as_number */
    0,                                              /* tp_as_sequence */
    0,                                              /* tp_as_mapping */
    (hashfunc)long_hash,                            /* tp_hash */
    0,                                              /* tp_call */
    0,                                              /* tp_str */
    PyObject_GenericGetAttr,                        /* tp_getattro */
    0,                                              /* tp_setattro */
    0,                                              /* tp_as_buffer */
    Py_TPFLAGS_DEFAULT | Py_TPFLAGS_BASETYPE |
        Py_TPFLAGS_LONG_SUBCLASS,                   /* tp_flags */
    long_doc,                                       /* tp_doc */
    0,                                              /* tp_traverse */
    0,                                              /* tp_clear */
    long_richcompare,                               /* tp_richcompare */
    0,                                              /* tp_weaklistoffset */
    0,                                              /* tp_iter */
    0,                                              /* tp_iternext */
    long_methods,                                   /* tp_methods */
    0,                                              /* tp_members */
    long_getset,                                    /* tp_getset */
    0,                                              /* tp_base */
    0,                                              /* tp_dict */
    0,                                              /* tp_descr_get */
    0,                                              /* tp_descr_set */
    0,                                              /* tp_dictoffset */
    0,                                              /* tp_init */
    0,                                              /* tp_alloc */
    long_new,                                       /* tp_new */
    PyObject_Del,                                   /* tp_free */
};
```

PyLong_Type 中保存了关于 PyLongObject 对象的丰富元信息，包括 PyLongObject 对象应该占用的内存大小，PyLongObject 对象的文档信息，PyLongObject 对象所支持的操作。

从 PyLong_Type 的源码中可以看到，创建整数对象的入口函数为 long_new。该入口函数的源码位置为 Objects/clinic/longobject.c.h。具体实现函数为 long_new_impl，源码位置为 Objects/longobject.c。

1.1.2 小整数对象

在实际的编程中，数值比较小的整数，比如 2、30 等，可能在程序中会被非常频繁地使用。而且编程中 for 循环的使用频率是非常高的，这也意味着小整数会被频繁地使用。

在 Python 中，所有的对象都存活在系统堆上。这就是说，如果没有特殊的机制，对于这些频繁使用的小整数对象，Python 将一次又一次地使用 malloc 在堆上申请空间，并且不厌其烦地一次次释放。这样的操作不仅大大降低了运行效率，而且会在系统堆上造成大量的内存碎片，严重影响 Python 的整体性能。

在 Python 中，对小整数对象使用了对象池技术。而 PyLongObject 对象是不可变对象，这意味着对象池里的每一个 PyLongObject 对象都能够被任意地共享。

在 Python 中，小整数集合的范围默认设定为 [-5, 257)。对于小整数对象，Python 直接将这些整数对应的 PyLongObject 对象缓存在内存中，并将其指针存放在 small_ints 中。

小整数默认的源码位置为 Objects/longobject.c。源码如下：

```
#ifndef NSMALLPOSINTS
#define NSMALLPOSINTS          257
#endif
#ifndef NSMALLNEGINTS
#define NSMALLNEGINTS          5
#endif
```

1.1.3 大整数对象

对于 Python 频繁地使用 malloc 在堆上申请空间的问题，Python 的设计者所做出的妥协是，小整数在小整数对象池中完全地缓存其 PyLongObject 对象，而对于其他整数，Python 运行环境将提供一块内存空间，这块内存空间由这些大整数轮流使用，也就是谁需要的时候谁使用。这样就避免了不断地调用 malloc，也在一定程度上提高了效率。

关于整数的源码剖析就不再过多讲解了，感兴趣的读者可以阅读陈儒编写的《Python 源码剖析》一书。接下来将讲解一些数字的实际应用。

1.2 数字格式化输出

在项目应用中，我们有时需要将数字格式化后输出，并希望能对数字的位数、对齐、千分符等进行控制。

格式化输出单个数字可以直接使用 f 前缀，示例（number_format.py）如下：

```
x = 1234.56789
print(f'0.2f format {x}: {x:0.2f}')
print(f'>10.1f format {x}: {x: >10.1f}')
print(f'<10.1f format {x}: {x: <10.1f}')
print(f'^10.1f format {x}: {x: ^10.1f}')
print(f', format {x}: {x: ,}')
print(f'0,.1f format {x}: {x: 0,.1f}')
```

执行 py 文件，输出结果如下：

```
0.2f format 1234.56789: 1234.57
>10.1f format 1234.56789:     1234.6
<10.1f format 1234.56789: 1234.6
^10.1f format 1234.56789:   1234.6
, format 1234.56789: 1,234.56789
0,.1f format 1234.56789: 1,234.6
```

如果想使用指数记法，可将前缀 f 改成 e 或者 E（取决于指数输出的大小写形式），示例（number_format.py）如下：

```
print(f'e format {x} is: {x: e}')
print(f'0.2E format {x} is: {x: 0.2E}')
```

执行 py 文件，输出结果如下：

```
e format 1234.56789 is:  1.234568e+03
0.2E format 1234.56789 is:  1.23E+03
```

指定宽度和精度的一般形式是 '[<>^]?width[,]?(.digits)?'，其中 width 和 digits 为整数，? 代表可选部分。同样的格式可被用在字符串的 format() 方法中，输出（number_format.py）如下：

```
print(f'The value is {x: 0,.2f}')
```

数字格式化输出通常是比较简单的。该技术同时适用于浮点数和 decimal 模块中的 Decimal 数字对象。

当指定数字的位数后，利用 round() 函数对结果值进行四舍五入后再返回。示例（number_format.py）如下：

```
print(f'x format: {x: 0.1f}')
print(f'-x format: {-x: 0.1f}')
```

执行 py 文件，输出结果如下：

```
x format:  1234.6
-x format: -1234.6
```

包含千分符的格式化与本地化没有关系。如果需要根据地区来显示千分符，则需要自己去调用 locale 模块中的函数。我们可以使用 translate() 方法来交换千分符，示例（number_format.py）如下：

```
swap_separators = { ord('.'):',', ord(','):'.' }
print(format(x, ',').translate(swap_separators))
```

执行 py 文件，输出结果如下：

```
1.234,56789
```

1.3 进制转换

在实际应用中，通常会因为一些特殊需求，需要转换或者输出使用二进制、八进制或十六进制表示的整数，如为防止某些数字以明文的形式出现。

为了将整数转换为二进制、八进制或十六进制的文本串，我们可以分别使用 bin()、oct() 或 hex() 函数，相关代码（binary_exp.py）如下：

```
x = 1234
print(f'binary of {x} is: {bin(x)}')
print(f'octal of {x} is: {oct(x)}')
print(f'hexadecimal of {x} is: {hex(x)}')
```

执行 py 文件，输出结果如下：

```
binary of 1234 is: 0b10011010010
octal of 1234 is: 0o2322
hexadecimal of 1234 is: 0x4d2
```

如果不想输出 0b、0o 或者 0x 前缀，可以执行如下操作（binary_exp.py）：

```
print(f'binary not show 0b: {x: b}')
print(f'octal not show 0o: {x: o}')
print(f'hexadecimal not show 0x: {x: x}')
```

执行 py 文件，输出结果如下：

```
binary not show 0b:  10011010010
octal not show 0o:  2322
hexadecimal not show 0x:  4d2
```

整数是有符号的，如果处理的是负数，输出结果会包含一个负号，示例（binary_exp.py）如下：

```
x = -1234
print(f'binary of {x} is: {x: b}')
print(f'hexadecimal of {x} is: {x: x}')
```

执行 py 文件，输出结果如下：

```
binary of -1234 is: -10011010010
hexadecimal of -1234 is: -4d2
```

如果想得到一个无符号值，需要增加一个指示最大位长度的值。如为了显示 32 位的值，可以执行如下操作（binary_exp.py）：

```
print(f'(2**32 + x) binary result:{2**32 + x: b}')
print(f'(2**32 + x) hexadecimal result: {2**32 + x:x}')
```

执行 py 文件，输出结果如下：

```
(2**32 + x) binary result: 111111111111111111101100101110
(2**32 + x) hexadecimal result: fffffb2e
```

为了以不同的进制转换整数字符串，可以使用带有进制的 int() 函数，相关代码（binary_exp.py）如下：

```
print(int('4d2', 16))
print(int('10011010010', 2))
```

执行 py 文件，输出结果如下：

```
1234
1234
```

大多数情况下处理二进制、八进制和十六进制整数是很简单的，只要记住，这些转换属于整数和其对应的文本表示之间的转换即可。

使用八进制时需要注意，Python 中八进制数的语法与其他进制的语法稍有不同。如像下面这样使用八进制会出现错误：

```
import os
os.chmod('test.py', 0755)
```

我们需确保八进制数的前缀是 0o，示例如下：

```
os.chmod('test.py', 0o755)
```

1.4 数字运算

在实际应用中，数字的运算频率是非常高的。数字运算有四舍五入运算、浮点数运算、复数运算、分数运算、大型数组运算以及矩阵与线性代数运算等。下面分别对其进行介绍。

1.4.1 四舍五入运算

在实际应用中，我们经常需要对浮点数执行指定精度的四舍五入运算，以免小数位数过多。

对于简单的四舍五入运算，使用内置的 round(value, ndigits) 函数即可实现，代码（number_round.py）示例如下：

```
print(round(1.23, 1))
print(round(1.28, 1))
print(round(-1.27, 1))
print(round(1.25361,3))
```

执行 py 文件，输出结果如下：

```
1.2
1.3
-1.3
1.254
```

当一个值刚好在两个边界的中间时，round() 函数返回离它最近的偶数。例如，对于 1.5 或者 2.5 的舍入运算，使用 round() 函数的输出结果是 2。

传给 round() 函数的 ndigits 参数可以是负数。这种情况下，舍入运算会作用在十位、百位、千位等，相关代码（number_round.py）示例如下：

```
a = 1627731
print(round(a, -1))
print(round(a, -2))
print(round(a, -3))
```

执行 py 文件，输出结果如下：

```
1627730
1627700
1628000
```

不要将舍入和格式化输出混淆了。如果只是输出一定长度的数，不需要使用 round() 函数，只需要在格式化的时候指定精度即可，相关代码（number_round.py）示例如下：

```
x = 1.23456
print(f'{x: 0.2f}')
print(f'{x: 0.3f}')
```

执行 py 文件，输出结果如下：

```
1.23
1.235
```

同样，不要试着去舍入浮点值来修正表面上看起来正确的代码，相关代码（number_round.py）示例如下：

```
a = 2.1
b= 4.2
c = a + b
print(c)
print(round(c, 2))
```

执行 py 文件，输出结果如下：

```
6.300000000000001
6.3
```

大多数情况下没有必要使用浮点数，我们也不推荐这样做，因为在计算的时候出现的小误差是能被理解与容忍的。如果不能允许这样的小误差（比如涉及金融领域），那么就得考虑使用 decimal 模块了。

1.4.2 浮点数运算

在实际应用中，特别是涉及金额计算时，我们需要对浮点数执行精确的计算操作，不希望有任何小误差的出现。

浮点数的一个问题是它不能精确地表示十进制数，即使是最简单的数学运算也会产生小的误差，相关代码（accurate_float.py）示例如下：

```
a = 2.1
b = 4.2
print(a + b)
```

这些误差是由底层 CPU 和 IEEE 754 标准通过自己的浮点运算单位去执行算术运算时产生的。由于 Python 的浮点数据类型使用底层表示存储数据，因此无法避免这样的误差。

如果想使浮点数运算更加精确（并能容忍一定的性能损耗），可以使用 decimal 模块，相关代码（accurate_float.py）示例如下：

```
from decimal import Decimal
a = Decimal('2.1')
b = Decimal('4.2')
print(f'a + b = {a + b}')
```

初看起来，上面的代码好像有点奇怪，比如用字符串来表示数字。然而，Decimal 对象会像普通浮点数一样工作（支持所有的常用数学运算）。如果打印 Decimal 对象或者在字符串格式化函数中使用 Decimal 对象，其看起来和普通数字一样。

decimal 模块的一个主要特征是允许控制计算的数字位数和四舍五入运算。decimal 模块首先创建一个本地上下文并更改它的设置，相关代码（accurate_float.py）示例如下：

```
from decimal import localcontext
a = Decimal('1.3')
b = Decimal('1.7')
print(f'a / b = {a / b}')
with localcontext() as ctx:
    ctx.prec = 3
    print(f'a / b = {a / b}')

with localcontext() as ctx:
    ctx.prec = 50
    print(f'a / b = { a / b}')
```

decimal 模块实现了 IBM 的通用小数运算规范。Python 新手会倾向于使用 decimal 模块来处理浮点数的精确运算，不过先理解应用程序的目的是非常重要的。

如果你是在做科学计算、工程领域的计算或电脑绘图，那么使用普通的浮点类型是比较普遍的做法。其中一个原因是，在真实世界中很少要求提供 17 位精度的计算结果。另一个原因是，原生的浮点数计算要快得多，在执行大量运算的时候速度也是非常重要的。

当然，我们也不能完全忽略误差，也得注意减法、大数和小数加法运算所带来的影响，相关代码示例如下：

```
num_list = [1.23e+18, 1, -1.23e+18]
print(f'sum result is: {sum(num_list)}')
```

上述误差可以利用 math.fsum() 方法来解决，示例如下：

```
import math
print(f'math sum result: {math.fsum(num_list)}')
```

对于其他的算法，我们应该仔细研究它并理解它的误差产生来源。

总的来说，decimal 模块主要用在涉及金融的领域。在金融领域，哪怕出现小小的误差也是不允许的。Python 和数据库打交道的时候通常也会遇到 Decimal 对象，大多是在处理金融数据的时候。

1.4.3 复数运算

在实际工作中，我们有时需要用复数来执行一些运算，或者使用复数空间来解决网络认证方案遇到的难题，并且复数空间是唯一的解决办法。

复数可以由函数 complex(real, imag) 或者带有后缀 j 的浮点数来指定，相关代码（complex_exp.py）示例如下：

```
a = complex(2, 4)
b = 3 - 5j
print(f'complex(2, 4) is: {a}')
print(f'{b}')
```

执行 py 文件，输出结果如下：

```
complex(2, 4) is: (2+4j)
(3-5j)
```

对应的实部、虚部和共轭复数可以很容易地获取，示例（complex_exp.py）如下：

```
print(f'real of {a} is: {a.real}')
print(f'imag of {a} is: {a.imag}')
print(f'conjugate of {a} is: {a.conjugate()}')
```

执行 py 文件，输出结果如下：

```
real of (2+4j) is: 2.0
imag of (2+4j) is: 4.0
conjugate of (2+4j) is: (2-4j)
```

另外，可以进行所有常见的数学运算，示例（complex_exp.py）如下：

```
print(f'{a} + {b} = {a + b}')
print(f'{a} * {b} = {a * b}')
print(f'{a} / {b} = {a / b}')
print(f'abs({a}) = {abs(a)}')
```

执行 py 文件，输出结果如下：

```
(2+4j) + (3-5j) = (5-1j)
```

```
(2+4j) * (3-5j) = (26+2j)
(2+4j) / (3-5j) = (-0.4117647058823529+0.6470588235294118j)
abs((2+4j)) = 4.47213595499958
```

如果要计算复数的正弦值、余弦值或平方根，我们可使用 cmath 模块（complex_exp.py）：

```
import cmath
print(f'cmath.sin({a}) = {cmath.sin(a)}')
print(f'cmath.cos({a}) = {cmath.cos(a)}')
print(f'cmath.exp({a}) = {cmath.exp(a)}')
```

执行 py 文件，输出结果如下：

```
cmath.sin((2+4j)) = (24.83130584894638-11.356612711218174j)
cmath.cos((2+4j)) = (-11.36423470640106-24.814651485634187j)
cmath.exp((2+4j)) = (-4.829809383269385-5.59205609364009816j)
```

Python 中大部分与数学相关的模块都能处理复数。如使用 numpy，可以很容易地构造一个复数数组并在这个数组上执行各种操作，相关代码（complex_exp.py）示例如下：

```
import numpy as np
np_a = np.array([2+3j, 4+5j, 6-7j, 8+9j])
print(f'np_a object is: {np_a}')
print(f'{np_a} + 2 = {np_a + 2}')
print(f'np.sin({np_a}) = {np.sin(np_a)}')
```

执行 py 文件，输出结果如下：

```
np_a object is: [2.+3.j 4.+5.j 6.-7.j 8.+9.j]
[2.+3.j 4.+5.j 6.-7.j 8.+9.j] + 2 = [ 4.+3.j  6.+5.j  8.-7.j 10.+9.j]
np.sin([2.+3.j 4.+5.j 6.-7.j 8.+9.j]) = [    9.15449915   -4.16890696j
    -56.16227422 -48.50245524j-153.20827755-526.47684926j 4008.42651446-
    589.49948373j]
```

Python 的标准数学函数在实际情况下并不能产生复数值，因此代码中不会出现复数返回值，相关代码（complex_exp.py）示例如下：

```
import math
print(math.sqrt(-1))
```

执行 py 文件，输出结果如下：

```
Traceback (most recent call last):
  File "/Users/lyz/Desktop/python-workspace/advanced_programming/chapter3/
complex_exp.py", line 32, in <module>
    print(math.sqrt(-1))
ValueError: math domain error
```

如果想生成一个复数返回值，必须使用 cmath 模块，或者在某个支持复数的库中声明复数类型的使用，相关代码（complex_exp.py）示例如下：

```
print(f'cmath.sqrt(-1) = {cmath.sqrt(-1)}')
```

执行 py 文件，输出结果如下：

```
cmath.sqrt(-1) = 1j
```

1.4.4 分数运算

对涉及分数计算的问题，通过代码处理可能并不容易，那么是否存在可以直接拿来使用的模块？

在 Python 中，fractions 模块可以被用来执行包含分数的数学运算，相关代码（fraction_oper.py）示例如下：

```
from fractions import Fraction
a = Fraction(5, 4)
b = Fraction(7, 16)

print(f'{a} + {b} = {a + b}')
print(f'{a} * {b} = {a * b}')

c = a * b
print(f'numerator of {c} is: {c.numerator}')
print(f'denominator of {c} is: {c.denominator}')

print(f'float({c}) = {float(c)}')

print(f'{c} limit denominator 8 = {c.limit_denominator(8)}')

x = 3.75
print(f'{x} to fractions is: {Fraction(*x.as_integer_ratio())}')
```

执行 py 文件，输出结果如下：

```
5/4 + 7/16 = 27/16
5/4 * 7/16 = 35/64
numerator of 35/64 is: 35
denominator of 35/64 is: 64
float(35/64) = 0.546875
35/64 limit denominator 8 = 4/7
3.75 to fractions is: 15/4
```

大多数程序中一般不会出现分数的计算问题，但是有时候还是会用到的。如在允许接收分数形式测试并以分数形式执行运算的程序中，直接使用分数运算可以减少手动将分数转换为小数或浮点数的工作。

1.4.5 大型数组运算

在实际应用中，我们经常需要在大数据集（比如数组或网格）上执行运算。

涉及数组的重量级运算，可以使用 NumPy 库。NumPy 库的一个主要特征是它会给 Python 提供一个数组对象，其相比于标准的 Python 列表而言更适合用来做数学运算。下面通过示例查看标准的 Python 列表对象和 NumPy 库中的数组对象之间的使用差别：

```
x = [1, 2, 3, 4]
```

```
y = [5, 6, 7, 8]

print(f'{x} * 2 is: {x * 2}')
# print(x + 10)

print(f'{x} + {y} = {x + y}')

import numpy as np
ax = np.array([1, 2, 3, 4])
ay = np.array([5, 6, 7, 8])

print(f'{ax} * 2 = {ax * 2}')
print(f'{ax} + 10 = {ax + 10}')
print(f'{ax} + {ay} = {ax + ay}')
print(f'{ax} * {ay} = {ax * ay}')
```

执行 py 文件，输出结果如下：

```
[1, 2, 3, 4] * 2 is: [1, 2, 3, 4, 1, 2, 3, 4]
[1, 2, 3, 4] + [5, 6, 7, 8] = [1, 2, 3, 4, 5, 6, 7, 8]
[1 2 3 4] * 2 = [2 4 6 8]
[1 2 3 4] + 10 = [11 12 13 14]
[1 2 3 4] + [5 6 7 8] = [6  8 10 12]
[1 2 3 4] * [5 6 7 8] = [5 12 21 32]
```

两种方案中数组的基本数学运算结果并不相同。NumPy 库中的标量运算（如 ax*2 或 ax+10）会作用在每一个元素上。当两个操作数都是数组的时候，执行元素对等位置计算，并最终生成一个新的数组。

对整个数组中的所有元素同时执行数学运算，可以使得作用在整个数组上的函数运算简单又快速。计算多项式的值的示例如下：

```
def f(px):
    return 3 * px ** 2 - 2 * px + 7

print(f'f(ax) = {f(ax)}')
```

执行 py 文件，输出结果如下：

```
f(ax) = [ 8 15 28 47]
```

NumPy 还为数组操作提供了大量的通用函数，这些函数可以作为 math 模块中类似函数的替代，示例如下：

```
print(f'np.sqrt({ax}) = {np.sqrt(ax)}')
print(f'np.cos({ax}) = {np.cos(ax)}')
```

执行 py 文件，输出结果如下：

```
np.sqrt([1 2 3 4]) = [1.   1.41421356 1.73205081 2.        ]
np.cos([1 2 3 4]) = [0.54030231  -0.41614684  -0.9899925  -0.65364362]
```

使用这些通用函数要比循环数组并使用 math 模块中的函数执行计算快得多，因此应尽量选择 NumPy 的数组方案。

在底层实现中，NumPy 数组使用了 C 或者 Fortran 语言的机制分配内存。也就是说，NumPy 是一个非常大、连续并由同类型数据组成的内存区域，所以可以构造一个比普通 Python 列表大得多的数组。如构造一个 10 000×10 000 的浮点数二维网格，示例如下：

```
grid = np.zeros(shape=(10000,10000), dtype=float)
print(f'np.zeros(shape=(10000,10000), dtype=float) result: \n{grid}')
```

执行 py 文件，输出结果如下：

```
np.zeros(shape=(10000,10000), dtype=float) result:
[[0. 0. 0. ... 0. 0. 0.]
 [0. 0. 0. ... 0. 0. 0.]
 [0. 0. 0. ... 0. 0. 0.]
 ...
 [0. 0. 0. ... 0. 0. 0.]
 [0. 0. 0. ... 0. 0. 0.]
 [0. 0. 0. ... 0. 0. 0.]]
```

所有的普通操作还是会同时作用在所有元素上：

```
grid += 10
print(f'grid + 10 result:\n{grid}')
print(f'np.sin(grid) result:\n{np.sin(grid)}')
```

执行 py 文件，输出结果如下：

```
grid + 10 result:
[[10. 10. 10. ... 10. 10. 10.]
 [10. 10. 10. ... 10. 10. 10.]
 [10. 10. 10. ... 10. 10. 10.]
 ...
 [10. 10. 10. ... 10. 10. 10.]
 [10. 10. 10. ... 10. 10. 10.]
 [10. 10. 10. ... 10. 10. 10.]]
np.sin(grid) result:
[[-0.54402111 -0.54402111 -0.54402111 ... -0.54402111 -0.54402111
  -0.54402111]
 [-0.54402111 -0.54402111 -0.54402111 ... -0.54402111 -0.54402111
  -0.54402111]
 [-0.54402111 -0.54402111 -0.54402111 ... -0.54402111 -0.54402111
  -0.54402111]
 ...
 [-0.54402111 -0.54402111 -0.54402111 ... -0.54402111 -0.54402111
  -0.54402111]
 [-0.54402111 -0.54402111 -0.54402111 ... -0.54402111 -0.54402111
  -0.54402111]
 [-0.54402111 -0.54402111 -0.54402111 ... -0.54402111 -0.54402111
  -0.54402111]]
```

对于 NumPy 数组，需要特别注意它扩展 Python 列表的索引功能——特别是对于多维数组。为了演示多维数组的索引功能，首先构造一个简单的二维数组：

```
a = np.array([[1, 2, 3, 4], [5, 6, 7, 8], [9, 10, 11, 12]])
```

```
print(f'a is:\n{a}')
print(f'a[1] is:\n{a[1]}')
print(f'a[:,1] is:\n{a[:,1]}')
print(f'a[1:3, 1:3] is:\n{a[1:3, 1:3]}')

a[1:3, 1:3] += 10
print(f'a is:\n{a}')
print(f'a + [100, 101, 102, 103] is:\n{a + [100, 101, 102, 103]}')
print(f'np.where(a < 10, a, 10) is:\n{np.where(a < 10, a, 10)}')
```

执行 py 文件，输出结果如下：

```
a is:
[[ 1  2  3  4]
 [ 5  6  7  8]
 [ 9 10 11 12]]
a[1] is:
[5 6 7 8]
a[:,1] is:
[ 2  6 10]
a[1:3, 1:3] is:
[[ 6  7]
 [10 11]]
a is:
[[ 1  2  3  4]
 [ 5 16 17  8]
 [ 9 20 21 12]]
a + [100, 101, 102, 103] is:
[[101 103 105 107]
 [105 117 119 111]
 [109 121 123 115]]
np.where(a < 10, a, 10) is:
[[ 1  2  3  4]
 [ 5 10 10  8]
 [ 9 10 10 10]]
```

NumPy 是 Python 中很多科学与工程库的基础，同时也是被广泛使用的最大、最复杂的模块之一。NumPy 通过一些简单程序能完成有趣的事情。

通常，导入 NumPy 库的时候，我们会使用语句 import numpy as np。这样就不用在程序中一遍遍地输入 numpy，只需要输入 np 即可，节省了输入时间。

1.4.6　矩阵与线性代数运算

在涉及科学计算时，我们经常需要执行矩阵和线性代数运算，比如矩阵乘法、寻找行列式、求解线性方程组等。NumPy 库中有一个矩阵对象，其可以用来处理类似问题。矩阵类似于数组对象，但是遵循线性代数的计算规则。以下示例展示了矩阵的一些基本特性：

```
import numpy as np
m = np.matrix([[1,-2,3],[0,4,5],[7,8,-9]])
print(f'm is:\n{m}')
print(f'm.T is:\n{m.T}')
```

```
print(f'm.I is:\n{m.I}')

v = np.matrix([[2],[3],[4]])
print(f'v is:\n{v}')
print(f'm * v is:\n{m * v}')
```

执行 py 文件，输出结果如下：

```
m is:
[[ 1 -2  3]
 [ 0  4  5]
 [ 7  8 -9]]
m.T is:
[[ 1  0  7]
 [-2  4  8]
 [ 3  5 -9]]
m.I is:
[[ 0.33043478 -0.02608696  0.09565217]
 [-0.15217391  0.13043478  0.02173913]
 [ 0.12173913  0.09565217 -0.0173913 ]]
v is:
[[2]
 [3]
 [4]]
m * v is:
[[ 8]
 [32]
 [ 2]]
```

我们可以在 numpy.linalg 子包中找到更多的操作函数，示例如下：

```
import numpy.linalg
print(f'numpy.linalg.det(m) is:\n{numpy.linalg.det(m)}')
print(f'numpy.linalg.eigvals(m) is:\n{numpy.linalg.eigvals(m)}')
x = numpy.linalg.solve(m, v)
print(f'x is:\n{x}')
print(f'm * x is:\n{m * x}')
print(f'v is:\n{v}')
```

执行 py 文件，输出结果如下：

```
numpy.linalg.det(m) is:
-229.99999999999983
numpy.linalg.eigvals(m) is:
[-13.11474312   2.75956154   6.35518158]
x is:
[[0.96521739]
 [0.17391304]
 [0.46086957]]
m * x is:
[[2.]
 [3.]
 [4.]]
v is:
```

```
[[2]
 [3]
 [4]]
```

线性代数是一个非常大的主题，已经超出了本书讨论的范围。但如果需要操作数组和向量，NumPy 是一个不错的入口点。

1.5 字节到大整数的打包与解包

在实际应用中，我们有时需要将一个字节字符串解压成一个整数，或将一个大整数转换为一个字节字符串。

例如，要处理一个拥有 16 个 128 位长的元素的字节字符串，示例如下：

```
data = b'\x00\x124V\x00x\x90\xab\x00\xcd\xef\x01\x00#\x004'
```

为了将字节字符串解析为整数，使用 int.from_bytes() 方法指定字节顺序：

```
print(f'data len is: {len(data)}')
print(int.from_bytes(data, 'little'))
print(int.from_bytes(data, 'big'))
```

执行 py 文件，输出结果如下：

```
data len is: 16
69120565665751139577663547927094891008
94522842520747284487117727783387188
```

为了将一个大整数转换为字节字符串，可使用 int.to_bytes() 方法指定字节数和字节顺序，代码（pack_unpack.py）示例如下：

```
x = 94522842520747284487117727783387188
print(x.to_bytes(16, 'big'))
print(x.to_bytes(16, 'little'))
```

执行 py 文件，输出结果如下：

```
b'\x00\x124V\x00x\x90\xab\x00\xcd\xef\x01\x00#\x004'
b'4\x00#\x00\x01\xef\xcd\x00\xab\x90x\x00V4\x12\x00'
```

大整数和字节字符串之间的转换操作并不常见，仅在一些应用领域出现，比如密码学或者网络。如 IPv6 网络地址使用一个 128 位的整数表示。作为上述操作的一种替代方案，我们可能想使用 struct 模块来解压字节。这样也行得通，不过利用 struct 模块来解压字节对于整数的大小是有限制的。因此，我们可能想解压多个字节串并将结果合并为最终的结果，相关代码（pack_unpack.py）示例如下：

```
import struct
hi, lo = struct.unpack('>QQ', data)
print(hi, lo)
print((hi << 64) + lo)
```

执行 py 文件，输出结果如下：

```
5124093560524971 57965157801984052
9452284252074728448711727783387188
```

字节顺序规则（little 或 big）仅仅指定了构建整数时字节的低位和高位排列方式，相关代码（pack_unpack.py）示例如下：

```
x = 0x01020304
print(x.to_bytes(4, 'big'))
print(x.to_bytes(4, 'little'))
```

执行 py 文件，输出结果如下：

```
b'\x01\x02\x03\x04'
b'\x04\x03\x02\x01'
```

如果试着将一个整数打包为字节字符串，会得到错误结果。如果需要的话，可以使用 int.bit_length() 方法来决定需要多少字节位存储这个值，相关代码（pack_unpack.py）示例如下：

```
x = 523 ** 23
print(x)
print(x.bit_length())
nbytes, rem = divmod(x.bit_length(), 8)
if rem:
    nbytes += 1

print(x.to_bytes(nbytes, 'little'))
print(x.to_bytes(16, 'little'))
```

执行 py 文件，输出结果如下：

```
335381300113661875107536852714019056160355655333978849017944067
208
b'\x03X\xf1\x82iT\x96\xac\xc7c\x16\xf3\xb9\xcf\x18\xee\xec\x91\xd1\x98\xa2\xc8\xd9R\xb5\xd0'
OverflowError: int too big to convert
```

1.6 无穷大与 NaN

在实际应用中，对于数据的处理，我们经常需要考虑一些极端情况，否则在程序运行过程中很容易抛出一些低级错误，如创建或测试正无穷、负无穷或 NaN（非数字）的浮点数。

Python 中并没有特殊的语法来表示这些特殊的浮点值，但是可以使用 float() 来创建，相关代码（nan_exp.py）示例如下：

```
a = float('inf')
b = float('-inf')
c = float('nan')
print(f"float('inf') = {a}")
```

```
print(f"float('-inf') = {b}")
print(f"float('nan') = {c}")
```

执行 py 文件，输出结果如下：

```
float('inf') = inf
float('-inf') = -inf
float('nan') = nan
```

要测试这些值的存在，可用 math.isinf() 和 math.isnan() 函数，相关代码（nan_exp.py）示例如下：

```
import math
print(f"float('inf') type is inf: {math.isinf(a)}")
print(f"float('nan') type is nan: {math.isnan(c)}")
```

执行 py 文件，输出结果如下：

```
float('inf') type is inf: True
float('nan') type is nan: True
```

在执行数学计算的时候，无穷大数可以传递，相关代码（nan_exp.py）示例如下：

```
print(f'{a} + 45 = {a + 45}')
print(f'{a} * 45 = {a * 45}')
print(f'45 / {a} = {45 / a}')
```

执行 py 文件，输出结果如下：

```
inf + 45 = inf
inf * 45 = inf
45 / inf = 0.0
```

有些操作会返回一个 NaN 结果，相关代码（nan_exp.py）示例如下：

```
print(f'{a} / {a} = {a / a}')
print(f'{a} + {b} = {a + b}')
```

执行 py 文件，输出结果如下：

```
inf / inf = nan
inf + -inf = nan
```

NaN 值会在所有操作中传递，而不会产生异常，相关代码（nan_exp.py）示例如下：

```
print(f'{c} + 10 = {c + 10}')
print(f'{c} * 10 = {c * 10}')
print(f'{c} / 10 = {c / 10}')
print(f'math.sqrt({c}) = {math.sqrt(c)}')
```

执行 py 文件，输出结果如下：

```
nan + 10 = nan
nan * 10 = nan
nan / 10 = nan
math.sqrt(nan) = nan
```

NaN 值的一个特别的地方是，比较操作总是返回 False，相关代码（nan_exp.py）示例如下：

```
d = float('nan')
print(f'{c} == {d} is:{c == d}')
print(f'{c} is {d} is:{c is d}')
```

执行 py 文件，输出结果如下：

```
nan == nan is:False
nan is nan is:False
```

当测试一个 NaN 值时，唯一安全的方法就是使用 math.isnan()。有时候，程序员想改变 Python 的默认行为，但会在返回无穷大或 NaN 结果的操作中抛出异常。fpectl 模块可以用来改变这种行为，但是它在标准的 Python 构建中并没有被启用。该模块是与平台相关的，并且针对的是专家级程序员。

1.7 随机数

随机数处理也是实际应用中比较常见的操作，如从一个序列中随机抽取若干元素，或者生成几个随机数，以及生成随机数验证码等。

random 模块中有大量的函数用来产生随机数和随机选择元素。如想从一个序列中随机抽取一个元素，可以使用 random.choice() 函数：

```
import random
values = [1, 2, 3, 4, 5, 6]
print(f'random choice from {values} is {random.choice(values)}')
print(f'random choice from {values} is {random.choice(values)}')
print(f'random choice from {values} is {random.choice(values)}')
```

执行 py 文件，输出结果如下：

```
random choice from [1, 2, 3, 4, 5, 6] is 2
random choice from [1, 2, 3, 4, 5, 6] is 5
random choice from [1, 2, 3, 4, 5, 6] is 3
```

如果想提取 N 个不同元素的样本做进一步操作，可使用 random.sample() 函数：

```
print(f'random sample 2 from {values} is {random.sample(values, 2)}')
print(f'random sample 2 from {values} is {random.sample(values, 2)}')
print(f'random sample 3 from {values} is {random.sample(values, 3)}')
print(f'random sample 3 from {values} is {random.sample(values, 3)}')
```

执行 py 文件，输出结果如下：

```
random sample 2 from [1, 2, 3, 4, 5, 6] is [5, 6]
random sample 2 from [1, 2, 3, 4, 5, 6] is [2, 1]
random sample 3 from [1, 2, 3, 4, 5, 6] is [6, 3, 4]
random sample 3 from [1, 2, 3, 4, 5, 6] is [3, 4, 6]
```

如果只想打乱序列中元素的顺序，可以使用 random.shuffle() 函数：

```
random.shuffle(values)
print(f'random shuffle is:{values}')
random.shuffle(values)
print(f'random shuffle is:{values}')
```

执行 py 文件，输出结果如下：

```
random shuffle is:[2, 4, 6, 1, 3, 5]
random shuffle is:[2, 6, 5, 3, 1, 4]
```

如果想生成随机整数，可以使用 random.randint() 函数：

```
print(f'random.randint(0,10) = {random.randint(0,10)}')
print(f'random.randint(0,10) = {random.randint(0,10)}')
print(f'random.randint(0,10) = {random.randint(0,10)}')
```

执行 py 文件，输出结果如下：

```
random.randint(0,10) = 9
random.randint(0,10) = 8
random.randint(0,10) = 10
```

如果想生成 0 到 1 范围内均匀分布的浮点数，可以使用 random.random() 函数：

```
print(f'random.random() = {random.random()}')
print(f'random.random() = {random.random()}')
print(f'random.random() = {random.random()}')
```

执行 py 文件，输出结果如下：

```
random.random() = 0.3392503938211737
random.random() = 0.625725029316508
random.random() = 0.3843832669520403
```

如果要获取 N 位随机位（二进制）的整数，可以使用 random.getrandbits() 函数：

```
print(f'random.getrandbits(200) = {random.getrandbits(200)}')
```

执行 py 文件，输出结果如下：

```
random.getrandbits(200) = 1012257713162841215793585318570079770213053719376074162565721
```

random 模块使用 Mersenne Twister 算法来生成随机数。这是一个确定性算法，可以通过 random.seed() 函数修改初始化种子，示例如下：

```
print(f'random.seed() = {random.seed()}')
print(f'random.seed(123) = {random.seed(123)}')
print(f"random.seed(b'bytedata') = {random.seed(b'bytedata')}")
```

执行 py 文件，输出结果如下：

```
random.seed() = None
random.seed(123) = None
```

```
random.seed(b'bytedata') = None
```

除了上述介绍的功能，random 模块还包含基于均匀分布、高斯分布和其他分布的随机数生成函数。如 random.uniform() 函数用于计算均匀分布随机数，random.gauss() 函数用于计算正态分布随机数。

random 模块中的函数不应该用在和密码学相关的程序中。如果确实需要类似的功能，可以使用 ssl 模块中相应的函数。如 ssl.RAND_bytes() 函数可以用来生成一个安全的随机字节序列。

1.8　本章小结

本章主要围绕数字对象展开讲解，先对整数对象做了相关代码的剖析，然后讲解数字格式化、进制转换、数字运算等内容。

本章以数字处理的进阶为主要内容，对一些比较基础的内容没有做介绍。有需要的读者可以查看一些基础类的书籍或通过网络资源学习。而更加深入的内容则超出本书所要展示的范围，读者需自行做相关的深入探索。

关于字符串对象、数字对象涉及的操作少一些，下一章将对字符串对象做更深入的探究。

字 符 串

字符串的处理是编程中最为普遍的操作。本章将重点关注字符串的处理，如提取、搜索、替换以及解析等。字符串处理的大部分问题能通过简单地调用字符串的内置方法来解决。不过，对于一些更为复杂的操作可能需要正则表达式或者强大的解析器。本章对这些内容做详细讲解。

2.1 字符串对象解析

Python 中具有不可变长度的对象（定长对象），以及可变长度的对象（变长对象）。与定长对象不同，变长对象维护的数据的长度在对象定义时是不知道的。

实际上，变长对象还可分为可变对象和不可变对象。可变对象维护的数据在对象被创建后还能再变，比如一个列表被创建后，可以向其中添加或删除元素，这些操作都会改变其维护的数据；而不可变对象所维护的数据在对象创建之后就不能再改变了，比如 Python 中的 String 对象和元组都不支持添加或删除元素操作。

在 Python 中，String 对象是一个拥有可变长度内存的对象，这一点非常容易理解，因为对于表示 "Hi" 和 "Python" 两个不同的 String 对象，其内部所需保存字符串内容的内存空间显然是不一样的。同时，String 对象又是一个不可变对象，即当创建了一个 String 对象之后，该对象内部维护的字符串就不能再改变了。这一特性使得 String 对象可作为 dict 的键值，同时也使得一些字符串操作的效率大大降低，比如多个字符串的连接操作。

2.1.1 字符串对象的 intern 机制

在 Python 中，字符串是最简单也是最常用的数据类型之一。在 CPython 中，字符串的实现使用了一种叫作 intern（字符串驻留）的技术来提高字符串效率，源码示例如下：

```
>>> s3 = "hello!"
>>> s4 = "hello!"
>>> s3 is s4
False
>>> id(s3)
4404580528
>>> id(s4)
4404130288
```

源码示例中，虽然 s3 和 s4 值是一样的，但它们确确实实是两个不同的字符串对象，Python 会为它们各自分配一段内存空间，如图 2-1 所示。

假设程序中存在大量值相同的字符串，系统就不得不为每个字符串重复地分配内存空间，这对系统来说是一种资源浪费。为了解决这种问题，Python 引入了 intern() 函数，源码示例如下：

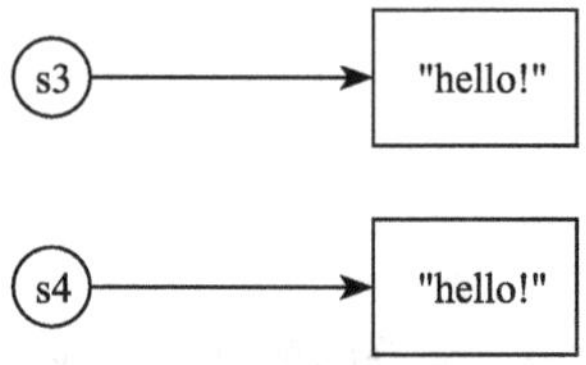

```
>>> import sys
>>> s3 = sys.intern('hello!')
>>> s4 = sys.intern('hello!')
>>> s3 is s4
True
>>> id(s3)
4472499504
>>> id(s4)
4472499504
```

图 2-1 字符串内存占用示例

图 2-2 intern() 函数处理示例

上述示例中，s3 和 s4 经 intern() 函数处理后，对象指向如图 2-2 所示。

intern() 是 Python 中 sys 模块中的一个函数，该函数的作用是对字符串进行处理，处理后返回字符串对象。

凡是值相同的字符串经过 intern() 函数处理之后，返回的都是同一个字符串对象，这种方式在处理大量数据的时候无疑能节省更多的内存空间。系统无须为相同的字符串重复分配内存，而是值相同的字符串共用一个对象即可。

实现 intern() 函数非常简单，就是通过维护一个字符串储蓄池，这个池子是一个字典结构。如果字符串已经存在于字符串储蓄池，系统就不再去创建新的字符串，直接返回之前创建好的字符串对象；如果字符串还没有加入字符串储蓄池，系统则先构造一个字符串对象，并把这个对象加入字符串储蓄池，便于下次获取。

在面向对象的主流编程语言中，intern() 函数对于处理字符串已经成为一种标配，可以提高字符串的处理效率。

2.1.2 字符串操作效率

假如有两个字符串"Python"和"Ruby"，在 Java 或 C# 中都可以通过"+"操作符将两个字符串连接在一起，得到一个新的字符串——PythonRuby。

Python 中同样提供了利用操作符连接字符串的功能。不过，Python 中通过"＋"操作符进行字符串连接的方法效率极其低下。其根源在于 Python 中的 String 对象是一个不可变对象，这就意味着当进行字符串连接时，实际上要创建一个新的 String 对象。如果要连接 N 个 String 对象，就必须进行 N-1 次的内存申请及内存搬运工作，这会严重影响 Python 的执行效率。

官方推荐的做法是利用 String 对象的 join 操作来对存储在 list 或 tuple 中的一组 String 对象进行连接，这种做法只需要分配一次内存，大大提高了执行效率。

执行 join 操作时，会首先统计在 list 中一共有多少个 String 对象，并统计这些 String 对象所维护的字符串一共有多长，然后申请内存，将 list 中所有的 String 对象维护的字符串都复制到新开辟的内存空间，这个过程只进行一次内存空间的申请，就可以完成 N 个 String 对象的连接操作。相比于"＋"操作符，待连接的 String 对象越多，join 操作效率的提升也越明显。

2.2 字符串操作

字符串的操作有多种，如分割、删除、清理、对齐、拼接、插入、格式化等。下面分别对其进行讲解。

2.2.1 字符串分割

我们在工作中经常会遇到这样的问题：将一个分割符不固定的字符串分割为多个字段。

String 对象中有一个 split() 方法，该方法只适用于非常简单的字符串分割情形，不允许有多个分隔符或者是分隔符周围有不确定的空格。当需要更加灵活地切割字符串时，最好使用 re.split() 函数，示例如下：

```python
import re

line = 'hello world; life is short,use, python, best'
# 使用正则表达式做分割
print(re.split(r'[;,\s]\s*', line))
```

re.split() 函数是非常实用的，它允许为分隔符指定多个正则模式。如在上述例子中，分隔符可以是逗号、分号或者是空格，并且后面紧跟着任意个空格。只要这个模式被找到，匹配的分隔符两边的实体都会被当成是结果中的元素返回。返回结果为一个字段列表，这与 str.split() 函数返回值类型是一样的。

当使用 re.split() 函数时，需要特别注意正则表达式中是否包含捕获型括号进行捕获分组。如果使用了捕获分组，那么被匹配的文本将出现在结果列表中。代码示例如下：

```python
sub_line_list = re.split(r'(;|,|\s)\s*', line)
print(sub_line_list)
```

获取分割字符在某些情况下也是有用的。如果想保留分割字符串用于重新构造新的输出字符串，代码示例如下：

```
val_list = sub_line_list[::2]
print(val_list)
delimiters = sub_line_list[1::2] + ['']
print(delimiters)
print(' '.join(v+d for v,d in zip(val_list, delimiters)))
```

如果不想保留分割字符串到结果列表中，但仍然需要使用括号来分组正则表达式，以确保分组是非捕获分组，形如 (?...)，代码示例如下：

```
print(re.split(r'(?:,|;|\s)\s*', line))
```

扩展：正确判断空对象

字符串处理中，系统经常需要做空字符串的判断。在 Python 中，除了空字符串，还有如下数据会当作空来处理：

❏ 常量 None。
❏ 常量 False。
❏ 任何形式的数值类型零，如 0、0.0、0j。
❏ 空的序列，如 ''、()、[]。
❏ 空的字典，如 {}。

我们遇到上述这些类型的对象时，需要注意空的处理，否则会出现意想不到的结果。

2.2.2 删除不需要的字符

去除字符串中一些不需要的字符，是在工作中经常碰到的操作，比如去除空格。

strip() 方法用于删除开始或结尾的字符。lstrip() 和 rstrip() 方法分别从左和右执行删除操作。默认情况下，这些方法会去除空字符，也可以指定其他字符，相关代码（delete_str. py）示例如下：

```
test_str = ' hello world \n '
print(f' 去除前后空格: {test_str.strip()}')
print(f' 去除左侧空格: {test_str.lstrip()}')
print(f' 去除右侧空格: {test_str.rstrip()}')

test_t = '===== hello--world-----'
print(test_t.rstrip('-'))
print(test_t.strip('-='))
```

执行 py 文件，输出结果如下：

```
去除前后空格: hello world
去除左侧空格: hello world

去除右侧空格: hello world
```

```
===== hello--world
hello--world
```

strip() 方法经常会被用到，如用来去掉空格、引号。

注意：去除操作不会对字符串的中间的文本产生任何影响。

如果想处理字符串中间的空格，需要求助其他方法，如使用 replace() 方法或者使用正则表达式，代码示例如下：

```
print(test_s.replace(' ', ''))
import re
print(re.sub('\s+', '', test_s))
```

通常情况下，我们可以将字符串 strip 操作和其他迭代操作相结合，如从文件中读取多行数据，此时使用生成器表达式就非常好，相关代码示例（delete_str.py）示例如下：

```
file_name = '/path/path'
with open(file_name) as file:
    lines = (line.strip() for line in file)
    for line in lines:
        print(line)
```

示例中，表达式 lines =（line.strip() for line in file）执行数据转换操作。这种方式非常高效，不需要预先将所有数据读取到一个临时列表。它仅仅是创建一个生成器，并且在每次返回行之前会先执行 strip 操作。

2.2.3 字符串清理

在实际工作场合中，我们可能遇到的不只是中文、英文，还会经常遇到一些不熟悉的语言文本，如阿拉伯语、法语等，或是被恶意编纂出来的文本，这就需要对字符串做清理。

文本清理问题涉及包括文本解析与数据处理等一系列问题。在非常简单的情形下，我们可以选择使用字符串函数（如 str.upper() 和 str.lower()）将文本转为标准格式，使用 str.replace() 或者 re.sub() 函数的替换操作删除或者改变指定的字符序列。

有时候，我们可能想在清理操作上更进一步，如想消除整个区间的字符或者变音符，这时可以使用 str.translate() 方法实现，相关代码（str_clean.py）示例如下：

```
test_str = 'pýtñöñ\fis\tawesome\r\n'
print(test_str)
```

首先做空白字符清理，创建一个小的转换表格，然后使用 translate() 方法，示例如下：

```
re_map = {ord('\t') : ' ',
          ord('\f'): ' ',
          ord('\r'): None}
print(test_str.translate(re_map))
```

执行 py 文件，输出结果如下：

```
pýtñöñ is awesome
```

由输出结果可知，空白字符 \t 和 \f 已经被重新映射为一个空格，回车字符 r 直接被删除。以这个表格为基础进一步构建更大的表格，如删除所有的和音符，相关代码（str_clean.py）示例如下：

```
import unicodedata
import sys

cmb_chrs = dict.fromkeys(c for c in range(sys.maxunicode) if unicodedata.
combining(chr(c)))
b_val = unicodedata.normalize('NFD', test_str)
print(b_val)
print(b_val.translate(cmb_chrs))
```

执行 py 文件，输出结果如下：

```
Pýtĥöñ is      awesome

Python is      awesome
```

上述示例通过 dict.fromkeys() 方法构造一个字典，每个 Unicode 和音符作为键，对应的值全部为 None。

使用 unicodedata.normalize() 方法将原始输入标准化为分解形式字符，再调用 translate() 方法删除所有重音符。同样的技术也可以用来删除其他类型的字符（比如控制字符等）。

再看一个示例，构造一个将所有 Unicode 数字字符映射到对应的 ASCII 字符上的表格：

```
digit_map = {c: ord('0') + unicodedata.digit(chr(c))
             for c in range(sys.maxunicode)
             if unicodedata.category(chr(c)) == 'Nd'
             }

print(len(digit_map))
x = '\u0661\u0662\u0663'
print(x.translate(digit_map))
```

另一种清理文本的技术涉及 I/O 解码与编码函数。这里的思路是先对文本做一些初步清理，再结合 encode() 或者 decode() 方法对其进行清除或修改，代码示例如下：

```
test_b = unicodedata.normalize('NFD', test_str)
print(test_b.encode('ascii', 'ignore').decode('ascii'))
```

这里的标准化操作将原来的文本分解为单独的和音符。接下来的 ASCII 编码 / 解码只是简单丢弃那些不需要的字符。这种方法将在获取文本对应的 ACSII 编码表示的时候生效。

字符串清理最主要的问题是运行性能。一般情况下，代码越简单运行越快。对于简单的替换操作，str.replace() 方法通常是最快的，甚至在需要多次调用的时候速度也很快。清理空白字符的代码示例如下：

```
def clean_spaces(s):
    s = s.replace('\r', '')
```

```
s = s.replace('\t', ' ')
s = s.replace('\f', ' ')
return s
```

通过测试，我们会发现 str.replace() 方法比 translate() 方法或者正则表达式运行要快很多。如果需要执行任何复杂字符对字符的重新映射或者删除操作，translate() 方法也可以，执行速度也很快。

对于应用程序来说，性能是不得不去研究的。而且对于性能，我们不能给出特定的方法使它能够适应所有的情况。因此，在实际应用中我们需要尝试不同的方法并做对应的评估后，再选择具体的方案。

2.2.4　字符串对齐

Word 文档提供了类似左对齐、右对齐、居中等便捷操作功能，可以将文本快速以指定格式对齐。Python 也提供了字符串对齐的便捷方法。

对于基本的字符串对齐操作，我们可以使用字符串的 ljust()、rjust() 和 center() 方法，相关代码（str_alignment.py）示例如下：

```
text_str = 'Hello World'
print(text_str.ljust(20))
print(text_str.rjust(20))
print(text_str.center(20))
```

执行 py 文件，输出结果如下：

```
Hello World
         Hello World
    Hello World
```

这些方法也能接收一个可选的填充字符，相关代码（str_alignment.py）示例如下：

```
print(text_str.rjust(20,'='))
print(text_str.center(20, '*'))
```

执行 py 文件，输出结果如下：

```
=========Hello World
****Hello World*****
```

对于 Python3.8 之后的版本，我们可以使用 f 前缀方便地格式化字符串。对于对齐操作，可以用 "<" ">" 或者 "^" 字符后面紧跟一个指定的宽度实现，代码示例如下：

```
print(f'{text_str:>20}')
print(f'{text_str:<20}')
print(f'{text_str:^20}')
```

如果要指定一个非空格的填充字符，将它写到对齐字符的前面即可，代码示例如下：

```
print(f'{text_str:=>20}')
print(f'{text_str:*^20}')
```

针对格式化多个值，代码示例如下：

```python
print(f'{"hello":>10s} {"world":>10s}')
```

针对格式化数字，代码示例如下：

```python
num = 1.2345
print(f'{num:>10}')
print(f'{num:^5.2f}')
```

在 Python3.8 之前版本的代码中，我们经常会看到被用来格式化文本的 % 操作符及 format() 函数。

在新版本代码中，我们应该优先选择 f 前缀或 format() 函数。format() 函数要比 % 操作符的功能更为强大。f 前缀和 format() 函数比 ljust()、rjust() 或 center() 方法更通用，f 前缀和 format() 函数可以用来格式化任意对象，而不仅仅是字符串。

2.2.5　字符串拼接

在实际应用中，我们经常需要将多个字符串合并为一个字符串。不同的字符串合并方式对执行效率的影响不同。

如果要合并的字符串是在一个序列或者迭代器中，那么最快的方式是使用 join() 方法，示例如下：

```python
test_list = ['Life', 'is', 'short', 'Use', 'python']
print(' '.join(test_list))
print(','.join(test_list))
```

join() 方法用于将序列中的元素以指定的字符连接生成一个新的字符串。这样做的原因是连接的对象可能来自不同的数据序列（比如列表、元组、字典、文件、集合或生成器等），如果在所有对象上都定义一个 join() 方法明显是冗余的，因此只需要指定想要的分割字符串并调用 join() 方法将文本片段组合起来即可。

如果只是合并少数字符串，使用加号（+）即可，代码示例如下：

```python
a_str = 'Life is short'
b_str = 'Use python'
print(a_str + ',' + b_str)
```

加号（+）操作符在做一些复杂字符串格式化的时候也很有用。

如果想在代码中将两个字面字符串合并起来，只需要简单地将它们放到一起，不需要用加号（+）。

字符串合并可能看上去比较简单，但是这个问题不能轻视，程序员经常因为选择不当的字符串格式化方式，导致应用程序性能严重降低。

注意：使用加号（+）操作符去连接大量的字符串，是非常低效的。因为加号（+）连接会引起内存复制以及垃圾回收操作。特别注意的是，永远不要像下面这样写字符串连接代码：

```
str_val = ''
for test_str in test_list:
    str_val += test_str
```

这种写法比使用 join() 方法运行得要慢一些，每次执行"+="操作会创建一个新的字符串对象。最好是先收集所有的字符串片段，然后再将它们连接起来。

一个相对较好的做法是在利用生成器表达式将数据转换为字符串的同时合并字符串，代码示例如下：

```
data_list = ['python', 23, 2020.4]
print(','.join(str(d) for d in data_list))
```

避免不必要的字符串连接操作，代码示例如下：

```
c_str = 'Let together'
# not support
print(a_str + ':' + b_str + ':' + c_str)
# not support
print(':'.join([a_str, b_str, c_str]))
# support,is better
print(a_str, b_str, c_str, sep=':')
```

当混合使用 I/O 操作和字符串连接操作的时候，有时候需要仔细研究程序。相关代码（merge_str.py）片段如下：

```
# Version 1 (string concatenation)
f.write(chunk1 + chunk2)

# Version 2 (separate I/O operations)
f.write(chunk1)
f.write(chunk2)
```

如果两个字符串很小，版本 1 性能会更好些，因为 I/O 系统调用天生就慢。如果两个字符串很大，版本 2 会更加高效，因为它避免了创建一个很大的临时对象及复制大量的内存块数据。具体的选择需要根据应用程序特点来决定。

如果准备编写大量小字符串输出的代码，最好选择使用生成器函数。利用 yield 语句产生输出片段，代码示例如下：

```
def sample_func():
    yield 'Life'
    yield 'is'
    yield 'short'
    yield 'Use'
    yield 'python'
```

这种方法有趣的一面是，它并没有对输出片段到底要怎样组织做出假设。我们可以简单地使用 join() 方法将这些片段拼接起来，或者将字符串片段重定向到 I/O，代码示例如下：

```
text_val = ''.join(sample_func())

for str_val in sample_func():
    f.write(str_val)
```

还可以写出一些结合 I/O 操作的混合方案：

```python
def combine_obj(source, max_size):
    str_list = []
    size = 0
    for item_val in source:
        str_list.append(item_val)
        size += len(item_val)
        if size > max_size:
            yield ''.join(str_list)
            str_list = []
            size = 0
    yield ''.join(str_list)

with open('file_name', 'w') as f:
    for str_val in combine_obj(sample_func(), 8192):
        f.write(str_val)
```

原始的生成器函数不需要知道使用细节，只需要负责生成字符串片段。

2.2.6 字符串插入

下面实现这样一个需求：创建一个内嵌变量的字符串，变量被其所表示的字符串替换。

Python 的 f 前缀可以方便地格式化字符串中内嵌的变量，相关代码（insert_var.py）示例如下：

```python
language_name = 'Python'
age = 30
test_str = f'{language_name} is {age}.'
print(test_str)
```

执行 py 文件，输出结果如下：

```
Python is 30.
```

如果要使被替换的变量能在变量域中找到，可以结合使用 format_map() 和 vars() 方法，相关代码（insert_var.py）示例如下：

```python
print(test_str.format_map(vars()))
```

执行 py 文件，输出结果与上面一致。

vars() 方法有一个有意思的特性就是，它适用于对象实例，相关代码（insert_var.py）示例如下：

```python
class Info:
    def __init__(self, language_name, age):
        self.language_name = language_name
        self.age = age

info = Info('Python', 30)
print(test_str.format_map(vars(info)))
```

执行 py 文件，输出结果同上。

还可以使用字符串模板（insert_var.py）实现，代码如下：

```
import string
str_t = string.Template('$language_name is $age.')
print(str_t.substitute(vars()))
```

执行 py 文件，输出结果同上。

2.2.7　字符串格式化

我们在工作过程中有时会有以指定的列宽将长字符串重新格式化的需求，此时可使用 textwrap 模块来格式化长字符串的输出。相关代码（str_format.py）示例如下：

```
test_str = "PyCons take place throughout many parts of the world. \
Each PyCon is different in its own way;  drawing from its \
own geographical location as well as local history and culture. \
In 2017 another beautiful country opened its doors to a new PyCon, \
with the launch of PyCon Colombia. "
```

使用 textwrap 格式化字符串的多种方式（str_format.py）如下：

```
import textwrap
print(textwrap.fill(test_str, 70))

print(textwrap.fill(test_str, 40))

print(textwrap.fill(test_str, 40, initial_indent='    '))

print(textwrap.fill(test_str, 40, subsequent_indent='    '))
```

textwrap 模块对于字符串打印是非常有用的，特别是当希望输出自动匹配终端大小的时候。我们可以使用 os.get_terminal_size() 方法来获取终端的大小，示例如下：

```
import os
print(os.get_terminal_size().columns)
```

fill() 方法可接收一些其他可选参数来控制 tab、语句结尾等。

2.2.8　处理 HTML 和 XML 文本

在处理 Web 相关业务，特别是处理网页文本时，经常需要将 HTML 或者 XML 实体如 &entity 或 &#code 替换为对应的文本，或需要转换文本中特定的字符（比如 <、> 或 &）。

如果想替换文本字符串中的"<"或者">"，可使用 html.escape() 函数实现，示例如下：

```
test_str = 'Elements are written as "<tag>text</tag>".'
import html
print(test_str)

print(html.escape(test_str))
```

```
print(html.escape(test_str, quote=False))
```

如果正在处理的是 ASCII 文本，并且想将非 ASCII 文本对应的编码实体嵌入 ASCII 文本，可以给某些 I/O 函数传递参数 errors='xmlcharrefreplace' 来达到目的，示例如下：

```
test_str = 'Spicy Jalapeño'
print(test_str.encode('ascii', errors='xmlcharrefreplace'))
```

为了替换文本中的编码实体，需要使用另外一种方法。如果正在处理的是 HTML 或者 XML 文本，试着先使用一个合适的 HTML 或者 XML 解析器。通常情况下，这些工具会自动替换这些编码值。

如果接收到一些含有编码值的原始文本，需要手动去做替换，通常只需要使用 HTML 或者 XML 解析器的一些相关工具函数 / 方法，示例如下：

```
test_str = 'Spicy &quot;Jalape&#241;o&quot.'
print(html.unescape(test_str))

text = 'The prompt is &gt;&gt;&gt;'
from xml.sax.saxutils import unescape
unescape(text)
```

在生成 HTML 或者 XML 文本的时候，如何正确地转换特殊标记字符是一个容易被忽视的细节，特别是当使用 print() 函数或者其他字符串格式化方法来产生输出的时候。此时，使用 html.escape() 函数可以很容易地解决这类问题。

若想以其他方式处理文本，还可以使用其他工具函数，比如 xml.sax.saxutils.unescapge()，不过应该先调研清楚怎样使用一个合适的解析器再做选择。比如，在处理 HTML 或 XML 文本时，使用某个解析模块比如 html.parse 或 xml.etree.ElementTree 可以帮助自动处理一些相关的替换细节。

2.3 字符串匹配

字符串有多种匹配方式，如开头或结尾匹配、最短匹配、多行匹配等。下面具体介绍几种匹配方式。

2.3.1 字符串开头或结尾匹配

对于一些文件格式，我们要通过指定的文本模式去检查字符串的开头或者结尾，比如文件名后缀、URL Scheme 等。

检查字符串开头或结尾的一个简单方法是使用 str.startswith() 或者 str.endswith() 方法，示例如下：

```
file_name = 'python.txt'
print(file_name.endswith('.txt'))
print(file_name.startswith('abc'))
```

```
url_val = 'http://www.python.org'
print(url_val.startswith('http:'))
```

但如果想检查多种匹配可能，需要将所有的匹配项放到一个元组中，然后传给 startswith() 或者 endswith() 方法。endswith() 方法示例如下：

```
import os
file_name_list = os.listdir('.')
print(file_name_list)
print([name for name in file_name_list if name.endswith(('.py', '.h')) ])

print(any(name.endswith('.py') for name in file_name_list))
```

startswith() 方法示例如下：

```
from urllib.request import urlopen

def read_data(name):
    if name.startswith(('http:', 'https:', 'ftp:')):
        return urlopen(name).read()
    else:
        with open(name) as f:
            return f.read()
```

该方法的输入参数必须是一个元组。如果恰巧有一个 list 或 set 类型的选项，要确保传递的参数是 tuple() 类型，相关代码（starts_ends_with.py）示例如下：

```
web_pre_list = ['http:', 'ftp:']
url_val = 'http://www.python.org'
print(url_val.startswith(tuple(web_pre_list)))
print(url_val.startswith(web_pre_list))
```

执行 py 文件，得到类似如下的输出：

```
True
Traceback (most recent call last):
  File "/Users/lyz/Desktop/python-workspace/advanced_programming/chapter2/
starts_ends_with_exp.py", line 30, in <module>
    print(url_val.startswith(web_pre_list))
TypeError: startswith first arg must be str or a tuple of str, not list
```

使用 startswith() 和 endswith() 方法对字符串开头和结尾检查非常方便。类似的操作也可以使用切片来替换，但是代码看起来没有那么优雅，代码可读性也要差一些，示例如下：

```
file_name = 'test.txt'
print(file_name[-4:] == '.txt')

url_val = 'http://www.python.org'
print(url_val[:5] == 'http:' or url_val[:6] == 'https:' or url_val[:4] == 'ftp:')
```

当然，我们也可以使用正则表达式实现。读者可以根据需要自行实现。

提示 当需要和其他操作（比如普通数据聚合）相结合的时候，配合使用 startswith() 和 endswith() 方法的效果是很不错的。

2.3.2 用 Shell 通配符匹配字符串

我们可以使用 Unix Shell 中常用的通配符（如 *.py，*.xml 等）进行字符串的匹配。

fnmatch 模块提供了两个函数——fnmatch() 和 fnmatchcase()，以便实现字符串的匹配，示例如下：

```
from fnmatch import fnmatch, fnmatchcase

print(fnmatch('python.txt', '*.txt'))
print(fnmatch('hello.txt', '?ello.txt'))

print(fnmatch('course_15.csv', 'course_[0-9]*'))

names = ['Date_1.csv', 'Date_2.csv', 'config.ini', 'test.py']
print([name for name in names if fnmatch(name, 'Dat*.csv')])
```

fnmatch() 函数使用底层操作系统的大小写敏感规则（不同的系统是不一样的）来匹配模式。一般，Windows 操作系统对于大小写是不敏感的，Linux 或 Mac 系统对于大小写是敏感的，大家可以分别进行验证。

如果确实需要区分大小写，可以使用 fnmatchcase() 函数来代替 fnmatch() 函数。它完全是大小写匹配的，示例如下：

```
print(fnmatchcase('python.txt', '*.TXT'))
```

fnmatch() 和 fnmatchcase() 函数在处理非法字符串时也是很有用的。对于如下列表数据（shell_match_exp.py）：

```
doing_thing = [
    'reading a book',
    'watching tv',
    'running in the park',
    'eating food',
    'writing book',
]
```

可以写成如下的列表推导（shell_match_exp.py）：

```
from fnmatch import fnmatchcase
print([doing for doing in doing_thing if fnmatchcase(doing, '* book')])
print([doing for doing in doing_thing if fnmatchcase(doing, '[a-z][a-z]*ing
*oo*')])
```

fnmatch() 函数匹配能力介于简单的字符串方法和强大的正则表达式之间。如果在数据处理操作中只需要简单的通配符就能完成，使用 fnmatch() 函数通常是一个比较合理的方案。

2.3.3 字符串匹配和搜索

在实际应用中，我们有时需要搜索特定模式的文本。

如果想匹配的是字面字符串，那么通常只需要调用基本字符串方法即可，如 str.find()、str.endswith()、str.startswith() 或类似的方法，示例如下：

```
text_val = 'life is short, I use python, what about you'
print(text_val == 'life')
print(text_val.startswith('life'))
print(text_val.endswith('what'))
print(text_val.find('python'))
```

对于复杂的匹配，我们需要使用正则表达式和 re 模块，如匹配数字格式的日期字符串 04/20/2020，示例如下：

```
date_text_1 = '04/20/2020'
date_text_2 = 'April 20, 2020'

import re
if re.match(r'\d+/\d+/\d+', date_text_1):
    print('yes,the date type is match')
else:
    print('no,it is not match')

if re.match(r'\d+/\d+/\d+', date_text_2):
    print('yes,it match')
else:
    print('no,not match')
```

若想使用同一个模式去做多次匹配，可以先将模式字符串预编译为模式对象，示例如下：

```
date_pat = re.compile(r'\d+/\d+/\d+')
if date_pat.match(date_text_1):
    print('yes,the date type is match')
else:
    print('no,it is not match')

if date_pat.match(date_text_2):
    print('yes,it match')
else:
    print('no,not match')
```

match() 方法总是从字符串开始去匹配。如果想查找字符串任意部分的模式出现位置，可以使用 findall() 方法代替，示例如下：

```
date_text = 'Today is 11/27/2012. PyCon starts 3/13/2013.'
print(date_pat.findall(date_text))
```

定义正则式时，通常用括号捕获分组，示例如下：

```
date_pat_1 = re.compile(r'(\d+)/(\d+)/(\d+)')
```

捕获分组可以使得后面的处理更加简单，并且可以分别将每个组的内容提取出来，相关代码（str_match_search.py）示例如下：

```
group_result = date_pat_1.match('04/20/2020')
print(f'group result is:{group_result}')
print(f'group 0 is:{group_result.group(0)}')
print(f'group 1 is:{group_result.group(1)}')
print(f'group 2 is:{group_result.group(2)}')
print(f'group 3 is:{group_result.group(3)}')

print(f'groups is:{group_result.groups()}')

month, date, year = group_result.groups()
print(f'month is {month}, date is {date}, year is {year}')

print(date_pat_1.findall(date_text))

for month, day, year in date_pat_1.findall(date_text):
    print(f'{year}-{month}-{day}')
```

执行 py 文件，得到的输出结果类似如下：

```
group result is:<re.Match object; span=(0, 10), match='04/20/2020'>
group 0 is:04/20/2020
group 1 is:04
group 2 is:20
group 3 is:2020
groups is:('04', '20', '2020')
month is 04, date is 20, year is 2020
[('11', '27', '2012'), ('3', '13', '2013')]
2012-11-27
2013-3-13
```

findall() 方法会搜索文本并以列表形式返回所有的匹配。如果想以迭代方式返回匹配，可以使用 finditer() 方法代替，相关代码（str_match_search.py）示例如下：

```
for m_val in date_pat_1.finditer(date_text):
    print(m_val.groups())
```

这里阐述了使用 re 模块进行匹配和搜索文本的最基本方法。核心步骤就是先使用 re.compile() 方法编译正则表达式字符串，然后使用 match()、findall() 或者 finditer() 等方法进行匹配。

我们在写正则表达式字符串的时候，相对普遍的做法是使用原始字符串，比如 r'(\d+)/(\d+)/(\d+)'。这种字符串不需要解析反斜杠，这在正则表达式中是很有用的。如果不使用原始字符串，必须使用两个反斜杠，类似 '(\\d+)/(\\d+)/(\\d+)'。

注意：match() 方法仅仅检查字符串的开始部分。它的匹配结果有可能并不是期望的那样，示例如下：

```
group_result = date_pat_1.match('04/20/2020abcdef')
print(group_result)
print(group_result.group())
```

如果想精确匹配，需要确保正则表达式以 $ 结尾，示例如下：

```
date_pat_2 = re.compile(r'(\d+)/(\d+)/(\d+)$')
print(date_pat_2.match('04/20/2020abcdef'))
print(date_pat_2.match('04/20/2020'))
```

如果仅仅是做一次简单的文本匹配 / 搜索操作，可以略过编译部分，直接使用 re 模块级别的函数，示例如下：

```
print(re.findall(r'(\d+)/(\d+)/(\d+)', date_text))
```

注意：如果打算做大量的匹配和搜索操作，最好先编译正则表达式，然后再重复使用它。模块级别的函数会将最近编译过的模式缓存起来，因此不会降低太多性能。如果使用预编译模式，会减少查找和一些额外处理的损耗。

2.3.4 最短匹配

用正则表达式匹配某个文本模式是字符串匹配中最为常用的方式。一般，正则表达式找到的是最长的可能匹配，但有时需要的结果是最短的可能匹配。

这个问题一般出现在需要匹配一对分隔符之间的文本的时候（比如引号包含的字符串），相关代码（shortest_match_exp.py）示例如下：

```
import re
str_pat = re.compile(r'"(.*)"')
text_val = 'Show "no." on screen'
print(str_pat.findall(text_val))

text_v = 'Computer show "no." Phone show "yes."'
print(str_pat.findall(text_v))
```

执行 py 文件，输出结果如下：

```
['no.']
['no." Phone show "yes.']
```

在示例中，模式 r'"(.*)"' 的意图是匹配双引号包含的文本。但是在正则表达式中，* 操作符是贪婪的，匹配操作会查找最长的可能匹配。所以，在第二个 print 语句中搜索 text_v 的时候返回结果并不和期望的一样。

要修正这个问题，可以在模式中的 * 操作符后面加上 ? 修饰符，示例如下：

```
str_pat = re.compile(r'"(.*?)"')
print(str_pat.findall(text_v))
```

在上述更改后，匹配变成非贪婪模式，从而得到最短的可能匹配，这也是期望的结果。

这里展示了在写包含点 (.) 字符的正则表达式的时候遇到的一些常见问题。在一个模式字符串中，点 (.) 字符可以匹配除了换行符外的任何字符，但如果将点 (.) 字符放在开始与结束符（比如：引号）之间，匹配操作会查找符合模式的最长的可能匹配，这样通常会导致忽视很多中间被开始与结束符包含的文本，最终被包含在匹配结果中返回。

通过在"*"或者"+"这样的操作符后面添加一个"?"，可以强制匹配算法改成寻找最短的可能匹配。

2.3.5 多行匹配

在实际应用中，我们有时需要跨越多行匹配一大块文本。

这个问题常出现在用点 (.) 字符去匹配任意字符的时候，但事实是点 (.) 字符不能匹配换行符，示例如下：

```
import re

anno_pat = re.compile(r'/\*(.*?)\*/')
text_1 = '/* this is one line annotation */'
text_2 = """/* this is
multi line annotation */
"""

print(anno_pat.findall(text_1))
print(anno_pat.findall(text_2))
```

对于以上问题，我们可以通过修改模式字符串，增加对换行的支持进行解决，示例如下：

```
anno_pat = re.compile(r'/\*((?:.|\n)*?)\*/')
print(anno_pat.findall(text_2))
```

在示例中，(?:.|\n) 指定了一个非捕获组。也就是说，它定义了一个仅仅用来做匹配，而不能通过单独捕获或者编号的组。

re.compile() 函数接收的一个标志参数叫 re.DOTALL，该参数可以让正则表达式中的点 (.) 字符匹配包括换行符在内的任意字符，示例如下：

```
anno_pat = re.compile(r'/\*(.*?)\*/', re.DOTALL)
print(anno_pat.findall(text_2))
```

对于简单的情况，re.DOTALL 标志参数可以工作得很好。但若模式非常复杂或者是为了构造字符串令牌而将多个模式合并起来，这时使用这个标志参数就可能出现一些问题。

如果可以选择，最好自定义正则表达式模式，这样不需要额外的标志参数程序也能工作得很好。

2.4 字符串搜索

字符串的搜索在编程中很常见。字符串的搜索一般通过正则表达式实现，在搜索过程中会伴有替换等操作。

2.4.1 字符串搜索替换

在实际工作中，我们经常需要在字符串中搜索和匹配指定的文本模式。

对于简单的字符串，直接使用 str.replace() 函数即可，示例如下：

```
text_val = 'life is short, I use python, what about you'
print(text_val.replace('use', 'choice'))
```

对于复杂的模式，我们需要用 re 模块中的 sub() 函数。如将形式为 11/27/2012 的日期字符串改成 2012-11-27，代码（replace_search.py）示例如下：

```
text_date = 'Today is 04/21/2020. Python2 stop maintain from 01/01/2020.'
import re
print(re.sub(r'(\d+)/(\d+)/(\d+)', r'\3-\1-\2', text_date))
```

执行 py 文件，输出结果如下：

```
Today is 2020-04-21. Python2 stop maintain from 2020-01-01.
```

sub() 函数中的第一个参数是被匹配的模式，第二个参数是替换模式。反斜杠数字比如 \3 指向前面模式的捕获组号。

如果相同的模式要做多次替换，应先编译以提升性能，示例如下：

```
date_pat = re.compile(r'(\d+)/(\d+)/(\d+)')
print(date_pat.sub(r'\3-\1-\2', text_date))
```

对于更复杂的替换，可以传递一个替换回调函数执行替换操作，示例如下：

```
from calendar import month_abbr
def change_date(group_val):
    mon_name = month_abbr[int(group_val.group(1))]
    return f'{group_val.group(2)} {mon_name} {group_val.group(3)}'

print(date_pat.sub(change_date, text_date))
```

一个替换回调函数的参数是一个 match 对象，也就是 match() 或者 find() 方法返回的对象。group() 方法用来提取特定的匹配部分。替换回调函数最后返回替换字符串。

如果我们除了想知道替换后的结果外，还想知道发生了多少替换，可以使用 re.subn() 方法来代替回调函数，代码（replace_search.py）示例如下：

```
new_text, rep_num = date_pat.subn(r'\2-\1-\2', text_date)
print(f'after replace text:{new_text}')
print(f'replace value num:{rep_num}')
```

执行 py 文件，输出结果如下：

```
after replace text:Today is 21-04-21. Python2 stop maintain from 01-01-01.
replace value num:2
```

关于正则表达式的搜索和替换，示例中的 sub() 方法基本已经涵盖了所有。对于正则表达式的使用，最难的部分是编写正则表达式模式，这需要读者自己多加练习。

2.4.2 字符串忽略大小写的搜索替换

在实际工作中，我们经常需要搜索和替换字符串，有时还需要忽略大小写。

为了在文本操作时忽略大小写，我们需要在使用 re 模块的时候给这些操作提供 re.IGNORECASE 标志参数，示例如下：

```python
import re
text_val = 'LEARN PYTHON3, like python, Good at Python'
print(re.findall('python', text_val, flags=re.IGNORECASE))
print(re.sub('python', 'snake', text_val, flags=re.IGNORECASE))
```

上面示例的最后一行有一个小缺陷，替换字符串并不会自动与被匹配字符串的大小写保持一致。这里需要一个类似如下的辅助函数，代码（ignore_case_exp.py）示例如下：

```python
def match_case(word):
    def replace(m):
        text = m.group()
        if text.isupper():
            return word.upper()
        elif text.islower():
            return word.lower()
        elif text[0].isupper():
            return word.capitalize()
        else:
            return word

    return replace
```

上述辅助函数的格式如下：

```python
print(re.sub('python', match_case('snake'), text_val, flags=re.IGNORECASE))
```

执行 py 文件，输出结果如下：

```
LEARN SNAKE3, like snake, Good at Snake
```

match_case('snake') 返回了一个回调函数（参数必须是 match 对象）。前面提到过，sub() 函数除了接收替换字符串外，还能接收一个回调函数。

一般情况下，对于忽略大小写的匹配操作，简单地传递一个 re.IGNORECASE 标志参数就足够。但对于某些需要大小写转换的 Unicode 匹配可能还不够，后续会有更多讲解。

2.5　将 Unicode 文本标准化

在处理 Unicode 字符串时，为了保证字符串的可用性，需要确保所有字符串在底层有相同的表示。

在 Unicode 字符串中，某些字符能够用多个合法的编码表示，代码（unicode_standard.py）示例如下：

```python
uni_str_1 = 'Spicy Jalape\u00f1o'
uni_str_2 = 'Spicy Jalapen\u0303o'
print(uni_str_1)
print(uni_str_2)
```

```
print(uni_str_1 == uni_str_2)
print(len(uni_str_1))
print(len(uni_str_2))
```

执行 py 文件，输出结果如下：

```
Spicy Jalapeño
Spicy Jalapen˜o
False
14
15
```

示例中的文本 Spicy Jalapeño 使用了两种形式来表示。第一种形式使用整体字符"ñ"（U+00F1），第二种形式使用拉丁字母"n"后面跟一个"~"的组合字符（U+0303）。

在比较字符串的程序中使用字符的多种表示会产生问题。为了避免这个问题的发生，我们可以使用 unicodedata 模块先将文本标准化，代码（unicode_standard.py）示例如下：

```
import unicodedata

t_1 = unicodedata.normalize('NFC', uni_str_1)
t_2 = unicodedata.normalize('NFC', uni_str_2)
print(t_1 == t_2)
print(ascii(t_1))
t_3 = unicodedata.normalize('NFD', uni_str_1)
t_4 = unicodedata.normalize('NFD', uni_str_2)
print(t_3 == t_4)
print(ascii(t_3))
```

执行 py 文件，输出结果如下：

```
True
'Spicy Jalape\xf1o'
True
'Spicy Jalapen\u0303o'
```

normalize() 第一个参数指定了字符串标准化的方式。NFC 表示字符由同一种编码组成，而 NFD 表示字符可分解为多个组合字符。

Python 同样支持扩展的标准化形式——NFKC 和 NFKD。它们在处理某些字符的时候增加了额外的兼容特性，代码（unicode_standard.py）示例如下：

```
test_str = '\ufb01'
print(test_str)
print(unicodedata.normalize('NFD', test_str))
print(unicodedata.normalize('NFKD', test_str))
print(unicodedata.normalize('NFKC', test_str))
```

标准化对于任何需要以一致的方式处理 Unicode 文本的程序都是非常重要的，特别是在处理来自用户输入的字符串但很难去控制编码的时候。

在清理和过滤文本的时候，字符的标准化也是很重要的。如想清除一些文本上面的变音符（可能是为了搜索和匹配），相关代码（unicode_standard.py）示例如下：

```
test_1 = unicodedata.normalize('NFD', uni_str_1)
print(''.join(c for c in test_1 if not unicodedata.combining(c)))
```

执行 py 文件，输出结果如下：

```
Spicy Jalapeno
```

该示例展示了 unicodedata 模块的另一个重要方面 —— 测试字符类的工具函数。combining() 函数可以测试一个字符是否为和音字符。这个模块中的其他函数可用于查找字符类别、测试字符是否为数字字符等。

Unicode 是一个很大的主题。读者如果想更深入地了解关于标准化方面的信息，可以到 Unicode 官网查找更多相关信息。

2.6 在正则表达式中使用 Unicode 字符

在实际应用中，我们需要使用正则表达式处理 Unicode 字符。

默认情况下，re 模块已经对一些 Unicode 字符类有了基本的支持。比如，\\d 已经匹配任意的 unicode 数字字符，相关代码（re_unicode.py）示例如下：

```
import re
num = re.compile('\d+')
print(num.match('123'))
print(num.match('\u0661\u0662\u0663'))
```

执行 py 文件，输出结果如下：

```
<re.Match object; span=(0, 3), match='123'>
<re.Match object; span=(0, 3), match='١٢٣'>
```

如果想在模式中包含指定的 Unicode 字符，可以使用 Unicode 字符对应的转义序列（比如 \uFFF 或者 \UFFFFFFFF）。下面是一个匹配不同阿拉伯编码页面中所有字符的正则表达式，代码如下：

```
arabic = re.compile('[\u0600-\u06ff\u0750-\u077f\u08a0-\u08ff]+')
print(arabic)
```

当执行匹配和搜索操作的时候，最好先处理所有文本为标准化格式，但也应该注意一些特殊情况，如忽略大小写匹配和大小写转换的行为。

```
pat = re.compile('stra\u00dfe', re.IGNORECASE)
test_str = 'straße'
print_pat.match(test_str)
print(pat.match(test_str.upper()))
print(test_str.upper())
```

混合使用 Unicode 和正则表达式通常没有那么好处理。如果真这样做，最好安装第三方正则表达式库，它会为 Unicode 的大小写转换和其他特性提供全面的支持，包括模糊匹配。

2.7 令牌解析

下面介绍将字符串从左至右解析为令牌流。

文本字符串示例如下：

```
text_v = 'foo = 23 + 42 * 10'
```

令牌化字符串不仅需要匹配模式，还得指定模式的类型。如将字符串转换为序列对，示例如下：

```
token_list = [('NAME', 'foo'), ('EQ','='), ('NUM', '23'), ('PLUS','+'),
              ('NUM', '42'), ('TIMES', '*'), ('NUM', '10')]
```

为了执行上述切分，第一步就是利用命名捕获组的正则表达式来定义所有可能的令牌，包括空格，代码（token_parser.py）如下：

```
import re
NAME = r'(?P<NAME>[a-zA-Z_][a-zA-Z_0-9]*)'
NUM = r'(?P<NUM>\d+)'
PLUS = r'(?P<PLUS>\+)'
TIMES = r'(?P<TIMES>\*)'
EQ = r'(?P<EQ>=)'
WS = r'(?P<WS>\s+)'
master_pat = re.compile('|'.join([NAME, NUM, PLUS, TIMES, EQ, WS]))
```

在上面的模式中，?P<TOKENNAME> 用于给定一个模式命名，供后面的程序使用。

为了使字符串令牌化，我们使用模式对象中的 scanner() 方法。该方法会创建一个 Scanner 对象，在这个对象上不断地调用 match() 方法扫描目标文本，相关代码（token_parser.py）示例如下：

```
scanner = master_pat.scanner('foo = 42')
match_val = scanner.match()
print(match_val)
print(match_val.lastgroup, match_val.group())

match_val = scanner.match()
print(match_val)
print(match_val.lastgroup, match_val.group())

match_val = scanner.match()
print(match_val)
print(match_val.lastgroup, match_val.group())

match_val = scanner.match()
print(match_val)
print(match_val.lastgroup, match_val.group())

match_val = scanner.match()
print(match_val)
print(match_val.lastgroup, match_val.group())

match_val = scanner.match()
```

```
print(match_val)
```

执行 py 文件，输出结果如下：

```
<re.Match object; span=(0, 3), match='foo'>
NAME foo
<re.Match object; span=(3, 4), match=' '>
WS
<re.Match object; span=(4, 5), match='='>
EQ =
<re.Match object; span=(5, 6), match=' '>
WS
<re.Match object; span=(6, 8), match='42'>
NUM 42
None
```

实际使用这种技术的时候，我们可以很容易地将上述代码打包到一个生成器中，相关
代码（token_parser.py）示例如下：

```
from collections import namedtuple
def generate_tokens(pat, text):
    Token = namedtuple('Token', ['type', 'value'])
    pat_scanner = pat.scanner(text)
    for m in iter(pat_scanner.match, None):
        yield Token(m.lastgroup, m.group())

for tok in generate_tokens(master_pat, 'foo = 42'):
    print(tok)
```

执行 py 文件，输出结果如下：

```
Token(type='NAME', value='foo')
Token(type='WS', value=' ')
Token(type='EQ', value='=')
Token(type='WS', value=' ')
Token(type='NUM', value='42')
```

如果想过滤令牌流，可以定义更多的生成器函数或者使用一个生成器表达式，以下示
例展示了过滤所有的空白令牌：

```
token_list = (tok for tok in generate_tokens(master_pat, text_v) if tok.type !=
'WS')
for tok in token_list:
    print(tok)
```

通常来讲，令牌化是很多高级文本解析与处理的第一步。

对于上述扫描方法，我们需要记住一点：必须确认使用正则表达式指定所有输入中可
能出现的文本序列。如果有任何不可匹配的文本出现，扫描会直接停止。这也是上面示例
中必须指定空白字符令牌的原因。

令牌的顺序对解析结果也是有影响的。re 模块会按照指定好的顺序去做匹配。如果一
个模式恰好是另一个更长模式的子字符串，那么需要确定长模式写在前面，示例如下：

```
LT = r'(?P<LT><)'
LE = r'(?P<LE><=)'
EQ = r'(?P<EQ>=)'

master_pat = re.compile('|'.join([LE, LT, EQ]))
master_pat = re.compile('|'.join([LT, LE, EQ]))
```

上述示例中，第二个模式是错的，它会将文本 <= 匹配为令牌 LT 紧跟着 EQ，而不是单独的令牌 LE，这并不是我们想要的结果。

最后，需要留意子字符串形式的模式，示例如下：

```
PRINT = r'(?P<PRINT>print)'
NAME = r'(?P<NAME>[a-zA-Z_][a-zA-Z_0-9]*)'

master_pat = re.compile('|'.join([PRINT, NAME]))

for tok in generate_tokens(master_pat, 'printer'):
    print(tok)
```

2.8 简单的递归下降分析器实现

解析器可以通过语法规则解析文本并执行命令实现，或者构造一个代表输入的抽象语法树实现。如果语法非常简单，可以不使用框架，而是自己手动实现解析器。

要想手动实现解析器，需根据特殊语法去解析文本。首先以 BNF 或者 EBNF 形式指定一个标准语法。一个简单的数学表达式语法示例如下：

```
expr ::= expr + term
     |   expr - term
     |   term

term ::= term * factor
     |   term / factor
     |   factor

factor ::= ( expr )
     |    NUM
```

或者以 EBNF 形式指定标准语法，示例如下：

```
expr ::= term { (+|-) term }*

term ::= factor { (*|/) factor }*

factor ::= ( expr )
     |    NUM
```

在 EBNF 形式中，被包含在 {...}* 中的规则是可选的。* 代表 0 次或多次重复（与在正则表达式中的意义一样）。

如果你对 BNF 的工作机制还不是很明白，可把它当作一组左右符号可相互替换的规则。

一般来讲，解析的原理就是利用 BNF 完成多个替换和扩展以匹配输入文本和语法规则。

假设正在解析形如 3+4×5 的表达式，首先要使用前面介绍的技术将其分解为一组令牌流。分解结果可能是像下面这样的令牌序列：

```
NUM + NUM * NUM
```

在此基础上，通过替换操作匹配语法到输入令牌，代码如下：

```
expr
expr ::= term { (+|-) term }*
expr ::= factor { (*|/) factor }* { (+|-) term }*
expr ::= NUM { (*|/) factor }* { (+|-) term }*
expr ::= NUM { (+|-) term }*
expr ::= NUM + term { (+|-) term }*
expr ::= NUM + factor { (*|/) factor }* { (+|-) term }*
expr ::= NUM + NUM { (*|/) factor }* { (+|-) term }*
expr ::= NUM + NUM * factor { (*|/) factor }* { (+|-) term }*
expr ::= NUM + NUM * NUM { (*|/) factor }* { (+|-) term }*
expr ::= NUM + NUM * NUM { (+|-) term }*
expr ::= NUM + NUM * NUM
```

第一个输入令牌是 NUM，因此替换操作首先会匹配该部分。一旦匹配成功，就会进入下一个令牌，以此类推。当已经确定不能匹配下一个令牌的时候，令牌右边的部分（比如 {(*/)factor}*）就会被清理掉。在一个成功的解析中，整个令牌右边部分会完全展开来匹配输入令牌流。

下面通过一个简单示例来展示如何构建一个递归下降表达式求值程序，相关代码（simple_recursion_1.py）示例如下：

```python
"""
下降解析器
"""
import re
import collections

# Token specification
NUM     = r'(?P<NUM>\d+)'
PLUS    = r'(?P<PLUS>\+)'
MINUS   = r'(?P<MINUS>-)'
TIMES   = r'(?P<TIMES>\*)'
DIVIDE  = r'(?P<DIVIDE>/)'
LPAREN  = r'(?P<LPAREN>\()'
RPAREN  = r'(?P<RPAREN>\))'
WS      = r'(?P<WS>\s+)'

master_pat = re.compile('|'.join([NUM, PLUS, MINUS, TIMES,
                         DIVIDE, LPAREN, RPAREN, WS]))
# Tokenizer
Token = collections.namedtuple('Token', ['type', 'value'])


def generate_tokens(text):
    scanner = master_pat.scanner(text)
    for m in iter(scanner.match, None):
```

```python
        tok = Token(m.lastgroup, m.group())
        if tok.type != 'WS':
            yield tok


# Parser
class ExpressionEvaluator:
    '''
    Implementation of a recursive descent parser. Each method
    implements a single grammar rule. Use the ._accept() method
    to test and accept the current lookahead token. Use the ._expect()
    method to exactly match and discard the next token on on the input
    (or raise a SyntaxError if it doesn't match).
    '''

    def parse(self, text):
        self.tokens = generate_tokens(text)
        self.tok = None   # Last symbol consumed
        self.nexttok = None  # Next symbol tokenized
        self._advance()  # Load first lookahead token
        return self.expr()

    def _advance(self):
        'Advance one token ahead'
        self.tok, self.nexttok = self.nexttok, next(self.tokens, None)

    def _accept(self, toktype):
        'Test and consume the next token if it matches toktype'
        if self.nexttok and self.nexttok.type == toktype:
            self._advance()
            return True
        else:
            return False

    def _expect(self, toktype):
        'Consume next token if it matches toktype or raise SyntaxError'
        if not self._accept(toktype):
            raise SyntaxError('Expected ' + toktype)

    # Grammar rules follow
    def expr(self):
        "expression ::= term { ('+'|'-') term }*"
        exprval = self.term()
        while self._accept('PLUS') or self._accept('MINUS'):
            op = self.tok.type
            right = self.term()
            if op == 'PLUS':
                exprval += right
            elif op == 'MINUS':
                exprval -= right
        return exprval

    def term(self):
        "term ::= factor { ('*'|'/') factor }*"
        termval = self.factor()
```

```python
        while self._accept('TIMES') or self._accept('DIVIDE'):
            op = self.tok.type
            right = self.factor()
            if op == 'TIMES':
                termval *= right
            elif op == 'DIVIDE':
                termval /= right
        return termval

    def factor(self):
        "factor ::= NUM | ( expr )"
        if self._accept('NUM'):
            return int(self.tok.value)
        elif self._accept('LPAREN'):
            exprval = self.expr()
            self._expect('RPAREN')
            return exprval
        else:
            raise SyntaxError('Expected NUMBER or LPAREN')


def descent_parser():
    e = ExpressionEvaluator()
    print(f"parse 2 result:{e.parse('2')}")
    print(f"parser 2 + 3 result:{e.parse('2 + 3')}")
    print(f"parser 2 + 3 * 4 result:{e.parse('2 + 3 * 4')}")
    print(f"parser 2 + (3 + 4) * 5 result:{e.parse('2 + (3 + 4) * 5')}")
    print(f"parser 2 + (3 + * 4) result:{e.parse('2 + (3 + * 4)')}")


if __name__ == '__main__':
    descent_parser()
```

执行 py 文件，输出结果如下：

```
parse 2 result:2
parser 2 + 3 result:5
parser 2 + 3 * 4 result:14
parser 2 + (3 + 4) * 5 result:37
Traceback (most recent call last):
    File "/Users/lyz/Desktop/python-workspace/advanced_programming/chapter2/
simple_recursion_1.py", line 112, in <module>
        descent_parser()
    File "/Users/lyz/Desktop/python-workspace/advanced_programming/chapter2/
simple_recursion_1.py", line 108, in descent_parser
        print(f"parser 2 + (3 + * 4) result:{e.parse('2 + (3 + * 4)')}")
    File "/Users/lyz/Desktop/python-workspace/advanced_programming/chapter2/
simple_recursion_1.py", line 46, in parse
        return self.expr()
    File "/Users/lyz/Desktop/python-workspace/advanced_programming/chapter2/
simple_recursion_1.py", line 71, in expr
        right = self.term()
    File "/Users/lyz/Desktop/python-workspace/advanced_programming/chapter2/
simple_recursion_1.py", line 80, in term
        termval = self.factor()
    File "/Users/lyz/Desktop/python-workspace/advanced_programming/chapter2/
```

```
simple_recursion_1.py", line 95, in factor
        exprval = self.expr()
    File "/Users/lyz/Desktop/python-workspace/advanced_programming/chapter2/
simple_recursion_1.py", line 71, in expr
        right = self.term()
    File "/Users/lyz/Desktop/python-workspace/advanced_programming/chapter2/
simple_recursion_1.py", line 80, in term
        termval = self.factor()
    File "/Users/lyz/Desktop/python-workspace/advanced_programming/chapter2/
simple_recursion_1.py", line 99, in factor
        raise SyntaxError('Expected NUMBER or LPAREN')
    SyntaxError: Expected NUMBER or LPAREN
```

文本解析是一个很大的主题，如果你在学习关于语法、解析算法等相关的背景知识，建议看一些编译器书籍。关于解析方面的内容太多，这里不能全部展开讲解。

尽管如此，编写一个递归下降解析器的整体思路是比较简单的，首先获得所有的语法规则，然后将其转换为一个函数或者方法。若语法类似这样：

```
expr ::= term { ('+'|'-') term }*

term ::= factor { ('*'|'/') factor }*

factor ::= '(' expr ')'
    | NUM
```

则将它们转换成如下的方法：

```
class ExpressionEvaluator:
    ...
    def expr(self):
    ...
    def term(self):
    ...
    def factor(self):
    ...
```

每个方法要完成的任务很简单——从左至右遍历语法规则，处理每个令牌。从某种意义上讲，上述方法的目的要么是处理完语法规则，要么是产生一个语法错误，具体如下。

1）如果规则中的下一个符号是另外一个语法规则的名字（比如：term 或 factor），简单地调用同名的方法即可，这就是该算法中下降的由来。有时候，规则会调用已经执行的方法（比如，在 factor::= '('expr')' 中对 expr 的调用），这就是算法中递归的由来。

2）如果规则中的下一个符号是一个特殊符号，比如 ()，则需要查找下一个令牌并确认其是一个精确匹配。如果令牌不匹配，就产生一个语法错误。上面示例中，_expect() 方法就是用来做这一步的。

3）如果规则中的下一个符号为一些可能的选择项（比如：+ 或 -），必须对每一种可能情况检查下一个令牌，只有当它匹配一个令牌的时候才能继续。这也是上面示例中 _accept() 方法的目的。它相当于 _expect() 方法的弱化版本，因为如果一个匹配找到了它会继续，但是如果没找到，不会产生错误而是回滚（允许后续的检查继续进行）。

4）对于有重复部分的规则（比如在规则表达式 ::=term{('+'|'-')term}* 中），重复动作通过一个 while 循环来实现。循环主体会收集或处理所有的重复元素，直到找不到其他元素。

5）一旦整个语法规则处理完成，每个方法会返回某种结果给调用者。这就是在解析过程中值累加的原理。如在表达式求值程序中，返回值代表表达式解析后的部分结果。

6）最后所有值会在最顶层的语法规则方法中合并起来。

递归下降解析器可以用来实现非常复杂的解析。如 Python 语言本身是通过一个递归下降解析器去解释的。如果你对此感兴趣，可以通过查看 Python 代码文件 Grammar 来研究底层语法机制。

其实，通过手动方式去实现一个解析器会有很多局限。其中，一个局限就是它们不能被用于包含任何左递归的语法规则。如需翻译如下规则：

```
items ::= items ',' item
    | item
```

为了翻译上面的规则，可能会使用 items() 方法，代码如下：

```
def items(self):
    itemsval = self.items()
    if itemsval and self._accept(','):
        itemsval.append(self.item())
    else:
        itemsval = [ self.item() ]
```

不过，这个方法根本不能工作，它会产生一个无限递归错误。

语法规则本身也存在一定的局限。如我们想知道下面这个简单语法表述是否得当：

```
expr ::= factor { ('+'|'-'|'*'|'/') factor }*

factor ::= '(' expression ')'
    | NUM
```

这个语法对标准四则运算中的运算符优先级不敏感。如表达式 3+4×5 会得到 35 而不是期望的 23，分开使用 expr 和 term 规则可以得到正确结果。

对于复杂的语法，最好选择某个解析工具，比如 PyParsing 或者 PLY。下面使用 PLY 来重写表达式求值程序：

```
from ply.lex import lex
from ply.yacc import yacc

# Token list
tokens = [ 'NUM', 'PLUS', 'MINUS', 'TIMES', 'DIVIDE', 'LPAREN', 'RPAREN' ]
# Ignored characters
t_ignore = ' \t\n'
# Token specifications (as regexs)
t_PLUS = r'\+'
t_MINUS = r'-'
t_TIMES = r'\*'
t_DIVIDE = r'/'
t_LPAREN = r'\('
```

```
t_RPAREN = r'\)'

# Token processing functions
def t_NUM(t):
    r'\d+'
    t.value = int(t.value)
    return t

# Error handler
def t_error(t):
print('Bad character: {!r}'.format(t.value[0]))
    t.skip(1)

# Build the lexer
lexer = lex()

# Grammar rules and handler functions
def p_expr(p):
    '''
    expr : expr PLUS term
         | expr MINUS term
    '''
    if p[2] == '+':
        p[0] = p[1] + p[3]
    elif p[2] == '-':
        p[0] = p[1] - p[3]


def p_expr_term(p):
    '''
    expr : term
    '''
    p[0] = p[1]


def p_term(p):
    '''
    term : term TIMES factor
    | term DIVIDE factor
    '''
    if p[2] == '*':
        p[0] = p[1] * p[3]
    elif p[2] == '/':
        p[0] = p[1] / p[3]

def p_term_factor(p):
    '''
    term : factor
    '''
    p[0] = p[1]

def p_factor(p):
    '''
    factor : NUM
    '''
```

```
    p[0] = p[1]
def p_factor_group(p):
    '''
    factor : LPAREN expr RPAREN
    '''
    p[0] = p[2]

def p_error(p):
    print('Syntax error')

parser = yacc()
```

该示例中，所有代码位于一个比较高的层次，只需要为令牌写正则表达式和规则匹配时的高阶处理函数。实际上，运行解析器、接收令牌等底层动作已经被库函数实现了。

如果你想在编程过程中来点挑战和刺激，编写解析器和编译器是不错的选择。

2.9 字节字符串操作

在实际工作中，我们有时需要对字节字符串执行如移除、搜索和替换等普通的文本操作。

字节字符串支持大部分和文本字符串一样的内置操作，相关代码（str_operation.py）示例如下：

```
test_str = b'Hello World'
print(test_str[0: 5])
print(test_str.startswith(b'Hello'))
print(test_str.split())
print(test_str.replace(b'World', b'Python'))
```

执行 py 文件，输出结果如下：

```
b'Hello'
True
[b'Hello', b'World']
b'Hello Python'
```

这些操作同样适用于字节数组，相关代码（str_operation.py）示例如下：

```
test_list = bytearray(test_str)
print(test_list[0: 5])
print(test_list.startswith(b'Hello'))
print(test_list.split())
print(test_list.replace(b'World', b'Python'))
```

执行 py 文件，输出结果如下：

```
bytearray(b'Hello')
True
[bytearray(b'Hello'), bytearray(b'World')]
bytearray(b'Hello Python')
```

我们可以使用正则表达式匹配字节字符串，但是正则表达式本身必须是字节串，示例如下：

```
data = b'FOO:BAR,SPAM'
import re
re.split('[:,]',data) # error
re.split(b'[:,]',data)
```

大多数情况下，在文本字符串上的操作均可用于字节字符串。不过有一些需要注意的点，首先字节字符串的索引操作返回的是整数而不是单独字符，相关代码（str_operation.py）示例如下：

```
a = 'Hello World'
print(f'str result:{a[0]}')
print(f'str result:{a[1]}')

b = b'Hello World'
print(f'binary result:{b[0]}')
print(f'binary result:{b[1]}')
```

执行 py 文件，输出结果：

```
str result:H
str result:e
binary result:72
binary result:101
```

这种语义上的区别对处理面向字节的字符数据有影响。

其次，字节字符串不会提供一个美观的字符串表示，也不能很好地打印出来，除非它们先被解码为一个文本字符串，示例如下：

```
s = b'Hello World'
print(s)
print(s.decode('ascii'))
```

类似地，字节字符串也不存在任何适用于字节字符串的格式化操作：

```
print(b'{} {} {}'.format(b'ACME', 100, 490.1))
print(f"{b'ACME'} {100} {200.5}'")
```

如想格式化字节字符串，得先使用标准的文本字符串，然后将其编码为字节字符串，示例如下：

```
print(f"{'ACME':10s} {100:10d} {200.5:10.2f}'".encode('ascii'))
```

最后需要注意的是，使用字节字符串可能会改变一些操作的语义，特别是那些与文件系统有关的操作。如使用一个编码为字节的文件名，而不是一个普通的文本字符串，会禁用文件名的编码/解码，示例（str_operation.py）如下：

```
with open('jalape\xflo.txt', 'w') as f:
    f.write('spicy')
```

```
import os
os.listdir('.')
os.listdir(b'.')
```

注意例子中的最后部分给目录名传递一个字节字符串是怎样导致结果中文件名以未解码字节返回的。在目录中的文件名包含原始的 UTF-8 编码。

最后提一点，一些程序员为了提升程序执行的速度会倾向于使用字节字符串而不是文本字符串。

尽管操作字节字符串确实会比文本更加高效（因为处理文本固有的 Unicode 相关开销），但这样做通常会导致代码非常杂乱。在应用中，我们经常会发现字节字符串并不能和 Python 的其他部分工作得很好，并且还得手动处理所有的编码 / 解码操作。

如果要处理的是文本，我们可直接在程序中使用普通的文本字符串而不是字节字符串。

2.10 本章小结

本章主要讲解字符串的进阶操作，字符串处理是编程过程中使用最多的操作，若对字符串处理操作应用得当，可以提升开发效率。字符串的处理也是比较容易出问题的操作，因为涉及的细节非常多，在实际应用中，需要多加小心。

字符串对象作为一个不可变对象，在数据结构中被广泛使用。下一章将详细介绍 Python 中的数据结构。

第 3 章 *Chapter 3*

数据结构

Python 提供了大量的内置数据结构，包括列表、字典以及集合。大多数情况下，使用这些数据结构是很简单的，但也会碰到诸如查询、排序和过滤等问题。

本章将讨论一些常见问题的处理方式，并对列表和字典做适当的代码解析，同时给出在集合模块 collections 中操作这些数据结构的方法。

3.1 序列

群是非常重要的抽象概念。我们将符合某一特性的元素聚集为一个群，并称之为序列。下面对序列解压、过滤、转换等相关内容进行讲解。

3.1.1 序列对象解析

Python 提供的列表的抽象对象为 PyListObject，即 List 对象。List 对象是一个变长对象，在运行时动态调整其所维护的内存和元素，并且支持插入、删除等操作。

PyListObject 对象源码（Include/listobject.h）结构如下：

```
// Include/listobject.h
typedef struct {
    PyObject_VAR_HEAD          // 变量头部信息

    PyObject **ob_item;        // 元素指向具体值

    Py_ssize_t allocated;      // 当前空间
} PyListObject;
```

结合可变对象的源码（Include/object.h）如下：

```
// Include/object.h

typedef struct _object {
    _PyObject_HEAD_EXTRA            // 双向链表 垃圾回收 需要用到
    Py_ssize_t ob_refcnt;          // 引用计数
    struct _typeobject *ob_type;   // 指向类型对象的指针，决定了对象的类型
} PyObject;

typedef struct {
    PyObject ob_base;
    Py_ssize_t ob_size; /* Number of items in variable part */
} PyVarObject;
```

上述源码中，ob_size 和 allocated 都和 PyListObject 对象的内存管理有关。ob_size 表示列表实际拥有的元素数量，allocated 表示实际申请的内存空间，比如列表 A 实际申请了 5 个元素的空间，但此时 A 只包含 2 个元素，则 ob_size 为 2，allocated 为 5。

生成新的 List 对象时，首先检查缓冲池是否有 List 对象，若没有，则新生成一个 List 对象。新建的 List 对象默认维护 80 个 PyListObject 对象，源码（Object/Listobject.c）如下：

```
// Object/listobject.c

#define PyList_MAXFREELIST 80
#endif
static PyListObject *free_list[PyList_MAXFREELIST];
static int numfree = 0;
```

每次对序列对象添加元素时，都会调整列表的大小。在调整列表大小后，如果传入的负值索引比列表长度还大，则传入值设置在 0 位；如果传入的正值索引比列表长度还大，则传入值设置为最后一位，并将大于索引值的元素往后移动一位。这就是序列插入的大致过程。

这里对序列的源码做一些简单讲解，对序列源码感兴趣的读者可以重点查看 Include/listobject.h 和 Object/listobject.c 这两个文件。序列的创建、插入、删除、调整等的源码实现都在 Object/listobject.c 文件中。

3.1.2 序列解压

在实际应用中，我们经常会有将一个包含 N 个元素的元组或者序列，解压后同时赋值给 N 个变量的操作需求。

任何序列（或者可迭代对象）可以通过一个简单的赋值语句解压并赋值给多个变量。唯一的前提就是变量的数量必须与序列元素的数量是一样的，代码（decompression_exp_1.py）示例如下：

```
# tuple decompression
num_tup = (1, 2)
x, y = num_tup
print(f'x is:{x}, y is:{y}')
```

执行 py 文件，输出结果如下：

```
x is:1, y is:2
```

如果变量个数和序列元素的个数不匹配，会产生异常，代码（decompression_exp_1.py）示例如下：

```
# tuple decompression
# 变量个数和序列元素的个数要匹配，否则产生异常
num_tup = (1, 2)
try:
x, y, z = num_tup
except Exception as ex:
print(f' 出错了，出错原因 :{ex}')
```

执行 py 文件，输出结果如下：

```
出错了，出错原因 :not enough values to unpack (expected 3, got 2)
```

解压赋值可以用在任何可迭代对象上，而不仅仅是列表或者元组，包括字符串、文件对象、迭代器和生成器，代码（decompression_exp_1.py）示例如下：

```
# list object decompre
Obj_list = ['abc', 10, 22.2, (2020, 3, 15)]
str_obj, int_obj, float_obj, tuple_obj = obj_list
print(f'tuple_obj is:{tuple_obj}')

# int,float,tuple object decompression
str_obj, int_obj, float_obj, (year, month, day) = obj_list
print(f'year is:{year}, month is:{month}, day is:{day}')

# str object decompression
str_var = 'hello'
a, b, c, d, e = str_var
print(f'the value of a is:{a}')
```

执行 py 文件，输出结果如下：

```
tuple_obj is:(2020, 3, 15)
year is:2020, month is:3, day is:15
the value of a is:h
```

若只想解压一部分，可能会丢弃其他值。对于这种情况，Python 并没有提供特殊的语法，但可以使用任意变量名去占位，在结果中丢掉不需要的变量。在 Python 中，比较习惯用下划线（_）作为占位变量，代码（decompression_exp_1.py）示例如下：

```
_, _, f_obj, _ = obj_list
print(f'f_obj is:{f_obj}')
```

执行 py 文件，输出结果如下：

```
f_obj is:22.2
```

使用占位变量有一个前提，就是必须保证选用的占位变量名在其他地方没被使用。

扩展： 在代码中适当添加注释。对于程序员来说，养成一个随时为代码添加注释的习惯是非常好的，这对团队及自身都是很有帮助的。当然，这个前提是添加的注释是有用的，而不是有误导性的。

Python 中有 3 种形式的代码注释：块注释、行注释及文档注释（Docstring）。这三种形式的惯用方法如下。

1）对于复杂的操作、算法以及一些其他人不易理解的技巧或者不能一目了然的代码，使用块或者行注释。

2）行注释一般放在需要注释代码的上一行，很多人习惯放在代码后面，那样很容易导致行过长，也容易破坏代码的美观性。

3）给外部可访问的函数和方法（无论是否简单）添加文档注释。注释要清楚地描述方法的功能，并对参数、返回值以及可能的异常进行说明，使外部调用者仅仅看文档注释就能正确使用。较为复杂的内部方法也应该添加尽可能详细的注释。

4）代码更新时，同时注意注释的更新，这是很多程序员的短板。在实际开发中，代码更新了，但没有同步更新注释，会导致其他代码维护者被注释误导，从而引发新的问题。

3.1.3 序列去重并保持顺序

从序列中删除元素或删除重复元素是非常频繁的操作，若需要在删除的同时保持序列中元素的顺序，怎样操作可以更优雅且高效地完成删除？

如果序列上的值都是 hashable 类型，那么可以简单地利用集合或者生成器来解决这个问题，代码（sequence_delete_exp.py）示例如下：

```python
def dedupe_1(items):
    seen = set()
    for item in items:
        if item not in seen:
            yield item
            seen.add(item)


sequence_v = [1, 2, 3, 5, 2, 3]
print(list(dedupe_1(sequence_v)))
```

执行 py 文件，输出结果如下：

```
[1, 2, 3, 5]
```

当序列中元素为 hashable 类型时，上述处理方法没有问题；当序列中元素不是 hashable 类型时（比如 dict 类型），这种写法就做不到去重。

如果元素不可哈希，要消除序列中重复元素，需要将上述代码稍做改变，代码（sequence_delete_exp.py）示例如下：

```python
def dedupe_2(items, key=None):
    seen = set()
```

```
    for item in items:
        # val = item if key is None else key(item)
        if (val := item if key is None else key(item)) not in seen:
            yield item
            seen.add(val)

sequence_v = [{'x':1, 'y':2}, {'x':1, 'y':3}, {'x':1, 'y':2}, {'x':2, 'y':4}]
print(list(dedupe_2(sequence_v, key=lambda d: (d['x'],d['y']))))
print(list(dedupe_2(sequence_v, key=lambda d: d['x'])))
```

执行 py 文件，输出结果如下：

```
[{'x': 1, 'y': 2}, {'x': 1, 'y': 3}, {'x': 2, 'y': 4}]
[{'x': 1, 'y': 2}, {'x': 2, 'y': 4}]
```

示例代码中使用了 Python3.8 的新特性——赋值表达式（:=），在后续的很多地方会用到该表达式。

代码中的 key 参数指定了一个函数，用于将序列元素转换成 hashable 类型。

如果想基于单个字段、属性或者某个更大的数据结构来消除重复元素，该方案同样可以胜任。如果只是想消除重复元素，简单地构造一个 set 集合即可实现。使用 set 集合不能维护元素的顺序，生成的结果中的元素位置会被打乱。

上面示例中使用了生成器函数，使得定义的函数更加通用。

3.1.4 序列元素统计

在工作过程中，我们经常需要找到一个序列中某个出现次数最多的字符或数字。在 Python 中是否有函数支持快速寻找字符或数字呢？

collections.Counter 类就是专门针对这类问题而设计的，甚至使用 most_common() 方法即可直接获取答案。

假设要从一个单词列表中找出哪个单词出现频率最高，代码（most_times_exp.py）示例如下：

```
from collections import Counter
words = [
    'python', 'c++', 'abc', 'php', 'mysql', 'java', 'c#', '.net',
    'ruby', 'lisp', 'python', 'python', 'mongodb', 'hive', 'spark', 'go', 'vb',
    'java', "python", 'c', 'ios', 'sql', 'python', 'java', 'c++',
    'hbase', 'go', "java", 'c++'
]
word_counts = Counter(words)
frequency_num = 2
# 出现频率最高的 frequency_num 个单词
top_three = word_counts.most_common(frequency_num)
print(f'出现频率最高的 {frequency_num} 个单词是: {top_three}')
```

执行 py 文件，输出结果如下：

出现频率最高的 2 个单词是: [('python', 5), ('java', 4)]

作为输入，Counter 对象可以接收任意由可哈希（Hashable）元素构成的序列对象。在底层实现上，一个 Counter 对象就是一个字典——一个将元素映射为它出现的次数上的字典，示例如下：

```
print(f"python 出现频率: {word_counts['python']}")
print(f"go 出现频率: {word_counts['go']}")
```

如果想手动增加计数，可以简单地使用加法，示例如下：

```
more_words = ['python','java','go']
for word in more_words:
    word_counts[word] += 1

print(f"python 出现频率: {word_counts['python']}")
print(f"go 出现频率: {word_counts['go']}")
```

或者可以使用 update() 方法，示例如下：

```
word_counts.update(more_words)
```

Counter 实例的一个鲜为人知的特性是它可以很容易地与数学运算操作相结合，示例如下：

```
a_obj = Counter(words)
b_obj = Counter(more_words)
print(f'the object of a is:{a_obj}')
print(f'the object of b is:{b_obj}')

c_obj = a_obj + b_obj
print(f'the object of c is:{c_obj}')

d_obj = a_obj - b_obj
print(f'the object of d is:{d_obj}')
```

Counter 对象在需要制表或者计数的场合是非常有用的。建议在解决这类问题的时候应该优先选择它，而不是手动地利用字典去实现。

3.1.5 过滤序列元素

在实际应用中，我们经常需要根据指定规则从序列中提取需要的值，或者根据规则缩短序列，即对序列做过滤。

最简单的过滤序列元素的方法是使用列表推导，示例如下：

```
exp_list = [1, 4, -5, 10, -7, 2, 3, -1]
print([n for n in exp_list if n > 0])
print([n for n in exp_list if n < 0])
```

使用列表推导的一个潜在缺陷是，如果输入非常大，会产生一个非常大的结果集，占用大量内存。如果对内存比较敏感，那么可以使用生成器表达式迭代产生过滤的元素，示例如下：

```
pos_items = (n for n in exp_list if n > 0)
```

```
for item in pos_items:
    print(item)
```

有时候，过滤规则比较复杂，如过滤的时候需要处理一些异常或者其他复杂情况，不能简单地在列表推导或者生成器表达式中表达出来。这时可以将过滤代码放到一个函数中，然后使用内置的 filter() 函数，示例如下：

```
val_list = ['1', '2', '-3', '-', '4', 'N/A', '5']
def is_int(val):
    try:
        int(val)
        return True
    except ValueError:
        return False
new_val_list = list(filter(is_int, val_list))
print(new_val_list)
```

filter() 函数创建了一个迭代器，因此想得到列表的话，就得像示例那样使用 list() 函数去转换。

通常情况下，列表推导和生成器表达式是过滤数据最简单的方式。它们还能在过滤的时候转换数据，示例如下：

```
import math
print([math.sqrt(n) for n in exp_list if n > 0])
```

过滤操作的一个变种是将不符合条件的值用新的值代替，而不是丢弃它们。如在一列数据中可能不仅想找到正数，还想将不是正数的数替换成指定的数。通过将过滤条件放到条件表达式中去，可以很容易地解决这个问题，示例如下：

```
print([n if n > 0 else 0 for n in exp_list])
print([n if n < 0 else 0 for n in exp_list])
```

另外一个值得关注的过滤工具就是 itertools.compress()，它以一个 iterable 对象和一个相对应的 Boolean 选择器序列作为输入参数，然后输出 iterable 对象中对应选择器为 True 的元素。当需要用另一个相关联的序列来过滤某个序列的时候，这个函数是非常有用的，示例如下：

```
done_work = [
    'read book',
    'running',
    'work',
    'basketball',
    'table tennis',
    'bike',
    'read 20 pages',
    'running 5km',
]
counts = [ 0, 3, 10, 4, 1, 7, 6, 1]
```

现在想将那些对应 count 值大于 5 的地址全部输出，可以这样写代码：

```
from itertools import compress
more5 = [n > 5 for n in counts]
print(more5)
print(list(compress(done_work, more5)))
```

这里的关键点在于先创建一个 Boolean 序列指示哪些元素符合条件，然后通过 compress() 函数根据 Boolean 序列去选择输出对应位置为 True 的元素。

compress() 函数返回的是一个迭代器。如果要得到一个列表，需要使用 list() 函数将结果转换为列表类型。

3.1.6 序列元素名称映射

对于很多初学者来说，访问列表或元组时习惯使用下标，这样编写的代码不但可读性差，而且可维护性差。建议使用更优雅的方式实现，比如通过名称访问。

collections.namedtuple() 函数通过使用一个普通的元组对象来解决这个问题。实际上，该函数是一个返回 Python 中标准元组类型的子类的工厂函数，给它传递一个类型名和需要的字段，会返回一个类。初始化这个类可以为定义的字段传递值，示例如下：

```
from collections import namedtuple

UserInfo = namedtuple('UserInfo', ['email', 'date'])
user_info = UserInfo('test@ai.com', '2012-10-19')
print(user_info)
print(user_info.email)
print(user_info.date)
```

尽管 namedtuple 实例看起来像一个普通的类实例，但它与元组类型是可交换的，支持所有的普通元组操作，如索引和解压，示例如下：

```
print(len(user_info))
email, date = user_info
print(email, date)
```

命名元组的一个主要用途是将代码从下标操作中解脱出来。

如果从数据库调用中返回一个很大的元组列表，我们可通过下标去操作其中的元素。当在普通元组列表中添加新的列的时候，代码可能会出错。但若使用了命名元组，则不会有这样的顾虑。

先看使用普通元组的代码示例：

```
def calculate_cost_1(record_list):
    total = 0.0
    for record in record_list:
        total += record[1] * record[2]
    return total
```

下标操作通常会让代码表意不清晰，并且非常依赖记录的结构。更改为使用命名元组的示例如下：

```
from collections import namedtuple

Course = namedtuple('Course', ['name', 'class_hour', 'score'])
def calculate_cost(record_list):
    total = 0.0
    for rec in record_list:
        course = Course(*rec)
        total += course.class_hour * course.score
    return total
```

命名元组另一个用途是作为字典的替代，因为字典存储需要更多的内存空间。如果需要构建一个非常大的包含字典的数据结构，那么使用命名元组会更加高效。

注意 命名元组是不可更改的。

如果需要改变属性值，那么可以使用命名元组实例的_replace()方法。它会创建一个全新的命名元组并将对应的字段用新的值取代，示例如下：

```
course = Course('xiao meng', 20, 0.3)
print(course)
course = course._replace(class_hour=30)
print(course)
```

当命名元组拥有可选或者缺失字段时，_replace()方法是一个非常方便的填充数据的方法。首先创建一个包含缺省值的原型元组，然后使用_replace()方法创建新的值被更新过的实例，示例如下：

```
from collections import namedtuple

Course = namedtuple('Course', ['name', 'class_hour', 'score', 'date', 'time'])

# Create a prototype instance
course_prototype = Course('', 0, 0.0, None, None)

# Function to convert a dictionary to a Course
def dict_to_course(course):
    return course_prototype._replace(**course)
```

上述定义的 dict_to_course() 函数的使用方式如下（list_mapping_exp.py）：

```
course_a = {'name': 'xiao meng', 'class_hour': 20, 'score': 0.3}
print(dict_to_course(course_a))
course_b = {'name': 'xiao meng', 'class_hour': 20, 'score': 0.3, 'date':
'04/19/2020'}
print(dict_to_course(course_b))
```

如果目标是定义一个需要更新很多实例属性的高效的数据结构，那么命名元组并不是最佳选择，这时候应该考虑定义一个包含 __slots__ 方法的类。

3.1.7 转换并计算数据

在实际应用中，对序列的操作方式有很多，有时需要先对序列数据做转换或过滤，再对序列做聚集，如执行 sum()、min()、max() 等操作。

一个非常优雅的做数据计算与转换的操作就是使用一个生成器表达式参数。如计算平方和可以这样操作，示例如下：

```
num_list = [1, 2, 3, 4, 5]
print(sum(x * x for x in num_list))
```

更多的示例如下：

```
import os
file_list = os.listdir('dirname')
if any(name.endswith('.py') for name in file_list):
    print('There be python!')
else:
    print('Sorry, no python.')

# Output a tuple as CSV
course = ('python', 20, 0.3)
print(','.join(str(x) for x in course))

# Data reduction across fields of a data structure
course_info = [
    {'name':'python', 'score': 100.0},
    {'name':'java', 'score': 85.0},
    {'name':'c', 'score': 90.0},
    {'name':'c++', 'score': 95.0}
]
min_score = min(cf['score'] for cf in course_info)
print(min_score)
```

该示例演示了当生成器表达式作为一个单独参数传递给函数时候的巧妙语法。下面这些语句是等效的：

```
# 显式传递一个生成器表达式对象
print(sum((x * x for x in num_list)))
# 更加优雅的实现方式，省略了括号
print(sum(x * x for x in num_list))
```

使用一个生成器表达式作为参数比先创建一个临时列表更加高效和优雅。如不使用生成器表达式，可能会使用如下实现方式：

```
num_list = [1, 2, 3, 4, 5]
print(sum([x * x for x in num_list]))
```

这种方式同样可以达到想要的效果，但是它会多一个步骤——创建一个额外的列表。这对于小型列表可能没什么关系，但是如果元素数量非常大，则需创建一个巨大的、仅仅使用一次就被丢弃的临时数据结构。而生成器方案会以迭代的方式转换数据，因此更省内存。

在使用一些聚集函数比如 min() 和 max() 的时候可能更加倾向于使用生成器版本，它们接收一个 key 关键字参数。如对于前面的示例，我们可以考虑如下的实现方式：

```
print(min(cf['score'] for cf in course_info))
print(min(course_info, key=lambda cf: cf['score']))
```

扩展：字符串连接优先使用 join，而不是 +。

字符串的连接在编程过程中会经常遇到。Python 中的字符串是不可变对象，一旦创建便不能更改。这个特性对 Python 中的字符串连接有一些影响。当连接次数比较多时，join 操作的效率明显高于 "+" 操作。

使用 "+" 操作，每执行一次便会在内存中申请一块新的内存空间，并将上一次操作的结果和本次的右操作数复制到新申请的内存空间，致使在 N 次连接操作过程中，需要申请 $N-1$ 个内存，从而严重影响效率。使用 "+" 操作字符串的时间复杂度近似为 $O(n^2)$。

当用 join() 方法连接字符串时，首先会计算需要申请的总内存空间，然后一次性申请所需内存并将字符序列中的每一个元素复制到内存中，所以 join 操作的时间复杂度为 $O(n)$。

对于字符串的连接，特别是大规模字符串的处理，尽量优先使用 join 操作。

3.2 字典

元素和元素之间可能存在某种联系，这种联系使本来毫不相关的两个元素被关联在一起。为刻画这种对应关系，编程语言通常会提供一种关联式的容器，容器存储着符合关联规则的元素对。在 Python 中，这种容器称为字典。对于字典，操作包括字典对象解析、字典映射、字典排序、字典运算、字典查找、通过关键字排序字典、字典提取、字典合并。下面具体介绍这些操作。

3.2.1 字典对象解析

Python 字典采用了散列表或者哈希表。因为理论上，在最优情况下，散列表能提供 O(1) 复杂度的搜索效率。Python 的实现本身使用了大量字典。比如在正常情况下，每个对象都有一个 __dict__ 属性，再如函数的关键字参数 **kwargs 等都依赖于 Python 的字典，所以搜索效率是 Python 字典的首要目标。

Python3.6 以后，字典变化较大，最大的变化就是 dict 变得有序了，并且效率提高了 20% ～ 30%，特别是内存利用率更高了。

下面看看 C 层面的关于字典实现的 3 个结构体。

第一个核心结构体为 PyDictKeyEntry，也称 entry 或 slot。

entry 定义的源码位置为 Objects/dict-common.h。

```
// Objects/dict-common.h
typedef struct {
    /* Cached hash code of me_key. */
    Py_hash_t me_hash;
```

```
    PyObject *me_key;
    PyObject *me_value; /* This field is only meaningful for combined tables */
} PyDictKeyEntry;
```

由源码可见，dict 存储了每一对 key-value 的结构体。dict 中的每一对 key-value 对应一个 PyDictKeyEntry 类型的对象。

PyDictKeyEntry 对象的解读如下。

1）me_hash：存储了 key 的哈希值，专门用一个成员记录 key 的散列值，以避免每次查询都要去重新计算。

2）me_value：在 PyDictKeyEntry 中 value 是一个 PyObject *，这也是 Python 中的 dict 容量大的原因。在 Python 中，所有对象归根结底都是 PyObject 对象。

3）me_key：在一个 PyDictObject 对象变化的过程中，entry 会在不同的状态间转换。PyDictObject 对象中的 entry 可以在 4 种状态间转换，分别为 Unused 态、Active 态、Dummy 态和 Pending 态。

- ❏ Unused：当一个 entry 处于 Unused 态时，entry 的 me_key 和 me_value 都为 NULL，这表示这个 entry 并没有存储（key，value）对，并且之前也没有存储过。每一个 entry 在初始化的时候都会处于这种状态。而且只有在 Unused 态下，一个 entry 的 me_key 才会为 NULL。

- ❏ Active：当一个 entry 存储了（key，value）对时，entry 便转换到了 Active 态。在 Active 态下，me_key 和 me_value 都不能为 NULL。更进一步地说，me_key 不能为 dummy 对象。

- ❏ Dummy：当 entry 中存储的（key，value）对被删除后，entry 的状态不能直接从 Active 态转为 Unused 态，否则会导致冲突探测链的中断。相反，entry 中的 me_key 将指向 dummy 对象，entry 进入 Dummy 态，这就是伪删除技术。当 Python 沿着某条冲突链搜索时，如果发现 entry 处于 Dummy 态，说明目前该 entry 虽然是无效的，但是其后的 entry 可能是有效的，是应该被搜索的。这样，就保证了冲突探测链的连续性。

- ❏ Pending 态：索引 ≥ 0，键 !＝空，值＝空（仅拆分），尚未插入拆分表中。

第二个核心结构体为 PyDictKeysObject。

PyDictKeysObject 源码位置为 Objects/dict-common.h。

```
// Objects/dict-common.h
typedef struct _dictkeysobject PyDictKeysObject;
/* See dictobject.c for actual layout of DictKeysObject */
struct _dictkeysobject {
    Py_ssize_t dk_refcnt;
    ○○○○
};
```

对于该对象，需要关注对象中的对象映射数，即 df_refcnt 对象。

第三个核心结构体为 PyDictObject。

PyDictObjec 源码位置为 Include/cpython/dictobject.h。

```
// Objects/cpython/dictobject.h
typedef struct _dictkeysobject PyDictKeysObject;

typedef struct {
    PyObject_HEAD

    /* Number of items in the dictionary */
    Py_ssize_t ma_used;

    /* Dictionary version: globally unique, value change each time
       the dictionary is modified */
    uint64_t ma_version_tag;

    PyDictKeysObject *ma_keys;

    /* If ma_values is NULL, the table is "combined": keys and values
       are stored in ma_keys.

       If ma_values is not NULL, the table is splitted:
       keys are stored in ma_keys and values are stored in ma_values */
    PyObject **ma_values;
} PyDictObject;
```

PyDictObjec 对象的解读如下。

❑ PyObject_HEAD：是所有 Python 对象共有的，包含两个成员：一个是引用计数，另一个是指向对象所属类型的指针。

❑ ma_used：当使用内置函数 len() 去获取字典的长度时，底层直接返回 ma_used 这个成员的值。

❑ ma_version_tag：字典版本号，全局唯一，每次字典更改，版本号也要改变。

❑ ma_keys：是一个指针，指向另一个核心结构体 PyDictKeysObject，是实现字典的关键所在。

❑ ma_values：是一个指向指针的指针，当它为 NULL 时，散列表是组合的，key 和 value 存储在 ma_keys 里；当它不为 NULL 时，散列表是分离的，key 存储在 ma_keys 里，而 value 存储在 ma_values 里。

3.2.2　字典映射

在实际应用中，一个键对应一个值的映射不能满足所有需求，有时需要通过一个关键值获取多个值，即一个键对应多个值。

字典是一个键对应单值的映射。如果想要一个键映射多个值，只需将多个值放到另外的容器中，比如列表或者集合里，再通过一个键获取该列表或集合即可。比如，可以像下面这样构造对应的字典：

```
exp_dict_1 = {
    'a': [1, 3, 5],
```

```
    'b': [2, 4]
}

exp_dict_2 = {
    'a': {'a', 'b', 'c'},
    'b': {'c', 'd'}
}
exp_dict_3 = {
    'a': {'b': '1'},
    'b': {'c': 2}
}
```

选择使用列表还是集合取决于实际应用需求。

如果想保持元素的插入顺序就应该使用列表；如果想去掉重复元素可以使用 Set 集合，但 Set 集合不保证元素的顺序；使用字典可以去掉重复的 key，字典也是无序的。不过，collections 模块中提供了一个 OrderedDict 类，该类可以保证字典的顺序。

我们可以使用 collections 模块中的 defaultdict 来构造字典。defaultdict 的一个特征是它会自动初始化每个 key 刚开始对应的值，我们只需要关注添加元素的操作，示例如下：

```
from collections import defaultdict

default_dict = defaultdict(list)
default_dict['a'].append(1)
default_dict['b'].append(3)

default_dict = defaultdict(set)
default_dict['a'].add(1)
default_dict['b'].add(2)
```

> 注意 defaultdict 会自动为将要访问的键（就算目前字典中并不存在这样的键）创建映射实体。如果不需要这样的特性，可以在一个普通的字典上使用 setdefault() 方法来代替，示例如下：
>
> ```
> d_dict = dict()
> d_dict.setdefault('a', []).append(1)
> d_dict.setdefault('b', []).append(2)
> ```

不过，很多程序员觉得 setdefault() 方法用起来有点别扭，因为每次调用都得创建一个新的初始值的实例（如示例中的空列表 []）。

一般来讲，创建一个多值映射字典是很简单的。但如果选择自己实现，值的初始化编写代码会更多，并且可读性会降低。我们可以使用如下方式编写代码：

```
# 原始手动方式
define_dict = dict()
for key, value in key_value_items:
    if key not in define_dict:
        define_dict[key] = []
    define_dict[key].append(value)
```

使用 defaultdict 精简后代码如下：

```
# 改进实现方式
define_dict = defaultdict(list)
for key, value in key_value_items:
    define_dict[key].append(value)
```

由示例代码可见，使用 defaultdict 后，代码量少，代码更具可读性。所以，建议读者在工作中尽量用 defaultdict 代替手动实现。

3.2.3　字典排序

字典默认是无序的，但有时需要字典中元素保持原来的顺序。为了便于使用者控制字典中元素的顺序，collections 模块提供了一个 OrderedDict 类。在迭代操作的时候，OrderedDict 类会使元素保持被插入时的顺序，示例如下：

```
from collections import OrderedDict

ordered_dict = OrderedDict()
ordered_dict['a'] = 1
ordered_dict['b'] = 'abc'
ordered_dict['c'] = 'hello world'
ordered_dict['d'] = -5
for key in ordered_dict:
    print(f'get key is:{key}, value is:{ordered_dict[key]}')
```

当想要构建一个将来需要序列化或编码成其他格式的映射文件的时候，OrderedDict 类是非常有用的。

如果想精确控制以 JSON 编码后的字段的顺序，可以先使用 OrderedDict 来构建字典数据，再进行 JSON 编码，在 ordered_dict_exp.py 文件中添加如下代码：

```
import json
print(json.dumps(ordered_dict))
```

OrderedDict 类内部维护着一个根据键插入顺序排序的双向链表。当一个新的元素插入进来的时候，该元素会被放到链表的尾部，对已经存在的键的重复赋值不会改变键的顺序。

> 注意　OrderedDict 类的大小是一个普通字典的 2 倍，因为它内部维护着另外一个链表。所以，在构建一个需要大量 OrderedDict 实例的数据结构的时候（比如读取 1 000 000 行 CSV 数据到一个 OrderedDict 类列表中去），我们就得慎重权衡使用 OrderedDict 类带来的好处是否大于额外内存消耗的影响。

3.2.4　字典运算

字典是 key-value 形式的对象，要对字典中的 value 求最小值、最大值、排序等，该如何操作呢？

以下是课程与得分字典示例，相关代码（dict_calculation.py）如下：

```
course_score = {
    '高等代数': 100.0,
    '算法与数据结构': 92.0,
    '编译原理': 88.5,
    '数学分析': 97.5,
    '统计学原理': 90.5
}
```

为了对字典值执行计算操作，通常需要使用 zip() 函数先将键和值反转过来。以下是查找最高和最低得分和课程名称的代码（dict_calculation.py）：

```
min_score = min(zip(course_score.values(), course_score.keys()))
print(f'最低得分课程及得分：{min_score[1]} {min_score[0]}')
max_score = max(zip(course_score.values(), course_score.keys()))
print(f'最高得分课程及得分：{max_score[1]} {max_score[0]}')
```

执行 py 文件，可以看到输出结果如下：

```
最低得分课程及得分：编译原理 88.5
最高得分课程及得分：高等代数 100.0
```

类似地，我们可以使用 zip() 和 sorted() 函数来排列字典数据，即在 py 文件中添加如下代码（dict_calculation.py）：

```
score_sorted = sorted(zip(course_score.values(), course_score.keys()))
print(score_sorted)
```

需要注意的是，zip() 函数创建的是一个只能访问一次的迭代器。若写成如下形式，代码就会产生错误：

```
score_and_course = zip(course_score.values(), course_score.keys())
# ok, print is normal
print(min(score_and_course))
# ValueError: max() arg is an empty sequence
print(max(score_and_course))
```

在一个字典上执行普通的数学运算，它们会仅作用于键，而不是值，示例如下：

```
print(min(course_score)) # 数学分析
print(max(course_score)) # 高等代数
```

这个结果并不是我们所期望的，因为期望的是在字典集合上执行这些计算。或许我们可以尝试使用字典的 values() 方法来解决这个问题，示例如下：

```
print(min(course_score.values())) # 88.5
print(max(course_score.values())) # 100.0
```

不幸的是，这个结果同样也不是我们所期望的，因为我们还要知道对应的键的信息（比如哪门课程的分数是最低的）。

可以在 min() 和 max() 函数中提供 key 参数来获取最小值或最大值对应的键的信息，示例如下：

```
print(min(course_score, key=lambda k: course_score[k])) # 编译原理
print(max(course_score, key=lambda k: course_score[k])) # 高等代数
```

但若还想要得到最小值，得再执行一次查找操作，示例如下：

```
min_score = course_score[min(course_score, key=lambda k: course_score[k])]
print(min_score)
```

前面的 zip() 函数通过将字典反转为（值，键）元组序列，可以很方便地解决上述问题。当比较两个元组的时候，首先比较值，然后比较键。这样能通过一条简单的语句很轻松地在字典中实现求最值和排序操作。

> **注意** 在计算操作中使用了（值，键）对，当多个实体拥有相同的值的时候，键会决定返回结果。如在执行 min() 和 max() 运算的时候，如果恰巧最小或最大值有重复，那么返回拥有最小或最大键的实体。

3.2.5 字典查找

对于序列，Python 提供了求交集、并集等的操作；对于字典，Python 提供了类似操作，如找到这两个字典相同的键或相同的值。

以下为两个字典示例：

```
a_dict = {
    'x' : 1,
    'y' : 2,
    'z' : 3
}

b_dict = {
    'w' : 10,
    'x' : 11,
    'y' : 2
}
```

为了寻找两个字典的相同点，我们可以简单地在两字典的 keys() 或者 items() 方法返回结果上执行集合操作，示例如下：

```
# Find keys in common
print(a_dict.keys() & b_dict.keys())
# Find keys in a that are not in b
print(a_dict.keys() - b_dict.keys())
# Find (key,value) pairs in common
print(a_dict.items() & b_dict.items())
```

这些操作也可以用于修改或者过滤字典元素。如想以现有字典构造一个排除几个指定键的新字典，可以利用字典推导来实现：

```
# Make a new dictionary with certain keys removed
c = {key:a_dict[key] for key in a_dict.keys() - {'z', 'w'}}
print(c) # c is {'x': 1, 'y': 2}
```

一个字典就是一个键集合与值集合的映射关系。字典的 keys() 方法返回一个展现键集合的键视图对象。

一个很少被了解的键视图特性是它也支持集合操作，比如集合并、交、差运算。如果想对键集合执行一些普通的集合操作，可以直接使用键视图对象，而不用先将它们转换成一个集合。

字典的 items() 方法返回一个包含（键，值）对的元素视图对象。这个对象同样支持集合操作，并且可以被用来查找两个字典相同的键值对。

尽管键视图与字典的 values() 方法类似，但它并不支持这里介绍的集合操作。这是因为某种程度上值视图不能保证所有的值不相同，当出现相同的值时，会导致某些集合操作出现问题。不过，如果必须在值上执行这些集合操作，可以先将值转换成集合，然后再执行集合运算。

3.2.6 通过关键字排序字典

在操作列表时，对于列表中的元素是字典的情形，我们有时需要根据某个或某几个字典字段来排序这个列表。

使用 operator 模块的 itemgetter() 函数，可以非常容易地排序这样的数据结构。

假设从数据库中检索出学生的信息列表，并以下列的数据结构返回，代码如下：

```
student_info = [
    {'name': 'xiao meng', 'age': 12, 'number': 1003},
    {'name': 'xiao ming', 'age': 12, 'number': 1002},
    {'name': 'xiao zhi', 'age': 11, 'number': 1001},
    {'name': 'xiao li', 'age': 12, 'number': 1004}
]
```

现根据任意的字典字段来排序输入结果行，代码如下：

```
from operator import itemgetter

student_info = [
    {'name': 'xiao meng', 'age': 12, 'number': 1003},
    {'name': 'xiao ming', 'age': 12, 'number': 1002},
    {'name': 'xiao zhi', 'age': 11, 'number': 1001},
    {'name': 'xiao li', 'age': 12, 'number': 1004}
]

order_by_name = sorted(student_info, key=itemgetter('name'))
order_by_number = sorted(student_info, key=itemgetter('number'))
print(order_by_name)
print(order_by_number)
```

itemgetter() 函数支持多个 key，示例如下：

```
order_by_name_age = sorted(student_info, key=itemgetter('name','age'))
print(order_by_name_age)
```

在示例中，student_info 被传递给接收一个关键字参数的 sorted() 内置函数。这个参数是 callable 类型，从 student_info 中接收一个单一元素，然后返回被用来排序的值。itemgetter() 函数负责创建 callable 对象。

operator.itemgetter() 函数中有一个索引参数，student_info 通过这个索引参数从记录中查找值。索引参数可以是一个字典键名称、一个整型值，也可以是任何能够传入 __getitem__() 方法的值。如果传入多个索引参数给 itemgetter() 函数，它生成的 callable 对象会返回一个包含所有元素值的元组，并且 sorted() 函数会根据该元组中元素顺序去排序。如果想同时在几个字段上进行排序（比如通过 name 和 age 来排序），这种方法是很有用的。

有时候，itemgetter() 函数也可以用 lambda 表达式代替，示例如下：

```
order_by_name = sorted(student_info, key=lambda r: r['name'])
order_by_age_number = sorted(student_info, key=lambda r: (r['age'],r['number']))
print(order_by_name)
print(order_by_age_number)
```

使用 lambda 表达式的方案也不错，但是使用 itemgetter() 函数会运行得稍微快点。如果对性能要求比较高，建议使用 itemgetter() 函数。

这里展示的技术同样适用于 min() 和 max() 等函数，示例如下：

```
print(min(student_info, key=itemgetter('number')))
print(max(student_info, key=itemgetter('number')))
```

3.2.7　字典提取

在字典的实际应用中，有时为满足某些需求，我们需要将一个字典中满足某些条件的子集构造成一个新的字典。

实现该操作最简单的方式是使用字典推导，示例如下：

```
score_dict = {
    'math': 95.0,
    'java': 90.5,
    'python': 100.0,
    'sql': 93.0,
    'english': 75.5
}

# Make a dictionary of all score over 92
p1 = {key: value for key, value in score_dict.items() if value > 92}
print(p1)
# Make a dictionary of tech skill
tech_names = {'python', 'sql', 'java'}
p2 = {key: value for key, value in score_dict.items() if key in tech_names}
print(p2)
```

对于大多数字典提取的情况，字典推导是能做到的。除此之外，我们还可以通过创建一个元组序列，然后把它传给 dict() 函数来实现，示例如下：

```
p1 = dict((key, value) for key, value in score_dict.items() if value > 92)
```

由代码示例看到，字典推导方式表意更清晰，并且运行更快（在这个例子中，实际测试几乎比 dict() 函数方式快整整一倍）。

有时候完成同一件事有多种方式。比如，第二个例子程序也可以重写，代码如下：

```
# Make a dictionary of tech skill
tech_names = {'python', 'sql', 'java'}
p2 = {key:score_dict[key] for key in score_dict.keys() & tech_names}
```

不过，运行时间大概比字典推导方式慢。如果对程序运行性能要求比较高，我们需要花点时间去做性能测试。

3.2.8 字典合并

对于序列来说，合并操作是比较简单的。对于字典来说，为便于更好地操作，我们有时需要将多个字典从逻辑上合并为一个单一映射，比如查找值或者检查某些键是否存在。

以下为两个字典示例：

```
a_dict = {'x': 1, 'z': 3 }
b_dict = {'y': 2, 'z': 4 }
```

现在假设必须在两个字典中执行查找操作（比如，先从 a_dict 中找，如果找不到再在 b_dict 中找）。一个非常简单的解决方案是使用 collections 模块中的 ChainMap 类，代码如下：

```
from collections import ChainMap
c_dict = ChainMap(a_dict, b_dict)
# Outputs 1 (from a_dict)
print(c_dict['x'])
# Outputs 2 (from b_dict)
print(c_dict['y'])
# Outputs 3 (from a_dict)
print(c_dict['z'])
```

ChainMap 类可接收多个字典，并将它们在逻辑上变为一个字典。不过，这些字典并不是真合并在一起了，ChainMap 类只是在内部创建了一个容纳这些字典的列表并重新定义了一些常见的字典操作来遍历这个列表。在列表中，大部分字典操作是可以正常使用的，输出示例如下：

```
print(len(c_dict))
print(list(c_dict.keys()))
print(list(c_dict.values()))
```

如果出现重复键，那么第一次出现的映射值会被返回。因此，上述例子程序中的 c_dict['z'] 总是会返回字典 a_dict 中对应的值，而不是 b_dict 中对应的值。

字典的更新或删除操作总是影响列表中的第一个字典，示例如下：

```
c_dict['z'] = 10
c_dict['w'] = 40
del c_dict['x']
print(a_dict)
del c_dict['y']
```

ChainMap 类对编程语言中的作用范围变量（如 globals、locals 等）是非常有用的。以下方法可以使 ChainMap 的使用变得简单（merge_dict_exp.py）：

```
val_dict = ChainMap()
val_dict['x'] = 1

val_dict = val_dict.new_child()
val_dict['x'] = 2

val_dict = val_dict.new_child()
val_dict['x'] = 3
print(val_dict)
print(val_dict['x'])

val_dict = val_dict.parents
print(val_dict['x'])

val_dict = val_dict.parents
print(val_dict['x'])

print(val_dict)
```

作为 ChainMap 类的替代，update() 方法也可以实现将两个字典合并，示例如下：

```
a_dict = {'x': 1, 'z': 3 }
b_dict = {'y': 2, 'z': 4 }

dict_merge = dict(b_dict)
dict_merge.update(a_dict)
print(dict_merge['x'])
print(dict_merge['y'])
print(dict_merge['z'])
```

这样也能行得通，但是它需要创建一个完全不同的字典对象（或者是破坏现有字典结构）。如果原字典做了更新，这种改变不会反映到新的合并字典中，示例如下：

```
a_dict['x'] = 10
print(dict_merge['x'])
```

ChainMap 类使用的是原来的字典，自己不创建新的字典。所以，它并不会产生上面所说的结果，示例如下：

```
chain_dict = ChainMap(a_dict, b_dict)
print(chain_dict['x'])

a_dict['x'] = 20
print(chain_dict['x'])
```

3.3 可迭代对象操作

内部含有 __iter__ 方法的对象是可迭代对象，可迭代对象的相关操作包括可迭代对象解压、保留最后 N 个元素、记录分组等。下面详细介绍这几个操作。

3.3.1 可迭代对象解压

可迭代对象的元素个数超过变量个数时，会抛出 ValueError。要从可迭代对象中解压出 N 个元素，需要使用 Python 的星号表达式。

例如，在期末的时候，老师想统计家庭作业的平均成绩，但是需排除掉最高分和最低分。如果只有 4 门课程，可以直接用手动赋值操作，但如果有 10 门或更多课程，星号表达式就派上用场了，示例如下：

```
def drop_start_end(subjects):
    start, *middle, end = subjects
    return avg(middle)
```

假设一些用户的记录列表中，每条记录包含名字、邮件地址，以及不确定数量的电话号码。若需要将这些记录按名字、邮件地址、电话号码的形式拆分，我们可采用以下代码：

```
def name_email_phone_split(record):
    name, email, *phone_numbers = record
    return name, eamil, phone_numbers
```

注意 星号表达式解压出的变量永远是列表类型，所以对于星号表达式，就没有必要做多余的类型检查了。

星号表达式也能用在列表的开始部分。如我们有前 8 个月收入数据的序列，但是想对比一下最近一个月的收入和前面 7 个月的平均值，可以采用类似如下的编码：

```
def income_exp(income_record):
    *income_pre_month, current_month = income_record
    income_avg = sum(income_pre_month) / len(income_pre_month)
    return avg_comparison(income_avg, current_month)
```

扩展的迭代解压语法是专门为解压不确定个数或任意个数元素的可迭代对象而设计的。通常，这些可迭代对象的元素结构有确定的规则（比如，第 1 个元素后面都是电话号码）。

星号表达式让开发人员可以很容易地解压元素，而不需通过一些比较复杂的手段去获取这些关联的元素值。

星号表达式在处理迭代元素为可变长元组的序列时是很有用的。

下面是一个带有标签的元组序列示例：

```
record_list = [
    ('f_func', 1, 2),
    ('d_func', 'hello world'),
    ('f_func', 'a', 'b'),
]
```

```
def f_func(x, y):
    print(f'f func:{x} {y}')


def d_func(s):
    print(f'd func:{s}')


for tag, *args in record_list:
    if tag == 'f_func':
        f_func(*args)
    elif tag == 'd_func':
        d_func(*args)
```

星号解压语法在字符串操作的时候也很有用，如对字符串的分割，示例如下：

```
str_v = 'hello: 中国 :three:123:World:/usr/exp/home/my/path'
greet, *fields, home_path = str_v.split(':')
print(greet, home_path)
```

注
意
对于解压后的元素，若想要丢弃，不建议直接使用 *，可以使用下划线（_）或 ign
（ignore 的缩写）表示要丢弃的元素。

在实际应用时，星号解压语法和列表处理有许多相似点，如使用星号解压语法可以很
容易地将列表分割成前后两部分，示例如下：

```
num_list = [1, 3, 5, 7, 9]
head, *rest = num_list
print(f'head is:{head}, rest list is:{rest}')
```

这里展示了部分星号解压语法的使用，更多的使用方式读者可以自行尝试。

扩展：通过适当添加空行，可以使代码布局更为优雅、合理。

布局清晰、整洁、优雅的代码能够给读者带来愉悦感，也能帮助开发者进行良好的沟
通。特别在团队开发中，良好的代码风格可以很好地帮助团队提高开发效率。

对于没有养成较好编码规范的开发者，建议先花点时间了解 Python 编码规范。

3.3.2　保留最后 N 个元素

在执行迭代操作或者其他操作的时候，为了满足某些业务需求，我们需要只保留最后
有限的元素历史记录。

保留有限历史记录可以使用 collections.deque。例如，在多行记录上做简单的文本匹
配，并返回与所在行匹配的最后 N 行，代码如下：

```
from collections import deque
def search(lines, search_val, history=1):
    previous_lines = deque(maxlen=history)
        for line in lines:
            if search_val in line:
```

```
                yield line, previous_lines
            previous_lines.append(line)


if __name__ == '__main__':
    with open(r'test_file/element.txt') as f:
        for search_v, prev_lines in search(f, 'python', 2):
            for pre_line in prev_lines:
                print(pre_line, end='')
            print(f'search value is:{search_v}')
```

在写查询元素的代码时，我们通常会使用包含 yield 表达式的生成器函数。使用 yield 表达式可以将搜索过程代码和搜索结果代码解耦。

使用 deque(maxlen=N) 构造函数时会新建一个固定大小的队列。deque 类的工作机制为：当新的元素加入并且队列已达到固定大小的时候，最老的元素会自动被移除，这样可以保证所查找元素的前 N 个元素被保留。

这里，我们也可以手动在列表上实现增加、删除等操作。不过，deque 方案会更加优雅，并且运行得更快些。

一般地，deque 类可以被用在任何只需要一个简单队列数据结构的场合。在使用 deque 类时，若不设置最大队列大小，就会得到一个无限大小队列。我们可以在队列的两端执行添加和弹出元素的操作，deque 类中提供了 append()、appendleft()、pop()、popleft() 等函数。

使用 deque 类在队列两端插入或删除元素的时间复杂度都是 $O(1)$，在列表的开头插入或删除元素的时间复杂度为 $O(N)$。

3.3.3 记录分组

在实际操作字典或实例序列中的记录时，我们需要实现分组迭代访问，如根据某个特定的字段比如 date 来分组迭代访问。

对于数据分组操作来说，itertools.groupby() 函数非常实用。假设我们已经有下列的字典列表：

```
done_record = [
    {'done': 'read book', 'date': '07/01/2020'},
    {'done': 'work', 'date': '07/04/2020'},
    {'done': 'family chat', 'date': '07/02/2020'},
    {'done': 'run', 'date': '07/03/2020'},
    {'done': 'sport', 'date': '07/02/2020'},
    {'done': 'read 20 pages', 'date': '07/02/2020'},
    {'done': 'run 5km', 'date': '07/01/2020'},
    {'done': 'sport 2 hours', 'date': '07/04/2020'},
]
```

需要在按 date 分组后的数据块上进行迭代。首先需要按照指定的字段（比如 date）排序，然后调用 itertools.groupby() 函数，代码如下：

```
from operator import itemgetter
```

```
from itertools import groupby

done_record = [
    {'done': 'read book', 'date': '07/01/2020'},
    {'done': 'work', 'date': '07/04/2020'},
    {'done': 'family chat', 'date': '07/02/2020'},
    {'done': 'run', 'date': '07/03/2020'},
    {'done': 'sport', 'date': '07/02/2020'},
    {'done': 'read 20 pages', 'date': '07/02/2020'},
    {'done': 'run 5km', 'date': '07/01/2020'},
    {'done': 'sport 2 hours', 'date': '07/04/2020'},
]

# Sort by the desired field first
done_record.sort(key=itemgetter('date'))
# Iterate in groups
for date, items in groupby(done_record, key=itemgetter('date')):
    print(date)
    for i in items:
        print(' ', i)
```

groupby() 函数扫描整个序列并且查找连续相同值（或者根据指定 key 函数返回值相同的元素序列）。

在每次迭代的时候，groupby() 函数会返回一个值和一个迭代器对象，该迭代器对象可以生成元素值全部等于上面元素序列中元素值的对象。

一个非常重要的准备步骤是要根据指定的字段对数据进行排序。由于 groupby() 函数仅仅检查连续的元素，如果事先没有对元素完成排序，我们将得不到想要的结果。

如果仅仅只是想根据 date 字段将数据分组到一个大的数据结构中，并且允许随机访问，那么最好使用 defaultdict() 函数来构建一个多值字典，示例如下：

```
from collections import defaultdict
record_by_date = defaultdict(list)
for record in done_record:
    record_by_date[record['date']].append(record)
```

这样，我们就可以很轻松地对每个指定日期访问对应的记录，代码如下：

```
for record in record_by_date['07/01/2012']:
    print(record)
```

在该示例中，没有必要先将记录排序。如果对内存占用不是很关心，这种方式会比先排序，然后再通过 groupby() 函数迭代的方式运行得快一些。

3.4 查找最大或最小的 N 个元素

从一个集合中获取最大或最小的元素比较简单，但若要获得最大或者最小的 N 个元素，是否有直接可以使用的函数？

heapq 模块中有两个函数可以非常好地解决这个问题。这两个函数分别是 nlargest() 和

nsmallest()，使用示例如下：

```python
import heapq
num_list = [1, 33, 3, 18, 7, -5, 18, 33, 51, -60, 5]
print(heapq.nlargest(3, num_list))
print(heapq.nsmallest(3, num_list))
```

这两个函数不但可以用于处理关键字参数，还可以用于处理更复杂的数据结构，示例如下：

```python
import heapq
offer_dict = [
    {'company_name': 'IBM', 'stock': 80, 'price': 81.1},
    {'company_name': 'AAPL', 'stock': 60, 'price': 113.22},
    {'company_name': 'FB', 'stock': 150, 'price': 91.09},
    {'company_name': 'HPQ', 'stock': 30, 'price': 79.75},
    {'company_name': 'YHOO', 'stock': 50, 'price': 85.35},
    {'company_name': 'ACME', 'stock': 100, 'price': 76.65}
    ]
cheapest = heapq.nsmallest(3, offer_dict, key=lambda s: s['price'])
max_stock = heapq.nlargest(2, offer_dict, key=lambda s: s['stock'])
```

上述代码段在对每个元素进行对比时，cheapest 会以 price 值进行比较，找出 price 值最小的 3 个记录；max_stock 会以 stock 值进行比较，找出 stock 值最大的 2 个记录。

在 heapq 模块的底层实现中，首先会将集合数据进行堆排序，然后放入一个列表中。如果想在一个集合中查找最小或最大的 N 个元素，并且 N 小于集合元素数量，那么 heapq 模块中的函数具有很好的性能。

堆数据结构最重要的特征是 heap[0] 永远是最小的元素，并且剩余的元素可以很容易地通过调用 heapq.heappop() 方法得到。heapq.heappop() 方法会先将第一个元素弹出来，然后用下一个最小的元素来取代被弹出元素（这种操作的时间复杂度仅仅是 O(logN)，N 是堆大小）。如要查找最小的 3 个元素，执行 3 次 heapq.heappop() 即可。

当要查找的元素个数相对比较小的时候，函数 nlargest() 和 nsmallest() 是很合适的。如果仅仅想查找唯一的最小或最大（N=1）的元素，那么使用 min() 和 max() 函数会更快些。类似地，如果 N 的大小和集合大小接近，通常先排序集合元素，然后再使用切片操作（sorted(items)[:N] 或者是 sorted(items)[-N:]），这样运行速度会更快点。

nlargest() 和 nsmallest() 函数需要用在正确场合才能发挥优势（如果 N 接近集合大小，那么使用排序操作会更好些）。

3.5 实现一个优先级队列

在实际应用中，为了更便利地操作队列，我们需要将队列按优先级排序，并在队列上的每次 pop() 操作后返回优先级最高的元素。

下面使用 heapq 模块实现一个简单的优先级队列，相关代码（priority_queue.py）如下：

```python
# 优先级队列
import heapq

class PriorityQueue:
    def __init__(self):
        self._queue = []
        self._index = 0

    def push(self, item, priority):
        heapq.heappush(self._queue, (-priority, self._index, item))
        self._index += 1

    def pop(self):
        return heapq.heappop(self._queue)[-1]
```

优先级队列的使用方式如下（priority_queue.py）：

```python
class Item:
    def __init__(self, name):
        self.name = name

    def __repr__(self):
        return 'Item({!r})'.format(self.name)

if __name__ == "__main__":
    priority_queue = PriorityQueue()
    priority_queue.push(Item('queue_1'), 1)
    priority_queue.push(Item('queue_2'), 3)
    priority_queue.push(Item('queue_3'), 5)
    priority_queue.push(Item('queue_4'), 3)

    print(priority_queue.__dict__.get('_queue')[0])
    print(f'pop item is:{priority_queue.pop()}')

    print(priority_queue.__dict__.get('_queue')[0])
    print(f'pop item is:{priority_queue.pop()}')

    print(priority_queue.__dict__.get('_queue')[0])
    print(f'pop item is:{priority_queue.pop()}')

    print(priority_queue.__dict__.get('_queue')[0])
    print(f'pop item is:{priority_queue.pop()}')

    print(priority_queue.__dict__)
```

执行 py 文件，输出结果如下：

```
(-5, 2, Item('queue_3'))
pop item is:Item('queue_3')
(-3, 1, Item('queue_2'))
pop item is:Item('queue_2')
(-3, 3, Item('queue_4'))
pop item is:Item('queue_4')
(-1, 0, Item('queue_1'))
pop item is:Item('queue_1')
{'_queue': [], '_index': 4}
```

由执行结果可知，第一个 pop() 操作返回了优先级最高的元素。

注意   如果两个有着相同优先级的元素（queue_2 和 queue_4），pop() 操作是按照它们被插入到队列的顺序返回的——先插入的元素先返回。

---

heapq.heappush() 和 heapq.heappop() 函数分别用于在队列 _queue 上插入和删除第一个元素。队列 _queue 保证第一个元素拥有最高优先级。

heappop() 函数总是返回最小的的元素，这是保证队列 pop() 操作返回正确元素的关键。另外，由于 push() 和 pop() 操作时间复杂度为 O(logN)，其中 N 是堆的大小，因此即使 N 很大，执行操作的运行速度也很快。

在上面示例代码中，队列包含一个（-priority, index, item）的元组。设置优先级为负数的目的是使元素按照优先级从高到低排序。这与普通的按优先级从低到高排序的堆排序恰巧相反。

index 变量的作用是保证同等优先级元素的正确排序。通过保存一个不断增加的 index 下标变量，可确保元素按照它们插入的顺序排序。index 变量在相同优先级元素比较的情况下起到重要作用。

下面通过示例进一步讲解优先级队列，相关代码（priority_queue_1.py）如下：

```python
class Item:
    def __init__(self, name):
        self.name = name


if __name__ == "__main__":
    queue_1 = Item('queue_1')
    queue_2 = Item('queue_2')
    print(queue_1 < queue_2)
```

执行 py 文件，输出结果如下：

```
Traceback (most recent call last):
    File "/Users/lyz/Desktop/python-workspace/advanced_programming/chapter1/
priority_queue_1.py", line 8, in <module>
        print(queue_1 < queue_2)
TypeError: '<' not supported between instances of 'Item' and 'Item'
```

如果你使用元组（priority, item），只要两个元素的优先级不同就能比较。但当两个元素优先级一样时，比较操作就会出错，这时我们可以在代码 priority_queue_1.py 中做修改：

```python
queue_1 = (1, Item('queue_1'))
queue_2 = (3, Item('queue_2'))
queue_3 = (1, Item('queue_3'))
print(queue_1 < queue_2)
print(queue_1 < queue_3)
```

输出结果如下：

```
True
Traceback (most recent call last):
```

```
    File "/Users/lyz/Desktop/python-workspace/advanced_programming/chapter1/
priority_queue_1.py", line 14, in <module>
        print(queue_1 < queue_3)
    TypeError: '<' not supported between instances of 'Item' and 'Item'
```

由此可见，通过引入另外的 index 变量组成三元组（priority, index, item），能很好地避免上面示例中的错误，因为不可能有两个元素有相同的 index 值。

Python 在做元组比较时，如果前面的比较已经可以确定结果，后面的比较操作就不会发生了。我们可以继续在 priority_queue_1.py 中添加如下修改：

```
queue_1 = (1, 0, Item('queue_1'))
queue_2 = (3, 1, Item('queue_2'))
queue_3 = (1, 2, Item('queue_3'))
print(queue_1 < queue_2)
print(queue_1 < queue_3)
```

执行 py 代码，输出结果如下：

```
True
True
```

如果想在多个线程中使用同一个队列，那么需要增加适当的锁和信号量机制。

有想深入了解 heapq 模块的读者可以仔细研读 heapq 模块的官方文档。

3.6 命名切片

在编码技能不熟练时，我们很容易写出大量无法直视的硬编码切片，以至于在不久后可能需要回头做一遍代码清理。

比如，从一个记录（比如文件或其他类似格式）中的某些固定位置提取字段，示例如下：

```
record_str = '......##...........20 ....#..1513.5 ........##'
total_cost = int(record_str[20:22]) * float(record_str[30:36])
print(f'total cost is:{total_cost}')
```

这样编写的代码会给日后的维护带来很多不便，这里可以对命名进行切片操作，改进如下：

```
NUMBERS = slice(20, 22)
PRICE = slice(30, 36)
total_cost = int(record_str[NUMBERS]) * float(record_str[PRICE])
print(f'total cost is:{total_cost}')
```

在改进代码中，用有具体意义的切片名替代使用大量难以理解的硬编码下标，这使得代码更加清晰、可读。

一般来讲，如果代码中出现大量硬编码下标，会使得代码的可读性和可维护性大大降低。使用切片命名的方式可以更加清晰地表达代码。

内置的 slice() 函数创建了一个切片对象。在所有使用切片的地方，我们都可以使用切片对象。

如果定义了一个切片对象，我们可以分别调用该切片对象的 start、stop、step 属性来获取更多信息，示例如下：

```
split_obj = slice(3, 20, 2)
print(split_obj.start)
print(split_obj.stop)
print(split_obj.step)
```

我们还可以通过调用切片的 indices(size) 方法将切片对象映射到一个已知大小的序列上。indices(size) 方法返回一个三元组（start, stop, step），切片对象的所有值都会被自动调整，直到达到适合这个已知序列的边界为止。这样，调用切片时就不会出现 IndexError 异常，示例如下：

```
str_obj = 'HelloWorld'
split_obj = slice(3, 20, 2)
for i in range(*split_obj.indices(len(str_obj))):
    print(str_obj[i])
```

3.7 排序不支持原生比较的对象

在 Python 中，并非所有的对象都支持原生的比较操作。但在实际应用中，我们需要对不支持原生比较的对象执行排序操作。

Python 内置的 sorted() 函数有一个关键字参数 key，其可以传入一个 callable 对象。callable 对象对每个传入的对象返回一个值，这个返回值是 sorted() 函数排序传入的对象后得到的。

如果应用程序中有一个 User 实例序列，我们希望通过它们的 user_id 属性进行排序，这时可以提供一个以 User 实例为输入并输出对应 user_id 值的 callable 对象，示例如下：

```
class User(object):
    def __init__(self, user_id):
        self.user_id = user_id

    def __repr__(self):
        return 'User({})'.format(self.user_id)

if __name__ == "__main__":
    users = [User(23), User(3), User(99)]
    print(users)
    print(sorted(users, key=lambda u: u.user_id))
```

对于该示例，我们也可以通过 operator.attrgetter() 函数代替 lambda() 函数，示例如下：

```
from operator import attrgetter
    print(sorted(users, key=attrgetter('user_id')))
```

选择使用 lambda() 函数还是 attrgetter() 函数取决于个人喜好。不过，attrgetter() 函数通常会运行得快点，并且同时允许多个字段进行比较。这与 operator.itemgetter() 函数作用于字典类型很类似。

如果 User 实例还有一个 first_name 和 last_name 属性，那么可以像下面这样排序：

```
by_name = sorted(users, key=attrgetter('last_name', 'first_name'))
```

这里用到的技术同样适用于像 min() 和 max() 之类的函数，示例如下：

```
print(min(users, key=attrgetter('user_id')))
print(max(users, key=attrgetter('user_id')))
```

扩展：按需选择 sort() 或者 sorted() 函数。

各种排序算法以及它们的时间复杂度分析是很多企业面试人员经常会问的问题，这是因为在实际应用中确实会遇到各种需要排序的情况。Python 中常用的排序函数有 sort() 和 sorted()。这两个函数并不完全相同，各有各的使用方式。两者形式如下：

1）相比于 sort() 函数，sorted() 函数使用范围更为广泛。这两个函数有 3 个共同参数，即 cmp、key 和 reverse。cmp 为用户定义的比较函数，其参数为两个可比较的元素，可根据第一个参数与第二个参数的关系依次返回 −1、0 或 1，默认参数为 None；key 是一个函数形式的参数，用来为每个元素提取比较值，默认值为 None；reverse 标识排序结果是否反转。

2）当排序对象为列表的时候，两者适用的场景不同。sorted() 函数会返回一个排序后的列表，原有列表保持不变；sort() 函数会直接修改原有列表，返回为 None。若应用中需要保留原有列表，sorted() 函数较为实用，否则选择 sort() 函数。对于 sort() 函数，由于其不需要复制原有列表，所以消耗内存较少，效率也较高。

3）不论是 sort() 函数还是 sorted() 函数，传入参数 key 比传入参数 cmp 效率要高。cmp 传入的函数在整个排序过程中会调用多次，函数开销较大；而 key 针对每个元素仅做一次处理，因此使用 key 比使用 cmp 效率要高。

3.8 本章小结

本章主要讲解数据结构的进阶操作。Python 中的数据结构有序列、字典等对象，由于它们的对象结构上的差异，致使在一些操作上有很大不同，这也衍生出属于它们各自特有的方法。

数据结构的应用非常灵活，应用得当可以极大地提升效率。而且由于数据结构的灵活性，迭代器、生成器与数据结构的结合比较紧密。下一章对迭代器和生成器进行讲解。

第 4 章

迭代器与生成器

迭代是 Python 最强大的功能之一。很多时候，我们会简单地认为迭代器只不过是处理序列中元素的一种方法。迭代的用途很多，包括创建迭代器对象、在 itertools 模块中使用有用的迭代模式、构造生成器函数等。

本章主要展示与迭代有关的各种常见问题。

4.1 迭代操作

应用好迭代操作可以写出非常高效、优雅的代码。迭代操作非常丰富，如代理迭代、迭代切片、反向迭代等。下面简要介绍一些迭代操作。

4.1.1 手动遍历迭代器

很多开发人员可能习惯使用 for 循环遍历可迭代对象中的所有元素，这样操作并没有问题，但效率并不是最高的。其实，不用 for 循环也可以遍历可迭代对象中的所有元素。

我们可使用 next() 函数遍历可迭代对象并在代码中捕获 StopIteration 异常。下面展示一个读取文件中所有行的示例，代码如下：

```
def manual_iter():
    with open('/etc/passwd') as f:
        try:
            while True:
                line = next(f)
                # end 指定为 空，输出行不会有一个空白行
                print(line, end='')
        except StopIteration:
```

```
        pass
```

上述代码中，StopIteration 用来指示迭代的结尾。next() 函数可以通过返回一个指定值来标记结尾，如 None 或空字符，示例如下：

```
with open('/etc/passwd') as f:
    while True:
        line = next(f, None)
        if not line:
            break
        # end 指定为 空，输出行不会有一个空白行
        print(line, end='')
```

很多时候，我们会习惯使用 for 循环语句来遍历一个可迭代对象。但当需要对迭代做更加精确的控制时，了解底层迭代机制就显得尤为重要了。

下面示例演示了迭代的一些基本细节，代码（hands_iter.py）如下：

```
num_list = [1, 2, 3]
items = iter(num_list)
for i in range(len(num_list)):
    print(f'first items next is:{next(items)}')

for i in range(len(num_list) + 1):
    print(f'second items next is:{next(items)}')
```

执行 py 文件，输出结果如下：

```
first items next is:1
first items next is:2
first items next is:3
second items next is:1
second items next is:2
second items next is:3
Traceback (most recent call last):
  File "/advanced_programming/chapter4/hands_iter.py", line 27, in <module>
    print(f'second items next is:{next(items)}')
StopIteration
```

比对输出结果，查看第一个循环输出和第二个循环输出的结果，可以发现第二个循环抛出异常了。

4.1.2 代理迭代

自定义一个容器对象，其中包含列表、元组或其他可迭代对象。现在，我们直接在该自定义容器对象上执行迭代操作。

我们先定义一个 __iter__() 方法，将迭代操作代理到容器内部的对象上，代码（proxy_iter_exp.py）如下：

```
class Node:
    def __init__(self, value):
        self._value = value
```

```
        self._children = []

    def __repr__(self):
        return f'Node({self._value})'

    def add_child(self, node):
        self._children.append(node)

    def __iter__(self):
        return iter(self._children)


if __name__ == '__main__':
    root = Node(0)
    child1 = Node(1)
    child2 = Node(2)
    root.add_child(child1)
    root.add_child(child2)
    for ch in root:
        print(f'child is:{ch}')
```

执行 py 文件，输出结果如下：

```
child is:Node(1)
child is:Node(2)
```

在上述示例代码中，__iter__() 方法只是简单地将迭代请求传递给内部的 _children 属性。

Python 的迭代器协议需要 __iter__() 方法返回一个实现 __next__() 方法的迭代器对象。如果只是迭代遍历其他容器的内容，无须担心底层是怎样实现的，只需传递迭代请求即可。

这里 iter() 函数的使用简化了代码，iter(s) 只是简单地通过调用 s.__iter__() 方法来返回对应的迭代器对象，与 len(s) 调用 s.__len__() 原理是一样的。

4.1.3 实现迭代协议

下面构建一个支持迭代操作的自定义对象，并找到一个能实现迭代协议的简单方法。

截至目前，在一个对象上实现迭代最简单的方式是使用生成器函数。在 4.1.2 节中，使用 Node 类表示树型数据结构，实现了以深度优先遍历树形节点的生成器，代码（real_agreement.py）如下：

```
class Node:
    def __init__(self, value):
        self._value = value
        self._children = []

    def __repr__(self):
        return f'Node({self._value})'

    def add_child(self, node):
        self._children.append(node)
```

```
    def __iter__(self):
        return iter(self._children)

    def depth_first(self):
        yield self
        for c in self:
            yield from c.depth_first()

if __name__ == '__main__':
    root = Node(0)
    child_1 = Node(1)
    child_2 = Node(2)
    root.add_child(child_1)
    root.add_child(child_2)
    child_1.add_child(Node(3))
    child_1.add_child(Node(4))
    child_2.add_child(Node(5))

    for ch in root.depth_first():
        print(f'child is: {ch}')
```

执行 py 文件，输出结果如下：

```
child is: Node(0)
child is: Node(1)
child is: Node(3)
child is: Node(4)
child is: Node(2)
child is: Node(5)
```

上述代码中，depth_first() 方法简单直观。首先返回自己本身并迭代每一个子节点，然后再通过调用子节点的 depth_first() 方法（使用 yield from 语句）返回对应元素。

Python 的迭代协议要求一个 __iter__() 方法返回一个特殊的迭代器对象，这个迭代器对象实现了 __next__() 方法并通过 StopIteration 异常标识迭代完成。不过，实现过程通常会比较烦琐。以下示例展示了如何使用一个关联迭代器类重新实现 depth_first() 方法。

```
class Node2:
    def __init__(self, value):
        self._value = value
        self._children = []

    def __repr__(self):
        return f'Node({self._value})'

    def add_child(self, node):
        self._children.append(node)

    def __iter__(self):
        return iter(self._children)

    def depth_first(self):
        return DepthFirstIterator(self)
```

```python
class DepthFirstIterator(object):
    def __init__(self, start_node):
        self._node = start_node
        self._children_iter = None
        self._child_iter = None

    def __iter__(self):
        return self

    def __next__(self):
        # Return myself if just started; create an iterator for children
        if self._children_iter is None:
            self._children_iter = iter(self._node)
            return self._node
        # If processing a child, return its next item
        elif self._child_iter:
            try:
                next_child = next(self._child_iter)
                return next_child
            except StopIteration:
                self._child_iter = None
                return next(self)
        # Advance to the next child and start its iteration
        else:
            self._child_iter = next(self._children_iter).depth_first()
            return next(self)
```

DepthFirstIterator 类和前面使用生成器的版本工作原理类似，但是它写起来很烦琐，因为迭代器必须在迭代处理过程中维护大量的状态信息。在实际应用中，没人愿意写这么晦涩的代码，而是将迭代器定义为一个生成器。

4.1.4 反向迭代

在实际应用中，将一个序列逆序输出是比较常见的操作。对于迭代，这种操作称为反方向迭代。

对于反向迭代序列，我们可以使用内置的 reversed() 函数，代码（reversed_iter.py）如下：

```python
a = [1, 2, 3, 4]
print(f'primary a is: {a}')
b = list()
for x in reversed(a):
    b.append(x)
print(f'{a} reversed is: {b}')
```

执行 py 文件，输出结果如下：

```
primary a is: [1, 2, 3, 4]
[1, 2, 3, 4] reversed is: [4, 3, 2, 1]
```

反向迭代仅仅当对象的大小可预先确定或者对象实现了 __reversed__() 函数才生效。

如果两者都不符合，必须先将对象转换为一个列表，代码如下：

```
f = open('/etc/passwd')
for line in reversed(list(f)):
    print(line, end='')
```

注
意 　如果可迭代对象元素很多，将其预先转换为一个列表要消耗大量的内存。

我们可以通过在自定义类上实现__reversed__()方法来实现反向迭代，代码 (reversed_iter.py) 示例如下：

```
class Countdown:
    def __init__(self, start):
        self.start = start

    # Forward iterator
    def __iter__(self):
        n = self.start
        while n > 0:
            yield n
            n -= 1

    # Reverse iterator
    def __reversed__(self):
        n = 1
        while n <= self.start:
            yield n
            n += 1

for rev_val in reversed(Countdown(20)):
    print(f'reversed order: {rev_val}')
print()
for nor_val in Countdown(20):
    print(f'normal order: {nor_val}')
```

执行 py 文件，输出结果如下：

```
reversed order: 1
reversed order: 2
...
reversed order: 20

normal order: 20
normal order: 19
...
normal order: 1
```

定义一个反向迭代器可以使代码运行非常高效，因为不再需要将数据填充到一个列表中，然后再去反向迭代该列表。

4.1.5 迭代器切片

在 Python 中，很多对象都提供了标准的切片操作，如字符串、序列，但要得到一个由迭代器生成的切片对象，使用标准切片操作并不可行。对于迭代器，itertools 模块中的 islice() 函数可以解决该切片操作问题。

函数 itertools.islice() 适用于在迭代器和生成器上做切片操作，代码（split_iter.py）示例如下：

```
def count(n):
    while True:
        yield n
        n += 1

c = count(0)
print(c[5: 8])

import itertools
for x in itertools.islice(c, 5, 8):
    print(f'iter val is: {x}')
```

执行 py 文件，输出结果如下：

```
Traceback (most recent call last):
  File "/advanced_programming/chapter4/split_iter.py", line 7, in <module>
    print(c[5: 8])
TypeError: 'generator' object is not subscriptable
iter val is: 5
iter val is: 6
iter val is: 7
```

迭代器和生成器不能使用标准的切片操作，因为我们事先并不知道它们的长度（并且也没有实现索引）。函数 islice() 返回一个可以生成指定元素的迭代器，它通过遍历并丢弃切片索引开始位置的所有元素，然后返回元素，直到遍历至切片索引结束位置。

> 注意 islice() 函数会消耗掉传入的迭代器中的数据，在使用时必须考虑到迭代器是不可逆的。如果需要之后再次访问迭代器，应先将迭代器中的数据放入一个列表中。

4.1.6 跳过可迭代对象的开始部分

在实际应用中，我们会有类似跳过可迭代对象的需求。

itertools 模块中有一些函数可以实现这个需求，如 itertools.dropwhile() 函数。该函数需要传递一个函数对象和一个可迭代对象，返回一个迭代器对象，丢弃直到函数返回 Flase 之前的原有序列中的所有元素，然后返回后面的所有元素。

如读取一个开始部分是几行注释的源文件，代码如下：

```
with open('/etc/passwd') as f:
    for line in f:
        print(f'{line}', end='')
```

如跳过开始部分的注释行，代码如下：

```
from itertools import dropwhile
with open('/etc/passwd') as f:
    for line in dropwhile(lambda line: line.startswith('#'), f):
        print(f'{line}', end='')
```

如果已经明确知道要跳过的元素的个数，可以使用 itertools.islice() 函数来代替上述代码，代码（iter_skip.py）示例如下：

```
from itertools import islice
items = ['w', 'o', 'r', 12, 5, 7, 90]
for x in islice(items, 3, None):
    print(x)
```

执行 py 文件，输出结果如下：

```
12
5
7
90
```

示例中，islice() 函数最后的 None 参数指定了获取 items 中从第 3 个到最后的所有元素，如果 None 和 3 的位置对调，意思就是仅仅获取前 3 个元素（这与切片的相反操作 [3:] 和 [:3] 原理是一样的）。

dropwhile() 和 islice() 是两个帮助函数，作用是避免写出类似如下的冗余代码：

```
with open('/etc/passwd') as f:
    # Skip over initial comments
    while True:
        line = next(f, '')
        if not line.startswith('#'):
            break

    # Process remaining lines
    while line:
        # Replace with useful processing
        print(line, end='')
        line = next(f, None)
```

跳过一个可迭代对象的开始部分与过滤是不同的。如上述代码的第一个部分可能会这样重写：

```
with open('/etc/passwd') as f:
    lines = (line for line in f if not line.startswith('#'))
    for line in lines:
        print(line, end='')
```

这样写确实可以跳过开始部分的注释行，但是同样会跳过文件中其他的注释行。

🔲 **注**
意 这里的方案适用于所有可迭代对象，包括那些事先不能确定大小，如生成器、文件及其他类似的对象。

4.1.7 排列组合的迭代

涉及科学计算时，做排列组合是一个很常见的操作。如对于实现迭代遍历一个集合中元素的所有可能的排列组合的需求，我们可以使用 itertools 模块中相关的函数。itertools 模块提供了 3 个函数解决这类问题。其中一个是 itertools.permutations() 函数，它可以实现接收一个集合并产生一个元组序列，每个元组由集合中所有元素的一个可能的排列组成。通过打乱集合中元素排列顺序生成一个元组，代码（comb_iter.py）示例如下：

```python
item_list = ['a', 'b', 'c']
from itertools import permutations
for p in permutations(item_list):
    print(f'all permutations is: {p}')
```

执行 py 文件，输出结果如下：

```
all permutations is: ('a', 'b', 'c')
all permutations is: ('a', 'c', 'b')
all permutations is: ('b', 'a', 'c')
all permutations is: ('b', 'c', 'a')
all permutations is: ('c', 'a', 'b')
all permutations is: ('c', 'b', 'a')
```

如果想得到指定长度的所有排列，可以传递一个可选的长度参数，代码（comb_iter.py）示例如下：

```python
for p in permutations(item_list, 2):
    print(f'permutations 2 is: {p}')
```

执行 py 文件，输出结果如下：

```
permutations 2 is: ('a', 'b')
permutations 2 is: ('a', 'c')
permutations 2 is: ('b', 'a')
permutations 2 is: ('b', 'c')
permutations 2 is: ('c', 'a')
permutations 2 is: ('c', 'b')
```

使用 itertools.combinations() 函数可以得到输入集合中元素的所有的排列组合，代码（comb_iter.py）示例如下：

```python
from itertools import combinations
for c in combinations(item_list, 3):
    print(f'combinations 3 is: {c}')

for c in combinations(item_list, 2):
    print(f'combinations 2 is: {c}')

for c in combinations(item_list, 1):
    print(f'combinations 1 is: {c}')
```

执行 py 文件，输出结果如下：

```
combinations 3 is: ('a', 'b', 'c')
```

```
combinations 2 is: ('a', 'b')
combinations 2 is: ('a', 'c')
combinations 2 is: ('b', 'c')
combinations 1 is: ('a',)
combinations 1 is: ('b',)
combinations 1 is: ('c',)
```

对于 combinations() 函数来讲，元素的顺序不重要。组合（'a', 'b'）与（'b', 'a'）是一样的（最终只会输出其中一个）。

在计算组合的时候，一旦元素被选取就会从候选中剔除掉（比如，如果元素 a 已经被选取，那么接下来排列组合时就不会再考虑它了）。

函数 itertools.combinations_with_replacement() 允许同一个元素被选择多次，代码（comb_iter.py）示例如下：

```
from itertools import combinations_with_replacement
for c in combinations_with_replacement(item_list, 3):
    print(f'combinations with replacement is: {c}')
```

执行 py 文件，输出结果如下：

```
combinations with replacement is: ('a', 'a', 'a')
combinations with replacement is: ('a', 'a', 'b')
combinations with replacement is: ('a', 'a', 'c')
combinations with replacement is: ('a', 'b', 'b')
combinations with replacement is: ('a', 'b', 'c')
combinations with replacement is: ('a', 'c', 'c')
combinations with replacement is: ('b', 'b', 'b')
combinations with replacement is: ('b', 'b', 'c')
combinations with replacement is: ('b', 'c', 'c')
combinations with replacement is: ('c', 'c', 'c')
```

上述示例展示的仅仅是 itertools 模块的一部分功能。

尽管自己可以手动实现排列组合，但是这样做效率低。当遇到比较复杂的迭代问题时，最好可以先选择使用 itertools 模块中的函数解决。

4.1.8 序列上索引值迭代

在遍历序列时，有时需要跟踪被遍历元素的索引。对于这种需求，不少开发人员习惯根据序列长度，使用数组下标的方式取得元素索引。

在 Python 中，不使用数组下标也可以实现在迭代序列的同时跟踪正在被处理的元素索引。如使用内置的 enumerate() 函数，代码（index_iter.py）示例如下：

```
test_list = ['a', 'b', 'c']
for idx, str_val in enumerate(test_list):
    print(f'index is: {idx}, str value is: {str_val}')
```

执行 py 文件，输出结果如下：

```
index is: 0, str value is: a
index is: 1, str value is: b
```

```
index is: 2, str value is: c
```

为了按传统行号输出（行号从 1 开始），我们可以传递一个开始参数，代码（index_iter. py）示例如下：

```
for idx, str_val in enumerate(test_list, 1):
    print(f'index is: {idx}, str value is: {str_val}')
```

执行 py 文件，输出结果如下：

```
index is: 1, str value is: a
index is: 2, str value is: b
index is: 3, str value is: c
```

这种方式在错误消息中使用行号定位非常有用，示例如下：

```
def parse_data(file_name):
    with open(file_name, 'rt') as f:
        for lno, line in enumerate(f, 1):
            fields = line.split()
            try:
                count = int(fields[1])
            except ValueError as e:
                print(f'Line {lno}: Parse error: {e}')
```

enumerate() 函数对于跟踪某些值在列表中出现的位置是很有用的。如果想将一个文件中出现的单词映射到它出现的行号上，可以利用 enumerate() 函数实现，代码如下：

```
from collections import defaultdict

word_summary = defaultdict(list)
with open('/etc/passwd', 'r') as f:
    line_list = f.readlines()

for idx, line in enumerate(line_list):
    # Create a list of words in current line
    words = [w.strip().lower() for w in line.split()]
    for word in words:
        word_summary[word].append(idx)
```

处理完文件后打印 word_summary，我们会发现它是一个字典（准确来讲，word_summary 是一个 defaultdict）。每个单词有一个 key，每个 key 对应的值是一个由该单词出现的行号组成的列表。如果某个单词在一行中出现两次，那么其行号也会出现两次，这可以作为文本的一个简单统计。

当额外定义一个计数变量的时候，使用 enumerate() 函数会更加简单。不使用 enumerate() 函数，可能会写出如下代码：

```
lno = 1
f = open('/etc/passwd')
for line in f:
    # Process line
    lno += 1
```

使用 enumerate() 函数就显得更加优雅了：

```
for lno, line in enumerate(f):
    # Process line
    pass
```

enumerate() 函数返回的是一个 enumerate 对象实例，它是一个迭代器，返回连续的包含一个计数和一个值的元组。元组中的值通过在传入序列上调用 next() 函数返回。

注意　有时候，在一个已经解压的元组序列上使用 enumerate() 函数很容易掉入陷阱。

enumerate() 函数正确与错误写法对比如下（index_iter.py）：

```
data_list = [(1, 2), (3, 4), (5, 6), (7, 8)]

# Correct!
for n, (x, y) in enumerate(data_list):
    pass

# Error!
for n, x, y in enumerate(data_list):
    pass
```

4.1.9　多个序列迭代

在实际应用中，我们经常会有同时迭代多个序列的需求，即每次分别从一个序列中取一个元素。

要同时迭代多个序列，可以使用 zip() 函数，代码（many_iter.py）示例如下：

```
xpt_list = [21, 35, 6, 28, 37, 19]
ypt_list = [11, 8, 3, 5, 2, 9]
for x, y in zip(xpt_list, ypt_list):
    print(f'xpt_list element: {x}, ypt_list element: {y}')
```

执行 py 文件，输出结果如下：

```
xpt_list element: 21, ypt_list element: 11
xpt_list element: 35, ypt_list element: 8
xpt_list element: 6, ypt_list element: 3
xpt_list element: 28, ypt_list element: 5
xpt_list element: 37, ypt_list element: 2
xpt_list element: 19, ypt_list element: 9
```

zip(a, b) 函数会生成一个可返回元组（x, y）的迭代器，其中 x 来自 a，y 来自 b。对于序列 a 和 b，有任何一个序列迭代到结尾，则迭代结束。迭代长度与参数中最短序列长度一致，代码（many_iter.py）示例如下：

```
a_list = [3, 7, 11]
b_list = ['hello', 'world', 'python', 'good']
for i in zip(a_list, b_list):
    print(f'zip result: {i}')
```

执行 py 文件，输出结果如下：

```
zip result: (3, 'hello')
zip result: (7, 'world')
zip result: (11, 'python')
```

如果这不是我们想要的效果，还可以使用 itertools.zip_longest() 函数来代替，代码（many_iter.py）示例如下：

```
from itertools import zip_longest
for i in zip_longest(a_list, b_list):
    print(f'zip longest result: {i}')

for i in zip_longest(a_list, b_list, fillvalue=0):
    print(f'zip longest fill value 0: {i}')
```

执行 py 文件，输出结果如下：

```
zip longest result: (3, 'hello')
zip longest result: (7, 'world')
zip longest result: (11, 'python')
zip longest result: (None, 'good')
zip longest fill value 0: (3, 'hello')
zip longest fill value 0: (7, 'world')
zip longest fill value 0: (11, 'python')
zip longest fill value 0: (0, 'good')
```

如果想成对处理数据，zip() 函数是很有用的。如头列表和一个值列表，代码如下：

```
header_list = ['name', 'course', 'score']
value_list = ['python', 20, 0.3]
```

使用 zip() 函数可以将它们打包并生成一个字典：

```
s = dict(zip(header_list, value_list))
```

也可以像下面这样产生输出：

```
for name, val in zip(header_list, value_list):
    print(f'{name} = {val}')
```

输出结果如下：

```
name = python
course = 20
score = 0.3
```

zip() 函数可以接收多于两个序列的参数。这时候，所生成的结果元组中的元素个数与输入序列个数一样，代码（many_iter.py）示例如下：

```
a_list = [1, 2, 3]
b_list = [10, 11, 12]
c_list = ['x','y','z']
for i in zip(a_list, b_list, c_list):
    print(f'zip result: {i}')
```

执行 py 文件，输出结果如下：

```
zip result: (1, 10, 'x')
zip result: (2, 11, 'y')
zip result: (3, 12, 'z')
```

最后强调一点的是，zip() 函数会创建一个迭代器来作为结果返回。如果需要将结对的值存储在列表中，要使用 list() 函数，代码（many_iter.py）示例如下：

```
print(f'zip {a_list} {b_list} = {zip(a_list, b_list)}')
print(f'list zip result: {list(zip(a_list, b_list))}')
```

执行 py 文件，输出结果如下：

```
zip [1, 2, 3] [10, 11, 12] = <zip object at 0x10e1ad280>
list zip result: [(1, 10), (2, 11), (3, 12)]
```

4.1.10　集合元素的迭代

对多个对象执行相同的操作，而这些对象在不同的容器时，要求代码在不失可读性的情况下避免重复写。

itertools.chain() 方法可以用来简化该任务。它接收一个可迭代对象列表作为输入，并返回一个迭代器，有效地屏蔽掉在多个容器中的迭代细节，代码（diff_list_iter.py）示例如下：

```
from itertools import chain
a_list = [1, 3, 5, 7]
b_list = ['hello', 'world', 'nice']
for x in chain(a_list, b_list):
    print(f'chain result: {x}')
```

执行 py 文件，输出结果如下：

```
chain result: 1
chain result: 3
chain result: 5
chain result: 7
chain result: hello
chain result: world
chain result: nice
```

chain() 方法的常见场景是，对不同的集合中所有元素执行某些操作，示例如下：

```
active_items = set()
inactive_items = set()

for item in chain(active_items, inactive_items):
    pass
```

chain() 方法要比下面使用两个单独的循环更加优雅，代码如下：

```
for item in active_items:
    pass
```

```
for item in inactive_items:
    pass
```

itertools.chain() 方法接收一个或多个可迭代对象作为输入参数，然后创建一个迭代器，依次连续地返回每个可迭代对象中的元素。这种方式比先将序列合并再迭代要高效得多，示例如下：

```
# Inefficent
for x in a_list + b_list:
    pass

# Better
for x in chain(a_list, b_list):
    pass
```

上述第一种方案中，a_list+b_list 操作会创建一个全新的序列并要求 a_list 和 b_list 的类型一致。chian() 方法没有这一步，当输入序列非常大的时候会很节省内存，并且当可迭代对象类型不一样的时候，同样可以很好地工作。

4.1.11　顺序迭代合并后的排序迭代对象

在实际应用中，我们需要对一系列序列合并，然后得到一个排序序列并对其做迭代遍历。heapq.merge() 函数可以完成该任务，代码（order_iter.py）示例如下：

```
import heapq
a_list = [1, 3, 5, 9]
b_list = [2, 4, 6, 10]
for c in heapq.merge(a_list, b_list):
    print(f'order result: {c}')
```

执行 py 文件，输出结果如下：

```
order result: 1
order result: 2
order result: 3
order result: 4
order result: 5
order result: 6
order result: 9
order result: 10
```

heapq.merge() 函数的可迭代特性意味着它不会立马读取所有序列，也就是说在非常长的序列中使用它，而不会有太大的开销。以下示例展示了如何合并两个排序文件：

```
with open('sorted_file_1', 'rt') as file_1, \
    open('sorted_file_2', 'rt') as file_2, \
    open('merged_file', 'wt') as out_file:
    for line in heapq.merge(file_1, file_2):
        out_file.write(line)
```

> **注意** heapq.merge() 函数要求所有输入序列必须是排过序的。它并不会预先读取所有数据到堆栈中或者预先排序，也不会对输入做排序检测，仅仅是检查所有序列的开始部分并返回最小的元素，这个过程一直会持续，直到所有输入序列中的元素都被遍历完。

4.1.12　迭代器代替 while 无限循环

在实际应用中，使用 while 循环来迭代处理数据时，我们可以调用某个函数或者采用和一般迭代模式不同的测试条件。现在，我们用迭代器重写 while 循环。

一个常见的 I/O 操作程序可能如下：

```
CHUNKSIZE = 8192

def reader(s):
    while True:
        data = s.recv(CHUNKSIZE)
        if data == b'':
            break
        # process_data(data)
```

通常，我们可以使用 iter() 函数来重写，示例如下：

```
def reader2(s):
    for chunk in iter(lambda: s.recv(CHUNKSIZE), b''):
        pass
        # process_data(data)
```

一个简单的 iter() 函数使用示例如下（while_replace.py）：

```
import sys
file_read = open('/etc/passwd')
for chunk in iter(lambda: file_read.read(10), ''):
    n = sys.stdout.write(chunk)
```

iter() 函数鲜为人知的一个特性是，它可接收一个可选的 callable 对象和一个标记（结尾）值作为输入参数。当接收这样的参数后，iter() 函数会先创建一个迭代器，由迭代器不断调用 callable 对象，直到返回值和标记值相等为止。

这种特殊的方法对于一些特定的、会被重复调用的函数很有效果，如涉及 I/O 调用的函数。

如果想从套接字或文件中以数据块的方式读取数据，通常需要重复地执行 read() 函数或 recv() 函数，并在后面紧跟一个文件结尾测试条件来决定是否终止。

这里的示例使用一个简单的 iter() 函数就可以将两者结合起来。lambda() 函数的作用是创建一个无参的 callable 对象，并为 recv() 函数或 read() 函数提供 size 参数。

4.2　使用生成器创建新的迭代模式

如果想实现一种新的迭代模式，我们可使用一个生成器函数来定义它。下面是一个生成某个范围内浮点数的生成器的示例：

```
def float_range(start, stop, increment):
    x = start
    while x < stop:
        yield x
        x += increment
```

在使用生成器函数时，我们可用 for 循环对其进行迭代或者使用其他接收可迭代对象的函数（比如 sum() 函数、list() 函数等），代码（gen_iter_exp.py）示例如下：

```
for n in float_range(0, 2, 0.5):
    print(f'float value is: {n}')

print(list(float_range(0, 2, 0.25)))
```

执行 py 文件，输出结果如下：

```
float value is: 0
float value is: 0.5
float value is: 1.0
float value is: 1.5
[0, 0.25, 0.5, 0.75, 1.0, 1.25, 1.5, 1.75]
```

函数中只要有一个 yield 语句即可将其转换为生成器。与普通函数不同，生成器函数只能用于迭代操作。以下示例展示了生成器函数的底层工作机制，代码（gen_iter_exp.py）示例如下：

```
def count_down(num):
    print(f'Starting to count from {num}')
    while num > 0:
        yield num
        num -= 1
    print('Done!')

c_obj = count_down(3)
print(f'c obj is: {c_obj}')
print(f'c obj next is: {next(c_obj)}')
print(f'c obj next is: {next(c_obj)}')
print(f'c obj next is: {next(c_obj)}')
print(f'c obj next is: {next(c_obj)}')
```

执行 py 文件，输出结果如下：

```
c obj is: <generator object count_down at 0x10b804f90>
Starting to count from 3
c obj next is: 3
c obj next is: 2
c obj next is: 1
Traceback (most recent call last):
...
StopIteration
```

生成器函数的主要特征是它只会回应在迭代中使用到的 next 操作。一旦生成器函数退出，迭代终止。在迭代中，通常 for 语句会自动处理这些细节，我们无须关注。

4.3 带有外部状态的生成器函数

在实际应用中，我们需要定义一个生成器函数，并调用某个暴露给用户使用的外部状态值。

如果生成器暴露外部状态给用户，我们可以简单地将它实现为一个类，然后把生成器函数放到 __iter__() 方法中，示例如下：

```python
from collections import deque

class LineHistory:
    def __init__(self, line_list, histlen=3):
        self.line_list = line_list
        self.history = deque(maxlen=histlen)

    def __iter__(self):
        for lno, line in enumerate(self.line_list, 1):
            self.history.append((lno, line))
            yield line

    def clear(self):
        self.history.clear()
```

我们可以将上述 LineHistory 类当作一个普通的生成器函数，然后创建一个实例对象，并访问内部属性值（如 history 属性或者是 clear() 方法），代码（status_gen_iter.py）示例如下：

```python
with open('/etc/passwd') as f:
    line_list = LineHistory(f)
    for line in line_list:
        if 'WebServer' in line:
            for lno, h_line in line_list.history:
                print(f'{lno}:{h_line}', end='')
```

执行 py 文件，输出结果如下：

```
28:_mdnsresponder:*:65:65:mDNSResponder:/var/empty:/usr/bin/false
29:_ard:*:67:67:Apple Remote Desktop:/var/empty:/usr/bin/false
30:_www:*:70:70:World Wide Web Server:/Library/WebServer:/usr/bin/false
```

如果生成器函数与程序其他部分有关联（比如暴露属性值，允许通过方法调用来控制等），可能会导致代码异常复杂。对于这种情况，我们可以考虑使用定义类的方式。

在 __iter__() 方法中，定义生成器不会改变算法的逻辑。

由于生成器是类的一部分，因此其允许定义各种属性和方法来供用户使用。如果在迭代操作时不使用 for 循环语句，需要先调用 iter() 函数，代码（status_gen_iter.py）示例如下：

```python
file_list = open('/etc/passwd')
line_list = LineHistory(file_list)
print(next(line_list))

iter_obj = iter(line_list)
print(f'iter obj next is: {next(iter_obj)}')
print(f'iter obj next is: {next(iter_obj)}')
```

执行 py 文件，输出结果如下：

```
iter obj next is: ##

iter obj next is: # User Database
```

4.4 创建数据处理管道

以数据管道（类似 Unix 管道）的方式迭代处理数据时，有大量的数据需要处理，并且不能一次性放入内存，这时我们需要考虑一个好的处理方式。生成器函数是一个实现管道机制的好办法。假定要处理一个容量非常大的日志文件目录，示例如下：

```
foo/
    access-log-012007.gz
    access-log-022007.gz
    access-log-032007.gz
    ...
    access-log-012008
bar/
    access-log-092007.bz2
    ...
    access-log-022008
```

每个日志文件包含的数据如下：

```
167.135.8.12 - - [10/Jul/2019:00:22:10 -0500] "GET /robots.txt ..." 200 29
213.211.219.35 - - [10/Jul/2019:00:22:11 -0500] "GET /ply/ ..." 200 12815
69.22.219.28 - - [10/Jul/2019:00:22:11 -0500] "GET /favicon.ico ..." 404 139
31.15.6.175 - - [10/Jul/2019:00:30:04 -0500] "GET /blog/atom.xml ..." 304 -
...
```

为了处理这些文件，我们可以定义一个由多个执行特定独立任务的简单生成器函数组成的容器，示例如下：

```python
import os
import fnmatch
import gzip
import bz2
import re

def gen_find(file_pat, top):
    """
    Find all file_name_list in a directory tree that match a shell wildcard
pattern
    :param file_pat:
    :param top:
    :return:
    """
    for path, dir_list, file_list in os.walk(top):
        for name in fnmatch.filter(file_list, file_pat):
            yield os.path.join(path,name)
```

```python
def gen_opener(file_name_list):
    """
    Open a sequence of file_name_list one at a time producing a file object.
    The file is closed immediately when proceeding to the next iteration.
    :param file_name_list:
    :return:
    """
    for file_name in file_name_list:
        if file_name.endswith('.gz'):
            f = gzip.open(file_name, 'rt')
        elif file_name.endswith('.bz2'):
            f = bz2.open(file_name, 'rt')
        else:
            f = open(file_name, 'rt')
        yield f
        f.close()

def gen_concatenate(iterator_list):
    """
    Chain a sequence of iterator_list together into a single sequence.
    :param iterator_list:
    :return:
    """
    for it in iterator_list:
        yield from it

def gen_grep(pattern, lines):
    """
    Look for a regex pattern in a sequence of lines
    :param pattern:
    :param lines:
    :return:
    """
    pat = re.compile(pattern)
    for line in lines:
        if pat.search(line):
            yield line
```

现在，我们可以很容易地将这些函数连起来创建一个处理管道。如果想查找包含单词 Python 的所有日志行，可以使用如下代码：

```python
log_names = gen_find('access-log*', 'www')
file_list = gen_opener(log_names)
line_list = gen_concatenate(file_list)
py_line_list = gen_grep('(?i)python', line_list)
for line in py_line_list:
    print(line)
```

如果将来想扩展管道，可以在生成器表达式中包装数据。以下示例展示了计算传输的字节数及其总和，代码如下：

```python
log_names = gen_find('access-log*', 'www')
file_list = gen_opener(log_names)
line_list = gen_concatenate(file_list)
py_line_list = gen_grep('(?i)python', line_list)
```

```
bytecolumn = (line.rsplit(None,1)[1] for line in py_line_list)
bytes = (int(x) for x in bytecolumn if x != '-')
print('Total', sum(bytes))
```

以管道方式处理数据还可以解决其他问题，包括解析、读取实时数据、定时轮询等。

要理解上述代码，重点是要明白 yield 语句是作为数据的生产者，而 for 循环语句是作为数据的消费者。当这些生成器被连在一起后，每个 yield 语句会将一个单独的数据元素传递给迭代处理管道的下一阶段。

在示例的最后部分，sum() 函数是最终的程序驱动者，而且每次循环从生成器管道中提取出一个元素。

这种方式具有的特点是，每个生成器函数内存占用很小并且都是独立的，便于代码编写和维护。

很多时候，这些生成器函数比较通用，可以在其他场景重复使用，并且使代码看上去非常简单，也很容易理解。

上述代码即便是在一个超大型文件目录中也能很好地工作。由于使用了迭代方式处理，代码运行过程中只需要很小的内存。

gen_concatenate() 函数的目的是将输入序列拼接成一个很长的行序列。itertools.chain() 函数有类似的功能，但是它需要将所有可迭代对象作为参数传入。

在上述示例中，如果写类似 lines = itertools.chain(*files) 这样的语句，将导致 gen_opener() 生成器函数被提前全部消费掉。由于 gen_opener() 生成器函数每次生成一个文件都会打开，等到下一个迭代步骤，文件就关闭了，因此 chain() 函数在这里不能这样使用。而上面的方案可以避免这种情况。

gen_concatenate() 函数中出现的 yield from 语句将 yield 操作代理到父生成器上。yield from it 语句简单地返回生成器 it 所产生的所有值。

注意 管道方式并不是万能的。

对于需要立即处理所有数据的情况，生成器管道方式可以将这类问题从逻辑上变为工作流的处理方式。

4.5 展开嵌套的序列

在实际应用中，将一个多层嵌套的序列展成一个单层列表是比较常见的操作。通常，我们可以通过写一个包含 yield from 语句的递归生成器来实现，代码（open_nesting.py）示例如下：

```
from collections import Iterable

def flatten(item_list, ignore_types=(str, bytes)):
```

```
        for item in item_list:
            if isinstance(item, Iterable) and not isinstance(item, ignore_types):
                yield from flatten(item)
            else:
                yield item
num_list = [1, 2, [3, 4, [5, 6], 7], 8]
for x in flatten(num_list):
    print(f'number flatten: {x}')
```

执行 py 文件，输出结果如下：

```
number flatten: 1
number flatten: 2
number flatten: 3
number flatten: 4
number flatten: 5
number flatten: 6
number flatten: 7
number flatten: 8
```

上述代码示例中，isinstance(x, Iterable) 用于检查某个元素是否是可迭代的，如果是可迭代的，yield from 语句执行后会返回所有子例程的值，最终返回结果是一个没有嵌套的简单序列。

额外的参数 ignore_types 和检测语句 isinstance(x, ignore_types) 用来将字符串和字节排除在可迭代对象外，以防将它们再展成单个字符。这样，字符串数组就能最终返回所期望的结果，代码（open_nesting.py）示例如下：

```
lan_list = ['python', 'java', ['c', 'c++']]
for x in flatten(lan_list):
    print(f'language flatten: {x}')
```

执行 py 文件，输出结果如下：

```
language flatten: python
language flatten: java
language flatten: c
language flatten: c++
```

对于在某个生成器中调用其他生成器作为子例程，yield from 语句非常有用。如果不使用它，就必须写额外的 for 循环，示例如下：

```
def flatten(item_list, ignore_types=(str, bytes)):
    for item in item_list:
        if isinstance(item, Iterable) and not isinstance(item, ignore_types):
            for i in flatten(item):
                yield i
        else:
            yield item
```

可以看到，yield from 语句使代码变得更简洁。

对字符串和字节的额外检查是为了防止将它们再展成单个字符。如果还有其他不想展开的类型，修改参数 ignore_types 即可。

 注意 yield from 语句在涉及基于协程和生成器的并发编程中扮演着重要的角色。

4.6　本章小结

　　本章主要讲解迭代器与生成器的进阶操作处理。迭代的功能非常强大，在 Python 性能提升的路上不断创造佳绩。迭代器与生成器的使用并不是容易的，需要我们做更多的实践。

　　下一章将讲解文件与 I/O 的相关知识。

第 5 章 *Chapter 5*

文件与 I/O

对于程序来说，最终的结果都是输入或输出。本章讲解对文件的处理时会涉及对文件名和目录的操作。

5.1 读 / 写操作

读 / 写操作是文件处理中最基本的操作，包括读 / 写文本数据、读 / 写字节数据、读 / 写压缩文件等。下面分别对这些操作进行介绍。

5.1.1 读 / 写文本数据

在实际应用中，我们经常需要读 / 写不同编码格式的文本数据，比如 ASCII、UTF-8 或 UTF-16 编码等编码格式的文本数据。

使用带有 rt 模式的 open() 函数读取文本文件，示例如下：

```
# Read the entire file as a single string
with open('test.txt', 'rt') as f:
    data = f.read()

# Iterate over the lines of the file
with open('test.txt', 'rt') as f:
    for line in f:
        pass
```

使用带有 wt 模式的 open() 函数写入文本文件，如果文件中存在文本内容，则将存在的内容覆盖，示例如下：

```
# Write chunks of text data
```

```
with open('test.txt', 'wt') as f:
    f.write('text1')
    f.write('text2')

# Redirected print statement
with open('test.txt', 'wt') as f:
    print('line info', file=f)
```

如果在已存在的文件中添加内容，可使用模式为 at 的 open() 函数。

文件的读 / 写操作默认使用系统编码，其可以通过调用 sys.getdefaultencoding() 函数得到。大多数系统支持 UTF-8 编码。如果已经知道要读 / 写的文本是其他编码方式，可以传递一个可选的 encoding 参数给 open() 函数将文本的编码方式更改为指定的编码方式，示例如下：

```
with open('test.txt', 'rt', encoding='latin-1') as f:
    pass
```

Python 支持非常多的文本编码方式。常见的编码方式包括 ASCII、Latin-1、UTF-8 和 UTF-16。在 Web 应用程序中，通常使用的是 UTF-8 编码。ASCII 编码对应从 U+0000 到 U+007F 范围内的 7 位字符。Latin-1 编码是字节 0 ～ 255 到 U+0000 至 U+00FF 范围内 Unicode 字符的直接映射。当读取一个未知编码的文本时，使用 Latin-1 编码永远不会产生解码错误。使用 Latin-1 编码读取文本时也许不能产生完全正确的文本解码数据，但是能从中提取足够多的有用数据。如果之后将数据回写回去，原先的数据还是会保留的。

一般来讲，读 / 写文件是比较简单的。同时，我们也需要注意几点。

第一个问题是例子程序中的 with 语句给用到的文件创建了一个上下文环境，当 with 控制块结束时，文件会自动关闭。我们也可以不使用 with 语句，但是必须记得手动关闭文件，代码（read_write_file.py）示例如下：

```
f = open('test.txt', 'rt')
data = f.read()
f.close()
```

第二个问题是关于换行符的识别问题，在 Unix 和 Windows 系统中换行符是不一样的（分别是 \n 和 \r\n）。默认情况下，Python 会以统一模式处理换行符。在这种模式下读取文本的时候，Python 可以识别所有的普通换行符并将其转换为单个 \n 字符。在输出时，Python 会将换行符 \n 转换为系统默认的换行符。如果不想要这种默认的处理方式，可以给 open() 函数传入参数 newline=''，示例如下：

```
# Read with disabled newline translation
with open('test.txt', 'rt', newline='') as f:
    pass
```

为了说明两者之间的差异，下面在 Unix 系统上读取一个 Windows 系统上的文本文件，文本内容是 hello world!\r\n，示例如下：

```
f = open('hello.txt', 'rt')
```

```
print(f.read())

g = open('hello.txt', 'rt', newline='')
print(g.read())
```

第三个问题是文本文件中可能出现编码错误。读取或者写入文本文件时，可能会遇到编码或者解码错误，示例如下：

```
f = open('sample.txt', 'rt', encoding='ascii')
print(f.read())
```

如果出现编码错误，通常表示读取文本时指定的编码不正确。此时，我们最好仔细阅读说明并确认文件编码是正确的（比如，使用 UTF-8，而不是 Latin-1 或其他编码）。如果确认文件编码存在错误，可以给 open() 函数传递一个可选的 errors 参数来处理这些错误，示例如下：

```
f = open('sample.txt', 'rt', encoding='ascii', errors='replace')
print(f.read())

g = open('sample.txt', 'rt', encoding='ascii', errors='ignore')
print(g.read())
```

如果经常使用 errors 参数来处理编码错误，并不是一个很好的处理方式。文本处理的首要原则是确保使用的是正确编码。当编码方式模棱两可的时候，可使用默认的设置（通常是 UTF-8）。

5.1.2　读 / 写字节数据

在实际应用中，除了常规的文本文件，我们还会涉及二进制文件如图片、声音文件等的读取。

使用模式为 rb 或 wb 的 open() 函数可以读取或写入二进制数据，示例如下：

```
# Read the entire file as a single byte string
with open('test.bin', 'rb') as f:
    data = f.read()

# Write binary data to a file
with open('test.bin', 'wb') as f:
    f.write(b'Hello World')
```

在读取二进制数据时，需要指明所有返回的数据都是字节字符串，而不是文本字符串。在写入二进制数据时，必须保证参数是以字节形式对外暴露数据的对象（比如字节字符串、字节数组对象等）。

在读取二进制数据的时候，字节字符串和文本字符串的语义差异可能会导致产生潜在的陷阱。

注意：索引和迭代动作返回的是字节值，而不是字节字符串。

以下是一个读取二进制数据的示例（byte_read_write.py）：

```
t = 'Hello World'
print(f'str object t[0] = {t[0]}')
for c in t:
    print(f'str value is: {c}')

b = b'Hello World'
print(f'binary object b[0] = {b[0]}')

for c in b:
    print(f'binary value is: {c}')
```

从二进制文件中读取数据或向二进制文件写入文本数据时，必须要进行解码和编码操作，示例如下：

```
with open('test.bin', 'rb') as f:
    data = f.read(16)
    text = data.decode('utf-8')

with open('test.bin', 'wb') as f:
    text = 'Hello World'
    f.write(text.encode('utf-8'))
```

二进制数据的读取或写入还有一个鲜为人知的特性，即数组和 C 结构体类型能直接被写入，不需要中间转换为字节对象，示例如下：

```
import array
num_list = array.array('i', [1, 3, 5, 7])
with open('test.bin','wb') as f:
    f.write(num_list)
```

这适用于任何实现了缓冲接口的对象，这种对象会直接暴露其底层的内存缓冲区给能处理它的操作。二进制数据的写入就是这类操作之一。

很多对象还允许使用文件对象的 readinto() 方法直接读取二进制数据到其底层的内存中，示例如下：

```
import array
a_obj = array.array('i', [0, 0, 0, 0, 0, 0, 0, 0])
with open('test.bin', 'rb') as f:
    f.readinto(a_obj)

print(f'object of a is: {a_obj}')
```

使用这种方式的时候需要格外小心，因为它通常具有平台相关性，并且可能会依赖字长和字节顺序（高位优先和低位优先）。

5.1.3 读 / 写压缩文件

在实际应用中，我们有时需要读 / 写压缩文件，如对 gzip 和 bz2 格式的压缩文件的读 / 写。

gzip 和 bz2 模块可以很容易地处理这些格式的文件。这两个模块都为 open() 函数提供了另外的实现来处理该问题。以下示例展示了以文本形式读取压缩文件：

```
gz_file = 'test_file.gz'
bz_file = 'test_file.bz2'

# gzip compression
import gzip
with gzip.open(gz_file, 'rt') as f:
    text = f.read()

# bz2 compression
import bz2
with bz2.open(bz_file, 'rt') as f:
    text = f.read()
```

写入压缩数据的操作如下：

```
# gzip compression
import gzip
with gzip.open(gz_file, 'wt') as f:
    f.write(text)

# bz2 compression
import bz2
with bz2.open(bz_file, 'wt') as f:
    f.write(text)
```

所有的 I/O 操作都使用文本模式并执行 Unicode 的编码 / 解码。如果想读 / 写二进制数据，使用 rb 或者 wb 文件模式即可。

大部分情况下，压缩文件的读 / 写是很简单的。

注意 选择一个正确的文件模式是非常重要的。如果不指定模式，则使用默认的二进制模式。

---

gzip.open() 函数和 bz2.open() 函数接收与内置的 open() 函数一样的参数，包括 encoding、errors、newline 等。

当写入压缩数据时，可以使用 compresslevel 这个可选的关键字参数来指定压缩级别，示例如下：

```
with gzip.open(gz_file, 'wt', compresslevel=3) as f:
    f.write(text)
```

示例中压缩级别的默认等级是 9，也是最高的压缩等级。压缩等级越低性能越好，但是数据压缩程度越低。

gzip.open() 和 bz2.open() 函数可以作用在一个已存在并以二进制模式打开的文件上，示例如下：

```
import gzip
f = open(gz_file, 'rb')
with gzip.open(f, 'rt') as g:
    text = g.read()
```

也就是允许 gzip 和 bz2 模块工作在许多类文件对象上，比如套接字、管道和内存文件等。

5.2 文件操作

文件的操作方式有多种，对文件的打印输出、创建临时文件等是文件操作中比较常见的。下面对文件操作做讲解。

5.2.1 文件的写入

在实际应用中，我们会向文件中写入数据，并需要这个文件在文件系统上不存在，也就是说不允许覆盖已存在的文件内容。

可以在 open() 函数中使用 x 模式代替 w 模式来解决这个问题，示例（file_write.py）如下：

```
file_name = 'test.txt'
with open(file_name, 'wt') as f:
    f.write('Hello world!\n')

with open(file_name, 'xt') as f:
    f.write('Hello\n')
```

如果文件是二进制的，使用 xb 模式来代替 xt 模式。

示例代码在执行时，会先生成一个新文件，然后向文件中写入内容，但存在一个问题：可能会覆盖已存在的文件，需要做相关处理。

好的解决办法是：写入文件前先测试需要新创建的文件的名称是否存在，代码（file_write.py）如下：

```
import os
if not os.path.exists(file_name):
    with open(file_name, 'wt') as f:
        f.write('Hello,I am a test.\n')
else:
    print(f'File {file_name} already exists!')
```

> 注意 x 模式是 Python 3 对 open() 函数的扩展。Python 的旧版本或者 Python 实现的底层 C 函数库中都没有这个模式。

5.2.2 操作文件路径名

在实际应用中，为了操作某个文件，往往需要获取文件名、目录名、绝对路径等对应的值，一般可以通过路径名来获取。

使用 os.path 模块中的函数操作路径名并获取对应值，代码（path_oper.py）示例如下：

```
import os

csv_path = '/usr/test/Data/test.csv'
print(f'{csv_path} base name is: {os.path.basename(csv_path)}')
```

```
print(f'{csv_path} dir name is: {os.path.dirname(csv_path)}')
print(f"new path: {os.path.join('tmp', 'data', os.path.basename(csv_path))}")
csv_path = '~/Data/test.csv'
print(f'path expand user is: {os.path.expanduser(csv_path)}')
print(f'{csv_path} splitext is: {os.path.splitext(csv_path)}')
```

执行 py 文件，输出结果如下：

```
/usr/test/Data/test.csv base name is: test.csv
/usr/test/Data/test.csv dir name is: /usr/test/Data
new path: tmp/data/test.csv
path expand user is: /Users/lyz/Data/test.csv
~/Data/test.csv splitext is: ('~/Data/test', '.csv')
```

对于任何文件名的操作，都应该使用 os.path 模块，而不是使用标准字符串操作来构造代码。

为了使代码具有可移植性，对文件名的操作应该只考虑 os.path 模块，因为 os.path 模块内部实现了 Unix 和 Windows 系统之间的差异处理逻辑，能够很好地处理类似 Data/data.csv 和 Data\data.csv 这样的文件名。

在实际应用中，我们不应该浪费时间去重复造轮子，最好是直接使用已经准备好的模块。

注意 os.path 模块还有更多的功能在这里没有列举出来。读者可以查阅官方文档来获取更多说明。

5.2.3 文件检查

操作文件时，查看文件是否存在在很多时候是一个必要的操作。做存在性检查可以减少一些误操作，如文件覆盖或文件误删除。

使用 os.path 模块测试文件或目录是否存在，示例（file_exists.py）如下：

```
import os
file_path = '/etc/passwd'
test_path = '/etc/test'
print(f"is {file_path} exists: {os.path.exists(file_path)}")
print(f"is {test_path} exists: {os.path.exists(test_path)}")
```

执行 py 文件，输出结果如下：

```
is /etc/passwd exists: True
is /etc/test exists: False
```

除此之外，我们还能进一步测试这个文件是什么类型的。在下面这些测试中，如果测试的文件不存在，会返回 False，示例（file_exists.py）如下：

```
print(f'{file_path} is a file: {os.path.isfile(file_path)}')
print(f'{file_path} is a dir: {os.path.isdir(file_path)}')
print(f'{file_path} is a link: {os.path.islink(file_path)}')
print(f'{file_path} real path is: {os.path.realpath(file_path)}')
```

执行 py 文件，输出结果如下：

```
/etc/passwd is a file: True
/etc/passwd is a dir: False
/etc/passwd is a link: False
/etc/passwd real path is: /private/etc/passwd
```

如果还想获取元数据（比如文件大小或者修改日期），也可以使用 os.path 模块，代码（file_exists.py）示例如下：

```
print(f'{file_path} size is: {os.path.getsize(file_path)}')
print(f'{file_path} mtime is: {os.path.getmtime(file_path)}')
```

执行 py 文件，输出结果如下：

```
/etc/passwd size is: 6804
/etc/passwd mtime is: 1551156613.0
```

使用 os.path 模块进行文件测试是很简单的。在写这些脚本时，我们可能唯一需要注意的就是文件权限的问题，特别是在获取元数据时，代码（file_exists.py）示例如下：

```
print(os.path.getsize('/Users/lyz/Desktop/private/test.docx'))
```

执行 py 文件，输出结果如下：

```
Traceback (most recent call last):
  File "/advanced_programming/chapter5/file_exists.py", line 18, in <module>
    print(os.path.getsize('/Users/lyz/Desktop/private/test.docx'))
  File "/Library/Frameworks/Python.framework/Versions/3.8/lib/python3.8/
genericpath.py", line 50, in getsize
    return os.stat(filename).st_size
FileNotFoundError: [Errno 2] No such file or directory: '/Users/lyz/Desktop/
private/test.docx'
```

5.2.4 文件列表获取

在实际应用中，我们通常会有获取文件系统中某个目录下的所有文件列表的需求。可使用 os.listdir() 函数来获取某个目录下的文件列表，示例（file_list.py）如下：

```
import os
file_path = '/etc'
name_list = os.listdir(file_path)
print(f'file list of etc is:\n{name_list}')
```

结果返回的是目录中的所有文件列表，包括所有文件、子目录、符号链接等。如果需要通过某种方式过滤数据，可以考虑结合 os.path 模块中的一些函数来使用列表推导，示例（file_list.py）如下：

```
import os.path

name_list = [name for name in os.listdir(file_path)
             if os.path.isfile(os.path.join(file_path, name))]
```

```
dir_name_list = [name for name in os.listdir(file_path)
                 if os.path.isdir(os.path.join(file_path, name))]
```

对于过滤目录中的内容，字符串的 startswith() 和 endswith() 函数是很有用的，示例（file_list.py）如下：

```
py_file_list = [name for name in os.listdir(file_path)
                if name.endswith('.py')]
```

对于文件名的匹配，可以使用 glob 或 fnmatch 模块，示例（file_list.py）如下：

```
import glob
py_file_list = glob.glob(f'{file_path}/*.py')

from fnmatch import fnmatch
py_file_list = [name for name in os.listdir(file_path)
                if fnmatch(name, '*.py')]
```

获取目录中的列表是很容易的，但是返回结果只是目录中的实体名列表。如果还想获取其他元信息，比如文件大小、修改时间等，还需要用到 os.path 模块中的函数或者 os.stat() 函数来收集数据，示例（file_list.py）如下：

```
import os
import os.path
import glob

py_file_list = glob.glob('*.py')

# Get file sizes and modification dates
name_sz_date = [(name, os.path.getsize(name), os.path.getmtime(name))
                for name in py_file_list]
for name, size, mtime in name_sz_date:
    print(f'name={name}, size={size}, mtime={mtime}')

# Alternative: Get file metadata
file_metadata = [(name, os.stat(name)) for name in py_file_list]
for name, meta in file_metadata:
    print(name, meta.st_size, meta.st_mtime)
    print(f'name={name}, size={meta.st_size}, mtime={meta.st_mtime}')
```

> 注意 一般情况下，os.listdir() 函数返回的实体列表会根据系统默认的文件名编码来解码，但是有时候会出现文件名不能正常解码的情况。

5.2.5 忽略文件名编码

使用原始文件名执行文件的 I/O 操作，也就是说文件名没有使用系统默认的方式去解码或编码。

默认情况下，所有的文件名都会根据 sys.getfilesystemencoding() 函数返回的文本编码来编码或解码，示例（file_ignore.py）如下：

```
import sys
print(f'sys file system encoding is: {sys.getfilesystemencoding()}')
```

如果因为某种原因想忽略编码，可以使用一个原始字节字符串来指定一个文件名，代码（file_ignore.py）示例如下：

```
with open('pytho\xf1o.txt', 'w') as f:
    f.write('hello world!')

import os
print(f"list dir: {os.listdir('.')}")

print(f"list dir: {os.listdir(b'.')}")

with open(b'python\xcc\x83o.txt') as f:
    print(f'read result: {f.read()}')
```

执行 py 文件，输出结果如下：

```
sys file system encoding is: utf-8
list dir: ['file_ignore.py', '__init__.py']
list dir: [b'file_ignore.py', b'__init__.py']
read result: hello world!
```

可以看到，在最后两个操作中，当给文件相关函数如 open() 和 os.listdir() 传递字节字符串时，文件名的处理方式稍有不同。

通常来讲，我们不需要担心文件名的编码和解码，普通的文件名操作一般没问题。不过，有些操作系统允许用户创建名字不符合默认编码的文件，而这些文件名可能会神秘地中断那些需要处理大量文件的 Python 程序。

读取目录并通过原始的未解码方式处理文件名可以有效地避免这样的问题，尽管这样会使编程难度加大。

5.2.6 打印不合法的文件名

程序获取了一个目录中的文件名列表，但是当它试着去打印文件名的时候崩溃了，出现 UnicodeEncodeError 异常。

当打印未知的文件名时，使用下面的方法可以避免这样的错误，示例（illegal_file_name.py）如下：

```
def bad_filename(file_name):
    return repr(file_name)[1:-1]

try:
    print(file_name)
except UnicodeEncodeError:
    print(bad_filename(file_name))
```

通常，Python 假定所有文件名都已经根据 sys.getfilesystemencoding() 函数的值进行了编码。不过，有一些文件系统并没有强制这样做，而允许创建文件名没有正确编码的文件。

这种情况不太常见，但是总会有些用户冒险这样做或者无意之中这样做（可能是在一个有缺陷的代码中给 open() 函数传递了一个不合规范的文件名）。

当执行类似 os.listdir() 这样的函数时，不合规范的文件名就会让 Python 程序陷入混乱。一方面，Python 程序不能仅仅丢弃这些不合规范的名字；另一方面，它不能将这些不合规范的文件名转换为正确的文本字符串。

对于这个问题，Python 的解决方案是从文件名中获取未解码的字节值，比如 \xhh，并将它映射成 Unicode 字符 \udchh 表示的所谓的"代理编码"。以下示例演示了一个不合规范的目录列表中有一个文件名为 bäd.txt（使用 Latin-1 而不是 UTF-8 编码）的代码：

```python
import os
file_list = os.listdir('.')
print(f'{file_list}')
```

如果只需要操作文件名或者将文件名传递给 open() 这样的函数，程序能正常工作，只有在想要输出文件名（比如打印输出到屏幕或日志文件等）时，才会碰到麻烦。

当打印上面的文件名列表时，程序会崩溃：

```python
for name in file_list:
    print(f'file name is: {name}')
```

程序崩溃的原因就是 bäd.txt 字符串是一个非法的 Unicode 字符。它其实是一个被称为代理字符对的双字符组合的后半部分，缺少了前半部分。唯一能成功输出的方法就是，当遇到不合法文件名时采取相应的补救措施，如对上述代码进行如下修改：

```python
for name in file_list:
    try:
        print(f'file name is: {name}')
    except UnicodeEncodeError:
        print(bad_filename(name))
```

对于 bad_filename() 函数的实现，我们可以根据具体需要灵活应用。另一个补救措施是通过某种方式重新编码，示例（illegal_file_name.py）如下：

```python
import sys
def bad_filename(file_name):
    temp = file_name.encode(sys.getfilesystemencoding(),
errors='surrogateescape')
    return temp.decode('latin-1')
```

surrogateescape 说明如下：

1）它是 Python 在绝大部分面向 OS 的 API 中所使用的错误处理器，能以一种优雅的方式处理由操作系统提供的数据的编码。

2）在解码出错时，它会将出错字节存储到一个很少被用到的 Unicode 编码范围内。

3）在编码时，它将那些隐藏值还原回原先解码失败的字节序列中。

4）它不仅对操作系统 API 非常有用，也能很容易地处理其他情况下的编码错误。

以上示例的输出结果（illegal_file_name.py）如下：

```
for name in file_list:
    try:
        print(f'file name is: {name}')
    except UnicodeEncodeError:
        print(bad_filename(name))
```

这里讲解的内容可能会被大部分读者忽略。但是，你在编写依赖文件名和文件系统的关键任务程序时，就必须考虑这些问题。

5.2.7 文件编码变更

在实际应用中，为了满足一些兼容性需求，我们需要在不关闭已打开文件的前提下增加或改变其 Unicode 编码。

如果想给一个以二进制模式打开的文件添加 Unicode 编码 / 解码方式，我们可以使用 io.TextIOWrapper() 对象包装它，示例（Unicode_change.py）如下：

```
import urllib.request
import io

url_res = urllib.request.urlopen('http://www.python.org')
f_test = io.TextIOWrapper(url_res, encoding='utf-8')
text_val = f_test.read()
```

如果想修改一个已经打开的文本模式的文件的编码方式，可以先使用 detach() 方法移除已存在的文本编码层，并使用新的编码方式代替。下面是一个在 sys.stdout 上修改编码方式的示例（Unicode_change.py）：

```
import sys
print(f'sys stdout encoding is: {sys.stdout.encoding}')
sys.stdout = io.TextIOWrapper(sys.stdout.detach(), encoding='latin-1')
print(f'sys stdout new encoding is: {sys.stdout.encoding}')
```

这样做可能会中断终端，这里仅仅是为了演示。

I/O 系统由一系列的层次构建而成。下面是一个操作文本文件查看 I/O 系统层次的示例：

```
file_read = open('sample.txt','w')
print(f'file read: {file_read}')
print(f'file buffer: {file_read.buffer}')
print(f'file buffer raw: {file_read.buffer.raw}')
```

执行 Py 文件，输出结果如下：

```
file_read: <_io.TextIOWrapper name ='sample.txt' mode ='w' encoding = 'UTF-8'>
file buffer: <_io.BufferedWriter name = 'sample.txt'>
file buffer raw: <_io.FileTo name = 'sample.txt' mode = 'wb' dosefd = True>
```

示例中，io.TextIOWrapper 是一个编码和解码 Unicode 的文本处理层，io.BufferedWriter 是一个处理二进制数据的带缓冲的 I/O 层，io.FileIO 是一个表示操作系统底层文件描述符的原始文件。增加或改变文本编码会涉及增加或改变 io.TextIOWrapper 层。

上述示例中，通过访问属性值来直接操作不同的层是很不安全的。我们可以使用如下方式改变编码：

```
file_read = io.TextIOWrapper(file_read.buffer, encoding='latin-1')
print(f'file read: {file_read}')

file_read.write('Hello')
```

结果出错了，因为 file_read 对象的原始值已经被破坏，并关闭了底层的文件。

detach() 方法会断开文件的顶层并返回第二层，之后顶层就没有用了，示例如下：

```
file_read = open('sample.txt', 'w')
print(f'file read: {file_read}')

b_val = file_read.detach()
print(f'b obj is: {b_val}')
file_read.write('hello')
```

一旦断开顶层，我们就可以给返回结果添加一个新的顶层，示例（Unicode_change.py）如下：

```
file_read = io.TextIOWrapper(b, encoding='latin-1')
print(f'file read: {file_read}')
```

上面演示了使用 detach() 方法改变编码。它还可以被用来改变文件行处理、错误机制以及文件处理的其他方面。错误机制处理示例（Unicode_change.py）如下：

```
sys.stdout = io.TextIOWrapper(sys.stdout.detach(), encoding='ascii',
                              errors='xmlcharrefreplace')
print('Jalape\u00f1o')
```

5.2.8 在文本文件中写入字节

下面介绍在文本文件中写入原始的字节数据。

可以使用如下方式将字节数据直接写入文件的缓冲区，示例（byte_file.py）如下：

```
import sys
print(sys.stdout.write(b'Hello\n'))
print(sys.stdout.buffer.write(b'Hello\n'))
```

类似地，可以通过读取文本文件的 buffer 属性来读取二进制数据。

I/O 系统以层级结构构建而成。文本文件是通过在一个拥有缓冲的二进制模式文件上增加 Unicode 编码 / 解码层来创建的。buffer 属性指向对应的底层文件。如果直接访问底层文件的话，就会绕过文本编码 / 解码层。

示例展示的 sys.stdout 可能看起来有点特殊。默认情况下，sys.stdout 总是以文本模式打开的。

如果写一个需要打印二进制数据到标准输出的脚本，可以使用上面示例的方法来绕过文本编码层。

5.2.9 文件描述符包装

对于操作系统上一个已打开的 I/O 通道（比如文件、管道、套接字等）的整数文件描述符，需要将它包装成一个更高层的 Python 文件对象。

文件描述符和打开的普通文件是不一样的。文件描述符仅仅是一个由操作系统指定的整数，用来指代某个系统的 I/O 通道。

如果碰巧有一个文件描述符，我们可以通过 open() 函数将其包装为一个 Python 文件对象，并将文件描述符作为第一个参数来代替文件名，示例（desc_file.py）如下：

```python
import os
file_data = os.open('test.txt', os.O_WRONLY | os.O_CREAT)

# Turn into a proper file
test_file = open(file_data, 'wt')
test_file.write('hello world\n')
test_file.close()
```

当高层的文件对象被关闭或者破坏的时候，底层的文件描述符也会被关闭。如果这并不是我们想要的结果，可以给 open() 函数传递一个可选的参数 colsefd=False，示例（desc_file.py）如下：

```python
test_file = open(file_data, 'wt', closefd=False)
```

在 Unix 系统中，利用这种包装文件描述符的技术，可以很方便地将一个类文件接口作用于一个以不同方式打开的 I/O 通道上，如管道、套接字等。下面是一个操作管道的示例：

```python
from socket import socket, AF_INET, SOCK_STREAM

def echo_client(client_sock, addr):
    print(f'Got connection from {addr}')

    # Make text-mode file wrappers for socket reading/writing
    client_in = open(client_sock.fileno(), 'rt', encoding='latin-1',
                closefd=False)

    client_out = open(client_sock.fileno(), 'wt', encoding='latin-1',
                closefd=False)

    # Echo lines back to the client using file I/O
    for line in client_in:
        client_out.write(line)
        client_out.flush()

    client_sock.close()

def echo_server(address):
    sock = socket(AF_INET, SOCK_STREAM)
    sock.bind(address)
    sock.listen(1)
    while True:
        client, addr = sock.accept()
        echo_client(client, addr)
```

注
意
示例仅仅是为了演示内置的 open() 函数的一个特性，并且也只适用于 Unix 系统。如果要将一个类文件接口作用在一个套接字上并希望代码可以跨平台，请使用套接字对象的 makefile() 函数。如果不考虑可移植性，则 open() 函数的方案会比 makefile() 函数的方案的性能更好一点。

我们也可以使用这种包装文件描述符的技术来构造一个别名，允许以不同于第一次打开文件的方式使用它。以下示例创建了一个文件对象，它允许输出二进制数据到标准输出（通常以文本模式打开）：

```
import sys
bstd_out = open(sys.stdout.fileno(), 'wb', closefd=False)
bstd_out.write(b'Hello World\n')
bstd_out.flush()
```

注
意
我们可以将一个已存在的文件描述符包装成一个文件对象，但并不是所有的文件模式都得到支持，并且某些类型的文件描述符可能会有副作用，特别是涉及错误处理、文件结尾条件等情况。这种方式有一定适用范围，如上述代码不能在非 Unix 系统上运行。

5.2.10　创建临时文件和文件夹

在实际应用中，创建临时文件是一个很普遍的操作，如我们经常需要在程序执行时创建一个临时文件或目录，并希望其被用完之后可以自动销毁掉。

tempfile 模块中有很多函数可以实现这个需求。下面使用 tempfile.TemporaryFile 创建一个匿名的临时文件，示例（temp_file.py）如下：

```
from tempfile import TemporaryFile

with TemporaryFile('w+t') as f:
    # Read/write to the file
    f.write('Hello World\n')
    f.write('Testing\n')

    # Seek back to beginning and read the data
    f.seek(0)
    data = f.read()
```

还可以通过 tempfile.TemporaryFile 创建临时文件，示例（temp_file.py）如下：

```
f = TemporaryFile('w+t')
# Use the temporary file
f.close()
```

TemporaryFile() 的第一个参数是文件模式，其中文本模式通常使用 w+t，二进制文件模式使用 w+b。TemporaryFile() 同时支持读和写操作，并且在这里很有用，因为当关闭文件去改变模式的时候，文件实际上已经不存在了。另外，TemporaryFile() 支持传入与内置的 open() 函数一样的参数，示例（temp_file.py）如下：

```python
with TemporaryFile('w+t', encoding='utf-8', errors='ignore') as f:
    pass
```

在 Unix 系统上，通过 TemporaryFile() 函数创建的文件都是匿名的，甚至连目录都没有。如果想打破这个限制，可以使用 NamedTemporaryFile() 函数来代替，示例如下：

```python
from tempfile import NamedTemporaryFile

with NamedTemporaryFile('w+t') as f:
    print('filename is:', f.name)
    pass
```

被打开文件的 f.name 属性包含该临时文件的文件名。当需要将文件名传递给其他代码来打开这个文件的时候，NamedTemporaryFile() 就很有用了。

和 TemporaryFile() 函数一样，程序结束时文件会自动删除掉。如果不想让文件自动删除，可以传递一个关键字参数 delete=False，示例（temp_file.py）如下：

```python
with NamedTemporaryFile('w+t', delete=False) as f:
    print('filename is:', f.name)
    pass
```

TemporaryFile()、NamedTemporaryFile() 和 TemporaryDirectory() 函数是处理临时文件目录的最简单的方式，它们会自动清理所有的创建步骤。在更低级别的文件操作中，我们可以使用 mkstemp() 和 mkdtemp() 函数来创建临时文件和目录，示例（temp_file.py）如下：

```python
from tempfile import TemporaryDirectory

with TemporaryDirectory() as dirname:
    print('dirname is:', dirname)
    # Use the directory
```

不过，这些函数并不会做进一步的管理。如函数 mkstemp() 仅仅返回一个原始的 OS 文件描述符，使用时需要自己将它转换为真正的文件对象，同时还需要自己清理这些文件。

临时文件一般在系统默认的位置被创建，如 /var/tmp 或类似的地方。要获取真实的位置，可以使用 tempfile.gettempdir() 函数，示例（temp_file.py）如下：

```python
import tempfile
print(tempfile.mkstemp())
print(tempfile.mkdtemp())
print(tempfile.gettempdir())
```

所有和临时文件相关的函数都允许使用关键字参数 prefix、suffix 和 dir 来自定义目录以及命名规则，示例（temp_file.py）如下：

```python
f = NamedTemporaryFile(prefix='mytemp', suffix='.txt', dir='/tmp')
print(f.name)
```

我们应尽可能以最安全的方式使用 tempfile 模块来创建临时文件。

5.2.11 文件迭代

在实际应用中，需要在一个固定长度的数据块的集合上迭代，而不是在文件中一行一行地迭代。

下面我们了解一下 iter() 函数和 functools.partial() 函数：

```
from functools import partial
RECORD_SIZE = 32
with open('test_file.data', 'rb') as f:
    records = iter(partial(f.read, RECORD_SIZE), b'')
    for r in records:
        pass
```

示例中的 records 对象是一个可迭代对象，它会不断地产生固定大小的数据块，直到文件末尾。

 注意 如果总记录大小不是块大小的整数倍，最后一个返回元素的字节数会比期望值小。

iter() 函数有一个很好的特性：如果传入一个可调用对象和一个标记值，它会创建一个迭代器。这个迭代器会一直调用传入的可调用对象，直到返回标记值为止。

示例中，functools.partial 用来创建一个每次被调用时从文件中读取固定数目字节的可调用对象。标记值 b'' 就是到达文件结尾时的返回值。

示例中的文件是以二进制模式打开的，是读取固定大小的记录的常用模式。对于文本文件，一行一行地读取（默认的迭代行为）更普遍。

5.2.12 二进制文件映射

在实际应用中，我们需要通过内存映射一个二进制文件到一个可变字节数组中，并能随机访问它的内容或者原地做些修改。

我们可以使用 mmap 模块实现通过内存映射文件。以下示例演示了如何打开一个文件，并以一种便捷的方式通过内存映射这个文件，示例（memory_map.py）如下：

```
import os
import mmap

def memory_map(file_name, access=mmap.ACCESS_WRITE):
    size_val = os.path.getsize(file_name)
    fd = os.open(file_name, os.O_RDWR)
    return mmap.mmap(fd, size_val, access=access)
```

要使用 memory_map() 函数，需要有一个已创建并且内容不为空的文件。以下示例创建了一个文件并将其内容容量扩充到指定大小（memory_map.py）：

```
size = 1000000
with open('test_data', 'wb') as f:
    f.seek(size - 1)
    f.write(b'\x00')
```

利用 memory_map() 函数，将内存映射到文件内容的示例（memory_map.py）如下：

```
m = memory_map('test_data')
print(f'the len of m is: {len(m)}')
print(f'm split: {m[0:10]}')
print(f'm[0] is: {m[0]}')
m[0:11] = b'Hello World'
print(f'close result: {m.close()}')

with open('test_data', 'rb') as f:
    print(f'read content: {f.read(11)}')
```

执行 py 文件，输出结果如下：

```
the len of m is: 1000000
m split: b'\x00\x00\x00\x00\x00\x00\x00\x00\x00\x00'
m[0] is: 0
close result: None
read content: b'Hello World'
```

mmap() 函数返回的 mmap 对象同样可以作为上下文管理器来使用，这时底层的文件会自动关闭，代码（memory_map.py）示例如下：

```
with memory_map('test_data') as m:
    print(f'obj len: {len(m)}')
    print(f'point content: {m[0:10]}')
print(m.closed)
```

执行 py 文件，输出结果如下：

```
obj len: 1000000
point content: b'Hello Worl'
True
```

默认情况下，memeory_map() 函数打开的文件同时支持读和写操作，任何修改都会复制回原始文件中。如果需要只读的访问模式，可以给参数 access 赋值为 mmap.ACCESS_READ，示例如下：

```
m = memory_map(file_name, mmap.ACCESS_READ)
```

如果想在本地修改数据，但又不想将修改写回原始文件，可以使用 mmap.ACCESS_COPY 参数，示例如下：

```
m = memory_map(file_name, mmap.ACCESS_COPY)
```

为了随机访问文件的内容，我们可以使用 mmap 模块将文件映射到内存中，这是一个高效且优雅的方法，比如无须打开一个文件并执行大量的 seek()、read()、write() 调用，只需要简单地映射文件并使用切片操作访问数据。

一般来讲，mmap() 函数所暴露的内存看上去是一个二进制数组对象。我们可以使用一个内存视图来解析其中的数据，代码（memory_map.py）示例如下：

```
m = memory_map('test_data')
```

```
v = memoryview(m).cast('I')
v[0] = 7
print(f'point content from m is: {m[0:4]}')
m[0:4] = b'\x07\x01\x00\x00'
print(f'v[0] = {v[0]}')
```

执行 py 文件，输出结果如下：

```
point content from m is: b'\x07\x00\x00\x00'
v[0] = 263
```

需要强调的一点是，内存映射一个文件并不会导致整个文件被读取到内存中，也就是说文件并没有被复制到内存缓冲区或数组中。相反，操作系统仅仅为文件内容保留了一段虚拟内存。当访问文件的不同区域时，这些区域的内容才根据需要被读取并映射到内存区域。而那些从未被访问到的部分还是留在磁盘上。所有这些过程是透明的。

如果多个 Python 解释器内存映射同一个文件，则得到的 mmap 对象能够被用来在解释器中直接交换数据。所有解释器都能同时读/写数据，并且其中一个解释器所做的修改会自动呈现在其他解释器中。这里需要考虑同步的问题。不过，这种方法有时可以用来在管道或套接字间传递数据。

示例中的 mmap() 函数写得很通用，适用于 Unix 和 Windows 系统。

 注
意　使用 mmap() 函数时，因为底层平台有一定差异，导致结果有一定差异。

5.3　使用分隔符或行终止符打印

在实际应用中，有时需要使用自定义的分隔符或终止符执行一些操作，如使用 print() 函数输出数据、改变默认的分隔符或者行尾符。

在 print() 函数中，使用 sep 和 end 关键字参数可实现期望的输出，代码（suspension_print.py）示例如下：

```
course = 'python'
class_num = 20
score = 0.3
print(course, class_num, score)
print(course, class_num, score, sep=',')
print(course, class_num, score, sep=',', end='!\n')
```

执行 py 文件，输出结果如下：

```
python 20 0.3
python,20,0.3
python,20,0.3!
```

end 参数可以在输出中禁止换行，代码（suspension_print.py）示例如下：

```
for i in range(5):
```

```
    print(i)

for i in range(5):
    print(i, end=' ')
```

执行 py 文件，输出结果如下：

```
0
1
2
3
4
0 1 2 3 4
```

当使用非空格分隔符来输出数据时，给 print() 函数传递一个 sep 参数是最简单的方案。有时候，我们会看到一些程序员使用 str.join() 函数来完成同样的事情，代码（suspension_print.py）示例如下：

```
print(','.join((course,f'{class_num}',f'{score}')))
```

执行 py 文件，输出结果如下：

```
python,20,0.3
```

str.join() 函数的问题在于，它仅仅适用于字符串。这意味着通常需要执行另外一些转换操作，才能让它正常工作。代码（suspension_print.py）示例如下：

```
row = (course, class_num, score)
# print(','.join(row))
print(','.join(str(x) for x in row))
```

执行 py 文件，输出结果如下：

```
Traceback (most recent call last):
  File "/advanced_programming/chapter5/suspension_print.py", line 20, in <module>
    print(','.join(row))
TypeError: sequence item 1: expected str instance, int found
python,20,0.3
```

其实，可以不用那么麻烦，只需要像下面这样写（suspension_print.py）：

```
print(*row, sep=',')
```

执行 py 文件，输出结果如下：

```
python,20,0.3
```

5.4 字符串的 I/O 操作

在实际应用中，我们需要使用操作类文件对象来操作文本或二进制字符串。

下面使用 io.StringIO 和 io.BytesIO 类来创建类文件对象并操作字符串数据，代码（str_io.py）示例如下：

```
import io

s_obj = io.StringIO()
s_obj.write('Hello World\n')
print('This is a test', file=s_obj)
print(f's obj get value: {s_obj.getvalue()}')
s_obj = io.StringIO('Hello\nWorld\n')
print(f'read point size: {s_obj.read(4)}')
print(f'read: {s_obj.read()}')
```

执行 py 文件，输出结果如下：

```
s obj get value: Hello World
This is a test

read point size: Hell
read: o
World
```

io.StringIO 只能用于文本。如果要操作二进制数据，要使用 io.BytesIO 类来代替，代码（str_io.py）示例如下：

```
s_obj = io.BytesIO()
s_obj.write(b'binary data')
print(f'get value: {s_obj.getvalue()}')
```

执行 py 文件，输出结果如下：

```
get value: b'binary data'
```

当模拟一个普通文件的时候，io.StringIO 和 io.BytesIO 类是很有用的。如在单元测试中，我们可以使用 io.StringIO 类来创建一个包含测试数据的类文件对象。这个对象可以被传给某个参数为普通文件对象的函数。

> **注意** io.StringIO 和 io.BytesIO 实例并没有正确的整数类型的文件描述符。它们不能在那些需要使用真实的系统级文件如管道或者套接字的程序中使用。

5.5 可变缓冲区中二进制数据的读取

在实际应用中，我们需要直接读取二进制数据到一个可变缓冲区，而不做任何中间复制操作，或者原地修改数据并将它写回文件中。

对于读取数据到可变数组中，可以使用文件对象的 readinto() 函数，代码（binary_cache.py）示例如下：

```
import os.path

def read_into_buffer(file_name):
    buf = bytearray(os.path.getsize(file_name))
    with open(file_name, 'rb') as f:
```

```
        f.readinto(buf)
    return buf
```

readinto() 函数的使用方法如下：

```
with open('test_file.bin', 'wb') as f:
    f.write(b'Hello World')
buf_read = read_into_buffer('test_file.bin')
print(f'buf read is: {buf_read}')
buf_read[0:5] = b'Hello'
print(f'buf read is: {buf_read}')
with open('new_test_file.bin', 'wb') as f:
    f.write(buf_read)
```

文件对象的 readinto() 函数能被用来为预先分配内存的数组，包括由 array 模块或 numpy 库创建的数组填充数据。

和普通 read() 函数不同，readinto() 函数用来填充已存在的缓冲区，而不是为新对象重新分配内存再返回，这样可以避免大量的内存分配操作。

读取一个由相同大小的记录组成的二进制文件的示例（binary_cache.py）如下：

```
# Size of each record (adjust value)
record_size = 32

buf_read = bytearray(record_size)
with open('test_file', 'rb') as f:
    while True:
        n = f.readinto(buf_read)
        if n < record_size:
            break
```

另外，Python 中有一个有趣特性——memoryview，它可以通过零复制的方式对已存在的缓冲区执行切片操作，甚至还能修改内容，示例（binary_cache.py）如下：

```
print(f'buf read is: {buf_read}')
memory_val = memoryview(buf_read)
memory_val = memory_val[-3:]
print(f'memory value is: {memory_val}')
memory_val[:] = b'WORLD'
print(f'buf read is: {buf_read}')
```

注意 使用 readinto() 函数时必须检查它的返回值，也就是实际读取的字节数。如果字节数小于缓冲区大小，表明数据被截断或者被破坏了（比如，期望每次读取指定数量的字节）。

我们需要留心观察其他函数库和模块中与 into 相关的函数（比如：recv_into()、pack_into() 等）。Python 已经能支持直接的 I/O 或数据访问操作，这些操作可被用来填充或修改数组和缓冲区内容。

5.6 串行端口的数据通信

关于通过串行端口读/写数据,其典型场景就是和一些硬件设备(比如:机器人或传感器)进行通信。

尽管可以通过 Python 内置的 I/O 模块来完成这个任务,但对于串行通信,最好的选择是使用 pySerial 包。这个包的使用方法非常简单。首先安装 pySerial,安装方式如下:

```
pip install pyserial
```

然后使用如下方式打开一个串行端口:

```
import serial
ser = serial.Serial('/dev/tty.usbmodem641', # Device name varies
                    baudrate=9600,
                    bytesize=8,
                    parity='N',
                    stopbits=1)
```

设备名对于不同的设备和操作系统是不一样的。如在 Windows 系统上,我们可以使用 0、1 等表示一个设备打开通信端口 COM0 和 COM1。

一旦端口打开,我们就可以使用 read()、readline() 和 write() 函数读/写数据,示例 (data_comm.py) 如下:

```
ser.write(b'G1 X50 Y50\r\n')
resp = ser.readline()
```

推荐使用第三方包如 pySerial 的一个原因是,它提供了对高级特性的支持(比如超时、控制流、缓冲区刷新、握手协议等)。如果想启用 RTS-CTS 握手协议,只需要给 Serial() 函数传递一个 rtscts=True 的参数即可。

> **注意** 所有涉及串行端口的 I/O 都是二进制模式,因此,需要确保代码调用的是字节而不是文本(或执行文本的编码/解码操作)。

当创建二进制编码的指令或数据包的时候,struct 模块也是非常有用的。

5.7 对象序列化

在实际应用中,对象序列化是一个常见操作。我们经常需要将 Python 对象序列化为字节流,以便将它存储到数据库或者通过网络传输它。

对于对象序列化来说,最普遍的做法就是使用 pickle 模块。首先介绍将对象保存到文件中的方法,示例 (obj_serialize.py) 如下:

```
import pickle

data_obj = ... # Some Python object
```

```
test_file = open('test_file', 'wb')
pickle.dump(data_obj, test_file)
```

然后使用 pickle.dumps() 函数将对象转储为字符串，代码如下：

```
p_con = pickle.dumps(data_obj)
```

接着使用 pickle.load() 或 pickle.loads() 函数从字节流中恢复对象，代码如下：

```
# Restore from a file
test_file = open('test_file', 'rb')
data_obj = pickle.load(test_file)

# Restore from a string
data_obj = pickle.loads(p_con)
```

dump() 和 load() 函数适用于绝大部分 Python 数据类型和用户自定义类的对象实例。

如果某个库可以在数据库中保存 / 恢复 Python 对象或者通过网络传输对象，那很有可能这个库的底层就使用了 pickle 模块。

pickle 模块是一种 Python 特有的自描述的数据编码。通过自描述，被序列化后的数据包含每个对象开始、结束及其类型信息。

在使用 pickle 模块时，无须担心对象记录的定义。处理多个对象的代码（obj_serialize.py）如下：

```
import pickle
test_file = open('some_data', 'wb')
pickle.dump([1, 6, 3, 9], test_file)
pickle.dump('hello,world!', test_file)
pickle.dump({'python', 'java', 'go'}, test_file)
test_file.close()
test_file = open('some_data', 'rb')
print(f'file load is {pickle.load(test_file)}')
print(f'file load is {pickle.load(test_file)}')
print(f'file load is {pickle.load(test_file)}')
```

执行 py 文件，输出结果如下：

```
file load is [1, 6, 3, 9]
file load is hello,world!
file load is {'java', 'go', 'python'}
```

pickle 模块还能序列化函数、类、接口，结果是将它们的名称编码成对应的序列对象，代码（obj_serialize.py）示例如下：

```
import math
import pickle
print(f'pickle funciton: {pickle.dumps(math.cos)}')
```

执行 py 文件，输出结果如下：

```
pickle funciton: b'\x80\x04\x95\x10\x00\x00\x00\x00\x00\x00\x00\x8c\x04math\x94\
x8c\x03cos\x94\x93\x94.'
```

当数据反序列化回来的时候，程序会先假定所有的源数据都是可用的。模块、类和函数会自动按需导入。

对于 Python 中的应用程序，若数据被不同机器上的解析器所共享，数据的保存可能会有问题，因为所有的机器都必须访问同一个代码。

> 🎥 **注意** 不要对不信任的数据使用 pickle.load() 函数。pickle 模块在加载时有一个副作用，即它会自动加载相应模块并构造实例对象。若有人创建一个恶意的数据，将导致 Python 执行随意指定的系统命令，因此一定要保证 pickle 模块只在相互信任的解析器内部使用。

有些类型的对象是不能被序列化的，它们通常是那些依赖外部系统状态的对象，如打开的文件、网络连接、线程、进程、栈帧等。

用户自定义类可以通过提供 __getstate__() 和 __setstate__() 方法来绕过对象不能被序列化的限制。如果定义了这两个方法，pickle.dump() 就会调用 __getstate__() 方法获取序列化的对象。类似地，__setstate__() 方法在反序列化时被调用。以下示例展示了在类的内部定义一个线程，但仍然可以执行序列化和反序列化操作，代码（obj_serialize.py）如下：

```python
import time
import threading

class Countdown:
    def __init__(self, n):
        self.n = n
        self.thr = threading.Thread(target=self.run)
        self.thr.daemon = True
        self.thr.start()

    def run(self):
        while self.n > 0:
            print(f'T-minus is: {self.n}')
            self.n -= 1
            time.sleep(5)

    def __getstate__(self):
        return self.n

    def __setstate__(self, n):
        self.__init__(n)
```

运行上面的序列化试验代码（obj_serialize.py）：

```python
count_down = Countdown(30)

test_file = open('test.p', 'wb')
import pickle
pickle.dump(count_down, test_file)
test_file.close()
```

执行 py 文件，输出结果如下：

```
T-minus is: 30
T-minus is: 29
```

然后退出 Python 解析器并重启后再试验，代码（obj_serialize.py）如下：

```
test_file = open('test.p', 'rb')
print(f'load result: {pickle.load(test_file)}')
```

执行 py 文件，输出结果如下：

```
load result: <__main__.Countdown object at 0x10ec297f0>
```

我们可以看到线程又奇迹般地重生了。

对于使用大型的数据结构如 array 或 numpy 模块创建二进制数组，pickle 模块在效率上并不是高效的编码方式。

如果需要移动大量的数组数据，最好是先在一个文件中将对应数据保存为数组数据块或使用更高级的标准编码方式如 HDF5（需要第三方库的支持）。

由于 pickle 模块是 Python 特有的并且附着在代码上，若需要长期存储数据则不应该选用它。因为如果代码变动了，所有的存储数据可能会被破坏并且变得不可读取。

对于在数据库或存档文件中存储数据，最好使用更加标准的数据编码格式，如 XML、CSV 或 JSON。这些编码格式更标准，被不同的语言支持，并且也能很好地适应代码变更。

🎞 注
意　pickle 模块有大量的配置选项，并存在一些棘手的问题。如果要在一个重要的程序中使用 pickle 模块做序列化，最好先查阅一下官方文档。

5.8　本章小结

本章主要讲解文件与 I/O 的进阶操作。文件的读 / 写是比较普遍的操作，也是发展比较成熟的操作。读者在应用中根据相关规范操作即可。

对于文件的操作，读者需要留意编码方式的问题，否则操作的文件容易出现乱码。下一章讲解更具体的文件的操作，如 CSV、JSON 文件等。

数据编码及处理

在 Python 的处理中，我们经常需要处理各种不同格式的文件，如 CSV、JSON 和 XML 文件等。对于这些文件，我们需要找到对应合适的方式进行处理。

本章主要讨论使用 Python 处理不同格式编码的数据。

6.1　数据读 / 写

在实际应用中，我们经常需要处理各种格式数据的读 / 写，如 CSV、JSON、二进制数据等。下面分别对其进行介绍。

6.1.1　CSV 数据读 / 写

对于大多数 CSV 格式数据的读 / 写，我们可以使用 csv 库进行处理。以下是一个在名为 course.csv 的文件中的一些课程数据，具体内容如下（course.csv）：

```
CourseName,Score,Date,Time,Finished,TotalClass
python,0.5,6/1/2020,8:30am,3,30
java,0.2,6/1/2020,9:30am,2,20
php,0.25,6/1/2020,10:30am,5,10
```

将这些数据读取为一个元组的序列（csv_oper.py）：

```python
import csv
with open('course.csv') as f:
    f_csv = csv.reader(f)
    header_list = next(f_csv)
    for row in f_csv:
        print(f'course name: {row[0]}, total class: {row[5]}')
```

执行 py 文件，输出结果如下：

```
course name: python, total class: 30
course name: java, total class: 20
course name: php, total class: 10
```

上述代码中，row 是一个列表。为了访问某个字段，我们需要使用下标，如 row[0] 访问 CourseName，row[5] 访问 TotalClass。

这种下标访问方式通常会引起混淆，我们可以使用命名元组，代码（csv_oper.py）示例如下：

```
from collections import namedtuple
with open('course.csv') as f:
    f_csv = csv.reader(f)
    headings = next(f_csv)
    Row = namedtuple('Row', headings)
    for r in f_csv:
        row = Row(*r)
        print(f'course name: {row.CourseName}, total class: {row.TotalClass}')
```

执行 py 文件，输出结果如下：

```
course name: python, total class: 30
course name: java, total class: 20
course name: php, total class: 10
```

命名元组允许使用列名如 row.CourseName 和 row.TotalClass 代替下标访问。

注意 命名元组只有在列名是合法的 Python 标识符的时候才生效。如果不是，需要修改原始的列名（如将非标识符字符替换成下划线等）。

我们还可以选择将数据读取到字典序列中，代码（csv_oper.py）示例如下：

```
import csv
with open('course.csv') as f:
    f_csv = csv.DictReader(f)
    for row in f_csv:
        print(f'dict read: {row}')
```

执行 py 文件，输出结果如下：

```
dict read: {'CourseName': 'python', 'Score': '0.5', 'Date': '6/1/2020', 'Time':
'8:30am', 'Finished': '3', 'TotalClass': '30'}
dict read: {'CourseName': 'java', 'Score': '0.2', 'Date': '6/1/2020', 'Time':
'9:30am', 'Finished': '2', 'TotalClass': '20'}
dict read: {'CourseName': 'php', 'Score': '0.25', 'Date': '6/1/2020', 'Time':
'10:30am', 'Finished': '5', 'TotalClass': '10'}
```

在这里，我们可以使用列名去访问每一行数据，如 row['CourseName']。

为了写入 CSV 格式数据，我们可以使用 csv 模块，不过需要先创建一个 writer 对象，示例如下：

```
header_list = ['CourseName','Score','Date','Time','Finished','TotalClass']
row_list = [('python', 0.5, '6/1/2020', '8:30am', 3, 30),
            ('java', 0.2, '6/1/2020', '9:30am', 2, 20),
            ('php', 0.25, '6/1/2020', '10:30am', 5, 10),
            ]

with open('course.csv','w') as f:
    f_csv = csv.writer(f)
    f_csv.writerow(header_list)
    f_csv.writerows(row_list)
```

对于字典序列的数据，可以进行如下操作（csv_oper.py）：

```
header_list = ['CourseName','Score','Date','Time','Finished','TotalClass']
row_list = [{'CourseName': 'python', 'Score': 0.5, 'Date': '6/1/2020',
             'Time': '8:30am', 'Finished': 3, 'TotalClass': 30},
            {'CourseName': 'java', 'Score': 0.2, 'Date': '6/1/2020',
             'Time': '9:30am', 'Finished': 2, 'TotalClass': 20},
            {'CourseName': 'php', 'Score': 0.25, 'Date': '6/1/2020',
             'Time': '10:30am', 'Finished': 5, 'TotalClass': 10},
            ]

with open('course.csv','w') as f:
    f_csv = csv.DictWriter(f, header_list)
    f_csv.writeheader()
    f_csv.writerows(row_list)
```

我们应该总是优先选择 csv 模块分割或解析 CSV 数据，代码（csv_oper.py）示例如下：

```
with open('course.csv') as f:
    for line in f:
        row_list = line.split(',')
        print(f'split row: {row_list}')
```

执行 py 文件，输出结果如下：

```
split row: ['CourseName', 'Score', 'Date', 'Time', 'Finished', 'TotalClass\n']
split row: ['python', '0.5', '6/1/2020', '8:30am', '3', '30\n']
split row: ['java', '0.2', '6/1/2020', '9:30am', '2', '20\n']
split row: ['php', '0.25', '6/1/2020', '10:30am', '5', '10\n']
```

这种方式的一个缺点是仍然需要去处理一些棘手的细节问题，如某些字段值被引号包围，不得不去除这些引号。如果一个被引号包围的字段含有逗号，程序就会因为有一个错误的行而出错。

默认情况下，csv 库可以识别 Microsoft Excel 所使用的 CSV 编码规则。这或许也是最常见的形式，并且会带来最好的兼容性。查看 CSV 格式的文档，我们会发现有很多方法将它应用到其他编码格式上（如修改分割字符等）。下面是读取以 tab 分割字符的示例，代码（csv_oper.py）如下：

```
with open('course.csv') as f:
    f_tsv = csv.reader(f, delimiter='\t')
    for row in f_tsv:
        print(f'read row: {row}')
```

执行 py 文件，输出结果如下：

```
read row: ['CourseName,Score,Date,Time,Finished,TotalClass']
read row: ['python,0.5,6/1/2020,8:30am,3,30']
read row: ['java,0.2,6/1/2020,9:30am,2,20']
read row: ['php,0.25,6/1/2020,10:30am,5,10']
```

读取 CSV 格式数据并将它们转换为命名元组，需要注意对列名进行合法性认证。如 CSV 格式文件有一个包含非法标识符的列头行，示例如下：

```
Street Address,Num-Premises,Latitude,Longitude 5412 N CLARK,10,41.980262,
-87.668452
```

这最终会导致在创建命名元组时产生 ValueError 异常。为解决这种问题，我们需要先修正列标题，可以在非法标识符上使用正则表达式替换，代码（csv_oper.py）示例如下：

```python
import re
with open('course.csv') as f:
    f_csv = csv.reader(f)
    header_list = [re.sub('[^a-zA-Z_]', '_', h) for h in next(f_csv)]
    Row = namedtuple('Row', header_list)
    for r in f_csv:
        row = Row(*r)
        print(f'named tuple read: {row}')
```

执行 py 文件，输出结果如下：

```
named tuple read: Row(CourseName='python', Score='0.5', Date='6/1/2020',
Time='8:30am', Finished='3', TotalClass='30')
named tuple read: Row(CourseName='java', Score='0.2', Date='6/1/2020',
Time='9:30am', Finished='2', TotalClass='20')
named tuple read: Row(CourseName='php', Score='0.25', Date='6/1/2020',
Time='10:30am', Finished='5', TotalClass='10')
```

> 注意 csv 库产生的数据都是字符串类型的，不会做任何其他类型的转换。如要做类型转换，我们必须手动去实现。

下面的示例是在 CSV 格式数据上执行其他类型转换，代码（csv_oper.py）如下：

```python
col_types = [str, float, str, str, int, int]
with open('course.csv') as f:
    f_csv = csv.reader(f)
    header_list = next(f_csv)
    for row in f_csv:
        row = tuple(convert(value) for convert, value in zip(col_types, row))
        print(f'row read: {row}')
```

执行 py 文件，输出结果如下：

```
row read: ('python', 0.5, '6/1/2020', '8:30am', 3, 30)
row read: ('java', 0.2, '6/1/2020', '9:30am', 2, 20)
row read: ('php', 0.25, '6/1/2020', '10:30am', 5, 10)
```

以下示例展示了转换字典中特定的字段，代码（csv_oper.py）如下：

```
print('Reading as dicts with type conversion')
field_types = [ ('Score', float),
                ('Finished', float),
                ('TotalClass', int) ]

with open('course.csv') as f:
    for row in csv.DictReader(f):
        row.update((key, conversion(row[key]))
                for key, conversion in field_types)
        print(f'update row: {row}')
```

执行 py 文件，输出结果如下：

```
Reading as dicts with type conversion
update row: {'CourseName': 'python', 'Score': 0.5, 'Date': '6/1/2020', 'Time':
'8:30am', 'Finished': 3.0, 'TotalClass': 30}
    update row: {'CourseName': 'java', 'Score': 0.2, 'Date': '6/1/2020', 'Time':
'9:30am', 'Finished': 2.0, 'TotalClass': 20}
    update row: {'CourseName': 'php', 'Score': 0.25, 'Date': '6/1/2020', 'Time':
'10:30am', 'Finished': 5.0, 'TotalClass': 10}
```

在实际情况中，CSV 格式文件中或多或少有数据缺失、被破坏以及类型转换失败的问题。除非数据确实是准确无误的，否则必须考虑转换的问题（可能需要增加合适的错误处理机制）。

如果读取 CSV 格式数据的目的是做数据分析或统计，我们可能需要使用 Pandas 包。Pandas 包包含一个非常方便的函数——pandas.read_csv()，它可以加载 CSV 格式数据到 DataFrame 对象中。我们利用这个对象就可以生成各种形式的统计、过滤数据以及执行其他高级操作。

6.1.2　JSON 数据读 / 写

在 API 接口的调用中，特别是 restfull 风格的接口，基本上使用的都是 JSON 格式的数据。对 JSON 格式的数据的读 / 写是必备技能。

json 模块提供了一种很简单的方式来编码和解码 JSON 数据。其中，两个主要的函数是 json.dumps() 和 json.loads()，这两个函数要比其他序列化函数库如 pickle 的接口少得多。以下示例展示了将一个 Python 数据结构转换为 JSON 格式：

```
import json

data = {
    'course' : 'python',
    'total_class' : 30,
    'score' : 0.3
}

json_str = json.dumps(data)
```

以下代码可将 JSON 编码的字符串转换为 Python 数据结构：

```
data = json.loads(json_str)
```

如要处理的是文件而不是字符串，我们可以使用 json.dump() 和 json.load() 函数来编码和解码 JSON 格式数据，示例如下：

```
# Writing JSON data
with open('data.json', 'w') as f:
    json.dump(data, f)

# Reading data back
with open('data.json', 'r') as f:
    data = json.load(f)
```

JSON 编码支持的基本数据类型为 None、bool、int、float 和 str，以及包含这些类型数据的 list、tuple 和 dictionariy。对于 dictionariy，key 为字符串类型（在字典中，任何非字符串类型的 key 在编码时会先转换为字符串类型）。为了遵循 JSON 规范，我们应该只编码 Python 的 list 和 dictionariy 类型数据。在 Web 应用程序中，顶层对象被编码为字典是一个标准做法。

对于 Python 语法而言，JSON 编码的格式几乎是一样的，如 True 会被映射为 true，False 被映射为 false，而 None 会被映射为 null。以下示例展示了编码后的字符串效果，代码（json_oper.py）如下：

```
print(json.dumps(False))
str_dict = {'a': True,
            'b': 'Hello',
            'c': None
            }
print(f'dumps result: {json.dumps(str_dict)}')
```

执行 py 文件，输出结果如下：

```
false
dumps result: {"a": true, "b": "Hello", "c": null}
```

如果试着去检查解码后的 JSON 数据，我们发现很难通过简单地打印来确定它的结构，特别是当数据的嵌套结构层次很深或者包含大量的字段时。为了解决这个问题，我们可以考虑使用 pprint 模块的 pprint() 函数来代替普通的 print() 函数。它会按照 key 的字母顺序以一种更加美观的方式输出。以下示例演示了如何漂亮地打印搜索结果，代码（json_oper.py）如下：

```
import requests
import json
response = requests.get('https://www.baidu.com/s?wd=python&rsv_spt=1&rsv_iqid='
        '0x9b8c139c000d912c&issp=1&f=8&rsv_bp=1&rsv_idx=2&ie='
        'utf-8&tn=baiduhome_pg&rsv_enter=1&rsv_dl=tb&rsv_sug3='
        '9&rsv_sug1=10&rsv_sug7=100&rsv_sug2=0&rsv_btype=i&inputT='
        '3635&rsv_sug4=4246&rsv_sug=2')
resp = response.text
from pprint import pprint
pprint(resp)
```

执行 py 文件，输出结果如下：

```
('<!DOCTYPE html>\n'
 '<html lang="zh-CN">\n'
 '<head>\n'
 '    <meta charset="utf-8">\n'
 '    <title>ç\x99½å°¦å®\x89å\x85'
...
```

一般来讲，JSON 解码会根据提供的数据创建字典 dict 或列表 list。如果想要创建其他类型的对象，我们可以给 json.loads() 函数传递 object_pairs_hook 或 object_hook 参数。以下示例演示了如何解码 JSON 数据并在一个 OrderedDict 中保留其顺序，代码（json_oper.py）如下：

```
s = '{"course": "python", "total_class": 30, "score": 0.3}'
from collections import OrderedDict
data = json.loads(s, object_pairs_hook=OrderedDict)
print(f'data loads: {data}')
```

执行 py 文件，输出结果如下：

```
data loads: OrderedDict([('course', 'python'), ('total_class', 30), ('score',
0.3)])
```

以下示例将 JSON 字典转换为 Python 对象，代码（json_oper.py）如下：

```
class JSONObject:
    def __init__(self, d):
        self.__dict__ = d

data = json.loads(s, object_hook=JSONObject)
print(f'course is: {data.course}')
print(f'total class is: {data.total_class}')
print(f'score is: {data.score}')
```

执行 py 文件，输出结果如下：

```
course is: python
total class is: 30
score is: 0.3
```

示例中，JSON 解码后的字典作为参数传递给 __init__()，然后被任意使用，比如作为一个实例字典被直接使用。

在 JSON 编码的时候，还有一些选项很有用。如果想在获得漂亮的格式化字符串后输出，可以使用 json.dumps() 的 indent 参数。它会使得输出和 pprint() 函数输出效果类似，代码（json_oper.py）示例如下：

```
print(f'data dumps: {json.dumps(data)}')
print(f'dumps indent {json.dumps(data, indent=4)}')
```

执行 py 文件，输出结果如下：

```
data dumps: {"course": "python", "total_class": 30, "score": 0.3}
```

```
dumps indent {
    "course": "python",
    "total_class": 30,
    "score": 0.3
}
```

通常，对象实例并不是 JSON 可序列化的，代码（json_oper.py）示例如下：

```
class Point:
    def __init__(self, x, y):
        self.x = x
        self.y = y


p = Point(1, 3)
print(f'dumps: {json.dumps(p)}')
```

如果想序列化对象实例，我们可以提供一个函数。它的输入是一个实例，返回的是一个可序列化的字典，代码（json_oper.py）示例如下：

```
class Point:
    def __init__(self, x, y):
        self.x = x
        self.y = y


p = Point(1, 3)
print(f'dumps: {json.dumps(p)}')
```

反过来获取这个实例的代码（json_oper.py）如下：

```
# Dictionary mapping names to known classes
classes = {
    'Point' : Point
}


def unserialize_object(d):
    clsname = d.pop('__classname__', None)
    if clsname:
        cls = classes[clsname]
        obj = cls.__new__(cls) # Make instance without calling __init__
        for key, value in d.items():
            setattr(obj, key, value)
        return obj
    else:
        return d
```

下面是如何使用这些函数的例子，代码（json_oper.py）如下：

```
def unserialize_object(d):
    # clsname = d.pop('__classname__', None)
    if (clsname := d.pop('__classname__', None)):
        cls = classes[clsname]
        obj = cls.__new__(cls) # Make instance without calling __init__
        for key, value in d.items():
            setattr(obj, key, value)
        return obj
```

```
        else:
            return d


p = Point(2,3)
s = json.dumps(p, default=serialize_instance)
a = json.loads(s, object_hook=unserialize_object)
json loads: <__main__.Point object at 0x10be0ea30>
print(f'json loads: {a}')
print(f'a x is: {a.x}')
print(f'a y is: {a.y}')
```

执行 py 文件，输出结果如下：

```
json loads: <__main__.Point object at 0x1088a9a30>
a x is: 2
a y is: 3
```

json 模块还有很多其他选项来实现更低级别的数字、特殊值如 NaN 等的解析。读者可以参考官方文档获取更多细节内容。

6.1.3　二进制数组数据读 / 写

在实际应用中，为了节省存储空间，我们会将一些数据转换为二进制形式，所以有时会有类似读 / 写二进制数组的结构化数据到 Python 元组中的需求。对于类似需求，我们可以使用 struct 模块处理二进制数据。

以下示例展示了将 Python 元组列表写入二进制文件，并使用 struct 模块将每个元组编码为一个结构体，代码（binary_oper.py）如下：

```python
from struct import Struct

def write_records(record_list, format, f):
    """
    Write a sequence of tuples to a binary file of structures.
    :param record_list:
    :param format:
    :param f:
    :return:
    """
    record_struct = Struct(format)
    for r in record_list:
        f.write(record_struct.pack(*r))

# Example
if __name__ == '__main__':
    records = [ (1, 3.3, 7.5),
                (5, 9.8, 11.0),
                (16, 18.4, 66.7) ]
    with open('data.b', 'wb') as f:
        write_records(records, '<idd', f)
```

有很多种方法可以用来读取文件并返回一个元组列表。以块的形式增量读取文件的代码（binary_oper.py）如下：

```
def read_records(format, f):
    record_struct = Struct(format)
    chunks = iter(lambda: f.read(record_struct.size), b'')
    return (record_struct.unpack(chunk) for chunk in chunks)

# Example
if __name__ == '__main__':
    with open('test.b','rb') as f:
        for rec in read_records('<idd', f):
            pass
```

如果想将整个文件一次性读取到一个字节字符串中，然后再分片解析，代码（binary_oper.py）如下：

```
from struct import Struct

def unpack_records(format, data):
    record_struct = Struct(format)
    return (record_struct.unpack_from(data, offset)
            for offset in range(0, len(data), record_struct.size))


if __name__ == '__main__':
    with open('test.b', 'rb') as f:
        data = f.read()
    for rec in unpack_records('<idd', data):
        pass
```

两种情况下的结果都是一个可返回用来创建该文件的原始元组的可迭代对象。

对于需要编码和解码二进制数据的程序而言，我们通常会使用 struct 模块。为了声明一个新的结构体，我们只需要像这样创建一个 Struct 实例：

```
record_struct = Struct('<idd')
```

通常，结构体会使用一些结构码值，如 i、d、f 等（参考 Python 文档）。这些结构码值分别代表某个特定的二进制数据类型如 32 位整数、64 位浮点数、32 位浮点数。第一个字符 "<" 指定了字节顺序。在这个例子中，它表示低位在前。更改 "<" 字符为 ">"，表示高位在前。

Struct 实例有很多属性和方法用来操作相应类型的结构。size 属性包含结构的字节数，这在 I/O 操作时非常有用。pack() 和 unpack() 函数被用来打包和解包数据，代码（binary_oper.py）示例如下：

```
from struct import Struct
record_struct = Struct('<idd')
print(f'record struct size: {record_struct.size}')
print(f'pack: {record_struct.pack(1, 3.0, 6.0)}')
```

执行 py 文件，输出结果如下：

```
record struct size: 20
pack: b'\x01\x00\x00\x00\x00\x00\x00\x00\x00\x00\x08@\x00\x00\x00\x00\x00\
x00\x18@'
```

有时候，我们还会看到 pack() 和 unpack() 函数以模块级别被调用，代码（binary_oper.
py）示例如下：

```
import struct
print(f"struct pack: {struct.pack('<idd', 1, 3.0, 6.0)}")
```

执行 py 文件，输出结果如下：

```
struct pack:
b'\x01\x00\x00\x00\x00\x00\x00\x00\x00\x00\x08@\x00\x00\x00\x00\x00\x00\x18@'
```

上述代码可以工作，但是没有实例方法优雅，特别是在代码中同样的结构出现在多个地方的时候。通过创建 Struct 实例，格式代码只会被指定一次并且所有的操作被集中处理。这样，代码维护就变得更加简单了，因为只需要改变一处代码即可。

读取二进制结构的代码要用到一些非常有趣而优美的编程技巧。在函数 read_records 中，iter() 函数被用来创建返回固定大小数据块的迭代器。这个迭代器会不断地调用用户提供的可调用对象（比如 lambda:f.read(record_struct.size)），直到它返回一个特殊的值（如 b"）迭代停止，代码（binary_oper.py）示例如下：

```
f = open('test.b', 'rb')
chunks = iter(lambda: f.read(20), b'')
print(chunks)
for chk in chunks:
    print(f'chk is: {chk}')
```

创建可迭代对象的一个原因是它允许使用生成器推导来创建记录。如果不使用这种技术，代码可能会像下面这样（binary_oper.py）：

```
def read_records(format, f):
    record_struct = Struct(format)
    while True:
        chk = f.read(record_struct.size)
        if chk == b'':
            break
        yield record_struct.unpack(chk)
```

函数 unpack_records() 中使用了另外一种方法 unpack_from()。unpack_from() 方法对于从大型二进制数组中提取二进制数据非常有用，因为它不会产生任何临时对象或者进行内存复制操作，只需要给它一个字节字符串（或数组）和一个字节偏移量，就会从指定的字节偏移量的位置开始直接解包数据。

如果使用 unpack() 方法来代替 unpack_from()，需要修改代码来构造大量的小的切片对象以及进行偏移量的计算，代码（binary_oper.py）示例如下：

```
def unpack_records(format, data):
    record_struct = Struct(format)
```

```
    return (record_struct.unpack(data[offset:offset + record_struct.size])
                    for offset in range(0, len(data), record_struct.size))
```

这种方案除了代码看上去很复杂外，还得做很多额外的工作，因为它执行了大量的偏移量计算、复制数据以及构造小的切片对象。如果准备从读取到的大型字节字符串中解包大量的结构体，unpack_from() 方法会表现得更出色。

在解包的时候，collections 模块中的命名元组对象可以为返回元组设置属性名称，代码（binary_oper.py）示例如下：

```
from collections import namedtuple

Record = namedtuple('Record', ['kind','x','y'])

with open('test.p', 'rb') as f:
    record_list = (Record(*r) for r in read_records('<idd', f))

for r in record_list:
    print(f'kind:{r.kind}, x: {r.x}, y: {r.y}')
```

如果程序需要处理大量的二进制数据，最好使用 numpy 模块，如将二进制数据读取到结构化数组中而不是元组列表中，代码（binary_oper.py）示例如下：

```
import numpy as np
f = open('test.b', 'rb')
record_list = np.fromfile(f, dtype='<i,<d,<d')
print(f'records: {record_list}')
print(f'records 0: {record_list[0]}')
print(f'records 1: {record_list[1]}')
```

值得注意的是，如果需要从已知的文件格式（如图片格式、图形文件、HDF5 等）中读取二进制数据，要先检查 Python 是否已经提供了现成的模块，因为不到万不得已没有必要重复造轮子。

6.1.4 嵌套和可变长二进制数据读取

在实际应用中，我们有时需要读取包含嵌套或者可变长记录集合的复杂二进制格式的数据。这些数据可能包含图片、视频、电子地图文件等。

struct 模块可以被用来编码 / 解码几乎所有类型的二进制数据结构。为了解释清楚这种数据，我们假设用 Python 数据结构来表示一个组成一系列多边形的点的集合，示例如下：

```
test_list = [
    [(1.0, 2.5), (3.5, 4.0), (2.5, 1.5)],
    [(7.0, 1.2), (5.1, 3.0), (0.5, 7.5), (0.8, 9.0)],
    [(3.4, 6.3), (1.2, 0.5), (4.6, 9.2)],
]
```

假设该数据被编码到一个以下列头部开始的二进制文件中：

```
+-------+--------+------------------------------------+
|Byte   | Type   | Description                        |
```

```
+======+=========+======================================+
|0     | int     | 文件代码（0x1234，小端）               |
+------+---------+--------------------------------------+
|4     | double  | x 的最小值（小端）                     |
+------+---------+--------------------------------------+
|12    | double  | y 的最小值（小端）                     |
+------+---------+--------------------------------------+
|20    | double  | x 的最大值（小端）                     |
+------+---------+--------------------------------------+
|28    | double  | y 的最大值（小端）                     |
+------+---------+--------------------------------------+
|36    | int     | 三角形数量（小端）                      |
+------+---------+--------------------------------------+
```

紧跟着头部是一系列的多边形记录，编码格式如下：

```
+------+---------+--------------------------------------+
|Byte  | Type    | Description                          |
+======+=========+======================================+
|0     | int     | 记录长度（N 字节）                      |
+------+---------+--------------------------------------+
|4-N   | Points  | (X,Y) 坐标，以浮点数表示                 |
+------+---------+--------------------------------------+
```

为了写这样的文件，我们可以使用以下 Python 代码（nesting_binary.py）：

```python
def write_polys(file_name, polys):
    # Determine bounding box
    flattened = list(itertools.chain(*polys))
    min_x = min(x for x, y in flattened)
    max_x = max(x for x, y in flattened)
    min_y = min(y for x, y in flattened)
    max_y = max(y for x, y in flattened)
    with open(file_name, 'wb') as f:
        f.write(struct.pack('<iddddi', 0x1234,
                            min_x, min_y,
                            max_x, max_y,
                            len(polys)))
        for poly in polys:
            size = len(poly) * struct.calcsize('<dd')
            f.write(struct.pack('<i', size + 4))
            for pt in poly:
                f.write(struct.pack('<dd', *pt))

if __name__ == '__main__':
    write_polys('test.bin', test_list)
```

执行 py 文件，在当前目录下生成一个名为 test.bin 的文件。

在读取数据的时候，我们可以利用 struct.unpack() 函数。读取数据的代码一般是写操作的逆序，代码（nesting_binary.py）示例如下：

```python
def read_polys(file_name):
    with open(file_name, 'rb') as f:
        # Read the header
        header = f.read(40)
```

```
        file_code, min_x, min_y, max_x, max_y, num_polys = \
            struct.unpack('<iddddi', header)
    polys = []
    for n in range(num_polys):
        pbytes, = struct.unpack('<i', f.read(4))
        poly = []
        for m in range(pbytes // 16):
            pt = struct.unpack('<dd', f.read(16))
            poly.append(pt)
        polys.append(poly)
return polys
```

尽管上述代码可以工作，但是混杂了很多读取、解包数据结构和其他细节的程序。如果用这样的代码来处理数据文件，未免有点繁杂。因此很显然应该有其他解决方法可以简化这些步骤，让程序员只关注最重要的事情。

接下来，我们会逐步演示一个更加优雅的解析字节数据的方案，目标是提供一个高级的文件格式化方法，并简化读取和解包数据的细节。但是要先说明的是，接下来的部分代码应该是整本书中最复杂、最高级的例子，使用了大量的面向对象编程和元编程技术。建议读者仔细阅读并讨论该部分。

当读取字节数据的时候，通常文件开始部分会包含文件头和其他数据结构。struct 模块可以解包这些数据到元组中。另外一种表示信息的方式是使用一个类，代码（nesting_binary.py）示例如下：

```python
import struct

class StructField:
    """
    Descriptor representing a simple structure field
    """
    def __init__(self, format, offset):
        self.format = format
        self.offset = offset
    def __get__(self, instance, cls):
        if instance is None:
            return self
        else:
            r = struct.unpack_from(self.format, instance._buffer, self.offset)
            return r[0] if len(r) == 1 else r

class Structure:
    def __init__(self, byte_data):
        self._buffer = memoryview(byte_data)
```

这里使用了一个描述器来表示每个结构字段。每个描述器包含一个兼容格式的代码以及一个字节偏移量，存储在内部的内存缓冲区。在 __get__() 方法中，struct.unpack_from() 函数被用来从缓冲区解包一个值，省去了额外的分片或复制操作。

Structure 类是一个基础类，接收字节数据并存储在内存缓冲区，被 StructField 描述器使用。这里使用的 memoryview() 函数将在后面章节详细讲解。

下面定义一个高层次的结构对象来表示上面 polys 对象所期望的文件格式，代码如下：

```
class PolyHeader(Structure):
    file_code = StructField('<i', 0)
    min_x = StructField('<d', 4)
    min_y = StructField('<d', 12)
    max_x = StructField('<d', 20)
    max_y = StructField('<d', 28)
    num_polys = StructField('<i', 36)
```

利用 Structure 类来读取之前写入的多边形数据的头部数据（nesting_binary.py）：

```
f = open('test.bin', 'rb')
phead = PolyHeader(f.read(40))
print(f'file code is: {phead.file_code == 0x1234}')
print(f'min x is: {phead.min_x}')
print(f'min y is: {phead.min_y}')
print(f'max x is: {phead.max_x}')
print(f'max y is: {phead.max_y}')
print(f'num polys is: {phead.num_polys}')
```

尽管该代码拥有类接口的便利，但还是有点臃肿，需要使用者指定很多底层的细节（比如重复使用 StructField、指定偏移量等）。另外，返回的结果类同样需要一些便利的方法来计算结构的总数。

任何时候只要遇到了像这样冗余的类定义，我们应该考虑使用类装饰器或元类。元类有一个特性就是它能够被用来填充许多底层的实现细节，从而减轻使用者的负担。以下示例展示了使用元类改造 Structure 类，代码（nesting_binary.py）如下：

```
class StructureMeta(type):
    """
    Metaclass that automatically creates StructField descriptors
    """
    def __init__(self, cls_name, bases, cls_dict):
        fields = getattr(self, '_fields_', [])
        byte_order = ''
        offset = 0
        for format, field_name in fields:
            if format.startswith(('<','>','!','@')):
                byte_order = format[0]
                format = format[1:]
            format = byte_order + format
            setattr(self, field_name, StructField(format, offset))
            offset += struct.calcsize(format)
        setattr(self, 'struct_size', offset)

class Structure(metaclass=StructureMeta):
    def __init__(self, bytedata):
        self._buffer = bytedata

    @classmethod
    def from_file(cls, f):
        return cls(f.read(cls.struct_size))
```

下面使用新的 Structure 类定义一个结构，代码（nesting_binary.py）示例如下：

```python
class PolyHeader(Structure):
    _fields_ = [
        ('<i', 'file_code'),
        ('d', 'min_x'),
        ('d', 'min_y'),
        ('d', 'max_x'),
        ('d', 'max_y'),
        ('i', 'num_polys')
    ]
```

添加的类方法 from_file() 在不需要知道任何数据的大小和结构的情况下就能轻松地从文件中读取数据，代码（nesting_binary.py）如下：

```python
f = open('test.bin', 'rb')
phead = PolyHeader.from_file(f)
print(f'file code is: {phead.file_code == 0x1234}')
print(f'min x is: {phead.min_x}')
print(f'min y is: {phead.min_y}')
print(f'max x is: {phead.max_x}')
print(f'max y is: {phead.max_y}')
print(f'num polys is: {phead.num_polys}')
```

一旦使用了元类，我们就可以让代码变得更加智能，如支持嵌套的字节结构。下面是对前面的元类的一个小的改进，提供了一个新的辅助描述器来达到想要的效果，代码（nesting_binary.py）如下：

```python
class NestedStruct:
    """
    Descriptor representing a nested structure
    """
    def __init__(self, name, struct_type, offset):
        self.name = name
        self.struct_type = struct_type
        self.offset = offset

    def __get__(self, instance, cls):
        if instance is None:
            return self
        else:
            data = instance._buffer[self.offset:
                            self.offset+self.struct_type.struct_size]
            result = self.struct_type(data)
            setattr(instance, self.name, result)
            return result

class StructureMeta(type):
    """
    Metaclass that automatically creates StructField descriptors
    """
    def __init__(self, cls_name, bases, cls_dict):
        fields = getattr(self, '_fields_', [])
        byte_order = ''
```

```
        offset = 0
        for format, field_name in fields:
            if isinstance(format, StructureMeta):
                setattr(self, field_name,
                        NestedStruct(field_name, format, offset))
                offset += format.struct_size
            else:
                if format.startswith(('<','>','!','@')):
                    byte_order = format[0]
                    format = format[1:]
                format = byte_order + format
                setattr(self, field_name, StructField(format, offset))
                offset += struct.calcsize(format)
        setattr(self, 'struct_size', offset)
```

在上述代码中，NestedStruct 描述器被用来叠加另一个定义在某个内存区域的结构。它通过将原始内存缓冲区进行切片操作，然后实例化给定的结构类型。

由于底层的内存缓冲区是通过内存视图初始化的，因此这种切片操作不会引发任何额外的内存复制。相反，它仅仅是之前的内存的叠加。为了防止重复实例化，描述器保存了该实例中的内部结构对象。

引入元类的修正版可以像下面这样编写（nesting_binary.py）：

```
class Point(Structure):
    _fields_ = [
        ('<d', 'x'),
        ('d', 'y')
    ]

class PolyHeader(Structure):
    _fields_ = [
        ('<i', 'file_code'),
        (Point, 'min'), # nested struct
        (Point, 'max'), # nested struct
        ('i', 'num_polys')
    ]
```

它能按照预期正常工作，实际操作（nesting_binary.py）如下：

```
f = open('test.bin', 'rb')
phead = PolyHeader.from_file(f)
print(f'file code is: {phead.file_code == 0x1234}')
print(f'min is: {phead.min}')
print(f'min x is: {phead.min_x}')
print(f'min y is: {phead.min_y}')
print(f'max x is: {phead.max_x}')
print(f'max y is: {phead.max_y}')
print(f'num polys is: {phead.num_polys}')
```

到目前为止，一个处理定长记录的框架已经写好。但是，如果组件记录是变长的，该如何处理呢？比如，多边形文件包含变长的部分。

一种方案是写一个类来表示字节数据，同时写一个工具函数通过多种方式解析内容，代码（nesting_binary.py）示例如下：

```
class SizedRecord:
    def __init__(self, bytedata):
        self._buffer = memoryview(bytedata)

    @classmethod
    def from_file(cls, f, size_fmt, includes_size=True):
        sz_nbytes = struct.calcsize(size_fmt)
        sz_bytes = f.read(sz_nbytes)
        sz, = struct.unpack(size_fmt, sz_bytes)
        buf = f.read(sz - includes_size * sz_nbytes)
        return cls(buf)

    def iter_as(self, code):
        if isinstance(code, str):
            s = struct.Struct(code)
            for off in range(0, len(self._buffer), s.size):
                yield s.unpack_from(self._buffer, off)
        elif isinstance(code, StructureMeta):
            size = code.struct_size
            for off in range(0, len(self._buffer), size):
                data = self._buffer[off:off+size]
                yield code(data)
```

类方法 SizedRecord.from_file() 是一个工具，用来从一个文件中读取带指定大小前缀的数据块。作为输入，它接收一个包含指定编码的格式。可选的 includes_size 参数指定了包含头部的数据块大小。下面示例展示了怎样从多边形文件中读取单独的多边形数据（nesting_binary.py）：

```
f = open('test.bin', 'rb')
phead = PolyHeader.from_file(f)
print(f'num polys is: {phead.num_polys}')
polydata = [ SizedRecord.from_file(f, '<i') for n in range(phead.num_polys) ]
print(f'poly data: {polydata}')
```

可以看出，SizedRecord 实例的内容还没有被解析出来。我们可以使用 iter_as() 方法来达到目的，该方法接收一个结构格式化的编码对象或者 Structure 类作为输入。这样，我们可以很灵活地去解析数据，代码（nesting_binary.py）示例如下：

```
for n, poly in enumerate(polydata):
    print(f'Polygon {n}')
    for p in poly.iter_as('<dd'):
        print(f'poly iter: {p}')

for n, poly in enumerate(polydata):
    print(f'Polygon {n}')
    for p in poly.iter_as(Point):
        print(f'p.x = {p.x}, p.y = {p.y}')
```

下面是 read_polys() 函数的另外一个修正版（nesting_binary.py）：

```
class Point(Structure):
```

```
    _fields_ = [
        ('<d', 'x'),
        ('d', 'y')
    ]

class PolyHeader(Structure):
    _fields_ = [
        ('<i', 'file_code'),
        (Point, 'min'),
        (Point, 'max'),
        ('i', 'num_polys')
    ]

def read_polys(file_name):
    polys = []
    with open(file_name, 'rb') as f:
        phead = PolyHeader.from_file(f)
        for n in range(phead.num_polys):
            rec = SizedRecord.from_file(f, '<i')
            poly = [ (p.x, p.y) for p in rec.iter_as(Point) ]
            polys.append(poly)
    return polys
```

这里展示了许多高级的编程技术，包括描述器、延迟计算、元类、类变量和内存视图。它们都为了同一个特定的目标服务。

上述实现的一个主要特征是基于懒解包的思想。当 Structure 实例被创建时，__init__() 方法仅仅是创建一个字节数据的内存视图。这时并没有任何解包或者其他与结构相关的操作发生。这样做的一个动机可能是仅仅只对一个字节记录的某一小部分感兴趣，只需要解包需要访问的部分，而不是整个文件。

为了实现懒解包和打包，我们需要使用 StructField 描述器。用户在 _fields_ 中列出来的每个属性都会转化成一个 StructField 描述器，它将相关结构格式码和偏移值保存到缓冲区。元类 StructureMeta 在多个结构类被定义时自动创建这些描述器。使用元类的一个主要原因是，它使得用户非常方便地通过高层描述就能指定结构格式，无须考虑底层的细节问题。

元类 StructureMeta 的一个很微妙的特性就是，它会固定字节数据顺序。如果某属性指定了字节顺序（<表示低位优先或者>表示高位优先），后面所有字段的顺序都以这个顺序为准。这样做可以避免额外输入，但是在定义过程中仍然可能切换顺序。

下面展示一些比较复杂的结构，示例如下：

```
class ShapeFile(Structure):
    _fields_ = [('>i', 'file_code'), # Big endian
        ('20s', 'unused'),
        ('i', 'file_length'),
        ('<i', 'version'), # Little endian
        ('i', 'shape_type'),
        ('d', 'min_x'),
        ('d', 'min_y'),
        ('d', 'max_x'),
```

```
                        ('d', 'max_y'),
                        ('d', 'min_z'),
                        ('d', 'max_z'),
                        ('d', 'min_m'),
                        ('d', 'max_m')]
```

之前提到过，memoryview() 函数可以避免内存的复制。当结构存在嵌套时，memoryviews 可以叠加同一内存区域上定义的机构的不同部分。这个特性比较微妙，关注的是内存视图与普通字节数组的切片操作。如果在字节字符串或字节数组上执行切片操作，通常得到的是数据的复制。而内存视图切片不是这样的，它仅仅是在已存在的内存上叠加而已。因此，这种方式更加高效。

6.2　XML 数据解析

XML 被设计用来传输和存储数据。要使用 XML 文档，我们需要对文档进行解析。用于处理 XML 的 Python 接口分布在 XML 包中，其提供了对 XML 文档的解析、修改等操作。

6.2.1　简单 XML 数据解析

在实际应用中，我们大部分时候接触到的 XML 文档是比较简单的。要从一个简单的 XML 文档中提取数据，使用 xml.etree.ElementTree 模块即可。

假设要解析 test.xml 数据，代码（xml_simple.py）示例如下：

```python
from xml.etree.ElementTree import parse

doc = parse('test.xml')

# Extract and output tags of interest
for item in doc.iterfind('pre'):
    pt = item.findtext('pt')
    fd = item.findtext('fd')
    v = item.findtext('v')

    print(f'the value of pt: {pt}')
    print(f'the value of fd: {fd}')
    print(f'the value of v: {v}')
```

执行 py 文件，输出结果如下：

```
the value of pt: 5 MIN
the value of fd: Howard
the value of v: 1378
the value of pt: 15 MIN
the value of fd: Howard
the value of v: 1867
```

如果想做进一步处理，需要替换 print() 函数来完成其他有趣的事。

在很多应用程序中，XML 编码格式的数据是很常见的。这不仅是因为 XML 格式已经被广泛应用于数据交换，还因为其是一种存储应用程序数据的常用格式（比如字处理、音乐库等）。接下来的讨论会先假定读者已经对 XML 基础知识比较熟悉了。

在很多情况下，当使用 XML 格式来存储数据时，对应的文档结构会非常紧凑并且直观。

上述代码中，xml.etree.ElementTree.parse() 函数用于解析整个 XML 文档并将其转换成文档对象，然后使用 find()、iterfind() 和 findtext() 等函数来搜索特定的 XML 元素。这些函数的参数是某个指定的标签名，例如 pre 或 pt。

每次指定某个标签时，我们需要遍历整个文档结构。每次搜索操作会从一个起始元素开始。同样，每次操作所指定的标签名是起始元素的相对路径。如对于执行 doc.iterfind('channel/item') 来搜索所有在 pre 元素下面的 pt 元素，doc 代表文档的最顶层（也就是第一级的 xml 元素），调用 item.findtext() 从已找到的 item 元素位置开始搜索。

ElementTree 模块中的每个元素有一些重要的属性和方法，它们在解析的时候非常有用。tag 属性包含标签的名字，text 属性包含内部的文本，而 get() 方法能获取属性值，代码（xml_simple.py）示例如下：

```
print(f'doc content: {doc}')
e = doc.find('pre')
print(f'e is: {e}')
print(f'e tag is: {e.tag}')
print(f'e text value: {e.text}')
print(f"e get attribute v is: {e.get('v')}")
```

执行 py 文件，输出结果如下：

```
doc content: <xml.etree.ElementTree.ElementTree object at 0x105fb0e20>
e is: <Element 'pre' at 0x10614ecc0>
e tag is: pre
e text value:

e get attribute v is: None
```

需要强调的是，xml.etree.ElementTree 并不是 XML 解析的唯一方法。对于更高级的应用程序，我们需要考虑使用 lxml。它使用了和 ElementTree 同样的编程接口，因此上面的例子同样适用于 lxml，只需要将刚开始的 import 语句换成 from lxml.etree import parse 即可。lxml 完全遵循 XML 标准，并且速度非常快，同时还支持验证 XSLT 和 XPath 等特性。

6.2.2　解析 XML 文档

XML 格式的文档支持通过命名空间进行解析。

定义命名空间的文档，代码（named.xml）示例如下：

```
<?xml version="1.0" encoding="utf-8"?>
<top>
    <author>David Beazley</author>
    <content>
        <html xmlns="http://www.w3.org/1999/xhtml">
            <head>
```

```
            <title>Hello World</title>
        </head>
        <body>
            <h1>Hello World!</h1>
        </body>
    </html>
  </content>
</top>
```

如果解析这个文档并执行普通的查询，会发现所有步骤都变得相当烦琐，代码（named_xml.py）示例如下：

```
from xml.etree.ElementTree import parse
doc = parse('named.xml')
print(f"author is: {doc.findtext('author')}")
print(f"content is: {doc.find('content')}")
print(f"content/html is: {doc.find('content/html')}")
print(f"find content: {doc.find('content/{http://www.w3.org/1999/xhtml}html')}")
print(f"find text:
{doc.findtext('content/{http://www.w3.org/1999/xhtml}html/head/title')}")
print('find more:\n',doc.findtext('content/{http://www.w3.org/1999/xhtml}html/'
'{http://www.w3.org/1999/xhtml}head/{http://www.w3.org/1999/xhtml}title'))
```

执行 py 文件，输出结果如下：

```
author is: David Beazley
content is: <Element 'content' at 0x10db98bd0>
content/html is: None
find content: <Element '{http://www.w3.org/1999/xhtml}html' at 0x10db98c70>
find text: None
find more:
 Hello World
```

将命名空间处理逻辑包装为一个工具类来简化步骤，代码如下：

```
class XMLNamespaces:
    def __init__(self, **kwargs):
        self.namespaces = {}
        for name, uri in kwargs.items():
            self.register(name, uri)
    def register(self, name, uri):
        self.namespaces[name] = '{'+uri+'}'
    def __call__(self, path):
        return path.format_map(self.namespaces)
```

通过下面的方式使用这个工具类：

```
ns = XMLNamespaces(html='http://www.w3.org/1999/xhtml')
print(f"ns find: {doc.find(ns('content/{html}html'))}")
print(f"ns text find: {doc.findtext(ns('content/{html}html/{html}head/{html}title'))}")
```

输出结果如下：

```
ns find: <Element '{http://www.w3.org/1999/xhtml}html' at 0x10db98c70>
ns text find: Hello World
```

解析含有命名空间的 XML 文档会比较烦琐。示例中的 XMLNamespaces 仅仅是使用缩略名代替完整的 URI，将代码变得稍微简洁一点。

很不幸的是，在基本的 ElementTree 解析中没有任何途径获取命名空间的信息。如果使用 iterparse() 函数，我们可以获取更多关于命名空间处理范围的信息，代码（named_xml.py）示例如下：

```
from xml.etree.ElementTree import iterparse
for evt, elem in iterparse('named.xml', ('end', 'start-ns', 'end-ns')):
    print(f'evt is: {evt}, elem is: {elem}')

print(f'elem: {elem}')
```

执行 py 文件，输出结果如下：

```
evt is: end, elem is: <Element 'author' at 0x10db9a0e0>
evt is: start-ns, elem is: ('', 'http://www.w3.org/1999/xhtml')
evt is: end, elem is: <Element '{http://www.w3.org/1999/xhtml}title' at
0x10db9a3b0>
evt is: end, elem is: <Element '{http://www.w3.org/1999/xhtml}head' at
0x10db9a2c0>
evt is: end, elem is: <Element '{http://www.w3.org/1999/xhtml}h1' at 0x10db9a4f0>
evt is: end, elem is: <Element '{http://www.w3.org/1999/xhtml}body' at
0x10db9a450>
evt is: end, elem is: <Element '{http://www.w3.org/1999/xhtml}html' at
0x10db9a220>
evt is: end-ns, elem is: None
evt is: end, elem is: <Element 'content' at 0x10db9a130>
evt is: end, elem is: <Element 'top' at 0x10db9a090>
<Element 'top' at 0x10db9a090>
```

如果要处理的 XML 文档除了要使用到一些高级 XML 特性外，还要使用到命名空间，建议最好使用 lxml 函数库来代替 ElementTree。因为 lxml 函数库对利用 DTD 验证文档、XPath 支持和其他一些高级 XML 特性等提供了更好的支持。

6.2.3 修改 XML

和其他格式的文本一样，XML 文档也支持在读取后对其进行一些修改，然后将结果写回 XML 文档。

xml.etree.ElementTree 模块可以很容易地处理这些任务。首先解析 XML 文档，假设有一个名为 test.xml 的文档，类似如下：

```
<?xml version="1.0"?>
<stop>
    <id>14791</id>
    <nm>Clark &amp; Balmoral</nm>
    <sri>
        <rt>22</rt>
        <d>North Bound</d>
        <dd>North Bound</dd>
    </sri>
```

```
    <cr>22</cr>
    <pre>
        <pt>5 MIN</pt>
        <fd>Howard</fd>
        <v>1378</v>
        <rn>22</rn>
    </pre>
    <pre>
        <pt>15 MIN</pt>
        <fd>Howard</fd>
        <v>1867</v>
        <rn>22</rn>
    </pre>
</stop>
```

然后，利用 ElementTree 模块读取该文档并对它做一些修改，代码（modify_xml.py）示例如下：

```
from xml.etree.ElementTree import parse, Element
doc = parse('test.xml')
root = doc.getroot()
print(f'root is: {root}')
root.remove(root.find('sri'))
root.remove(root.find('cr'))
print(f"root children index: {root.getchildren().index(root.find('nm'))}")
e = Element('spam')
e.text = 'This is a test'
root.insert(2, e)

print(f"doc write: {doc.write('newpred.xml', xml_declaration=True)}")
```

执行 py 文件，输出结果如下：

```
root is: <Element 'stop' at 0x10590ca40>
root children index: 1
doc write: None
```

修改 XML 文档结构是很容易的，但是必须牢记所有的修改都是针对父节点元素，并将它作为列表来处理的。

通过调用父节点的 remove() 函数，我们可以直接从父节点中删除某个元素。调用父节点的 insert() 和 append() 函数可以插入或新增元素。如果对元素执行索引和切片操作，可以使用 element[i] 或 element[i:j]。

如果需要创建新的元素，可以使用方案中演示的 Element 类。

6.3 字典转换为 XML

在 Python 中，将字典转换为列表是比较常见的操作。其实，字典也可以转换为 XML 格式。在实际应用中，我们可以使用 Python 字典存储数据，并将它转换成 XML 格式。

通常，xml.etree.ElementTree 库可用来做解析工作，也可以用来创建 XML 文档。先看如下将字典转换为 XML 格式的函数示例（dict_to_xml.py）：

```
from xml.etree.ElementTree import Element

def dict_to_xml(tag, d):
    element = Element(tag)
    for key, val in d.items():
        child = Element(key)
        child.text = str(val)
        element.append(child)
    return element
```

上述定义的函数的使用示例如下（dict_to_xml.py）：

```
course_dict = {'course_name': 'python', 'total_class': 30, 'score':0.3}
elem = dict_to_xml('course', course_dict)
print(f'elem is: {elem}')
```

执行 py 文件，输出结果如下：

```
elem is: <Element 'course' at 0x107c802c0>
```

转换结果是一个 Element 实例。对于 I/O 操作，xml.etree.ElementTree 中的 tostring() 函数能很容易地将它转换成字节字符串，代码（dict_to_xml.py）示例如下：

```
from xml.etree.ElementTree import tostring
print(f'elem to sting is: {tostring(elem)}')
```

执行 py 文件，输出结果如下：

```
elem to sting is:
b'<course><course_name>python</course_name><total_class>30</total_class>
    <score>0.3</score></course>'
```

如果想给某个元素添加属性值，可以使用 set() 方法，代码（dict_to_xml.py）示例如下：

```
elem.set('_id','1234')
print(f'elem to sting is: {tostring(elem)}')
```

执行 py 文件，输出结果如下：

```
elem to sting is:b'<course
_id="1234"><course_name>python</course_name><total_class>30</total_class>
    <score>0.3</score></course>'
```

如果想保持元素的顺序，可以考虑构造一个 OrderedDict 对象来代替普通的字典。

当创建 XML 文档的时候，限制只能构造字符串类型的值，代码示例如下：

```
def dict_to_xml_str(tag, d):
    part_list = [f'<{tag}>']
    for key, val in d.items():
        part_list.append(f'<{key}>{val}</{key}>')
    part_list.append(f'</{tag}>')
    return ''.join(part_list)
```

如果手动构造 XML 文档，可能会碰到一些麻烦。例如，当字典的值中包含一些特殊字符时，示例（dict_to_xml.py）如下：

```
d = {'courese_name': '<python>'}
print(f"dict to xml str: {dict_to_xml_str('item',d)}")
elem = dict_to_xml('item',d)
print(f'elem to sting is: {tostring(elem)}')
```

执行 py 文件，输出结果如下：

```
dict to xml str: <item><courese_name><python></courese_name></item>
elem to sting is: b'<course
_id="1234"><course_name>python</course_name><total_class>30</total_class>
<score>0.3</score></course>'
```

示例中，字符 "<" 和 ">" 被替换成了 < 和 >。

如果需要手动去转换这些字符，可以使用 xml.sax.saxutils 中的 escape() 和 unescape() 函数，代码（dict_to_xml.py）示例如下：

```
from xml.sax.saxutils import escape, unescape
print(f"escape: {escape('<python>')}")
print(f"unescape: {unescape('_')}")
```

执行 py 文件，输出结果如下：

```
escape: &lt;python&gt;
unescape: _
```

除了能正确地输出外，还有一个原因推荐创建 Element 实例而不是字符串，那就是使用字符串组合构造更大的文档并不是那么容易。Element 实例可以在一个高级数据结构上完成所有操作，并在最后以字符串的形式输出。

6.4 与关系型数据库的交互

在实际应用中，我们有在关系型数据库中查询、增加或删除记录的需求。

在 Python 中，表示多行数据的标准方式是使用一个由元组构成的序列，示例如下：

```
course_list = [
    ('pyton', 30, 0.3),
    ('java', 20, 0.25),
    ('go', 20, 0.2),
    ('c', 25, 0.15),
]
```

通过这种标准形式提供数据，可以很容易地使用 Python 标准数据库 API 和关系型数据库进行交互。所有数据库上的操作都通过 SQL 查询语句来完成。每一行输入 / 输出数据用元组来表示。

下面介绍如何使用 Python 标准库中的 sqlite3 模块。如果你使用的是不同的数据库（如 MySql、Postgresql 或者 ODBC），还得安装相应的第三方模块来提供支持。不过，相应的编程接口几乎是一样的。

　　第一步是连接到数据库。通常要执行 connect() 函数，传入数据库名、主机、用户名、密码和其他一些必要的参数，代码（data_base.py）示例如下：

```
import sqlite3
db = sqlite3.connect('database.db')
```

　　第二步创建一个游标。一旦有了游标，程序就可以执行 SQL 查询语句了，代码（data_base.py）如下：

```
c = db.cursor()
create_str = 'create table course_info (course_name text, total_class integer,
score real)'
print(f'create execute: {c.execute(create_str)}')
db.commit()
```

　　执行 py 文件，输出结果如下：

```
create execute: <sqlite3.Cursor object at 0x10b221260>
```

　　向数据库表中插入多条记录，操作（data_base.py）如下：

```
c.executemany('insert into course_info values (?,?,?)', course_list)
db.commit()
```

　　执行查询，操作（data_base.py）如下：

```
for row in db.execute('select * from course_info'):
    print(f'read row: {row}')
```

　　执行 py 文件，输出结果如下：

```
read row: ('pyton', 30, 0.3)
read row: ('java', 20, 0.25)
read row: ('go', 20, 0.2)
read row: ('c', 25, 0.15)
```

　　如果想接收用户输入作为参数来执行查询操作，须确保使用类似如下的占位符 "?" 引用参数（data_base.py）：

```
min_score = 0.25
for row in db.execute('select * from course_info where score >= ?',(min_score,)):
    print(f'read row: {row}')
```

　　执行 py 文件，输出结果如下：

```
read row: ('pyton', 30, 0.3)
read row: ('java', 20, 0.25)
```

　　在比较简单的操作上，通过 SQL 语句并调用相应的模块就可以更新或提取数据。不过，对于个别比较棘手的细节问题，还需要逐个解决。

　　有一个难点是将数据库中的数据和 Python 类型直接映射。对于日期类型，通常可以使用 datetime 模块中的 datetime 实例，或者 time 模块中的系统时间戳来表示。对于数字类型，特别是使用到小数的金融数据，可以用 decimal 模块中的 Decimal 实例来表示。不过，对于不同的数据库而言，具体映射规则是不一样的，须参考相应的文档。

另一个更加复杂的问题就是 SQL 语句字符串的构造。千万不要使用 Python 字符串格式化操作符（如%）或者 format() 方法来生成 SQL 语句字符串。如果传递给这些格式化操作符的值来自用户的输入，那么程序就很有可能遭受 SQL 注入攻击。查询语句中的通配符"?"指示后台数据库使用它自己的字符串替换机制，这样更加安全。

不同的数据库后台对于通配符的使用是不一样的。大部分模块使用?或%s，其他一些模块使用不同的符号，比如 :0 或 :1 来指示参数。

对于简单的数据读/写问题，使用数据库 API 非常方便。如果要处理复杂的问题，建议使用更加高级的接口，比如对象关系映射所提供的接口。类似 SQLAlchemy 的数据库允许使用 Python 类来表示数据库表，并且能在隐藏底层 SQL 的情况下实现各种操作。

6.5 编码 / 解码

编码/解码是数据处理中常见的操作，特别是对一些数据的转换。编码问题是计算机领域比较大的问题。

6.5.1 十六进制数编码和解码

在实际应用中，我们有时需要将十六进制字符串解码成字节字符串或者将字节字符串编码成十六进制字符串。

如果只是简单地解码或编码十六进制的原始字符串，可以使用 binascii 模块，代码（en_de_code.py）示例如下：

```
s = b'hello'
import binascii
h = binascii.b2a_hex(s)
print(f'base: {h}')
print(f'b2a hex: {binascii.a2b_hex(h)}')
```

执行 py 文件，输出结果如下：

```
base: b'68656c6c6f'
b2a hex: b'hello'
```

类似的功能可以在 base64 模块中找到，代码（en_de_code.py）示例如下：

```
import base64
h = base64.b16encode(s)
print(f'base: {h}')
print(f'b16 decode: {base64.b16decode(h)}')
```

执行 py 文件，输出结果如下：

```
base: b'68656C6C6F'
b16 decode: b'hello'
```

大部分情况下，我们使用 binascii 模块中的函数进行十六进制数据转换。上面两种技术的不同主要在于大小写的处理。

函数 base64.b16decode() 和 base64.b16encode() 只能操作大写形式的十六进制字母，而 binascii 模块中的函数对于字母大小写都能处理。

 注意 编码函数所产生的输出总是一个字节字符串。

如果想强制以 Unicode 形式输出，需要增加一个额外的步骤，代码（en_de_code.py）示例如下：

```
h = base64.b16encode(s)
print(f'base: {h}')
print(f"decode: {h.decode('ascii')}")
```

执行 py 文件，输出结果如下：

```
base: b'68656C6C6F'
decode: 68656C6C6F
```

在解码十六进制数时，函数 b16decode() 和 a2b_hex() 可以接收字节或 Unicode 字符串。但是，Unicode 字符串必须仅仅只包含 ASCII 编码的十六进制数。

6.5.2 编码 / 解码 Base64 数据

在实际应用中，我们需要使用 Base64 格式解码或编码二进制数据。

base64 模块中的 b64encode() 与 b64decode() 函数可以解决这个问题，代码（base64_parser.py）示例如下：

```
s_obj = b'hello'
import base64

code_obj = base64.b64encode(s_obj)
print(f'b64 encode {s_obj} = {code_obj}')

print(f'decode {code_obj} = {base64.b64decode(code_obj)}')
```

执行 py 文件，输出结果如下：

```
b64 encode b'hello' = b'aGVsbG8='
decode b'aGVsbG8=' = b'hello'
```

Base64 编码仅仅用于面向字节的数据，比如字节字符串和字节数组。编码处理的输出结果总是一个字节字符串。如果想混合使用 Base64 编码的数据和 Unicode 文本，必须添加一个额外的解码步骤，代码（base64_parser.py）示例如下：

```
code_obj = base64.b64encode(s_obj).decode('ascii')
print(f'encode decode {s_obj}= {code_obj}')
```

执行 py 文件，输出结果如下：

```
encode decode b'hello'= aGVsbG8=
```

当解码 Base64 的时候，字节字符串和 Unicode 文本都可以作为参数。但是，Unicode 字符串只能包含 ASCII 字符。

6.6 本章小结

本章主要讲解数据编码及解码的进阶操作，具体讲解 CSV、JSON 等文件的读、写、解析。对于文件的操作，我们依旧需要注意编码／解码的正确处理。

第 7 章 *Chapter 7*

函　数

本章主要讲解一些更加高级和不常见的函数定义与使用模式，涉及的内容包括默认参数、任意数量参数、强制关键字参数、注解和闭包。另外，本章还会讲解一些高级的控制流和利用回调函数传递数据的技术。

7.1　函数定义

函数是组织好的、可重复使用的实现单一或相关功能的代码段。函数能提高应用的模块性和代码的重复利用率。Python 提供了许多内置函数，我们也可以自己创建函数。

7.1.1　有默认参数的函数定义

定义一个有可选参数的函数非常简单，直接在函数定义中给参数指定一个默认值，并放到参数列表最后即可。代码（default_param.py）示例如下：

```
def default_func(a, b=42):
    print(f'a = {a}, b = {b}')

default_func(1)
default_func(1, 2)
```

执行 py 文件，输出结果如下：

```
a = 1, b = 42
a = 1, b = 2
```

如果默认参数是一个可修改的容器，比如列表、集合或者字典，可以使用 None 作为默认值，示例如下：

```
# Using a list as a default value
def default_func(a, b=None):
    if b is None:
        b = []
```

如果不想提供默认值，只想测试某个默认参数是否可传递进来，代码（default_param. py）示例如下：

```
_no_value = object()

def default_func(a, b=_no_value):
    if b is _no_value:
        print('No b value supplied')
```

测试上面定义的函数，代码（default_param.py）如下：

```
default_func(1)
default_func(1, 2)
default_func(1, None)
```

执行 py 文件，输出结果如下：

```
No b value supplied
a = 1, b = 2
a = 1, b = None
```

仔细观察，我们可以发现传递一个 None 值和不传值是有差别的。

定义带默认参数值的函数很简单，但还有很多可讲的内容，这里做一些深入的讨论。

首先，默认参数仅仅在函数定义的时候赋值一次，代码（default_param.py）示例如下：

```
x = 42
def default_func(a, b=x):
    print(f'a = {a}, b = {b}')

default_func(1)

x = 23
default_func(1)
```

执行 py 文件，输出结果如下：

```
a = 1, b = 42
a = 1, b = 42
```

改变 x 的值对默认参数值并没有影响，因为在函数定义的时候就已经确定了它的默认值。

其次，默认参数值应该是不可变的对象，比如 None、True、False、数字或字符串。特别提示，千万不要像下面这样写代码（default_param.py）：

```
def default_func(a, b=[]): # NO!
    pass
```

因为当默认值在其他地方被修改后，程序将会遇到各种麻烦。这些修改会影响下次调用修改后的函数时的默认值，代码（default_param.py）示例如下：

```
def default_func(a, b=[]):
    print(f'b = {b}')
    return b

x = default_func(1)

x.append(99)
x.append('Yow!')
print(f'x = {x}')
default_func(1)
```

执行 py 文件，输出结果如下：

```
b = []
x = [99, 'Yow!']
b = [99, 'Yow!']
```

这不是我们想要的结果。为了避免这种情况发生，最好将默认值设为 None，然后在定义的函数中检查默认参数，前面的例子就是这样做的。

在测试 None 值时使用 is 操作符是很重要的，也是检查默认值方案的关键点。有时候大家会犯下面这样的错误（default_param.py）：

```
def default_func(a, b=None):
    if not b:
        b = []
    print(f'a = {a}, b = {b}')
```

这么写的问题在于尽管 None 值确实被当作 False，但是还有其他对象（比如长度为 0 的字符串、列表、元组、字典等）也会被当作 False。因此，上面的代码会误将一些其他输入当成没有输入，代码（default_param.py）示例如下：

```
default_func(1)
default_func(1, [])
default_func(1, 0)
default_func(1, '')
```

执行 py 文件，输出结果如下：

```
a = 1, b = []
a = 1, b = []
a = 1, b = []
a = 1, b = []
```

最后一个问题比较微妙，就是需要测试函数的某个可选参数是否被传递进来。

> **注意** 不能用某个默认值（比如 None、0 或者 False 值）来测试用户提供的值（因为这些值都是合法的值，是可能被用户传递进来的），需要使用其他方案。

为了解决这个问题，我们可以创建一个独一无二的私有对象实例，就像上面的 _no_

value 变量一样。在函数里，通过检查被传递的参数值与该实例的参数值是否一样来判断。这里的思路是用户不可能传递 _no_value 实例作为输入，因此通过检查这个值确定某个参数是否被传递进来。

这里，object() 方法的使用看上去有点不太常见。object 是 Python 中所有类的基类。

object 类的实例没什么实际用处，因为它并没有任何实例字典，甚至不能设置属性值，唯一能做的就是测试同一性。这刚好符合要求，因为在函数中只是需要一个同一性的测试。

扩展：警惕默认参数的潜在问题。

默认参数可以给函数的使用带来很大的灵活性。使用指定非空值的默认参数容易带来一些潜在问题。为了避免类似潜在问题，我们可以在定义默认参数时，将其赋值为 None。

7.1.2 匿名或内联函数定义

在实际应用中，我们有时会写一些很简短的处理函数，又不想用 def 去重写一个单行函数，而希望以内联的方式来创建的需求。

当所需的函数很简单，只是计算一个表达式的值的时候，我们就可以使用 lambda 表达式来实现，代码（inline_func.py）示例如下：

```
add = lambda x, y: x + y
print(f'number add result = {add(2, 3)}')
print(f"str add result: {add('hello', 'world')}")
```

执行 py 文件，输出结果如下：

```
number add result = 5
str add result: helloworld
```

这里 lambda 表达式与下述代码（inline_func.py）的效果是一样的：

```
def add(x, y):
    return x + y

print(f'add function: {add(2, 3)}')
```

执行 py 文件，输出结果如下：

```
add function: 5
```

lambda 表达式的典型使用场景是排序或数据去重等，代码（inline_func.py）示例如下：

```
name_list = ['python', 'java', 'go', 'c++']
print(f'sorted result: {sorted(name_list, key=lambda name: name.split()[-1].lower())}')
```

执行 py 文件，输出结果如下：

```
sorted result: ['c++', 'go', 'java', 'python']
```

尽管 lambda 表达式允许定义简单函数，但是它的使用是有限制的。只能指定单个表达式，它输出的值就是最后的返回值。也就是说，它不能包含其他的语言特性，包括条件表达式、迭代以及异常处理等。

即使不使用 lambda 表达式，我们也能编写大部分 Python 代码。但当涉及编写大量计算表达式值的短小函数或者需要用户提供回调函数的程序的时候，我们就应该考虑使用 lambda 表达式。

7.2　函数的参数

在 Python 中，函数的参数处理方式非常灵活。下面具体讲解一些函数参数的处理方式。

7.2.1　接收任意数量参数

在函数的应用中，我们有时会遇到函数的参数数量不确定，或者为了便于函数兼容更多的使用场景，需要构造一个可接收任意数量参数的函数的情形。

为了让一个函数接收任意数量的位置参数，我们可以使用以 * 开头的参数，代码（any_params.py）示例如下：

```python
def avg(first, *rest):
    return (first + sum(rest)) / (1 + len(rest))

print(f'avg = {avg(3, 6)}')
print(f'avg = {avg(1, 3, 7, 9)}')
```

执行 py 文件，输出结果如下：

```
avg = 4.5
avg = 5.0
```

示例中，rest 是由所有其他位置参数组成的元组。上述代码把它当成一个序列进行后续的计算。

要接收任意数量的关键字参数，我们可以使用一个以 ** 开头的参数，代码（any_params.py）示例如下：

```python
import html

def make_element(name, value, **attrs):
    key_val_list = [' %s="%s"' % item for item in attrs.items()]
    attr_str = ''.join(key_val_list)
    element = f'<{name}{attr_str}>{html.escape(value)}</{name}>'
    return element

print(f"make element: {make_element('item', 'Albatross', size='large',
quantity=6)}")

print(f"make element: {make_element('p', '<spam>')}")
```

执行 py 文件，输出结果如下：

```
make element: <item size="large" quantity="6">Albatross</item>
make element: <p>&lt;spam&gt;</p>
```

示例中，attrs 是一个包含所有被传入进来的关键字参数的字典。

如果我们希望某个函数能同时接收任意数量的位置参数和关键字参数，可以同时使用 * 和 **，代码（any_params.py）示例如下：

```python
def any_args(*args, **kwargs):
    print(args)
    print(kwargs)
```

使用这个函数时，所有位置参数会被放到 args 元组中，所有关键字参数会被放到字典 kwargs 中。

以 * 开头的参数只能出现在函数定义中最后一个位置参数后面，而以 ** 开头的参数只能出现在最后一个参数中。

在以 * 开头的参数后面仍然可以定义其他参数，代码（any_params.py）示例如下：

```python
def a(x, *args, y):
    pass

def b(x, *args, y, **kwargs):
    pass
```

这种参数就是强制关键字参数。

扩展：编写函数的 4 个原则。

精心设计的函数不仅可以提高程序的健壮性，还可以增强可读性、减少维护成本。一般来说，函数设计时可以参考以下基本原则。

原则一：函数要尽量短小，嵌套层次不宜过深。

函数中用到 if、elif、while、for 等循环语句的地方，尽量不要嵌套过深，最好能控制在 3 层以内。

原则二：参数个数不宜太多。

函数声明应该做到合理、简单、易于使用。除了函数名能够正确反映其大体功能外，参数的设计也应该简洁明了。参数过多，调用者需要花费更多时间来理解每个参数，测试人员也需要花费更多精力设计测试用例，以确保参数的组合能合理输出，增加了测试难度。

原则三：函数参数应该向下兼容。

实际工作中，我们可能面临这样的情况：随着需求的变更和版本的升级，在前一个版本中设计的函数可能需要进行一定的修改才能满足当前版本的要求，因此在设计过程中除了着眼当前的需求外还得考虑向下兼容。

原则四：一个函数只做一件事，尽量保证函数语句粒度的一致性。

　　要保证一个函数只做一件事，就要尽量保证抽象层级的一致性，所有的语句尽量在一个粒度上。同时，在一个函数中处理多件事情也不利于代码的重用。

7.2.2　接收关键字参数

　　在实际应用中，对于一些函数的参数，并不是每个函数的调用者都需要传递。但在函数的实现中，又需要使用该参数，即需要对函数的某些参数强制使用关键字参数传递。

　　将强制关键字参数放到某个以 * 开头的参数或者单个 * 后面就能解决上述问题，代码（key_param.py）示例如下：

```
def recv(maxsize, *, block):
    return ''

recv(1024, True) # TypeError
recv(1024, block=True) # Ok
```

　　利用这种技术，我们还能在接收任意多个位置参数的函数中指定关键字参数，代码（key_param.py）示例如下：

```
def minimum(*values, clip=None):
    m = min(values)
    if clip is not None:
        m = clip if clip > m else m
    return m

print(f'min value = {minimum(2, 9, 3, -6, 18)}')
print(f'min value of clip = {minimum(2, 9, 3, -6, 18, clip=0)}')
```

　　执行 py 文件，输出结果如下：

```
min value = -6
min value of clip = 0
```

　　很多情况下，使用强制关键字参数比使用位置参数表达更加清晰，程序也更加具有可读性，代码（key_param.py）示例如下：

```
msg = recv(1024, False)
```

　　如果调用者对 recv() 函数并不是很熟悉，就不明白 False 参数的用途，将代码更改为如下形式就清楚多了（key_param.py）：

```
msg = recv(1024, block=False)
```

　　使用强制关键字参数也会比使用 **kwargs 参数更好，因为在使用函数 help() 的时候输出更容易理解（key_param.py）：

```
print(f'help info:\n {help(recv)}')
```

　　执行 py 文件，输出结果如下：

```
help info:
```

```
Help on function recv in module __main__:

recv(maxsize, *, block)
```

强制关键字参数在一些更高级场合同样很有用，如可以在以 *args 和 **kwargs 参数为输入的函数中插入参数。

扩展：慎用变长参数。

在 Python 中，*args 和 **kwargs 这两个特殊语法支持可变长参数列表，但在实际应用中需要慎重使用，原因如下：

1）*args 和 **kwargs 语法过于灵活。

2）如果一个函数的参数列表很长，虽然可以通过使用 *args 和 **kwargs 来简化函数的定义，但通常意味着这个函数可以有更好的实现方式，应该被重构。

3）可变长参数适用于为函数添加装饰器、参数数目不确定、实现函数多态或者在继承情况下子类需要调用父类的某些方法等情形。

7.2.3 为参数增加元信息

在定义函数的参数时，为了使调用者清楚地知道这个函数该怎么使用，可以为函数的参数增加一些额外的信息。

函数参数注解是一个很好的办法，它能提示程序员正确地使用函数。以下示例为一个被注解的函数：

```
def add(x:int, y:int) -> int:
    return x + y
```

Python 解释器不会对注解添加任何语义。它们不会被类型检查，运行时与没有加注解之前的效果也没有任何差距，不过对于阅读代码的人来说很有帮助。第三方工具和框架可能会对注解添加语义。同时，这些注解也会出现在文档中，示例（meta_info.py）如下：

```
print(f'help info:\n {help(add)}')
```

执行 py 文件，输出结果如下：

```
help info:
Help on function add in module __main__:

add(x: int, y: int) -> int
```

尽管我们可以使用任意类型的对象给函数添加注解（例如数字、字符串、对象实例等），不过通常来讲使用类或者字符串会更好一些。

函数注解只存储在函数的 __annotations__ 属性中，代码（meta_info.py）示例如下：

```
print(f'annotations: {add.__annotations__}')
```

执行 py 文件，输出结果如下：

```
annotations: {'x': <class 'int'>, 'y': <class 'int'>, 'return': <class 'int'>}
```

　　尽管注解的使用方法有很多种，但是它们的主要用途还是文档。这是因为 Python 并没有类型声明，通常程序员仅仅通过阅读代码很难知道应该传递什么样的参数给函数。这时使用注解就能给程序员更多的提示，让他们可以正确地使用函数。

7.2.4　减少参数个数

　　当一个函数定义的参数太多时，很容易导致函数被调用时出错，因此需要考虑减少函数的参数个数。

　　如果需要减少某个函数的参数个数，我们可以使用 functools.partial() 函数。partial() 函数允许给一个或多个参数设置固定的值，减少被调用时的参数个数。示例如下：

```
def test_func(a, b, c, d):
    return a, b, c, d
```

使用 partial() 函数固定某些参数值：

```
from functools import partial
tf_val_1 = partial(test_func, 1)
print(f'partial 1: {tf_val_1(2, 3, 4)}')
print(f'partial 1: {tf_val_1(4, 5, 6)}')
tf_val_2 = partial(test_func, d=42)
print(f'partial 42: {tf_val_2(1, 2, 3)}')
print(f'partial 42: {tf_val_2(4, 5, 5)}')
tf_val_3 = partial(test_func, 1, 2, d=42)
print(f'not partial 3: {tf_val_3(3)}')
print(f'not partial 4: {tf_val_3(4)}')
print(f'not partial 5: {tf_val_3(5)}')
```

执行 py 文件，输出结果如下：

```
partial 1: (1, 2, 3, 4)
partial 1: (1, 4, 5, 6)
partial 42: (1, 2, 3, 42)
partial 42: (4, 5, 5, 42)
not partial 3: (1, 2, 3, 42)
not partial 4: (1, 2, 4, 42)
not partial 5: (1, 2, 5, 42)
```

　　可以看出，partial() 函数固定传入某些参数并返回一个新的 callable 对象。这个新的callable 对象接收未赋值的参数，然后与之前已经赋值的参数合并起来，最后将所有参数传递给原始函数。

　　这里要解决的问题是让原本不兼容的代码可以一起工作。

　　假设列表中的点可用 (x, y) 坐标元组表示，我们可以使用下面的函数来计算两点之间的距离（less_param.py）：

```
point_list = [ (1, 2), (3, 4), (5, 6), (7, 8) ]

import math
```

```
def distance(p1, p2):
    x1, y1 = p1
    x2, y2 = p2
    return math.hypot(x2 - x1, y2 - y1)
```

现在以某个点为基点，根据点和基点之间的距离来排序坐标元组中所有的点。列表的 sort() 方法接收一个关键字参数来自定义排序逻辑，但是它只能接收单个参数的函数（很明显 distance() 是不符合条件的）。现在我们使用 partial() 函数来解决这个问题（less_param.py）：

```
pt = (4, 3)
point_list.sort(key=partial(distance, pt))
print(f'point list: {point_list}')
```

执行 py 文件，输出结果如下：

```
point list: [(3, 4), (1, 2), (5, 6), (7, 8)]
```

更进一步讲，partial() 函数通常被用来微调其他库函数所使用的回调函数的参数。以下示例中，使用 multiprocessing 异步计算结果值，然后将这个值传递给接收 result 值和可选 logging 参数的回调函数，代码如下：

```
def output_result(result, log=None):
    if log is not None:
        log.debug('Got: %r', result)

# A sample function
def add(x, y):
    return x + y

if __name__ == '__main__':
    import logging
    from multiprocessing import Pool
    from functools import partial

    logging.basicConfig(level=logging.DEBUG)
    log = logging.getLogger('test')

    p = Pool()
    p.apply_async(add, (3, 4), callback=partial(output_result, log=log))
    p.close()
    p.join()
```

当给 apply_async() 函数提供回调函数时，我们可使用 partial() 函数传递额外的 logging 参数。而 multiprocessing 仅仅使用单个值来调用回调函数。

一个类似的例子是关于编写网络服务器，socketserver 模块让代码编写变得很容易。下面是一个简单的 echo 服务器，代码如下：

```
from socketserver import StreamRequestHandler, TCPServer

class EchoHandler(StreamRequestHandler):
    def handle(self):
        for line in self.rfile:
```

```
                self.wfile.write(b'GOT:' + line)

serv = TCPServer(('', 12111), EchoHandler)
serv.serve_forever()
```

假设想给 EchoHandler 增加一个可以接收其他配置选项的 __init__() 方法，代码如下：

```
class EchoHandler(StreamRequestHandler):
    # ack is added keyword-only argument. *args, **kwargs are
    # any normal parameters supplied (which are passed on)
    def __init__(self, *args, ack, **kwargs):
        self.ack = ack
        super().__init__(*args, **kwargs)

    def handle(self):
        for line in self.rfile:
            self.wfile.write(self.ack + line)
```

修改后，不需要显式地在 TCPServer 类中添加前缀。但是再次运行程序后会报类似下面的错误：

```
Exception happened during processing of request from ('127.0.0.1', 56271)
Traceback (most recent call last):
...
TypeError: __init__() missing 1 required keyword-only argument: 'ack'
```

初看起来好像很难修正这个错误，除了修改 socketserver 模块代码或者使用某些奇怪的方法之外。但使用 partial() 函数能轻松地解决——给它传递 ack 参数的值来初始化函数即可，代码如下：

```
from functools import partial
serv = TCPServer(('', 12222), partial(EchoHandler, ack=b'RECEIVED:'))
serv.serve_forever()
```

示例中，__init__() 方法中的 ack 参数声明方式看上去很有趣，其实是声明 ack 为一个强制关键字参数。

很多时候，partial() 函数能实现的效果，lambda 表达式也能实现。上述例子可以使用 lambda 表达式实现：

```
point_list.sort(key=lambda p: distance(pt, p))
p.apply_async(add, (3, 4), callback=lambda result: output_result(result,log))
serv = TCPServer(('', 13333),
        lambda *args, **kwargs: EchoHandler(*args, ack=b'RECEIVED:', **kwargs))
```

这样写也能实现同样的效果，不过会显得比较臃肿，也更加难懂。partial() 函数可以更加直观地表达相同的意思（给某些参数预先赋值）。

7.3　返回多个值的函数

在实际应用中，我们有时需要构造一个可以返回多个值的函数。

要返回多个值，可使用函数直接返回一个元组，代码（more_return.py）示例如下：

```
def more_return_func():
    return 1, 2, 3

a, b, c = more_return_func()
print(f'value of a = {a}')
print(f'value of b = {b}')
print(f'value of c = {c}')
```

执行 py 文件，输出结果如下：

```
value of a = 1
value of b = 2
value of c = 3
```

more_return_func() 函数实际上是先创建了一个元组然后返回值的。这个语法实际上是使用逗号生成元组，示例（more_return.py）如下：

```
a = (1, 2)
print(f'a = {a}')

b = 1, 2
print(f'b = {b}')
```

执行 py 文件，输出结果如下：

```
a = (1, 2)
b = (1, 2)
```

当调用返回元组的函数的时候，通常会将结果赋值给多个变量。其实，这就是元组解包。返回结果也可以赋值给单个变量，这时变量值就是函数返回的元组本身（more_return.py）：

```
print(f'more return: {more_return_func()}')
```

执行 py 文件，输出结果如下：

```
more return: (1, 2, 3)
```

7.4 变量处理

在内部函数对外部作用域的变量进行引用时，会涉及变量处理的问题。下面对匿名函数和闭包函数中的变量处理进行讲解。

7.4.1 匿名函数捕获变量值

在实际应用中，我们用 lambda 表达式定义一个匿名函数，并在定义时捕获某些变量的值。示例如下：

```
x = 10
a = lambda y: x + y
x = 20
```

```
b = lambda y: x + y
```

如果认为 a(20) 和 b(20) 返回的结果是 30 和 40，那就错了。示例（var_catch.py）如下：

```
print(f'a(20) = {a(20)}')
print(f'b(20) = {b(20)}')
```

执行 py 文件，输出结果如下：

```
a(20) = 40
b(20) = 40
```

这其中的原因在于 lambda 表达式中的 x 是一个自由变量，在运行时绑定值，而不是在定义时就绑定，这与函数的默认值参数定义是不同的。在调用 lambda 表达式的时候，x 的值是运行时的值，代码（var_catch.py）示例如下：

```
x = 15
print(f'when x=15,a(15) = {a(15)}')
x = 3
print(f'when x=3,a(15) = {a(15)}')
```

执行 py 文件，输出结果如下：

```
when x=15,a(15) = 30
when x=3,a(15) = 18
```

如果想让某个匿名函数在定义时就捕获到值，可以给参数设置默认值，代码（var_catch.py）示例如下：

```
x = 10
a = lambda y, x=x: x + y
x = 20
b = lambda y, x=x: x + y
print(f'a(15) = {a(15)}')
print(f'b(15) = {b(15)}')
```

执行 py 文件，输出结果如下：

```
a(15) = 25
b(15) = 35
```

这里列出来的问题是新手很容易犯的错误——不恰当地使用 lambda 表达式。如通过在一个循环或列表推导中创建一个 lambda 表达式列表，期望函数能在定义时就记住每次迭代的值，代码（var_catch.py）示例如下：

```
func_list = [lambda x: x+n for n in range(5)]
for i, val in enumerate(func_list):
    print(f'f({i}) = {val(0)}')
```

执行 py 文件，输出结果如下：

```
f(0) = 4
f(1) = 4
f(2) = 4
```

```
f(3) = 4
f(4) = 4
```

但是，实际效果是 n 为迭代的最后一个值。现在用另一种方式对上述代码（var_catch.py）进行修改：

```
func_list = [lambda x, n=n: x+n for n in range(5)]
ffunc_list = [lambda x, n=n: x+n for n in range(5)]
for i,val in enumerate(func_list):
    print(f'f({i}) = {val(0)}')
```

执行 py 文件，输出结果如下：

```
f(0) = 0
f(1) = 1
f(2) = 2
f(3) = 3
f(4) = 4
```

通过使用函数默认值参数形式，lambda 表达式在定义时就能绑定值。

7.4.2 访问闭包中定义的变量

在实际应用中，我们需要扩展函数中的某个闭包，允许它访问和修改函数的内部变量。

对于外部函数来说，闭包的内部变量是完全隐藏的。但是，我们可以通过编写访问函数并将其作为函数属性绑定到闭包上来达到访问闭包函数的内部变量的目的，代码（var_visit.py）示例如下：

```
def test_func():
    n = 0
    # Closure function
    def func():
        print(f'var n = {n}')

    # Accessor methods for n
    def get_n():
        return n

    def set_n(value):
        nonlocal n
        n = value

    # Attach as function attributes
    func.get_n = get_n
    func.set_n = set_n
    return func
```

上述定义的函数的使用方法如下（var_visit.py）：

```
f = test_func()
f()
f.set_n(10)
f()
```

```
print(f'get n is: {f.get_n()}')
```

执行 py 文件，输出结果如下：

```
var n = 0
var n = 10
get n is: 10
```

这里有两点需要解释一下：首先，nonlocal 声明可以通过编写函数来修改内部变量的值；其次，函数属性允许用一种很简单的方式将访问方法绑定到闭包函数上，这与实例方法很像（尽管并没有定义任何类）。

我们还可以进一步扩展，利用闭包模拟类的实例。实现代码很简单，只需要复制上面的内部函数到字典实例中并返回它，代码（var_visit.py）示例如下：

```python
import sys
class ClosureInstance(object):
    def __init__(self, locals=None):
        if locals is None:
            locals = sys._getframe(1).f_locals

        # Update instance dictionary with callables
        self.__dict__.update((key,value) for key, value in locals.items()
                             if callable(value) )
    # Redirect special methods
    def __len__(self):
        return self.__dict__['__len__']()


def stack_1():
    items = []
    def push(item):
        items.append(item)

    def pop():
        return items.pop()

    def __len__():
        return len(items)

    return ClosureInstance()
```

使用方法如下（var_visit.py）：

```python
s = stack_1()
print(f's object: {s}')
s.push(10)
s.push(20)
s.push('Hello')
print(f'len of s = {len(s)}')
print(f'pop object: {s.pop()}')
print(f'pop object: {s.pop()}')
print(f'pop object: {s.pop()}')
```

执行 py 文件，输出结果如下：

```
s object: <__main__.ClosureInstance object at 0x108e89970>
len of s = 3
pop object: Hello
pop object: 20
pop object: 10
```

上述代码运行起来比普通的类定义快很多。定义一个性能对比的类，示例（var_visit. py）如下：

```
class StackObj(object):
    def __init__(self):
        self.items = []

    def push(self, item):
        self.items.append(item)

    def pop(self):
        return self.items.pop()

    def __len__(self):
        return len(self.items)
```

对比测试代码（var_visit.py）如下：

```
from timeit import timeit
s = stack_1()
print(f"closure time use: {timeit('s.push(1);s.pop()', 'from __main__ import
s')}")
so = StackObj()
print(f"time use: {timeit('so.push(1);so.pop()', 'from __main__ import so')}")
```

执行 py 文件，输出结果如下：

```
closure time use: 0.586582517
time use: 0.5963844559999999
```

采用闭包的方案运行更快，主要原因是对实例变量的简化访问，不会涉及额外的 self 变量。

对于这个问题，Raymond Hettinger 设计出了更加难以理解的改进方案。不过，我们有时要考虑是否真的需要在代码中使用闭包方案，而且它只是真实类的一个替换。另外，类的主要特性如继承、属性、描述器或类方法都是不能用的，还要做一些其他工作才能让一些特殊方法生效（比如在 ClosureInstance 中重写 __len__() 实现）。

在需要重置内部状态、刷新缓冲区、清除缓存或其他的反馈机制的时候，给闭包添加方法会很实用。

7.5　类转换为函数

在应用中，对于一些比较简单的类，如除 __init__() 方法外只定义一个方法的类，为了简化代码结构，可以将它转换成一个函数。

大多数情况下，可以使用闭包将单个方法的类转换成函数。以下示例中的类允许使用者根据某个模板来获取 URL 链接地址（method_func.py）：

```python
from urllib.request import urlopen

class UrlTemplate:
    def __init__(self, template):
        self.template = template

    def open(self, **kwargs):
        return urlopen(self.template.format_map(kwargs))

bai_du = UrlTemplate('http://baidu.com/s?swd={name_list}&rsv_spt={field_list}')
for line in bai_du.open(name_list='python,java,go', field_list='1'):
    print(line.decode('utf-8'))
```

上面的类可以被一个更简单的函数代替，代码（method_func.py）如下：

```python
def url_template(template):
    def opener(**kwargs):
        return urlopen(template.format_map(kwargs))
    return opener

bai_du = url_template('http://baidu.com/s?swd={name_list}&rsv_spt={field_list}')
for line in bai_du(name_list='python,java,go', field_list='1'):
    print(line.decode('utf-8'))
```

大部分情况下，定义单个方法的类主要用于存储某些额外的状态给方法使用。如定义 UrlTemplate 类的唯一目的就是在某个地方存储模板值，以便将来可以在 open() 函数中使用。

通常，使用内部函数或者闭包的方案会更优雅一些。简单来讲，一个闭包就是一个函数，只不过在函数内部带上了一个额外的变量环境。闭包的关键特点就是它会记住自己被定义时的环境。在解决方案中，opener() 函数记住了 template 参数的值，便于在接下来的调用中使用。

只要碰到需要给某个函数增加额外的状态信息的问题，就可以考虑使用闭包。相比将函数转换成类而言，闭包通常是一种更加简洁和优雅的方案。

7.6　回调函数

回调函数是指被作为一个参数传递的函数。回调函数不是由实现方调用，而是由另一个函数调用，用于对某一事件或条件的响应。

7.6.1　有额外状态信息的回调函数

在实际应用中，对于如事件处理器、等待后台任务完成后触发一些后续任务的需求，使用回调函数比较合适。通过回调函数返回相关的状态值，以便调用函数使用。

这里主要讨论的是那些出现在很多函数库和框架中的回调函数的使用，特别是与异步处理有关的。定义一个需要调用回调函数的函数，代码（status_func.py）如下：

```
def apply_async(func, args, *, callback):
    # Compute the result
    result = func(*args)

    # Invoke the callback with the result
    callback(result)
```

这段代码可以做更高级的处理，包括对线程、进程和定时器的处理。这里只需要关注回调函数的调用。

下面演示如何使用上述代码，示例（status_func.py）如下：

```
def print_result(result):
    print(f'print result. Got: {result}')

def add(x, y):
    return x + y

apply_async(add, (3, 5), callback=print_result)
apply_async(add, ('Hello ', 'World'), callback=print_result)
```

执行 py 文件，输出结果如下：

```
print result. Got：8
print result. Got：Hello World
```

print_result() 函数仅仅接收一个参数 result，当想让回调函数访问其他变量或者特定环境的变量值的时候就会遇到麻烦。

让回调函数访问外部信息，一种方法是通过绑定函数来代替简单函数。以下示例中，类会保存一个内部序列号，接收到一个 result 的时候序列号加 1（status_func.py）：

```
class ResultHandler:

    def __init__(self):
        self.sequence = 0

    def handler(self, result):
        self.sequence += 1
        print(f'result handler. [{self.sequence}] Got: {result}')
```

使用类时，先创建一个类的实例，然后将 handler() 方法作为回调函数，代码（status_func.py）示例如下：

```
r = ResultHandler()
apply_async(add, (3, 5), callback=r.handler)
apply_async(add, ('Hello ', 'World'), callback=r.handler)
```

执行 py 文件，输出结果如下：

```
result handler. [1] Got：8
result handler. [2] Got：Hello World
```

　　另一种方法是作为类的替代，使用一个闭包捕获状态值，代码（status_func.py）示例如下：

```python
def make_handler():
    sequence = 0
    def handler(result):
        nonlocal sequence
        sequence += 1
        print(f'make handler. [{sequence}] Got: {result}')
    return handler
```

　　闭包使用方式（status_func.py）如下：

```python
handler = make_handler()
apply_async(add, (3, 5), callback=handler)
apply_async(add, ('Hello ', 'World'), callback=handler)
```

　　执行 py 文件，输出结果如下：

```
make handler. [1] Got: 8
make handler. [2] Got: Hello World
```

　　还有一种更高级的方法，即使用协程，代码（status_func.py）示例如下：

```python
def make_handler():
    sequence = 0
    while True:
        result = yield
        sequence += 1
        print(f'make handler use generator. [{sequence}] Got: {result}')
```

　　使用协程时，要将 send() 方法作为回调函数，代码（status_func.py）示例如下：

```python
handler = make_handler()
next(handler)
apply_async(add, (3, 5), callback=handler.send)
apply_async(add, ('Hello ', 'World'), callback=handler.send)
```

　　执行 py 文件，输出结果如下：

```
make handler use generator. [1] Got: 8
make handler use generator. [2] Got: Hello World
```

　　通常，基于回调函数的程序有可能变得非常复杂，部分原因是回调函数通常会与请求执行代码断开。因此，请求和处理结果之间的执行环境实际上已经丢失了。如果想让回调函数连续执行多步操作，就必须解决如何保存和恢复相关的状态信息的问题。

　　我们至少有两种方式来捕获和保存状态信息——在一个对象实例（通过一个绑定方法）或者在一个闭包中保存它。两种方式相比，闭包更加轻量级一点，因为其可以很简单地通过函数来构造。闭包还能自动捕获所有被使用的变量，因此无须担心如何存储额外的状态信息（代码自动判定）。

　　如果使用闭包，需要注意对那些可修改的变量的操作。在上面的方案中，nonlocal 声明语句用来指示接下来的变量会在回调函数中被修改。如果没有 nonlocal 声明，代码会报错。

　　而将协程作为回调函数就更有趣了，它与闭包方法密切相关。从某种意义上讲，协程的方法显得更加简洁，因为总共就一个函数，便于修改变量而无须使用 nonlocal 声明。这种方式的唯一缺点是相对于其他 Python 技术而言比较难以理解，在使用之前需要调用 next() 方法，而实际使用时这个步骤很容易被忘记。尽管如此，协程还有其他用处，比如作为内联回调函数的定义。

7.6.2　内联回调函数

　　当编写使用回调函数的代码的时候，很多小函数的扩展可能会导致程序控制流混乱。因此，我们希望找到某个方法来让代码看上去更像是一个普通的执行序列。

　　通过使用生成器和协程可以使得回调函数内联在某个函数中。以下是一个执行某种计算任务后调用回调函数的函数：

```python
def apply_async(func, args, *, callback):
    # Compute the result
    result = func(*args)

    # Invoke the callback with the result
    callback(result)
```

以下代码包含一个 Async 类和一个 inlined_async 装饰器：

```python
from queue import Queue
from functools import wraps

class Async:
    def __init__(self, func, args):
        self.func = func
        self.args = args

def inlined_async(func):
    @wraps(func)
    def wrapper(*args):
        f = func(*args)
        result_queue = Queue()
        result_queue.put(None)
        while True:
            result = result_queue.get()
            try:
                a = f.send(result)
                apply_async(a.func, a.args, callback=result_queue.put)
            except StopIteration:
                break
    return wrapper
```

这两个代码片段允许使用 yield 语句内联回调函数：

```python
def add(x, y):
    return x + y
```

```
@inlined_async
def test():
    result = yield Async(add, (3, 5))
    print(f'number add result: {result}')
    result = yield Async(add, ('Hello ', 'World'))
    print(f'str add result: {result}')
    for n in range(10):
        result = yield Async(add, (n, n))
        print(f'async cycle result: {result}')
    print('Goodbye')
```

我们发现示例中除了特别的装饰器和 yield 语句外,其他地方并没有出现任何的回调函数(其实是在后台定义的)。

在使用回调函数的代码中,关键点在于当前计算工作会挂起并在将来的某个时候重启(比如异步执行)。

apply_async() 函数演示了执行回调的实际逻辑,尽管实际情况中它可能会更加复杂,包括对线程、进程、事件处理器等的处理。

计算的暂停和重启思路与生成器函数的执行模型不谋而合。具体来讲,yield 操作会使生成器产生一个值并暂停,在调用生成器的 __next__() 或 send() 方法时又会让它从暂停处继续执行。

根据这个思路,这里的核心就是 inline_async() 装饰器函数。关键点是装饰器会逐步遍历生成器函数的所有 yield 语句。

装饰器首先创建了 result 队列并传入一个 None 值,然后开始循环操作,从队列中取出结果值并发送给生成器(它会持续到下一个 yield 语句)。在这里,一个 Async 的实例被接收。接着循环检查函数和参数,并进行异步计算。这个计算有一个微妙的部分是它并没有使用一个普通的回调函数,而是用队列的 put() 方法来回调。同时主循环立即返回顶部并在队列上执行 get() 操作。如果数据存在,通过 put() 方法回调存放的结果。如果没有数据,先暂停操作并等待结果的到来,具体实现是由 apply_async() 函数来完成的。如果不清楚操作是怎么发生的,可以使用 multiprocessing 库测试一下。在单独的进程中执行异步计算操作的代码(recall_func.py)示例如下:

```
if __name__ == '__main__':
    import multiprocessing
    pool = multiprocessing.Pool()
    apply_async = pool.apply_async

    test()
```

执行 py 文件,输出结果如下:

```
number add result: 8
str add result: Hello World
async cycle result: 0
async cycle result: 2
async cycle result: 4
async cycle result: 6
```

```
async cycle result: 8
async cycle result: 10
async cycle result: 12
async cycle result: 14
async cycle result: 16
async cycle result: 18
Goodbye
```

将复杂的控制流隐藏到生成器函数背后的例子在标准库和第三方包中都能看到。如在 contextlib 模块的 @contextmanager 装饰器中使用一个令人费解的技巧——通过 yield 语句将进入和离开上下文的管理器黏合在一起。另外，非常流行的 Twisted 包中也包含了类似的内联回调函数。

7.7 本章小结

本章主要讲解函数的进阶操作。函数是宽泛的概念，但依然有它独有的一些特性，如匿名函数在一些场景中有独到的用处——不需要定义函数就可实现某些功能，比较直观并且可以有效地减少代码量。

与函数相对的是类，在类中操作函数是一种常见操作。下一章讲解与类相关的知识。

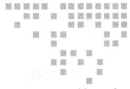

第 8 章 *Chapter 8*

类 与 对 象

本章主要讲解和类定义有关的常见编程模型，包括让对象支持常见的 Python 特性、特殊方法的使用、类封装技术、继承、内存管理以及有用的设计模式。

8.1 对象处理

对象是 Python 中最核心的一个概念，Python 中一切皆对象。面向对象理论中的类和对象在 Python 中都是通过 Python 内的对象实现的。下面学习对象的一些处理。

8.1.1 对象显示

在实际应用中，有时使用 Python 原生的对象打印输出结果可读性较差。为了使输出结果更具可读性，我们需要改变对象实例的打印或显示输出。

改变一个实例的字符串表示，可通过重新定义它的 __str__() 和 __repr__() 方法，代码（print_change.py）示例如下：

```python
class FormatChange:
    def __init__(self, x, y):
        self.x = x
        self.y = y

    def __repr__(self):
        return f'use repr method: ({self.x!r}, {self.y!r})'

    def __str__(self):
        return f'use str method: ({self.x!s}, {self.y!s})'
```

代码中，__repr__() 方法返回指示使用了 repr() 函数的信息，__str__() 方法将实例转换为字符串，使用 str() 或 print() 函数会输出这个字符串，代码（print_change.py）示例如下：

```
fc = FormatChange(5, 7)
print(fc.__repr__())
print(fc)
```

执行 py 文件，输出结果如下：

```
use repr method: (5, 7)
use str method: (5, 7)
```

示例展示了在格式化的时候怎样使用不同的字符串表现形式。

 提示　!r 格式化方式指明输出使用 __repr__() 方法来代替默认的 __str__() 方法，!s 格式化方式指明输出使用 __str__() 方法。

代码（print_change.py）示例如下：

```
print(f'fc is {fc!r}')
print(f'fc is {fc}')
```

执行 py 文件，输出结果如下：

```
fc is use repr method: (5, 7)
fc is use str method: (5, 7)
```

自定义 __repr__() 和 __str__() 方法通常是很好的习惯，因为它能简化调试和实例输出。如果仅仅只是打印输出或以日志形式输出某个实例，那么通过自定义打印或显示输出可以看到更加详细的信息。

8.1.2　有效创建大量对象

在实际应用中，我们有时要创建大量对象，进而导致内存占用很大，出于性能考虑，需要尽可能减少内存的占用。

对于主要是用来当成简单的数据结构的类而言，我们可以通过给类添加 __slots__ 属性来减少实例所占的内存，代码（slots_exp.py）示例如下：

```
class Date:
    __slots__ = ['year', 'month', 'day']
    def __init__(self, year, month, day):
        self.year = year
        self.month = month
        self.day = day
```

当定义 __slots__ 后，实例使用一种更加紧凑的内部表示。实例通过一个很小的固定大小的数组来构建，而不是为每个实例定义一个字典，这与元组或列表很类似。在 __slots__ 中列出的属性名在内部被映射到这个数组的指定下标。使用 __slots__ 的缺点就是不能再给实例添加新的属性，只能使用在 __slots__ 中定义的那些属性名。

使用 __slots__ 后节省的内存与存储属性的数量和类型有关。一般来讲，使用 __slots__

后的内存总量和将数据存储在一个元组中占用的内存差不多。一个大概的数据比对，假设不使用 __slots__ 直接存储一个数据实例，64 位的数据要占用 428 字节，而如果使用了 __slots__，内存占用下降到 156 字节。如果需要同时创建大量的日期实例，__slots__ 可以极大地减小内存使用量。

尽管 __slots__ 看上去很有用，很多时候我们还得减少对它的使用。Python 的很多特性依赖于普通的基于字典的实现。另外，定义了 __slots__ 后的类不再支持一些普通类特性，比如多继承。大多数情况下，我们应该只在那些经常被使用到的、用作数据结构的类上定义 __slots__，比如在程序中创建某个类的几百万个实例对象。

关于 __slots__ 的一个常见误区是，它可以作为一个封装工具来防止用户给实例增加新的属性。尽管使用 __slots__ 可以达到这样的目的，但我们更多是将其作为一个内存优化工具。

8.1.3 由字符串调用对象

在实际应用中，我们会将方法名称定义为字符串形式，在一些操作中通过字符串调用某个对象的对应方法。

对于简单的情况，我们可以使用 getattr() 函数实现，代码（str_call.py）示例如下：

```python
import math

class Point:
    def __init__(self, x, y):
        self.x = x
        self.y = y

    def __repr__(self):
        return f'Point({self.x!r:},{self.y!r:})'

    def distance(self, x, y):
        return math.hypot(self.x - x, self.y - y)

p = Point(2, 3)
d = getattr(p, 'distance')(0, 0)
```

另外一种方法是使用 operator.methodcaller() 函数，代码（str_call.py）示例如下：

```python
import operator
operator.methodcaller('distance', 0, 0)(p)
```

当需要通过相同的参数多次调用某个方法时，operator.methodcaller() 函数就很方便。如需要排序一系列的点，代码（str_call.py）示例如下：

```python
points = [
    Point(1, 2),
    Point(3, 0),
    Point(10, -3),
    Point(-5, -7),
    Point(-1, 8),
    Point(3, 2)
```

```
]
# Sort by distance from origin (0, 0)
points.sort(key=operator.methodcaller('distance', 0, 0))
```

调用一个方法实际上是通过两步独立操作，第一步是查找属性，第二步是函数调用。因此，为了调用某个方法，我们可以首先通过 getattr() 函数来找到这个属性，然后再以函数方式调用它。

operator.methodcaller() 函数可用于创建可调用对象，同时提供所有必要的参数，在调用的时候只需要将实例对象传递给它即可，代码（str_call.py）示例如下：

```
p = Point(3, 4)
d = operator.methodcaller('distance', 0, 0)
print(f'd(p) = {d(p)}')
```

执行 py 文件，输出结果如下：

```
d(p) = 5.0
```

通常，通过方法名称的字符串来调用方法出现在需要模拟 case 语句或实现访问者模式的时候。

8.2 自定义格式化字符串

Python 原生支持格式化，如 format() 函数和 %，但若要自定义格式化方法，可以通过 format() 函数和字符串方法使一个对象能支持自定义的格式化。

要自定义格式化字符串，需要在类上面定义 __format__() 方法，代码（define_format.py）示例如下：

```
format_dict = {
    'ymd': '{d.year}-{d.month}-{d.day}',
    'mdy': '{d.month}/{d.day}/{d.year}',
    'dmy': '{d.day}/{d.month}/{d.year}'
    }

class Date:
    def __init__(self, year, month, day):
        self.year = year
        self.month = month
        self.day = day

    def __format__(self, format_type='ymd'):
        """
        :param format_type: 格式化类型，默认使用 ymd 方式
        :return:
        """
        if not format_type:
            format_type = 'ymd'
        fmt = format_dict[format_type]
        return fmt.format(d=self)
```

示例中，Date 类的实例可以支持格式化操作。要使用 Date 类，我们可以通过如下方式操作，代码（define_format.py）如下：

```
curr_data = Date(2020, 5, 6)
print(f'default format: {format(curr_data)}')
print(f"use mdy format: {format(curr_data, 'mdy')}")
print(f'ymd style date is: {curr_data:ymd}')
print(f'mdy style date is: {curr_data:mdy}')
```

执行 py 文件，输出结果如下：

```
default format: 2020-5-6
use mdy format: 5/6/2020
ymd style date is: 2020-5-6
mdy style date is: 5/6/2020
```

__format__() 方法给 Python 的字符串格式化功能提供了一个钩子。

这里格式化代码的解析工作完全由类完成。因此，待格式化的对象可以是任何值。下面参考 datetime 模块中的代码做格式化（define_format.py）：

```
from datetime import date
curr_data = date(2020, 5, 6)
print(f'default format: {format(curr_data)}')
print(f"date info is: {format(curr_data,'%A, %B %d, %Y')}")
print(f'The date is {curr_data:%d %b %Y}')
```

执行 py 文件，输出结果如下：

```
default format: 2020-05-06
date info is: Wednesday, May 06, 2020
The date is 06 May 2020
```

8.3 上下文管理协议

在实际应用中，我们需要让对象支持上下文管理协议（with 语句）。

要让一个对象兼容 with 语句，我们需要实现 __enter__() 和 __exit__() 方法。以下示例创建了一个类。它能实现网络连接，代码如下：

```
from socket import socket, AF_INET, SOCK_STREAM

class LazyConnection:
    def __init__(self, address, family=AF_INET, type=SOCK_STREAM):
        self.address = address
        self.family = family
        self.type = type
        self.sock = None

    def __enter__(self):
        if self.sock is not None:
            raise RuntimeError('Already connected')
        self.sock = socket(self.family, self.type)
```

```
        self.sock.connect(self.address)
        return self.sock

    def __exit__(self, exc_ty, exc_val, tb):
        self.sock.close()
        self.sock = None
```

这个类的关键特点在于，它表示了一个网络连接，但是初始化的时候并不会做任何事情（比如它并没有真正建立一个连接）。连接的建立和关闭是使用 with 语句自动完成的，代码如下：

```
from functools import partial

conn = LazyConnection(('www.python.org', 80))
# Connection closed
with conn as s:
    # conn.__enter__() executes: connection open
    s.send(b'GET /index.html HTTP/1.0\r\n')
    s.send(b'Host: www.python.org\r\n')
    s.send(b'\r\n')
    resp = b''.join(iter(partial(s.recv, 8192), b''))
```

编写上下文管理器的主要原理是代码放到 with 语句块中执行。当出现 with 语句的时候，对象的 __enter__() 方法被触发，返回的值（如果有）会被赋值给 as 声明的变量。然后，with 语句块里的代码开始执行。最后，__exit__() 方法被触发执行清理工作。

不管 with 语句块中发生什么，上面的控制流都会执行完，即使代码块中发生了异常。事实上，__exit__() 方法的第 3 个参数包含异常类型、异常值和追溯信息（如果有）。__exit__() 方法能自己决定怎样利用异常信息，或者忽略它并返回一个 None 值。如果 __exit__() 方法返回 True，那么异常会被清空，就好像什么都没发生一样，with 语句后面的程序继续正常执行。

还有一个细节问题就是，LazyConnection 类是否允许多个 with 语句嵌套使用。很显然，上面的定义中一次只允许一个 socket 连接，如果正在使用一个 socket 的时候又重复使用 with 语句，就会产生异常。不过，我们可以对上述代码进行修改：

```
from socket import socket, AF_INET, SOCK_STREAM

class LazyConnection:
    def __init__(self, address, family=AF_INET, type=SOCK_STREAM):
        self.address = address
        self.family = family
        self.type = type
        self.connections = []

    def __enter__(self):
        sock = socket(self.family, self.type)
        sock.connect(self.address)
        self.connections.append(sock)
        return sock
```

```
        def __exit__(self, exc_ty, exc_val, tb):
            self.connections.pop().close()

# Example use
from functools import partial

conn = LazyConnection(('www.python.org', 80))
with conn as s1:
    pass
    with conn as s2:
        pass
```

在修改版本中，LazyConnection 类可以被看作是某个连接工厂。在 LazyConnection 类内部，一个列表被用来构造一个栈。每次 __enter__() 方法执行的时候，它负责创建一个新的连接并将其加入栈。__exit__() 方法简单地从栈中弹出最后一个连接并关闭栈。这里稍微有点难理解，不过 LazyConnection 类允许嵌套使用 with 语句创建多个连接。

在需要管理一些资源比如文件、网络连接和锁的编程环境中，使用上下文管理器是很普遍的。这些资源的一个主要特征是它们必须被手动地关闭或释放来确保程序的正确运行。如果请求了一个锁，必须确保使用之后释放它，否则可能产生死锁。通过实现 __enter__() 和 __exit__() 方法并使用 with 语句可以很容易地避免这些问题。

8.4 类的处理

类是用来描述具有相同属性和方法的对象的集合。对于类，不同情形有不同的处理方式。下面做一些类处理相关的介绍。

8.4.1 封装属性名

在实际应用中，我们可能需要封装类实例上的"私有"数据。众所周知，Python 语言并没严格的访问控制。

Python 程序不去依赖语言特性去封装数据，而是通过遵循一定的属性和方法命名规约来达到这个效果。一个约定是任何以单下划线（_）开头的名字都应该是内部实现，示例如下：

```
class A:
    def __init__(self):
        # internal attribute
        self._internal = 0
        # public attribute
        self.public = 1

    def public_method(self):
        """
        public method
        :return:
        """
        pass
```

```
def _internal_method(self):
    """
    private method
    :return:
    """
    pass
```

 注意 名字使用下划线开头的约定同样适用于模块名和模块级别函数名。

如看到某个模块名以单下划线开头（比如 _socket），那它就是内部实现。类似地，模块级别函数比如 sys._getframe() 在使用的时候就得加倍小心了。

在实际应用中，我们还可能在类定义中以两个下划线 (__) 开头进行命名，示例如下：

```
class B:
    def __init__(self):
        self.__private = 0

    def __private_method(self):
        pass

    def public_method(self):
        pass
        self.__private_method()
```

使用双下划线开始会导致访问名称变成其他形式。如在类 B 中，私有属性会被分别重命名为 _B__private 和 _B__private_method。读者可能会问这样重命名的目的是什么。答案就是继承——这种属性通过继承的方法无法被覆盖，示例如下：

```
class C(B):
    def __init__(self):
        super().__init__()
        # not override B.__private
        self.__private = 1

    # not override B.__private_method()
    def __private_method(self):
        pass
```

示例中，私有名称 __private 和 __private_method 被重命名为 _C__private 和 _C__private_method，这与父类 B 中的名称是完全不同的。

前面提到以两种不同的编码约定（单下划线和双下划线）来命名私有属性。那么到底哪种方式好呢？

大多数情形下，我们应该让非公共名称以单下划线开头，但如果清楚代码涉及子类，并且有些内部属性应该在子类中隐藏起来，那应考虑使用双下划线开头的形式。

有时候定义的变量和某个保留关键字冲突，这时可以使用单下划线作为后缀，示例如下：

```
lambda_ = 'Hello' # Trailing _ to avoid clash with lambda keyword
```

这里不使用单下划线前缀的原因是避免误解它的使用初衷（如使用单下划线后缀的目的是防止命名冲突，而不是指明这个属性是私有的）。

8.4.2　调用父类方法

对类的应用中，为了避免重复造轮子，我们有时需要在子类中调用父类的某个已经被覆盖的方法。

对于调用父类（超类）的方法，我们可以使用 super() 函数，代码如下：

```
class A:
    def spam(self):
        print('This is A.spam')

class B(A):
    def spam(self):
        print('This is B.spam')
        super().spam()  # Call parent spam()
```

super() 函数的一个常见用法是在 __init__() 方法中确保父类被正确地初始化，代码（super_call.py）示例如下：

```
class A:
    def __init__(self):
        self.x = 0

class B(A):
    def __init__(self):
        super().__init__()
        self.y = 1
```

super() 函数常出现在覆盖 Python 特殊方法的代码中，代码（super_call.py）示例如下：

```
class Proxy:
    def __init__(self, obj):
        self._obj = obj

    # Delegate attribute lookup to internal obj
    def __getattr__(self, name):
        return getattr(self._obj, name)

    # Delegate attribute assignment
    def __setattr__(self, name, value):
        if name.startswith('_'):
            super().__setattr__(name, value) # Call original __setattr__
        else:
            setattr(self._obj, name, value)
```

示例代码中，__setattr__() 方法的实现包含名字检查。如果某个属性名以下划线 (_) 开头，就通过 super() 函数调用原始的 __setattr__() 方法，否则委派给内部的代理对象 self._obj 去处理。这看上去有点意思，因为即使没有显式地指明某个类的父类，super() 函数仍然可以有效地工作。

有时候，我们会看到直接调用父类的方法，示例如下：

```python
class Base:
    def __init__(self):
        print('call Base.__init__')

class A(Base):
    def __init__(self):
        Base.__init__(self)
        print('call A.__init__')
```

对于简单代码而言，这么做没什么问题，但是在更复杂的、涉及多继承的代码中就有
可能导致很奇怪的问题发生，示例如下：

```python
class Base:
    def __init__(self):
        print('call Base.__init__')

class A(Base):
    def __init__(self):
        Base.__init__(self)
        print('call A.__init__')

class B(Base):
    def __init__(self):
        Base.__init__(self)
        print('call B.__init__')

class C(A,B):
    def __init__(self):
        A.__init__(self)
        B.__init__(self)
        print('call C.__init__')
```

上述代码运行后，我们发现 Base.__init__() 方法被调用两次。

在上面的代码段后面添加如下代码（super_call.py）：

```python
c = C()
```

执行 py 文件，输出结果如下：

```
call Base.__init__
call A.__init__
call Base.__init__
call B.__init__
call C.__init__
```

可能两次调用 Base.__init__() 没什么坏处，但有时候却不是。另一方面，假设在代码
中将 Base.__init() 方法换成 super() 函数，结果就很完美了，代码如下：

```python
class Base:
    def __init__(self):
        print('call Base.__init__')
```

```
class A(Base):
    def __init__(self):
        super().__init__()
        print('call A.__init__')

class B(Base):
    def __init__(self):
        super().__init__()
        print('call B.__init__')

class C(A,B):
    def __init__(self):
        super().__init__()  # Only one call to super() here
        print('call C.__init__')
```

运行新版本后，我们发现每个 __init__() 方法只被调用了一次（super_call.py）：

```
c = C()
```

执行 py 文件，输出结果如下：

```
call Base.__init__
call B.__init__
call A.__init__
call C.__init__
```

为了弄清它的原理，需要解释一下 Python 是如何实现继承的。对于定义的每一个类，Python 会计算出一个所谓的"方法解析顺序（MRO）列表"。这个 MRO 列表是一个简单的所有基类的线性顺序表，代码（super_call.py）示例如下：

```
print(f'C mro: {C.__mro__}')
```

执行 py 文件，输出结果如下：

```
C mro: (<class '__main__.C'>, <class '__main__.A'>, <class '__main__.B'>,
<class '__main__.Base'>, <class 'object'>)
```

为了实现继承，Python 会在 MRO 列表上从左到右开始查找基类，直到找到第一个匹配这个属性的类为止。

MRO 列表是通过一个 C3 线性化算法来实现的。这里不去深究该算法的数学原理。它实际上是合并所有父类的列表，遵循如下 3 条准则。

1）子类会先于父类被检查。

2）多个父类会根据它们在列表中的顺序被检查。

3）如果对下一个类存在两个合法的选择，选择合法找到的第一个父类。

知道 MRO 列表中的类顺序会让定义的任意类层级关系变得有意义。

当使用 super() 函数时，Python 会在 MRO 列表上继续搜索下一个类。只要每个重定义的方法统一使用 super() 函数并只调用一次，控制流最终会遍历完整个 MRO 列表，而且每个方法也只会被调用一次。这也是在第二个例子中不会调用两次 Base.__init__() 方法的原因。

super() 函数令人吃惊的地方是它并不一定去查找某个类在 MRO 列表中的下一个直接父类，可以在一个没有直接父类的类中使用它，示例如下：

```
class A:
    def spam(self):
        print('This is A.spam')
        super().spam()
```

但如果直接使用这个类就会出错，示例如下：

```
a = A()
a.spam()
```

执行 py 文件，输出结果如下：

```
This is A.spam
Traceback (most recent call last):
  File "/advanced_programming/chapter8/super_call.py", line 105, in <module>
    a.spam()
  File "/advanced_programming/chapter8/super_call.py", line 101, in spam
    super().spam()
AttributeError: 'super' object has no attribute 'spam'
```

如果使用多继承，代码如下：

```
class B:
    def spam(self):
        print('This is B.spam')

class C(A, B):
    pass

c = C()
c.spam()
```

执行 py 文件，输出结果如下：

```
This is A.spam
This is B.spam
```

可以看到，在类 A 中使用 super().spam() 函数实际上调用的是与类 A 毫无关系的类 B 中的 spam() 函数。查看类 C 的 MRO 列表示例（super_call.py）如下：

```
print(f'C mro: {C.__mro__}')
```

执行 py 文件，输出结果如下：

```
C mro: (<class '__main__.C'>, <class '__main__.A'>, <class '__main__.B'>,
<class 'object'>)
```

在定义混入类的时候这样使用 super() 函数是很普遍的。

由于 super() 函数可能会调用我们不想要的方法，因此应该遵循如下通用原则。

1）确保在继承体系中所有相同名字的方法拥有可兼容的参数签名（比如相同的参数个数和参数名称），这样可以确保 super() 函数调用非直接父类方法时不会出错。

2）最好确保顶层的类提供了调用的方法的实现，这样在 MRO 列表上的查找链肯定可以找到该方法。

> **扩展**：__getattr__() 和 __getattribute__() 方法都可以用作实例属性的获取和拦截（注意，仅对实例属有效，非类属性）。__getattr__() 方法适用于未定义的属性，即该属性在实例、对应的类的基类以及祖先类中都不存在，而 __getattribute__() 方法适用于所有属性。

它们的函数签名如下：

```
__getattr__:__getattr__(self, name)
__getattribute__:__getattribute__(self, name)
```

其中，参数 name 为属性的名称。需要注意的是，__getattribute__() 方法仅应用于新式类。

既然这两种方法都用作属性的访问，那么它们有什么区别呢？

先看一个简单的示例（attr_diff.py）：

```python
class A(object):
    def __init__(self, name):
        self.name = name


a = A('attribute')
print(a.name)
print(a.test)
```

执行 py 文件，输出结果如下：

```
attribute
Traceback (most recent call last):
  File "/advanced_programming/chapter8/attr_diff.py", line 7, in <module>
    print(a.test)
AttributeError: 'A' object has no attribute 'test'
```

当访问不存在的实例属性的时候，程序就会抛出 AttributeError 异常。该异常是由内部方法 __getattribute__(self,name) 抛出的，因为 __getattribute__() 方法会被无条件调用，也就是说只要涉及实例属性的访问就会调用该方法。其要么返回实际的值，要么抛出异常。那么，__getattr__() 方法会在什么情况下被调用呢？在上面的例子中添加 __getattr__() 方法，代码（attr_diff.py）如下：

```python
class A1(object):

    def __init__(self, name):
        self.name = name

    def __getattr__(self, name):
        print(f'calling __getattr__: {name}')


a = A1('attribute')
print(a.name)
```

```
print(a.test)
```

执行 py 文件，输出结果如下：

```
attribute
calling __getattr__: test
None
```

这次程序没有抛出异常，而是调用了 __getattr__() 方法。实际上，__getattr__() 方法仅在如下情况才会被调用：属性不在实例的 __dict__ 中；属性不在其基类以及祖先类的 __dict__ 中；触发 AttributeError 异常时（注意，不仅仅是调用 __getattribute__() 方法会引发 AttributeError 异常，property 中定义的 get() 方法抛出异常的时候也会调用 AttributeError）。需要特别注意的是，当这两个方法同时被定义的时候，要么在 __getattribute__() 方法中显式调用，要么触发 AttributeError 异常，否则 __getattr__() 方法永远不会被调用。__getattribute__() 及 __getattr__() 方法都是 Object 类中定义的默认方法，当用户需要覆盖这些方法时需要注意以下几点。

1）避免无穷递归。当在上述例子中添加 __getattribute__() 方法后，程序会抛出 RuntimeError 异常，提示 RuntimeErrormaximum recursion depth exceeded，代码（attr_diff.py）示例如下：

```
class A2(object):
    def __init__(self, name):
        self.name = name

    def __getattribute__(self, item):
        try:
            return self.__dict__[item]
        except KeyError as es:
            return f'error: {es}'

    def __getattr__(self, name):
        print(f'calling __getattr__: {name}')

a = A2('attribute')
print(a.name)
```

执行 py 文件，输出结果如下：

```
Traceback (most recent call last):
  File "/advanced_programming/chapter8/attr_diff.py", line 36, in <module>
    print(a.name)
  File "/advanced_programming/chapter8/attr_diff.py", line 28, in __
getattribute__
    return self.__dict__[item]
  File "/advanced_programming/chapter8/attr_diff.py", line 28, in __
getattribute__
    return self.__dict__[item]
  File "/advanced_programming/chapter8/attr_diff.py", line 28, in __
getattribute__
    return self.__dict__[item]
```

```
[Previous line repeated 996 more times]
RecursionError: maximum recursion depth exceeded
```

这是因为属性的访问调用的是被覆盖了的 __getattribute__() 方法，而该方法中 self.__ dict__[attr] 又要调用 __getattribute__(sclf,attr)，于是产生了无穷递归，即使将语句 self.__ dict__[attr] 替换为 self.__getattribute__(self,attr) 或 __getattr__(self,attr) 也不能解决问题。正确的做法是使用 super(obj.self).__getattribute__(attr)，上面的例子对应的代码可以改为 super(A,self).__getattribute__(attr) 或者 object.__getattribute__(self,attr)。无穷递归是因为覆盖了 __getattr__() 和 __getattribute__() 方法，使用时候需要特别小心。

2）访问未定义的属性。如果在 __getattr__() 方法中不抛出 AttributeError 异常或者显式返回一个值，则会返回 None，此时可能会影响程序的运行。

关于 __getattr__() 和 __getattribute__() 方法，笔者有以下两点提醒。

1）用户自定义的 __getattribute__() 方法覆盖原方法之后，任何属性的访问都会调用用户自定义的 __getattribute__() 方法，性能上会有所损耗，比使用默认的方法要慢。

2）覆盖的 __getattr__() 方法如果能够动态处理事先未定义的属性，可以更好地实现数据隐藏。

8.4.3 扩展 property

在实际应用中，有时子类要使用 property 功能，但父类中定义的功能不能完全满足子类的需要，导致子类需要扩展父类的 property 功能。

以下示例定义了一个 property，代码如下：

```
class Person:
    def __init__(self, name):
        self.name = name

    # Getter function
    @property
    def name(self):
        return self._name

    # Setter function
    @name.setter
    def name(self, value):
        if not isinstance(value, str):
            raise TypeError('Expected a string')
        self._name = value

    # Deleter function
    @name.deleter
    def name(self):
        raise AttributeError("Can't delete attribute")
```

以下示例展示了类继承自 Person 并扩展 name 属性，代码如下：

```
class SubPerson(Person):
```

```python
    @property
    def name(self):
        print('Getting name')
        return super().name

    @name.setter
    def name(self, value):
        print(f'Setting name to {value}')
        super(SubPerson, SubPerson).name.__set__(self, value)

    @name.deleter
    def name(self):
        print('Deleting name')
        super(SubPerson, SubPerson).name.__delete__(self)
```

使用这个新类的方法（expand_property.py）如下：

```python
sub_person = SubPerson('Guido')
print(f'name is: {sub_person.name}')
sub_person.name = 'Bill'
sub_person.name = 30
```

执行 py 文件，输出结果如下：

```
Setting name to Guido
Getting name
name is: Guido
Setting name to Bill
Setting name to 30
Traceback (most recent call last):
  File "/advanced_programming/chapter8/expand_property.py", line 43, in <module>
    sub_person.name = 30
  File "/advanced_programming/chapter8/expand_property.py", line 32, in name
    super(SubPerson, SubPerson).name.__set__(self, value)
  File "/advanced_programming/chapter8/expand_property.py", line 14, in name
    raise TypeError('Expected a string')
TypeError: Expected a string
```

如果我们只想扩展 property 的某一个方法，代码如下：

```python
class SubPerson(Person):
    @Person.name.getter
    def name(self):
        print('Getting name')
        return super().name
```

或者只想修改 setter 方法，代码如下：

```python
class SubPerson(Person):

    @Person.name.setter
    def name(self, value):
        print(f'Setting name to {value}')
        super(SubPerson, SubPerson).name.__set__(self, value)
```

在子类中扩展 property 可能会引起很多不易察觉的问题，因为 property 其实是 getter()、

setter() 和 deleter() 函数的集合，而不是单个方法。因此，当扩展 property 的时候，我们需要先确定是否要重新定义所有的方法，还是只修改其中某一个。

在第一个例子中，所有的 property 方法被重新定义。每一个方法中都使用了 super() 函数来调用父类的实现。在 setter() 函数中使用 super(SubPerson, SubPerson).name.__set__(self, value) 是没有错的。为了将 super() 函数委托给之前定义的 setter() 函数，需要将控制权传递给之前定义的 name 属性的 __set__() 方法。获取这个方法的唯一途径是使用类变量而不是实例变量来访问它，这也是使用 super(SubPerson, SubPerson) 的原因。

如果只想重新定义其中一个方法，那只使用 @property 本身是不够的，示例如下：

```
class SubPerson(Person):
    @property  # Doesn't work
    def name(self):
        print('Getting name')
        return super().name
```

如果试着运行，我们会发现 setter() 函数消失了：

```
sub_p = SubPerson('Bill')
```

输出结果如下：

```
Traceback (most recent call last):
  File "/advanced_programming/chapter8/expand_property.py", line 68, in <module>
    sub_p = SubPerson('Bill')
  File "/advanced_programming/chapter8/expand_property.py", line 3, in __init__
    self.name = name
AttributeError: can't set attribute
```

对以上代码修改如下（expand_property.py）：

```
class SubPerson(Person):
    @Person.name.getter
    def name(self):
        print('Getting name')
        return super().name
```

这样，property 之前已经定义的方法会被复制过来，而 getter() 函数会被替换，然后程序就能按照期望工作了，代码（expand_property.py）如下：

```
sub_person = SubPerson('Guido')
print(f'name is: {sub_person.name}')
sub_person.name = 'Bill'
print(f'After change,name is: {sub_person.name}')
sub_person.name = 30
```

执行 py 文件，输出结果如下：

```
Getting name
name is: Guido
Getting name
After change,name is: Bill
Traceback (most recent call last):
```

```
File "/advanced_programming/chapter8/expand_property.py", line 82, in <module>
    sub_person.name = 30
  File "/advanced_programming/chapter8/expand_property.py", line 14, in name
    raise TypeError('Expected a string')
TypeError: Expected a string
```

在这个特别的解决方案中，我们无法使用更加通用的方式去替换硬编码的 Person 类名。如果不知道到底是哪个基类定义了 property，那只能通过重新定义所有 property 并使用 super() 函数来将控制权传递给前面的实现。

 注意 本小节演示的第一个示例还可以被用来扩展描述器。

通过如下示例进一步了解 property 的使用（expand_property.py）：

```python
# A descriptor
class String:
    def __init__(self, name):
        self.name = name

    def __get__(self, instance, cls):
        if instance is None:
            return self
        return instance.__dict__[self.name]

    def __set__(self, instance, value):
        if not isinstance(value, str):
            raise TypeError('Expected a string')
        instance.__dict__[self.name] = value

# A class with a descriptor
class Person:
    name = String('name')

    def __init__(self, name):
        self.name = name

# Extending a descriptor with a property
class SubPerson(Person):
    @property
    def name(self):
        print('Getting name')
        return super().name

    @name.setter
    def name(self, value):
        print(f'Setting name to {value}')
        super(SubPerson, SubPerson).name.__set__(self, value)

    @name.deleter
    def name(self):
        print('Deleting name')
        super(SubPerson, SubPerson).name.__delete__(self)
```

注意 子类化 setter() 和 deleter() 函数其实是很简单的。

8.4.4 创建新的类或实例属性

在实际应用中，我们需要创建一个新的拥有一些额外功能的实例属性类型，比如类型检查。

如果想创建一个全新的实例属性，可以通过描述器的形式来定义它的功能，代码（class_attribute.py）示例如下：

```python
# Descriptor attribute for an integer type-checked attribute
class Integer:
    def __init__(self, name):
        self.name = name

    def __get__(self, instance, cls):
        if not instance:
            return self
        else:
            return instance.__dict__[self.name]

    def __set__(self, instance, value):
        if not isinstance(value, int):
            raise TypeError('Expected an int object')
        instance.__dict__[self.name] = value

    def __delete__(self, instance):
        del instance.__dict__[self.name]
```

一个描述器就是一个实现了 3 个核心属性访问操作（get，set，delete）的类，分别对应 __get__()、__set__() 和 __delete__() 这三个特殊的方法。这些方法接收一个实例作为输入，然后操作实例底层的字典。

要使用描述器，需将这个描述器的实例作为类属性放到类的定义中，代码如下：

```python
class Point:
    x = Integer('x')
    y = Integer('y')

    def __init__(self, x, y):
        self.x = x
        self.y = y
```

这样编写后，所有对描述器属性（比如 x 或 y）的访问会被 __get__()、__set__() 和 __delete__() 方法捕获，代码（class_attribute.py）示例如下：

```python
point = Point(3, 5)
print(f'point x = {point.x}')
print(f'point y = {point.y}')
point.y = 6
print(f'after change,point y = {point.y}')
```

```
point.x = 3.1
```

执行 py 文件，输出结果如下：

```
point x = 3
point y = 5
after change,point y = 6
Traceback (most recent call last):
  File "/advanced_programming/chapter8/class_attribute.py", line 35, in <module>
    point.x = 3.1
  File "/advanced_programming/chapter8/class_attribute.py", line 14, in __set__
    raise TypeError('Expected an int object')
TypeError: Expected an int object
```

作为输入，描述器的每一个方法会接收一个操作实例。为了实现请求操作，我们会相应地操作实例底层的字典（__dict__ 属性）。描述器的 self.name 属性存储了在实例字典中被实际使用到的 key。

描述器可以实现大部分 Python 类特性中的"底层魔法"，包括 @classmethod、@staticmethod、@property，甚至 __slots__ 特性。

通过定义描述器，我们可以在底层捕获核心的实例操作（get，set，delete），并且可以完全自定义它们的行为。这是一个强大的工具，有了它可以实现很多高级功能。它也是很多高级库和框架中的重要工具之一。

对于描述器，读者可能有一个比较困惑的地方，即它只能在类级别被定义，而不能被每个实例单独定义。因此，以下程序是无法工作的：

```
# Does NOT work
class Point:
    def __init__(self, x, y):
        # Not work! Must be a class variable
        self.x = Integer('x')
        self.y = Integer('y')
        self.x = x
        self.y = y
```

对于前面定义的 Integer 类，类中的 __get__() 方法实现起来较复杂，具体实现如下：

```
# Descriptor attribute for an integer type-checked attribute
class Integer:
    def __get__(self, instance, cls):
        if not instance:
            return self
        else:
            return instance.__dict__[self.name]
```

__get__() 方法看上去有点复杂的原因归结于实例变量和类变量的不同。如果描述器被当作类变量来访问，instance 参数被设置成 None。这种情况下，标准做法就是简单地返回这个描述器本身（尽管还可以添加其他的自定义操作），示例如下：

```
point = Point(3, 5)
print(f'attribute x = {point.x}')
```

```
print(f'class object Point x = {Point.x}')
```

描述器通常是那些使用到装饰器或元类的大型框架中的一个组件。同时它们的使用也被隐藏在代码底层。以下是一些更高级的基于描述器的代码，涉及一个类装饰器（class_attribute.py）：

```
# Descriptor for a type-checked attribute
class Typed:
    def __init__(self, name, expected_type):
        self.name = name
        self.expected_type = expected_type

    def __get__(self, instance, cls):
        if not instance:
            return self
        else:
            return instance.__dict__[self.name]

    def __set__(self, instance, value):
        if not isinstance(value, self.expected_type):
            raise TypeError(f'Expected {str(self.expected_type)}')
        instance.__dict__[self.name] = value

    def __delete__(self, instance):
        del instance.__dict__[self.name]

# Class decorator that applies it to selected attributes
def typeassert(**kwargs):
    def decorate(cls):
        for name, expected_type in kwargs.items():
            # Attach a Typed descriptor to the class
            setattr(cls, name, Typed(name, expected_type))
        return cls
    return decorate

@typeassert(course_name=str, total_class=int, score=float)
class Stock:
    def __init__(self, course_name, total_class, score):
        self.course_name = course_name
        self.total_class = total_class
        self.score = score
```

> **提示** 如果只是想简单地自定义某个类的单个属性访问，就不用去写描述器了，使用前面介绍的 property 功能会更加容易。但当程序中有很多重复代码的时候，描述器就很有用了（如想在代码的很多地方使用描述器提供的功能或者将它作为一个函数库）。

8.4.5 定义多个构造器

编程过程中，我们一般习惯使用 __init__() 方法初始化类。其实，除了使用 __init__() 方法，我们还可以使用其他方式初始化类。

为了实现多个构造器，我们需要使用类方法，示例如下：

```python
import time

class Date:
    """
    方法一：使用类方法
    """
    # Primary constructor
    def __init__(self, year, month, day):
        self.year = year
        self.month = month
        self.day = day

    # Alternate constructor
    @classmethod
    def today(cls):
        t = time.localtime()
        return cls(t.tm_year, t.tm_mon, t.tm_mday)
```

直接调用类方法的代码如下：

```python
a = Date(2020, 5, 10) # Primary
b = Date.today() # Alternate
```

类方法的一个主要用途就是定义多个构造器。它接收一个 class 作为第一个参数（cls）。应该注意的是，class 被用来创建并返回最终的实例，在继承时也能工作得很好，示例如下：

```python
class NewDate(Date):
    pass

c = Date.today() # Creates an instance of Date (cls=Date)
d = NewDate.today() # Creates an instance of NewDate (cls=NewDate)
```

8.4.6 类中的比较操作

Python 中标准的比较运算（如 >=、!=、<=、< 等）在实现过程中带有很多特殊方法。若要让某个类的实例支持标准的比较运算，需要实现这些特殊方法，导致处理起来比较烦琐，因此我们希望可以消除这些烦琐操作。

对于每个比较操作，Python 类都需要实现一个特殊方法，如为了支持 >= 操作符，需要定义一个 __ge__() 方法。如果说定义一个方法可以接受，但要实现所有可能的比较方法那就有点烦琐了。

装饰器 functools.total_ordering 就是用来简化这个处理的。使用它来装饰类时，我们只需定义一个 __eq__() 方法，外加其他方法（__lt__、__le__、__gt__ 或者 __ge__）中的一个即可。然后，装饰器会自动填充其他比较方法。

以下示例展示了构建一些房子，然后给它们增加一些房间，最后比较房子大小，代码如下：

```python
from functools import total_ordering

class Room:
    def __init__(self, name, length, width):
        self.name = name
        self.length = length
        self.width = width
        self.square_feet = self.length * self.width


@total_ordering
class House:
    def __init__(self, name, style):
        self.name = name
        self.style = style
        self.rooms = list()

    @property
    def living_space_footage(self):
        return sum(r.square_feet for r in self.rooms)

    def add_room(self, room):
        self.rooms.append(room)

    def __str__(self):
        return f'{self.name}: {self.living_space_footage} square foot {self.style}'


    def __eq__(self, other):
        return self.living_space_footage == other.living_space_footage

    def __lt__(self, other):
        return self.living_space_footage < other.living_space_footage
```

这里只是给 House 类定义了两个方法: `__eq__()` 和 `__lt__()`，它就能支持所有的比较操作，代码 (compare_support.py) 如下:

```python
# Build a few houses, and add rooms to them
h1 = House('h1', 'Cape')
h1.add_room(Room('Master Bedroom', 14, 21))
h1.add_room(Room('Living Room', 18, 20))
h1.add_room(Room('Kitchen', 12, 16))
h1.add_room(Room('Office', 12, 12))

h2 = House('h2', 'Ranch')
h2.add_room(Room('Master Bedroom', 14, 21))
h2.add_room(Room('Living Room', 18, 20))
h2.add_room(Room('Kitchen', 12, 16))

h3 = House('h3', 'Split')
h3.add_room(Room('Master Bedroom', 14, 21))
h3.add_room(Room('Living Room', 18, 20))
h3.add_room(Room('Office', 12, 16))
h3.add_room(Room('Kitchen', 15, 17))
houses = [h1, h2, h3]
```

```
print(f'Is {h1} bigger than {h2}: {h1 > h2}')
print(f'Is {h2} smaller than {h3}: {h2 < h3}')
print(f'Is {h2} greater than or equal to {h1}: {h2 >= h1}')
print(f'Which one is biggest in houses: {max(houses)}')
print(f'Which is smallest in houses: {min(houses)}')
```

执行 py 文件，输出结果如下：

```
Is h1: 990 square foot Cape bigger than h2: 846 square foot Ranch: True
Is h2: 846 square foot Ranch smaller than h3: 1101 square foot Split: True
Is h2: 846 square foot Ranch greater than or equal to h1: 990 square foot Cape:
False
Which one is biggest in houses: h3: 1101 square foot Split
Which is smallest in houses: h2: 846 square foot Ranch
```

其实，total_ordering 装饰器也没那么神秘，它只是定义了一个从每个比较支持方法到所有需要定义的其他方法的映射而已。如定义了 __le__() 方法，那么它就可被用来构建所有其他需要定义的那些特殊方法。实际上，就是在类里面定义一些特殊方法，示例如下：

```
class House:
    def __eq__(self, other):
        pass
    def __lt__(self, other):
        pass
    # Methods created by @total_ordering
    __le__ = lambda self, other: self < other or self == other
    __gt__ = lambda self, other: not (self < other or self == other)
    __ge__ = lambda self, other: not (self < other)
    __ne__ = lambda self, other: not self == other
```

当然，自己去写也很容易，但是使用 @total_ordering 可以简化代码，何乐而不为呢。

8.5　属性处理

属性在对象中是很重要的一个元素，Python 中属性是普通方法的衍生。下面介绍一些属性处理方法。

8.5.1　可管理属性创建

对于类而言，其如果仅具有访问与修改逻辑往往不能满足实际应用的需求，还需要具有如类型检查或合法性验证相关属性，以及给实例创建增加除访问与修改之外的其他处理逻辑。

一种自定义某个属性的简单方法是将它定义为一个 property。以下示例定义了一个 property，增加了简单的对属性的类型检查，代码如下：

```
class Person:
    def __init__(self, first_name):
        self.first_name = first_name
```

```
# Getter function
@property
def first_name(self):
    return self._first_name

# Setter function
@first_name.setter
def first_name(self, value):
    if not isinstance(value, str):
        raise TypeError('Expected a string')
    self._first_name = value

# Deleter function (optional)
@first_name.deleter
def first_name(self):
    raise AttributeError("Can't delete attribute")
```

需要强调的是，只有在 first_name 属性被创建后，后面的两个装饰器——@first_name.
setter 和 @first_name.deleter 才能被定义。

property 的一个关键特征是它看上去与普通的 attribute 一样，但是被访问时会自动触发
getter()、setter() 和 deleter() 函数，代码（manageable_attribute.py）示例如下：

```
per = Person('Guido')
# Calls the getter
print(f'first name is: {per.first_name}')
# Calls the setter
per.first_name = 30
# Calls the deleter
del per.first_name
```

执行 py 文件，输出结果如下：

```
first name is: Guido
Traceback (most recent call last):
  File "/advanced_programming/chapter8/manageable_attribute.py", line 27, in
<module>
    per.first_name = 30
  File "/advanced_programming/chapter8/manageable_attribute.py", line 14, in
first_name
    raise TypeError('Expected a string')
TypeError: Expected a string
Traceback (most recent call last):
  File "/advanced_programming/chapter8/manageable_attribute.py", line 29, in
<module>
    del per.first_name
  File "/advanced_programming/chapter8/manageable_attribute.py", line 20, in
first_name
    raise AttributeError("Can't delete attribute")
AttributeError: Can't delete attribute
```

在实现 property 的时候，底层数据（如果有）仍然需要存储在某个地方。因此，在 get()
和 set() 方法中，我们会看到对 _first_name 属性的操作，这也是实际数据保存的地方。另
外，为什么 __init__() 方法中设置了 self.first_name 属性而不是 self._first_name 属性。在

示例中，创建 property 的目的就是在设置 attribute 的时候进行类型检查。如果我们想在初始化的时候进行类型检查，可通过设置 self.first_name 属性，自动调用 setter() 方法实现。

我们还能在已存在的 get() 和 set() 方法基础上定义 property，示例如下：

```python
class Person:
    def __init__(self, first_name):
        self.set_first_name(first_name)

    # Getter function
    def get_first_name(self):
        return self._first_name

    # Setter function
    def set_first_name(self, value):
        if not isinstance(value, str):
            raise TypeError('Expected a string')
        self._first_name = value

    # Deleter function (optional)
    def del_first_name(self):
        raise AttributeError("Can't delete attribute")

    # Make a property from existing get/set methods
    name = property(get_first_name, set_first_name, del_first_name)
```

property 属性其实是一系列相关的绑定方法的集合。如果去查看拥有 property 的类，我们会发现 property 本身的 fget、fset 和 fdel 属性就是类里面的普通方法，代码（manageable_attribute.py）示例如下：

```python
print(f'get first name: {Person.name.fget}')
print(f'set first name: {Person.name.fset}')
print(f'del first name: {Person.name.fdel}')
```

执行 py 文件，输出结果如下：

```
get first name: <function Person.get_first_name at 0x10a41cb80>
set first name: <function Person.set_first_name at 0x10a41cc10>
del first name: <function Person.del_first_name at 0x10a41cca0>
```

一般不会直接调用 fget 或者 fset 属性，它们会在访问 property 的时候自动触发。

只有当你确实需要对属性执行其他额外操作的时候，才应该使用 property。有些程序员可能认为所有访问都应该通过 getter() 和 setter() 方法，所以可能会这样写：

```python
class Person:
    def __init__(self, first_name):
        self.first_name = first_name

    @property
    def first_name(self):
        return self._first_name

    @first_name.setter
    def first_name(self, value):
```

```
        self._first_name = value
```

这样写有以下缺点。

1）它会让代码变得很臃肿，并且会迷惑读者。

2）它还会让程序运行变慢很多。

3）这样的设计并没有带来任何好处。

当以后想给普通 attribute 访问添加额外的处理逻辑的时候，我们可以将普通 attribute 变成 property 而无须改变原来的代码。

property 还可以是一种定义动态计算 attribute 的方法。这种被定义的 attribute 并不会被实际存储，而是在需要的时候计算出来，示例如下：

```python
import math
class Circle:
    def __init__(self, radius):
        self.radius = radius

    @property
    def area(self):
        return math.pi * self.radius ** 2

    @property
    def diameter(self):
        return self.radius * 2

    @property
    def perimeter(self):
        return 2 * math.pi * self.radius
```

在这里，通过 property 将所有的访问接口统一起来，对半径、直径、周长和面积的访问都是通过属性实现的，与访问简单的 attribute 是一样的。如果不使用 property，我们就要在代码中混合使用简单属性访问和方法调用，代码（manageable_attribute.py）示例如下：

```python
c = Circle(4.0)
print(f'radius is: {c.radius}')
# Notice lack of ()
print(f'area is: {c.area}')
print(f'perimeter is: {c.perimeter}')
```

执行 py 文件，输出结果如下：

```
radius is: 4.0
area is: 50.26548245743669
perimeter is: 25.132741228718345
```

尽管 property 可以优雅地实现编程接口，但我们有些时候还是想直接使用 getter() 和 setter() 函数，代码（manageable_attribute.py）示例如下：

```python
per = Person('Mr Guido')
print(f'first name is: {per.get_first_name()}')
per.set_first_name('Larry')
```

```
print(f'after change,first name is: {per.get_first_name()}')
```

执行 py 文件，输出结果如下：

```
first name is: Mr Guido
after change,first name is: Larry
```

getter() 和 setter() 函数通常用于 Python 代码被集成到一个大型基础平台架构或程序中，如一个 Python 类加入基于远程过程调用的大型分布式系统中。

不要写有大量重复代码的 property 定义，示例如下：

```
class Person:
    def __init__(self, first_name, last_name):
        self.first_name = first_name
        self.last_name = last_name

    @property
    def first_name(self):
        return self._first_name

    @first_name.setter
    def first_name(self, value):
        if not isinstance(value, str):
            raise TypeError('Expected a string')
        self._first_name = value

    # Repeated property code, but for a different name (bad!)
    @property
    def last_name(self):
        return self._last_name

    @last_name.setter
    def last_name(self, value):
        if not isinstance(value, str):
            raise TypeError('Expected a string')
        self._last_name = value
```

重复定义会导致代码臃肿、易出错。我们可使用装饰器或闭包来简化代码，或者其他更好的方法来完成同样的事情。

8.5.2 延迟计算属性

在实际应用中，我们经常需要将某些操作延迟，比如计算，即将只读属性定义成 property，并且只在其被访问的时候才计算结果，一旦只读属性被访问，结果值被缓存起来，不用每次都去计算。

一种定义延迟属性的高效方法是使用描述器类，示例如下：

```
class LazyProperty:
    def __init__(self, func):
        self.func = func

    def __get__(self, instance, cls):
```

```
        if instance is None:
            return self
        else:
            value = self.func(instance)
            setattr(instance, self.func.__name__, value)
            return value
```

描述器类的使用方式如下：

```python
import math

class Circle:
    def __init__(self, radius):
        self.radius = radius

    @LazyProperty
    def area(self):
        print('Computing area')
        return math.pi * self.radius ** 2

    @LazyProperty
    def perimeter(self):
        print('Computing perimeter')
        return 2 * math.pi * self.radius
```

使用示例（lazy_property.py）：

```python
circle = Circle(6.0)
print(f'radius = {circle.radius}')
print(f'area = {circle.area}')
print(f'area = {circle.area}')
print(f'perimeter = {circle.perimeter}')
print(f'perimeter = {circle.perimeter}')
```

执行 py 文件，输出结果如下：

```
radius = 6.0
Computing area
area = 113.09733552923255
area = 113.09733552923255
Computing perimeter
perimeter = 37.69911184307752
perimeter = 37.69911184307752
```

仔细观察，我们会发现消息 Computing area 和 Computing perimeter 仅仅出现一次。

很多时候，构造一个延迟计算属性的主要目的是提升性能，如避免计算这些属性值，除非真的需要它们。这里演示的方案就是用来提升性能的，只不过它是使用描述器的特性来达到这种效果的。

正如前面所述，当描述器被放入一个类的定义时，每次访问属性时它的 __get__()、__set__() 和 __delete__() 方法就会被触发。如果描述器仅仅只定义了一个 __get__() 方法，它比通常的描述器具有更弱的绑定。特别地，只有当被访问属性不在实例底层的字典中时，__get__() 方法才会被触发。

lazyproperty 类利用这一点，使用 __get__() 方法在实例中存储计算结果值，这个实例使用相同的名字作为它的 property。这样，结果值被存储在实例字典中并且以后就不需要再去计算其 property 了。更复杂的代码（lazy_property.py）示例如下：

```
circle = Circle(5.0)
print(f'vars result: {vars(circle)}')
print(f'area = {circle.area}')
print(f'vars result: {vars(circle)}')
print(f'area = {circle.area}')
del circle.area
print(f'vars result: {vars(circle)}')
print(f'area = {circle.area}')
```

执行 py 文件，输出结果如下：

```
vars result: {'radius': 5.0}
Computing area
area = 78.53981633974483
vars result: {'radius': 5.0, 'area': 78.53981633974483}
area = 78.53981633974483
vars result: {'radius': 5.0}
Computing area
area = 78.53981633974483
```

这种方案有一个小缺陷，就是计算结果可以被修改，代码（lazy_property.py）示例如下：

```
print(f'primary area = {circle.area}')
circle.area = 50
print(f'after modify,area = {circle.area}')
```

执行 py 文件，输出结果如下：

```
primary area = 78.53981633974483
after modify,area = 50
```

如果担心计算结果被修改，我们可以使用一种稍微没那么高效的实现方法，代码（lazy_property.py）示例如下：

```
def lazy_property(func):
    name = '_lazy_' + func.__name__
    @property
    def lazy(self):
        if hasattr(self, name):
            return getattr(self, name)
        else:
            value = func(self)
            setattr(self, name, value)
            return value
    return lazy

class Circle:
    def __init__(self, radius):
        self.radius = radius
```

```
@lazy_property
def area(self):
    print('Computing area')
    return math.pi * self.radius ** 2

@lazy_property
def perimeter(self):
    print('Computing perimeter')
    return 2 * math.pi * self.radius
```

对于修改后的版本，修改操作已经不被允许（lazy_property.py）：

```
circle = Circle(6.0)
print(f'area = {circle.area}')
# circle.area = 50
```

执行 py 文件，输出结果如下：

```
Computing area
area = 113.09733552923255
Traceback (most recent call last):
  File "/advanced_programming/chapter8/lazy_property.py", line 83, in <module>
    circle.area = 50
AttributeError: can't set attribute
```

这种方案有一个缺点，就是所有 get 操作都必须被定向到属性的 getter() 函数上。这与之前简单地在实例字典中查找值的方案相比效率要低一点。

8.5.3 属性的代理访问

属性代理访问作为继承的替代方法或者实现代理模式，可将某个实例的属性访问代理到另一个实例中。

代理是一种编程模式，它将某个操作转移给另一个对象来实现。其最简单的形式类似如下（proxy_visit.py）：

```
class A(object):
    def spam(self, x):
        pass

    def foo(self):
        pass

class B(object):
    """
    简单的代理
    """
    def __init__(self):
        self._a = A()

    def spam(self, x):
        # Delegate to the internal self._a instance
        return self._a.spam(x)
```

```
    def foo(self):
        # Delegate to the internal self._a instance
        return self._a.foo()

    def bar(self):
        pass
```

如果仅仅有两个方法需要代理，那么像这样写就足够了。但如果有大量的方法需要代理，使用 __getattr__() 方法更好些（proxy_visit.py）：

```
class B2(object):
    """
    使用 __getattr__ 的代理，代理方法比较多时候
    """
    def __init__(self):
        self._a = A()

    def bar(self):
        pass

    # Expose all of the methods defined on class A
    def __getattr__(self, name):
        """
        这个方法在访问的 attribute 不存在的时候被调用
        the __getattr__() method is actually a fallback method
        that only gets called when an attribute is not found
        :param name:
        :return:
        """
        return getattr(self._a, name)
```

__getattr__() 方法在访问的 attribute 不存在的时候被调用，示例如下：

```
b = B()
# Calls B.bar() (exists on B)
b.bar()
# Calls B.__getattr__('spam') and delegates to A.spam
b.spam(30)
```

另外一个代理例子是实现代理模式，示例如下：

```
# A proxy class that wraps around another object, but
# exposes its public attributes
class Proxy(object):
    def __init__(self, obj):
        self._obj = obj

    # Delegate attribute lookup to internal obj
    def __getattr__(self, name):
        print(f'getattr: {name}')
        return getattr(self._obj, name)

    # Delegate attribute assignment
    def __setattr__(self, name, value):
        if name.startswith('_'):
```

```
            super().__setattr__(name, value)
        else:
            print(f'setattr: {name} {value}')
            setattr(self._obj, name, value)

    # Delegate attribute deletion
    def __delattr__(self, name):
        if name.startswith('_'):
            super().__delattr__(name)
        else:
            print(f'delattr: {name}')
            delattr(self._obj, name)
```

使用这个代理类时，只需要用它来包装其他类即可，代码（proxy_visit.py）如下：

```
class Spam(object):
    def __init__(self, x):
        self.x = x

    def bar(self, y):
        print(f'Spam.bar: {self.x}, {y}')

# Create an instance
s = Spam(2)
# Create a proxy around it
p = Proxy(s)
# Access the proxy
print(f'p.x = {p.x}')
p.bar(3)
p.x = 37
```

执行 py 文件，输出结果如下：

```
getattr: x
p.x = 2
getattr: bar
Spam.bar: 2, 3
setattr: x 37
```

通过自定义属性访问方法，我们可以用不同方式自定义代理类行为（比如加入日志功能、只读访问等）。

代理类有时候可以作为继承的替代方案。

一个简单的继承示例如下：

```
class A(object):
    def spam(self, x):
        print(f'A.spam {x}')
    def foo(self):
        print('A.foo')

class B(A):
    def spam(self, x):
        print('B.spam')
        super().spam(x)
```

```
    def bar(self):
        print('B.bar')
```

使用代理的方法如下：

```
class A(object):
    def spam(self, x):
        print(f'A.spam {x}')
    def foo(self):
        print('A.foo')

class B(object):
    def __init__(self):
        self._a = A()
    def spam(self, x):
        print(f'B.spam {x}')
        self._a.spam(x)
    def bar(self):
        print('B.bar')
    def __getattr__(self, name):
        return getattr(self._a, name)
```

当实现代理模式时，我们需要注意如下几个细节。

1）__getattr__() 实际是一个后备方法，只有在属性不存在时才会被调用。如果代理类实例本身有这个属性，那么不会触发该方法。

2）__setattr__() 和 __delattr__() 方法需要额外的魔法方法来区分代理实例和被代理实例的 _obj 属性。一个通常的约定是只代理那些不以下划线（_）开头的属性（代理类只暴露被代理类的公共属性）。

3）__getattr__() 方法对于大部分以双下划线（__）开始和结尾的属性并不适用，示例如下：

```
class ListLike(object):
    """__getattr__对于双下划线开始和结尾的方法是不能用的，需要一个个去重定义"""

    def __init__(self):
        self._items = []

    def __getattr__(self, name):
        return getattr(self._items, name)
```

对于 ListLike 对象，我们发现它支持普通的列表方法，如 append() 和 insert()，但不支持 len()、元素查找等方法，代码（proxy_visit.py）示例如下：

```
a = ListLike()
a.append(2)
a.insert(0, 1)
a.sort()
len(a)
a[0]
```

执行 py 文件，输出结果如下：

```
Traceback (most recent call last):
  File "/advanced_programming/chapter8/proxy_visit.py", line 147, in <module>
    len(a)
TypeError: object of type 'ListLike' has no len()
Traceback (most recent call last):
  File "/advanced_programming/chapter8/proxy_visit.py", line 148, in <module>
    a[0]
TypeError: 'ListLike' object is not subscriptable
```

为了让它支持这些方法，必须手动实现这些方法代理，代码如下：

```python
class ListLike(object):
    """__getattr__对于双下划线开始和结尾的方法是不能用的，需要一个个去重定义 """

    def __init__(self):
        self._items = []

    def __getattr__(self, name):
        return getattr(self._items, name)

    # Added special methods to support certain list operations
    def __len__(self):
        return len(self._items)

    def __getitem__(self, index):
        return self._items[index]

    def __setitem__(self, index, value):
        self._items[index] = value

    def __delitem__(self, index):
        del self._items[index]
```

8.6 数据结构的初始化

一般，我们习惯在每个类中定义一个 __init__() 函数。当有很多仅仅用作数据结构的类时，我们要写很多 __init__() 函数，那么如何操作可以减少初始化函数的编写个数？

我们可以在基类中写一个公用的 __init__() 函数，代码如下：

```python
import math

class Structure1:
    # Class variable that specifies expected fields
    _field_list = []

    def __init__(self, *args):
        if len(args) != len(self._field_list):
            raise TypeError(f'Expected {len(self._field_list)} arguments')
        # Set the arguments
        for name, value in zip(self._field_list, args):
            setattr(self, name, value)
```

然后使类继承自这个基类，代码如下：

```python
class Course(Structure1):
    _field_list = ['course_name', 'total_class', 'score']

class Point(Structure1):
    _field_list = ['x', 'y']

class Circle(Structure1):
    _field_list = ['radius']

    def area(self):
        return math.pi * self.radius ** 2
```

这些类的使用方法如下：

```python
course = Course('python', 30, 0.3)
p = Point(2, 3)
c = Circle(4.5)
course_1 = Course('python', 30)
```

如果还想支持关键字参数，我们可以将关键字参数设置为实例属性，代码如下：

```python
class Structure2:
    _field_list = []

    def __init__(self, *args, **kwargs):
        if len(args) > len(self._field_list):
            raise TypeError(f'Expected {len(self._field_list)} arguments')

        # Set all of the positional arguments
        for name, value in zip(self._field_list, args):
            setattr(self, name, value)

        # Set the remaining keyword arguments
        for name in self._field_list[len(args):]:
            setattr(self, name, kwargs.pop(name))

        # Check for any remaining unknown arguments
        if kwargs:
            raise TypeError(f"Invalid argument(s): {','.join(kwargs)}")
# Example use
if __name__ == '__main__':
    class Course(Structure2):
        _field_list = ['course_name', 'total_class', 'score']

    course_1 = Course('python', 30, 0.3)
    course_2 = Course('python', 30, score=0.3)
    course_3 = Course('python', total_class=30, score=0.3)
    course_3 = Course('python', total_class=30, score=0.3, aa=1)
```

还能将不在 _fields 中的名称加入属性中，代码如下：

```python
class Structure3:
    # Class variable that specifies expected fields
    _field_list = []

    def __init__(self, *args, **kwargs):
```

```
        if len(args) != len(self._field_list):
            raise TypeError(f'Expected {len(self._field_list)} arguments')

        # Set the arguments
        for name, value in zip(self._field_list, args):
            setattr(self, name, value)

        # Set the additional arguments (if any)
        extra_args = kwargs.keys() - self._field_list
        for name in extra_args:
            setattr(self, name, kwargs.pop(name))

        if kwargs:
            raise TypeError(f"Duplicate values for {','.join(kwargs)}")

# Example use
if __name__ == '__main__':
    class Course(Structure3):
        _field_list = ['course_name', 'total_class', 'score']

    course_1 = Course('python', 30, 0.3)
    course_2 = Course('python', 30, 0.3, date='8/5/2020')
```

当需要使用大量很小的数据结构类的时候，相比手工一个个定义 __init__() 函数，这种方式可以大大简化代码。

上面的实现中使用了 setattr() 函数设置属性值，我们也可以用这种方式，直接更新实例字典，代码如下：

```
class Structure:
    # Class variable that specifies expected fields
    _field_list= []
    def __init__(self, *args):
        if len(args) != len(self._field_list):
            raise TypeError(f'Expected {len(self._field_list)} arguments')

        # Set the arguments (alternate)
        self.__dict__.update(zip(self._field_list,args))
```

这种方式在定义子类的时候会出现问题。当一个子类定义了 __slots__ 或者通过 property（或描述器）包装某个属性，直接访问实例字典就不起作用了。显然 setattr() 函数会更通用些，因为它也适用于子类情况。

setattr() 函数唯一不好的地方就是对某些 IDE 而言，在显示帮助函数时可能不太友好，代码（structure_init.py）示例如下：

```
help(Course)}
```

执行 py 文件，输出结果如下：

```
Help on class Course in module __main__:

class Course(Structure3)
 |  Course(*args, **kwargs)
```

```
    |
    |  # Example class definitions
...
```

8.7 接口或者抽象基类定义

在实际应用中，我们会遇到定义了一个接口或抽象基类，对于某些特定的方法，子类必须要实现，需要通过执行类型检查来确定的情形。

使用 abc 模块可以很轻松地定义抽象基类，代码（abstract_cls.py）示例如下：

```python
from abc import ABCMeta, abstractmethod

class IStream(metaclass=ABCMeta):
    @abstractmethod
    def read(self, max_bytes=-1):
        pass

    @abstractmethod
    def write(self, data):
        pass
```

抽象基类的一个特点是它不能直接被实例化，代码（abstract_cls.py）示例如下：

```python
a = IStream()
```

执行 py 文件，输出结果如下：

```
Traceback (most recent call last):
  File "/advanced_programming/chapter8/abstract_cls.py", line 13, in <module>
    a = IStream()
TypeError: Can't instantiate abstract class IStream with abstract methods read,
write
```

抽象基类的目的就是让别的类继承它，并实现特定的抽象方法，示例如下：

```python
class SocketStream(IStream):
    def read(self, max_bytes=-1):
        pass

    def write(self, data):
        pass
```

抽象基类的一个主要用途是在代码中检查某些类是否为特定类型，是否实现了特定接口，示例如下：

```python
def serialize(obj, stream):
    if not isinstance(stream, IStream):
        raise TypeError('Expected an IStream')
    pass
```

除了继承这种方式外，我们还可以通过注册方式让某个类实现抽象基类，代码（abstract_cls.py）示例如下：

```
import io

# Register the built-in I/O classes as supporting our interface
IStream.register(io.IOBase)

# Open a normal file and type check
f = open('test.txt')
print(f'f object is IStream type: {isinstance(f, IStream)}')
```

执行 py 文件，输出结果如下：

```
f object is IStream type: True
```

@abstractmethod 还能注解静态方法、类方法和 properties，只需保证这个注解紧靠在函数定义前即可，示例如下：

```
class A(metaclass=ABCMeta):
    @property
    @abstractmethod
    def name(self):
        pass

    @name.setter
    @abstractmethod
    def name(self, value):
        pass

    @classmethod
    @abstractmethod
    def method_1(cls):
        pass

    @staticmethod
    @abstractmethod
    def method_2():
        pass
```

标准库中有很多用到抽象基类的地方。collections 模块定义了很多与容器和迭代器（序列、映射、集合等）有关的抽象基类。numbers 库定义了与数字对象（整数、浮点数、有理数等）有关的抽象基类。io 库定义了很多与 I/O 操作相关的抽象基类。

我们可以使用预定义的抽象基类来执行更通用的类型检查，示例如下：

```
import collections

# Check if x is a sequence
if isinstance(x, collections.Sequence):
    pass

# Check if x is iterable
if isinstance(x, collections.Iterable):
    pass

# Check if x has a size
if isinstance(x, collections.Sized):
```

```
        pass

# Check if x is a mapping
if isinstance(x, collections.Mapping):
        pass
```

尽管 ABCs 模块可以很方便地做类型检查，但是在代码中最好不要过多使用它。因为 Python 的本质是一门动态编程语言，目的是给编程更多灵活性。强制类型检查或让代码变得更复杂，这样做无异于舍本求末。

8.8 数据模型的类型约束

在实际应用中，我们需要定义某些在实例属性赋值上有限制的数据结构。对于这个问题，我们需要在对某些实例属性赋值时进行检查，所以要自定义属性赋值函数，这种情况下最好使用描述器。

以下示例展示了一个用描述器实现系统类型和赋值验证的框架：

```
# Base class. Uses a descriptor to set a value
class Descriptor:
    def __init__(self, name=None, **opts):
        self.name = name
        for key, value in opts.items():
            setattr(self, key, value)

    def __set__(self, instance, value):
        instance.__dict__[self.name] = value

# Descriptor for enforcing types
class Typed(Descriptor):
    expected_type = type(None)

    def __set__(self, instance, value):
        if not isinstance(value, self.expected_type):
            raise TypeError(f'expected {str(self.expected_type)}')
        super().__set__(instance, value)

# Descriptor for enforcing values
class Unsigned(Descriptor):
    def __set__(self, instance, value):
        if value < 0:
            raise ValueError('Expected >= 0')
        super().__set__(instance, value)

class MaxSized(Descriptor):
    def __init__(self, name=None, **opts):
        if 'size' not in opts:
            raise TypeError('missing size option')
        super().__init__(name, **opts)

    def __set__(self, instance, value):
```

```
        if len(value) >= self.size:
            raise ValueError(f'size must be < {str(self.size)}')
        super().__set__(instance, value)
```

这些类是要创建的数据模型或类型系统的基础构建模块。以下是实际定义的各种数据
类型（type_constraint.py）：

```
class Integer(Typed):
    expected_type = int

class UnsignedInteger(Integer, Unsigned):
    pass

class Float(Typed):
    expected_type = float

class UnsignedFloat(Float, Unsigned):
    pass

class String(Typed):
    expected_type = str

class SizedString(String, MaxSized):
    pass
```

使用这些自定义数据类型定义一个类，代码如下：

```
class Course:
    # Specify constraints
    course_name = SizedString('course_name', size=8)
    total_class = UnsignedInteger('total_class')
    score = UnsignedFloat('score')

    def __init__(self, course_name, total_class, score):
        self.course_name = course_name
        self.total_class = total_class
        self.score = score
```

测试这个类的属性赋值约束，可以发现对某些属性的赋值违反了约束，是不合法的，
代码（type_constraint.py）如下：

```
course = Course('python', 30, 0.3)
print(f'course name is: {course.course_name}')
print(f'total class is: {course.total_class}')
course.total_class = 20
print(f'after change,total class is: {course.total_class}')
course.course_name = 'go'
print(f'after change,course name is: {course.course_name}')
course.total_class = -10
course.score = 'hello'
```

执行 py 文件，输出结果如下：

```
course name is: python
total class is: 30
```

```
after change,total class is: 20
after change,course name is: go
Traceback (most recent call last):
  File "/advanced_programming/chapter8/type_constraint.py", line 77, in <module>
    course.total_class = -10
  File "/advanced_programming/chapter8/type_constraint.py", line 18, in __set__
    super().__set__(instance, value)
  File "/advanced_programming/chapter8/type_constraint.py", line 24, in __set__
    raise ValueError('Expected >= 0')
ValueError: Expected >= 0
Traceback (most recent call last):
  File "/advanced_programming/chapter8/type_constraint.py", line 78, in <module>
    course.score = 'hello'
  File "/advanced_programming/chapter8/type_constraint.py", line 17, in __set__
    raise TypeError(f'expected {str(self.expected_type)}')
TypeError: expected <class 'float'>
```

还有一些技术可以简化上面的代码，其中一种是使用类装饰器，示例如下：

```python
# Class decorator to apply constraints
def check_attributes(**kwargs):
    def decorate(cls):
        for key, value in kwargs.items():
            if isinstance(value, Descriptor):
                value.name = key
                setattr(cls, key, value)
            else:
                setattr(cls, key, value(key))
        return cls

    return decorate


# Example
@check_attributes(course_name=SizedString(size=8),
                  total_class=UnsignedInteger,
                  score=UnsignedFloat)
class Course:
    def __init__(self, course_name, total_class, score):
        self.course_name = course_name
        self.total_class = total_class
        self.score = score
```

另外一种技术是使用元类，示例如下：

```python
# A metaclass that applies checking
class CheckedMeta(type):
    def __new__(cls, cls_name, bases, methods):
        # Attach attribute names to the descriptors
        for key, value in methods.items():
            if isinstance(value, Descriptor):
                value.name = key
        return type.__new__(cls, cls_name, bases, methods)


# Example
class Course2(metaclass=CheckedMeta):
    course_name = SizedString(size=8)
```

```
    total_class = UnsignedInteger()
    score = UnsignedFloat()

    def __init__(self, course_name, total_class, score):
        self.course_name = course_name
        self.total_class = total_class
        self.score = score
```

这里使用了很多高级技术，包括描述器、混入类、super() 函数、类装饰器和元类。这里不能一一详细展开讲解，介绍几个需要注意的事项。

首先，在 Descriptor 基类中有一个 __set__() 方法，却没有相应的 __get__() 方法。如果一个描述仅仅是从底层实例字典中获取某个属性值，那么没必要去定义 __get__() 方法。

其次，所有描述器类都是基于混入类来实现的，比如 Unsigned 类和 MaxSized 类要与其他继承自 Typed 类混合。这里利用多继承来实现相应的功能。

混入类的一个比较难理解的地方是，调用 super() 函数时，并不知道究竟具体要调用哪个类，需要与其他类结合后才能正确地使用。

使用类装饰器和元类通常可以简化代码。对于上面两个例子，我们会发现使用类装饰器和元类只需要输入一次属性名即可，代码如下：

```
# Normal
class Point:
    x = Integer('x')
    y = Integer('y')

# Metaclass
class Point(metaclass=CheckedMeta):
    x = Integer()
    y = Integer()
```

所有方法中，类装饰器方案应该是最灵活和最高明的。首先，它并不依赖任何其他新的技术，比如元类。其次，装饰器可以很容易地添加或删除。

最后，装饰器还能作为混入类的替代技术来实现同样的效果，示例如下：

```
# Decorator for applying type checking
def typed(expected_type, cls=None):
    if cls is None:
        return lambda cls: Typed(expected_type, cls)
    super_set = cls.__set__

    def __set__(self, instance, value):
        if not isinstance(value, expected_type):
            raise TypeError(f'expected {str(expected_type)}')
        super_set(self, instance, value)

    cls.__set__ = __set__
    return cls

# Decorator for unsigned values
def unsigned(cls):
    super_set = cls.__set__
```

```python
    def __set__(self, instance, value):
        if value < 0:
            raise ValueError('Expected >= 0')
        super_set(self, instance, value)

    cls.__set__ = __set__
    return cls

# Decorator for allowing sized values
def max_sized(cls):
    super_init = cls.__init__

    def __init__(self, name=None, **opts):
        if 'size' not in opts:
            raise TypeError('missing size option')
        super_init(self, name, **opts)

    cls.__init__ = __init__

    super_set = cls.__set__

    def __set__(self, instance, value):
        if len(value) >= self.size:
            raise ValueError(f'size must be < {str(self.size)}')
        super_set(self, instance, value)

    cls.__set__ = __set__
    return cls

# Specialized descriptors
@typed(int)
class Integer(Descriptor):
    pass

@unsigned
class UnsignedInteger(Integer):
    pass

@typed(float)
class Float(Descriptor):
    pass

@unsigned
class UnsignedFloat(Float):
    pass

@typed(str)
class String(Descriptor):
    pass

@max_sized
class SizedString(String):
    pass
```

这种方式定义的类与之前的效果一样，而且执行速度更快。对于设置一个简单的类型属性的值，装饰器方式要比混入类方式几乎快一倍。

8.9 自定义容器

Python 内置了一些容器，如列表和字典。我们可否实现一个自定义的类来模拟内置的容器功能，并检验哪些方法是需要实现的。

collections 模块定义了很多抽象基类，对于自定义容器类非常有用。如果想让类支持迭代，那就使类继承 collections.Iterable，代码（self_container.py）示例如下：

```
import collections
class A(collections.Iterable):
    pass
```

不过，我们需要实现 collections.Iterable 所有的抽象方法，否则会报错，代码（self_container.py）示例如下：

```
a = A()
```

执行 py 文件，输出结果如下：

```
Traceback (most recent call last):
  File "/advanced_programming/chapter8/self_container.py", line 6, in <module>
    a = A()
TypeError: Can't instantiate abstract class A with abstract methods __iter__
```

只要实现 __iter__() 方法，程序就不会报错。

先实例化一个对象，在错误提示中找到需要实现的方法，代码（self_container.py）示例如下：

```
import collections
collections.Sequence()
```

执行 py 文件，输出结果如下：

```
Traceback (most recent call last):
  File "/advanced_programming/chapter8/self_container.py", line 10, in <module>
    collections.Sequence()
TypeError: Can't instantiate abstract class Sequence with abstract methods __getitem__, __len__
```

以下示例展示了类继承自 Sequence 抽象类，并实现元素按照顺序存储，代码（self_container.py）如下：

```
import collections
import bisect

class SortedItems(collections.Sequence):
    def __init__(self, initial=None):
        self._items = sorted(initial) if initial is not None else []
```

```python
    # Required sequence methods
    def __getitem__(self, index):
        return self._items[index]

    def __len__(self):
        return len(self._items)

    # Method for adding an item in the right location
    def add(self, item):
        bisect.insort(self._items, item)

item_list = SortedItems([5, 1, 3])
print(f'item list = {list(item_list)}')
print(f'item_list[0] = {item_list[0]}, item_list[-1] = {item_list[-1]}')
item_list.add(2)
print(f'item_list = {list(item_list)}')
```

执行 py 文件，输出结果如下：

```
item list = [1, 3, 5]
item_list[0] = 1, item_list[-1] = 5
item_list = [1, 2, 3, 5]
```

从代码中可以看到，SortedItems 与普通的序列几乎一样，支持所有常用操作，包括索引、迭代、包含判断，甚至切片操作。

上述代码使用到了 bisect 模块，它是一个在排序列表中插入元素的高效方法，可以保证元素插入后还使列表元素保持原有顺序。

使用 collections 模块中的抽象基类可以确保自定义的容器实现所有必要的方法，还能简化类型检查。自定义容器会满足大部分类型检查需要，代码（self_container.py）示例如下：

```python
item_list = SortedItems()
import collections
print(f'is item_list Iterable: {isinstance(item_list, collections.Iterable)}')
print(f'is item_list Sequence: {isinstance(item_list, collections.Iterable)}')
print(f'is item_list Container: {isinstance(item_list, collections.Iterable)}')
print(f'is item_list Sized: {isinstance(item_list, collections.Iterable)}')
print(f'is item_list Mapping: {isinstance(item_list, collections.Iterable)}')
```

执行 py 文件，输出结果如下：

```
is item_list Iterable: True
is item_list Sequence: True
is item_list Container: True
is item_list Sized: True
is item_list Mapping: True
```

collections 模块中的很多抽象基类会为一些常见容器操作提供默认的实现，这样我们只需要实现那些最感兴趣的方法。假设类继承自 collections.MutableSequence，代码（self_container.py）示例如下：

```python
class Items(collections.MutableSequence):
    def __init__(self, initial=None):
```

```
    self._items = list(initial) if initial is not None else []

    # Required sequence methods
    def __getitem__(self, index):
        print(f'Getting: {index}')
        return self._items[index]

    def __setitem__(self, index, value):
        print(f'Setting: {index} {value}')
        self._items[index] = value

    def __delitem__(self, index):
        print(f'Deleting: {index}')
        del self._items[index]

    def insert(self, index, value):
        print(f'Inserting: {index} {value}')
        self._items.insert(index, value)

    def __len__(self):
        print('Calculation object length.')
        return len(self._items)
```

如果创建 Items 的实例，我们会发现它支持几乎所有的核心列表方法，如 append()、remove()、count() 等，代码（self_container.py）示例如下：

```
a_item = Items([1, 2, 3])
print(f'len of a is: {len(a_item)}')

a_item.append(4)
a_item.append(2)
a_item.count(2)
a_item.remove(2)
```

执行 py 文件，输出结果如下：

```
Calculation object length.
len of a is: 3
Calculation object length.
Inserting: 3 4
Calculation object length.
Inserting: 4 2
Getting: 0
Getting: 1
Getting: 2
Getting: 3
Getting: 4
Getting: 5
Getting: 0
Getting: 1
Deleting: 1
```

这里是对 Python 抽象类功能的抛砖引玉。numbers 模块提供了一个与整数类型相关的抽象类型集合。

8.10 不调用 init 方法的实例创建

我们经常通过 __init__() 方法创建实例，是否可以绕过 __init__() 方法创建实例。
下面通过 __new__() 方法创建一个未初始化的实例，示例如下：

```
class Date:
    def __init__(self, year, month, day):
        self.year = year
        self.month = month
        self.day = day
```

下面演示如何不调用 __init__() 方法来创建 Date 实例，代码（no_init.py）示例如下：

```
d = Date.__new__(Date)
print(f'data object is: {d}')
print(d.year)
```

执行 py 文件，输出结果如下：

```
data object is: <__main__.Date object at 0x10a45f730>
Traceback (most recent call last):
  File "/advanced_programming/chapter8/no_init.py", line 10, in <module>
    print(d.year)
AttributeError: 'Date' object has no attribute 'year'
```

从输出结果可以看到，Date 实例的属性 year 不存在，需要先手动初始化，代码（no_init.py）示例如下：

```
data = {'year': 2020, 'month': 5, 'day': 10}

for key, value in data.items():
    setattr(d, key, value)

print(f'year is: {d.year}')
print(f'month is: {d.month}')
```

执行 py 文件，输出结果如下：

```
year is: 2020
month is: 5
```

当在反序列化对象或者为实现某个类方法而构造函数时，我们需要绕过 __init__() 方法来创建对象。如对于上面的 Date 类型实例，我们可能会像下面这样定义一个新的构造函数 today()，代码如下：

```
from time import localtime

class Date:
    def __init__(self, year, month, day):
        self.year = year
        self.month = month
        self.day = day
```

```
@classmethod
def today(cls):
    d = cls.__new__(cls)
    t = localtime()
    d.year = t.tm_year
    d.month = t.tm_mon
    d.day = t.tm_mday
    return d
```

同样，在反序列化 JSON 数据时会产生一个字典对象，示例如下：

```
data = {'year': 2020, 'month': 5, 'day': 10}
```

如果想将它转换成一个 Date 类型实例，可以使用上面的技术。

当通过这种非常规方式来创建实例的时候，最好不要直接去访问底层实例字典，除非你清楚其所有细节。如果类使用了 __slots__、properties、descriptors 或其他高级技术，代码就会失效。而这时候，setattr() 方法会让代码变得更加通用。

8.11 利用 Mixin 扩展类功能

很多有用的方法可以用来扩展其他类的功能，但是这些类并没有任何继承的关系，因此我们不能简单地将这些方法放入一个基类，然后被其他类继承。

通常，某个库提供了一些基础类，我们可以利用它们来扩展类功能。

假设想扩展映射对象，给它们添加日志、唯一性设置、类型检查等功能。下面是一些混入类（func_expand.py）：

```
class LoggedMappingMixin:
    """
    Add logging to get/set/delete operations for debugging.
    """
    __slots__ = ()   # 混入类都没有实例变量，因为直接实例化混入类没有任何意义

    def __getitem__(self, key):
        print('Getting ' + str(key))
        return super().__getitem__(key)

    def __setitem__(self, key, value):
        print(f'Setting {key} = {value!r}')
        return super().__setitem__(key, value)

    def __delitem__(self, key):
        print(f'Deleting {str(key)}')
        return super().__delitem__(key)

class SetOnceMappingMixin:
    """
    Only allow a key to be set once.
    """
    __slots__ = ()
```

```
    def __setitem__(self, key, value):
        if key in self:
            raise KeyError(f'{str(key)} already set')
        return super().__setitem__(key, value)

class StringKeysMappingMixin:
    """
    Restrict keys to strings only
    """
    __slots__ = ()

    def __setitem__(self, key, value):
        if not isinstance(key, str):
            raise TypeError('keys must be strings')
        return super().__setitem__(key, value)
```

这些类单独使用起来没有任何意义，事实上如果去实例化任何一个类，肯定会产生异常。它们是通过多继承来和其他映射对象混合使用的，代码（func_expand.py）示例如下：

```
class LoggedDict(LoggedMappingMixin, dict):
    pass

d = LoggedDict()
d['x'] = 23
print(f"d['x'] = {d['x']}")
del d['x']

from collections import defaultdict

class SetOnceDefaultDict(SetOnceMappingMixin, defaultdict):
    pass

d = SetOnceDefaultDict(list)
d['x'].append(2)
d['x'].append(3)
print(f"d['x'] = {d['x']}")
d['x'] = 23
```

执行 py 文件，输出结果如下：

```
Setting x = 23
Getting x
d['x'] = 23
Deleting x
d['x'] = [2, 3]
Traceback (most recent call last):
  File "/advanced_programming/chapter8/func_expand.py", line 59, in <module>
    d['x'] = 23
  File "/advanced_programming/chapter8/func_expand.py", line 27, in __setitem__
    raise KeyError(f'{str(key)} already set')
KeyError: 'x already set'
```

可以看到，混入类与其他已存在的类（比如 dict、defaultdict 和 OrderedDict）结合起来使用，就能正常发挥功效了。

混入类在标准库中的很多地方出现过，通常用来扩展某些类的功能。它们也是多继承的一个主要用途。如我们经常使用socketserver模块中的 ThreadingMixIn 来给其他网络相关类增加多线程支持。以下是一个多线程的 XML-RPC 服务（func_expand.py）：

```
from xmlrpc.server import SimpleXMLRPCServer
from socketserver import ThreadingMixIn
class ThreadedXMLRPCServer(ThreadingMixIn, SimpleXMLRPCServer):
    pass
```

混入类在一些大型库和框架中也有使用，用途同样是增强已存在的类的功能和一些可选特征。

对于混入类，我们有几点需要注意。首先，混入类不能直接被实例化使用。其次，混入类没有自己的状态信息，也就是说它们并没有定义 __init__() 方法，并且没有实例属性。这也是为什么在上面明确定义了 __slots__=()。

还有一种实现混入类的方式是使用类装饰器，示例如下：

```
def logged_mapping(cls):
    """ 第二种方式：使用类装饰器 """
    cls_getitem = cls.__getitem__
    cls_setitem = cls.__setitem__
    cls_delitem = cls.__delitem__

    def __getitem__(self, key):
        print(f'Getting {str(key)}')
        return cls_getitem(self, key)

    def __setitem__(self, key, value):
        print(f'Setting {key} = {value!r}')
        return cls_setitem(self, key, value)

    def __delitem__(self, key):
        print(f'Deleting {str(key)}')
        return cls_delitem(self, key)

    cls.__getitem__ = __getitem__
    cls.__setitem__ = __setitem__
    cls.__delitem__ = __delitem__
    return cls


@logged_mapping
class LoggedDict(dict):
    pass
```

这个效果跟之前的是一样的，而且不再需要使用多继承了。

8.12 状态对象实现

在实际应用中，我们需要在不出现太多条件判断语句的情形下，实现状态机或者在不同状态下执行操作的对象。

在很多程序中，有些对象会根据状态的不同来执行不同的操作。先看一个连接对象示例（status_obj.py）：

```python
class Connection:
    """
    普通方案有多个判断语句，效率低下
    """
    def __init__(self):
        self.state = 'CLOSED'

    def read(self):
        if self.state != 'OPEN':
            raise RuntimeError('Not open')
        print('reading')

    def write(self, data):
        if self.state != 'OPEN':
            raise RuntimeError('Not open')
        print('writing')

    def open(self):
        if self.state == 'OPEN':
            raise RuntimeError('Already open')
        self.state = 'OPEN'

    def close(self):
        if self.state == 'CLOSED':
            raise RuntimeError('Already closed')
        self.state = 'CLOSED'
```

这样写代码有很多缺点。

1）代码太复杂了，有很多条件判断。

2）执行效率低，因为一些常见的操作比如 read()、write() 每次执行前都需要执行检查。

一个更好的办法是为每个状态定义一个对象，代码（status_obj.py）示例如下：

```python
class Connection:
    """ 新方案——对每个状态定义一个类 """

    def __init__(self):
        self.new_state(ClosedConnectionState)

    def new_state(self, newstate):
        self._state = newstate
        # Delegate to the state class

    def read(self):
        return self._state.read(self)

    def write(self, data):
        return self._state.write(self, data)

    def open(self):
```

```
            return self._state.open(self)

    def close(self):
        return self._state.close(self)

# Connection state base class
class ConnectionState:
    @staticmethod
    def read(conn):
        raise NotImplementedError()

    @staticmethod
    def write(conn, data):
        raise NotImplementedError()

    @staticmethod
    def open(conn):
        raise NotImplementedError()

    @staticmethod
    def close(conn):
        raise NotImplementedError()

# Implementation of different states
class ClosedConnectionState(ConnectionState):
    @staticmethod
    def read(conn):
        raise RuntimeError('Not open')

    @staticmethod
    def write(conn, data):
        raise RuntimeError('Not open')

    @staticmethod
    def open(conn):
        conn.new_state(OpenConnectionState)

    @staticmethod
    def close(conn):
        raise RuntimeError('Already closed')

class OpenConnectionState(ConnectionState):
    @staticmethod
    def read(conn):
        print('reading')

    @staticmethod
    def write(conn, data):
        print('writing')

    @staticmethod
    def open(conn):
        raise RuntimeError('Already open')

    @staticmethod
```

```
    def close(conn):
        conn.new_state(ClosedConnectionState)
```

使用对象的方法（status_obj.py）如下：

```
c = Connection()
print(f'c state: {c._state}')
# c.read()
c.open()
print(f'c state is: {c._state}')
print(f'c read is: {c.read()}')
print(f"c write: {c.write('hello')}")
c.close()
print(f'c state: {c._state}')
```

执行 py 文件，输出结果如下：

```
c state: <class '__main__.ClosedConnectionState'>
Traceback (most recent call last):
  File "/advanced_programming/chapter8/status_obj.py", line 107, in <module>
    c.read()
  File "/advanced_programming/chapter8/status_obj.py", line 40, in read
    return self._state.read(self)
  File "/advanced_programming/chapter8/status_obj.py", line 73, in read
    raise RuntimeError('Not open')
RuntimeError: Not open
c state is: <class '__main__.OpenConnectionState'>
reading
c read is: None
writing
c write: None
c state: <class '__main__.ClosedConnectionState'>
```

如果代码中出现太多的条件判断语句，就会变得难以维护和阅读。这里的解决方案是将每个状态抽取出来定义成一个类。每个状态对象只有静态方法，没有存储任何实例属性数据。实际上，所有状态信息只存储在 Connection 实例中。在基类中定义的 NotImplementedError 为了确保子类实现相应的方法。

8.13　设计模式处理

设计模式是经过总结、优化后对常见的编程问题的可重用解决方案。下面讲解访问者模式相关知识。

8.13.1　访问者模式

在实际应用中，我们有时需要处理由大量不同类型的对象组成的复杂数据结构，并且需要对每一个对象进行不同的处理，如遍历一个树形结构，然后根据每个节点的相应状态执行不同的操作。

假设要写一个表示数学表达式的程序，那么可能需要定义如下的类（visit_model.py）：

```
class Node:
    pass

class UnaryOperator(Node):
    def __init__(self, operand):
        self.operand = operand

class BinaryOperator(Node):
    def __init__(self, left, right):
        self.left = left
        self.right = right

class Add(BinaryOperator):
    pass

class Sub(BinaryOperator):
    pass

class Mul(BinaryOperator):
    pass

class Div(BinaryOperator):
    pass

class Negate(UnaryOperator):
    pass

class Number(Node):
    def __init__(self, value):
        self.value = value
```

然后利用这些类构建嵌套数据结构，代码如下：

```
# Representation of 1 + 2 * (3 - 4) / 5
t1 = Sub(Number(3), Number(4))
t2 = Mul(Number(2), t1)
t3 = Div(t2, Number(5))
t4 = Add(Number(1), t3)
```

这样做的问题是对于每个表达式，每次都要重新定义，有没有一种更通用的方式支持所有的数字和操作符呢？这里使用访问者模式可以达到目的，代码如下：

```
class NodeVisitor:
    def visit(self, node):
        methname = 'visit_' + type(node).__name__
        meth = getattr(self, methname, None)
        if meth is None:
            meth = self.generic_visit
        return meth(node)

    def generic_visit(self, node):
        raise RuntimeError(f"No {'visit_' + type(node).__name__} method")
```

为了使用这个类，我们可以定义一个类继承它并且实现各种 visit_Name() 方法，其中 Name 是 node 类型。如求表达式的值，示例如下：

```
class Evaluator(NodeVisitor):
    def visit_Number(self, node):
        return node.value

    def visit_Add(self, node):
        return self.visit(node.left) + self.visit(node.right)

    def visit_Sub(self, node):
        return self.visit(node.left) - self.visit(node.right)

    def visit_Mul(self, node):
        return self.visit(node.left) * self.visit(node.right)

    def visit_Div(self, node):
        return self.visit(node.left) / self.visit(node.right)

    def visit_Negate(self, node):
        return -node.operand
```

使用示例（visit_model.py）如下：

```
e = Evaluator()
print(f'1 + 2 * (3 - 4) / 5 = {e.visit(t4)}')
```

执行 py 文件，输出结果如下：

```
1 + 2 * (3 - 4) / 5 = 0.6
```

下面定义一个类在栈上将表达式转换成多个操作序列，示例（visit_model.py）如下：

```
class StackCode(NodeVisitor):
    def generate_code(self, node):
        self.instructions = []
        self.visit(node)
        return self.instructions

    def visit_Number(self, node):
        self.instructions.append(('PUSH', node.value))

    def binop(self, node, instruction):
        self.visit(node.left)
        self.visit(node.right)
        self.instructions.append((instruction,))

    def visit_Add(self, node):
        self.binop(node, 'ADD')

    def visit_Sub(self, node):
        self.binop(node, 'SUB')

    def visit_Mul(self, node):
        self.binop(node, 'MUL')

    def visit_Div(self, node):
        self.binop(node, 'DIV')
```

```
    def unaryop(self, node, instruction):
        self.visit(node.operand)
        self.instructions.append((instruction,))

    def visit_Negate(self, node):
        self.unaryop(node, 'NEG')
```

使用示例（visit_model.py）：

```
s = StackCode()
print(f'generate code: {s.generate_code(t4)}')
```

执行 py 文件，输出结果如下：

```
generate code: [('PUSH', 1), ('PUSH', 2), ('PUSH', 3), ('PUSH', 4), ('SUB',),
('MUL',), ('PUSH', 5), ('DIV',), ('ADD',)]
```

访问者模式的好处就是通过 getattr() 方法来获取相应的方法，并利用递归来遍历所有的节点，代码（visit_model.py）示例如下：

```
def binop(self, node, instruction):
    self.visit(node.left)
    self.visit(node.right)
    self.instructions.append((instruction,))
```

有一点需要指出：这种技术也是实现其他语言中 switch 或 case 语句的方式。如在写一个 HTTP 框架时，我们可能会写如下请求分发的控制器，示例如下（visit_model.py）：

```
class HTTPHandler:
    def handle(self, request):
        methname = 'do_' + request.request_method
        getattr(self, methname)(request)
    def do_GET(self, request):
        pass
    def do_POST(self, request):
        pass
    def do_HEAD(self, request):
        pass
```

访问者模式的一个缺点就是，它严重依赖递归，如果数据结构嵌套层次太深可能会有问题，有时会超过 Python 的递归深度限制。

在与解析和编译相关的编程中使用访问者模式是非常常见的。Python 本身的 ast 模块值得关注。

8.13.2　不用递归实现访问者模式

在实际应用中，当使用访问者模式遍历层次很深的嵌套树形数据结构时，很容易因为超过嵌套层级限制而访问失败。我们需考虑消除递归，同时保持访问者编程模式。

通过巧妙地使用生成器可以在树遍历或搜索算法中消除递归。以下示例利用栈和生成器实现 8.13.1 节定义的 NodeVisitor 类，代码（no_recursion_visit.py）如下：

```python
import types

class Node:
    pass

class NodeVisitor:
    def visit(self, node):
        stack = [node]
        last_result = None
        while stack:
            try:
                last = stack[-1]
                if isinstance(last, types.GeneratorType):
                    stack.append(last.send(last_result))
                    last_result = None
                elif isinstance(last, Node):
                    stack.append(self._visit(stack.pop()))
                else:
                    last_result = stack.pop()
            except StopIteration:
                stack.pop()

        return last_result

    def _visit(self, node):
        meth_name = 'visit_' + type(node).__name__
        meth = getattr(self, meth_name, None)
        if meth is None:
            meth = self.generic_visit
        return meth(node)

    def generic_visit(self, node):
        raise RuntimeError(f"No {'visit_' + type(node).__name__} method")
```

如果使用这个类，也能达到相同的效果。事实上，我们完全可以将它作为访问者模式的替代实现。以下示例实现遍历表达式树，代码（no_recursion_visit.py）如下：

```python
class UnaryOperator(Node):
    def __init__(self, operand):
        self.operand = operand

class BinaryOperator(Node):
    def __init__(self, left, right):
        self.left = left
        self.right = right

class Add(BinaryOperator):
    pass

class Sub(BinaryOperator):
    pass

class Mul(BinaryOperator):
    pass
```

```python
class Div(BinaryOperator):
    pass

class Negate(UnaryOperator):
    pass

class Number(Node):
    def __init__(self, value):
        self.value = value

# A sample visitor class that evaluates expressions
class Evaluator(NodeVisitor):
    def visit_Number(self, node):
        return node.value

    def visit_Add(self, node):
        return self.visit(node.left) + self.visit(node.right)

    def visit_Sub(self, node):
        return self.visit(node.left) - self.visit(node.right)

    def visit_Mul(self, node):
        return self.visit(node.left) * self.visit(node.right)

    def visit_Div(self, node):
        return self.visit(node.left) / self.visit(node.right)

    def visit_Negate(self, node):
        return -self.visit(node.operand)

if __name__ == '__main__':
    # 1 + 2*(3-4) / 5
    t1 = Sub(Number(3), Number(4))
    t2 = Mul(Number(2), t1)
    t3 = Div(t2, Number(5))
    t4 = Add(Number(1), t3)
    # Evaluate it
    e = Evaluator()
    print(f'1 + 2*(3-4) / 5 = {e.visit(t4)}')
```

执行 py 文件，输出结果如下：

```
1 + 2*(3-4) / 5 = 0.6
```

如果嵌套层次太深，Evaluator 就会失效，代码如下：

```python
a = Number(0)
for n in range(1, 100000):
    a = Add(a, Number(n))

e = Evaluator()
e.visit(a)
```

现在稍微修改上面的 Evaluator，代码如下：

```python
class Evaluator(NodeVisitor):
```

```python
    def visit_Number(self, node):
        return node.value

    def visit_Add(self, node):
        yield (yield node.left) + (yield node.right)

    def visit_Sub(self, node):
        yield (yield node.left) - (yield node.right)

    def visit_Mul(self, node):
        yield (yield node.left) * (yield node.right)

    def visit_Div(self, node):
        yield (yield node.left) / (yield node.right)

    def visit_Negate(self, node):
        yield - (yield node.operand)
```

再次运行，程序就不会报错了：

```python
a = Number(0)
for n in range(1, 100000):
    a = Add(a, Number(n))

e = Evaluator()
print(f'new visit: {e.visit(a)}')
```

执行 py 文件，输出结果如下：

```
new visit: 4999950000
```

如果还想添加其他自定义逻辑也没问题，代码（no_recursion_visit.py）示例如下：

```python
class Evaluator(NodeVisitor):
    def visit_Number(self, node):
        return node.value

    def visit_Add(self, node):
        print(f'Add: {node}')
        lhs = yield node.left
        print(f'left= {lhs}')
        rhs = yield node.right
        print(f'right= {rhs}')
        yield lhs + rhs

    def visit_Sub(self, node):
        yield (yield node.left) - (yield node.right)

    def visit_Mul(self, node):
        yield (yield node.left) * (yield node.right)

    def visit_Div(self, node):
        yield (yield node.left) / (yield node.right)

    def visit_Negate(self, node):
        yield - (yield node.operand)
```

下面是简单的测试（no_recursion_visit.py）：

```
e = Evaluator()
print(f'visit result: {e.visit(t4)}')
```

执行 py 文件，输出结果如下：

```
Add: <__main__.Add object at 0x10c73a640>
left= 1
right= -0.4
visit result: 0.6
```

这里演示了生成器和协程在程序控制流方面的强大功能。避免递归的一个通常方法是使用栈或队列的数据结构。如深度优先的遍历算法在第一次碰到节点时将其压入栈，处理完后再弹出栈。visit() 方法的核心思路就是这样。

另外一个需要理解的就是生成器中的 yield 语句。当碰到 yield 语句时，生成器会返回一个数据并暂时挂起。上面的例子使用该技术来代替递归。之前这样写递归（no_recursion_visit.py）：

```
value = self.visit(node.left)
```

现在换成 yield 语句（no_recursion_visit.py）：

```
value = yield node.left
```

它会将 node.left 返回给 visit() 方法，然后由 visit() 方法调用节点相应的 visit_Name() 方法。yield 语句暂时将程序控制器让给调用者，当程序执行完后，将结果赋值给 value。

在这里，我们也许想用其他没有 yield 语句的方案。但是这么做没有必要，因为必须处理很多棘手的问题。例如，为了消除递归，必须要维护一个栈结构，如果不使用生成器，代码会变得很臃肿，需要很多栈操作语句、回调函数等。使用 yield 语句可以写出非常简洁的代码，消除递归。

8.14　数据结构的内存管理

在实际应用中，当创建了很多循环引用数据结构（比如树、图、观察者模式等）时，内存管理是一个难题，我们需考虑解决办法。

一个简单的循环引用数据结构是树形结构，双亲节点由指针指向孩子节点，孩子节点又返回来指向双亲节点。这种情况下，我们可以考虑使用 weakref 库中的弱引用，代码（memory_manage.py）示例如下：

```
import weakref

class Node:
    def __init__(self, value):
        self.value = value
        self._parent = None
```

```
        self.children = []

    def __repr__(self):
        return f'Node({self.value!r:})'

    # property that manages the parent as a weak-reference
    @property
    def parent(self):
        return None if self._parent is None else self._parent()

    @parent.setter
    def parent(self, node):
        self._parent = weakref.ref(node)

    def add_child(self, child):
        self.children.append(child)
        child.parent = self
```

这种方式允许 parent 静默终止，示例如下：

```
root = Node('parent')
c1 = Node('child')
root.add_child(c1)
print(f'c1 parent is: {c1.parent}')
del root
print(f'c1 parent is: {c1.parent}')
```

执行 py 文件，输出结果如下：

```
c1 parent is: Node('parent')
c1 parent is: None
```

循环引用数据结构在 Python 中是一个很棘手的问题，因为正常的垃圾回收机制不适用于这种情形，示例如下：

```
# Class just to illustrate when deletion occurs
class Data:
    def __del__(self):
        print('execute Data.__del__')

# Node class involving a cycle
class Node:
    def __init__(self):
        self.data = Data()
        self.parent = None
        self.children = []

    def add_child(self, child):
        self.children.append(child)
        child.parent = self
```

使用下面的代码做一些垃圾回收试验（memory_manage.py）：

```
a = Data()
del a # Immediately deleted
```

```
a = Node()
del a # Immediately deleted
a = Node()
a.add_child(Node())
del a # Not deleted (no message)
```

执行 py 文件，输出结果如下：

```
execute Data.__del__
execute Data.__del__
execute Data.__del__
execute Data.__del__
```

可以看到，最后一个删除打印语句没有出现，原因是 Python 的垃圾回收机制是基于简单的引用计数。对象的引用计数变成 0 的时候，才会被立即删除。而对于循环引用，这个条件永远不会成立。因为在上面例子中的最后部分，父节点和孩子节点互相拥有对方的引用，导致每个对象的引用计数不可能变成 0。

Python 中有其他的垃圾回收器来专门针对循环引用，但是我们不能准确知道它什么时候会被触发。另外，我们还可以手动触发它，但是代码看上去很不优雅，代码（memory_manage.py）示例如下：

```
import gc
print(f'gc.collect() = {gc.collect()}')
```

执行 py 文件，输出结果如下：

```
gc.collect() = 8
```

如果循环引用的对象还定义了自己的 __del__() 方法，那么会让情况变得更糟糕。假设像下面这样给 Node 定义自己的 __del__() 方法，代码（memory_manage.py）如下：

```
# Node class involving a cycle
class Node:
    def __init__(self):
        self.data = Data()
        self.parent = None
        self.children = []

    def add_child(self, child):
        self.children.append(child)
        child.parent = self

    # NEVER DEFINE LIKE THIS.
    # Only here to illustrate pathological behavior
    def __del__(self):
        del self.data
        del self.parent
        del self.children
```

这种情况下，垃圾回收器永远都不会去回收这个对象，还会导致内存泄露。如果试着运行代码会发现，Data.__del__ 消息永远不会出现，甚至在强制内存回收，代码（memory_ manage.py）示例如下：

```
a = Node()
a.add_child(Node())
del a
import gc
print(f'gc.collect() = {gc.collect()}')
```

执行 py 文件，输出结果如下：

```
execute Data.__del__
execute Data.__del__
gc.collect() = 7
```

弱引用消除了引用循环的问题。从本质上讲，弱引用是一个对象指针，它不会增加自身的引用计数。我们可以通过 weakref 来创建弱引用，代码（memory_manage.py）示例如下：

```
import weakref
a = Node()
a_ref = weakref.ref(a)
print(f'a ref = {a_ref}')
```

执行 py 文件，输出结果如下：

```
a ref = <weakref at 0x1063d0e50; to 'Node' at 0x10637cfd0>
```

为了确定弱引用所引用的对象是否存在，我们可以像函数一样去调用它。如果测试对象还存在就会返回，否则返回一个 None。如果原始对象的引用计数没有增加，那么就可以删除它，代码（memory_manage.py）示例如下：

```
print(f'a ref = {a_ref()}')
del a
print(f'a ref = {a_ref()}')
```

执行 py 文件，输出结果如下：

```
a ref = <__main__.Node object at 0x10637cfd0>
execute Data.__del__
a ref = None
```

通过观察示例展示的弱引用技术，我们发现不再有循环引用问题了。一旦某个节点不被使用，垃圾回收器会立即回收它。

8.15 创建缓存

在创建一个类的对象时，如果之前使用同样参数创建过这个对象，我们可以考虑使用缓存的方式将对象缓存起来，便于提高性能。

通常，使用这种方式是希望相同参数创建的对象是单例的，如 logging 模块，使用相同的名称创建的 logger 实例永远只有一个，示例如下：

```
import logging
a = logging.getLogger('python')
b = logging.getLogger('go')
print(f'a is b = {a is b}')
c = logging.getLogger('python')
print(f'a is c = {a is c}')
```

为了创建缓存，我们需要使用一个和类本身分开的工厂函数，示例如下：

```
# The class in question
class Spam:
    def __init__(self, name):
        self.name = name

# Caching support
import weakref
_spam_cache = weakref.WeakValueDictionary()
def get_spam(name):
    if name not in _spam_cache:
        s = Spam(name)
        _spam_cache[name] = s
    else:
        s = _spam_cache[name]
    return s
```

然后做一个测试，发现与之前日志对象的创建行为是一致的，示例如下：

```
a = get_spam('python')
b = get_spam('go')
print(f'a is b = {a is b}')
c = get_spam('python')
print(f'a is c = {a is c}')
```

编写工厂函数来修改普通的实例创建代码通常是一个比较简单的方法。我们是否还能找到更优雅的解决方案呢？

我们可能会考虑重新定义类的 __new__() 方法，示例如下：

```
# Note: This code doesn't quite work
import weakref

class Spam:
    _spam_cache = weakref.WeakValueDictionary()
    def __new__(cls, name):
        if name in cls._spam_cache:
            return cls._spam_cache[name]
        else:
            self = super().__new__(cls)
            cls._spam_cache[name] = self
            return self
    def __init__(self, name):
        print('Initializing Spam')
        self.name = name
```

该方法初看起来好像可以达到预期效果，但问题是不管实例是否被缓存了，__init__()

方法每次都会被调用，示例如下：

```
spam = Spam('Bill')
t_spam = Spam('Bill')
print(f'spam is t_spam = {spam is t_spam}')
```

这或许不是我们想要的效果！

上面使用到的弱引用计数，对于垃圾回收来讲是很有帮助的。对于实例缓存，我们可能只想在程序使用到它们时才对其保存。WeakValueDictionary 只会保存那些在其他地方还在被使用的实例。只要实例不再使用，它就从字典中被移除。测试结果示例（cache_exp.py）如下：

```
a = get_spam('python')
b = get_spam('go')
c = get_spam('python')
print(f'{list(_spam_cache)}')
del a
del c
print(f'{list(_spam_cache)}')
del b
print(f'{list(_spam_cache)}')
```

对于大部分程序员而言，这里的代码已经够用了。不过，还是有一些更高级的实现值得大家了解。

首先使用一个全局变量，并将工厂函数与类放在一起。以下示例展示了将缓存代码放到一个单独的缓存管理器中，（cache_exp.py）：

```
import weakref

class CachedSpamManager:
    def __init__(self):
        self._cache = weakref.WeakValueDictionary()

    def get_spam(self, name):
        if name not in self._cache:
            s = Spam(name)
            self._cache[name] = s
        else:
            s = self._cache[name]
        return s

    def clear(self):
            self._cache.clear()

class Spam:
    manager = CachedSpamManager()
    def __init__(self, name):
        self.name = name

def get_spam(name):
    return Spam.manager.get_spam(name)
```

这样的代码更清晰，也更灵活，可以增加更多的缓存管理机制（只需要替代 manager 即可）。

还有一点是，上述代码暴露了类的实例化给用户，使用户直接去实例化类，而不是使用工厂函数，示例如下：

```
a = Spam('python')
b = Spam('python')
print(f'a is b = {a is b}')
```

用户在以下两种情形不能使用上述方法，第一种是将类的名字修改为以下划线 (_) 开头时，用户别直接调用它；第二种是当类的 __init__() 方法抛出异常时，它不能被初始化，示例如下：

```
class Spam:
    def __init__(self, *args, **kwargs):
        raise RuntimeError("Can't instantiate directly")

    # Alternate constructor
    @classmethod
    def _new(cls, name):
        self = cls.__new__(cls)
        self.name = name
```

下面修改缓存管理器代码，并使用 Spam._new() 来创建实例，而不是直接调用 Spam() 构造函数，示例（cache_exp.py）如下：

```
class CachedSpamManager2:
    def __init__(self):
        self._cache = weakref.WeakValueDictionary()

    def get_spam(self, name):
        if name not in self._cache:
            temp = Spam3._new(name)  # Modified creation
            self._cache[name] = temp
        else:
            temp = self._cache[name]
        return temp

    def clear(self):
            self._cache.clear()

class Spam3:
    def __init__(self, *args, **kwargs):
        raise RuntimeError("Can't instantiate directly")

    # Alternate constructor
    @classmethod
    def _new(cls, name):
        self = cls.__new__(cls)
        self.name = name
        return self
```

8.16　本章小结

本章主要讲解类与对象的进阶操作。类中的操作非常多，也非常灵活；类的特性也非常多，灵活运用好各个特性，可以使类的功能充分发挥。对类的应用一定程度上可以体现开发者的编程水平。

除了函数、类，元编程也是一个不可不讲解的概念，下一章将学习元编程。

元　编　程

任何时候当程序中存在高度重复（或者是通过剪切复制）的代码时，我们都应该想想是否有更好的解决方案。

在 Python 中，我们可以通过元编程来解决这类问题。简而言之，元编程是创建和操作代码（比如修改、生成或包装原来的代码）的函数和类，主要技术是使用装饰器、类装饰器和元类。除此之外，还有一些其他技术，包括签名对象、使用 exec() 执行代码以及对内部函数和类的反射技术等。

本章主要向大家介绍元编程技术，并且通过示例展示它们是如何定制化代码行为的。

9.1　装饰器

装饰器是 Python 的一个重要部分，是修改其他函数的功能函数，有助于缩短代码。下面介绍如何使用装饰器。

9.1.1　函数添加装饰器

如果我们想给函数增加额外的操作（比如日志、计时等），但不更改函数内部结构，可以通过给函数添加装饰器来实现。

如果想使用额外的代码包装函数，可以通过装饰器函数实现，代码（func_wrapper.py）示例如下：

```python
import time
from functools import wraps

def time_use(func):
```

```
"""
Decorator that reports the execution time.
:param func:
:return:
"""
@wraps(func)
def wrapper(*args, **kwargs):
    start = time.time()
    result = func(*args, **kwargs)
    end = time.time()
    print(f'func name: {func.__name__}, time use: {end - start} s')
    return result
return wrapper
```

使用装饰器的方法（func_wrapper.py）如下：

```
@time_use
def count_down(n):
    """
    Counts down
    :param n:
    :return:
    """
    while n > 0:
        n -= 1


count_down(100000)
count_down(10000000)
```

执行 py 文件，输出结果如下：

```
func name: countdown, time use: 0.007138967514038086 s
func name: countdown, time use: 0.5897998809814453 s
```

一个装饰器就是一个函数，它接收一个函数作为参数并返回一个新的函数，其形式（func_wrapper.py）如下：

```
@time_use
def count_down(n):
    pass
```

也可以写成如下形式（func_wrapper.py）：

```
def count_down(n):
    pass


countdown = time_use(count_down)
```

内置的装饰器比如 @staticmethod、@classmethod、@property 的运行原理是一样的。以下两个代码片段是等价的（func_wrapper.py）：

```
class A:
    @classmethod
    def method(cls):
        pass
```

```
class B:
    # Equivalent definition of a class method
    def method(cls):
        pass
    method = classmethod(method)
```

在上面的 wrapper() 函数中，装饰器内部定义了一个使用 *args 和 **kwargs 来接收任意参数的函数。在 wrapper() 函数中调用原始函数（如示例中的 count_down()），在这里，还可以添加额外的代码（比如计时器）。这个新的函数包装器（示例中的 time_use()）作为结果返回来代替原始函数（示例中的 count_down()）。

 提示　装饰器并不会修改原始函数的参数签名以及返回值。

使用 *args 和 **kwargs 的目的是确保任何参数都能适用。而返回结果值基本是调用原始函数 func(*args,**kwargs) 的返回结果，其中 func() 就是原始函数。

注意　使用 @wraps(func) 注解很重要，它能保留原始函数的元数据，但新手经常会忽略这个细节。

9.1.2　装饰器中保留函数元信息

在实际应用中，我们把装饰器作用在某个函数后发现该函数重要的元信息比如名字、文档字符串、注解和参数签名都丢失了，但我们期望可以保留这些信息。

在定义装饰器时，我们应该使用 functools 库中的 @wraps 装饰器来注解底层包装函数，代码（keep_mateinfo.py）示例如下：

```
import time
from functools import wraps
def time_use(func):
    """
    Decorator that reports the execution time.
    :param func:
    :return:
    """
    @wraps(func)
    def wrapper(*args, **kwargs):
        start = time.time()
        result = func(*args, **kwargs)
        end = time.time()
        print(f'func name: {func.__name__},time use: {end - start} s')
        return result
    return wrapper
```

使用被包装后的函数并检查它的元信息（keep_mateinfo.py）：

```
@time_use
def count_down(n):
```

```
    """
    Counts down
    :param n:
    :return:
    """
    while n > 0:
        n -= 1

count_down(100000)
print(f'func name: {count_down.__name__}')
print(f'func doc: {count_down.__doc__}')
print(f'func annotations: {count_down.__annotations__}')
```

执行 py 文件，输出结果如下：

```
func name: count_down,time use: 0.008700847625732422 s
func name: count_down
func doc:
    Counts down
    :param n:
    :return:

func annotations: {}
```

在编写装饰器的时候复制元信息是一个非常重要的部分。如果你忘记了使用 @wraps，那么会发现被装饰函数丢失了所有有用的信息。忽略使用 @wraps 后的代码（keep_mateinfo.py）示例如下：

```
def time_use(func):
    def wrapper(*args, **kwargs):
        start = time.time()
        result = func(*args, **kwargs)
        end = time.time()
        print(f'func name: {func.__name__},time use: {end - start} s')
        return result
    return wrapper

@time_use
def count_down(n):
    """
    Counts down
    :param n:
    :return:
    """
    while n > 0:
        n -= 1
print(f'func name: {count_down.__name__}')
print(f'doc is: {count_down.__doc__}')
print(f'annotations is: {count_down.__annotations__}')
```

执行 py 文件，输出结果如下：

```
func name: wrapper
doc is: None
annotations is: {}
```

@wraps 的一个重要特征是，它能通过属性 __wrapped__ 直接访问被包装函数，代码（keep_mateinfo.py）示例如下：

```
print(f'wrapped: {count_down.__wrapped__(100000)}')
```

执行 py 文件，输出结果如下：

```
wrapped: None
```

__wrapped__ 属性还能使被装饰函数正确暴露底层的参数签名信息，代码（keep_mateinfo.py）示例如下：

```
from inspect import signature
print(f'signature: {signature(count_down)}')
```

执行 py 文件，输出结果如下：

```
signature: (n)
```

一个很普遍的问题是怎样让装饰器直接复制原始函数的参数签名信息。如果你想自己手动实现，需要做大量工作，所以建议使用 @wraps 装饰器，通过底层的 __wrapped__ 属性访问函数签名信息。

9.1.3 解除装饰器

对于已经使用装饰器装饰的函数，我们有时又会期望其回到原始的、没有被装饰的状态。

假设装饰器是通过 @wraps 实现的，我们可以通过访问 __wrapped__ 属性来访问原始函数，代码（relieve_wrapper.py）示例如下：

```
import time
from functools import wraps

def time_use(func):
    @wraps(func)
    def wrapper(*args, **kwargs):
        start = time.time()
        result = func(*args, **kwargs)
        end = time.time()
        print(f'func name: {func.__name__},time use: {end - start} s')
        return result
    return wrapper

@time_use
def add(x, y):
    return x + y

orig_add = add.__wrapped__
print(f'add result: {orig_add(3, 5)}')
```

执行 py 文件，输出结果如下：

```
add result: 8
```

　　直接访问未包装的原始函数在调试、内省和其他函数操作时是很有用的。但这里的方案仅仅适用于在包装器中正确使用了 @wraps 或者直接设置了 __wrapped__ 属性的情况。

　　如果有多个包装器，那么访问 __wrapped__ 属性的行为是不可预知的，我们应该避免这样做。在 Python 3 中，访问会略过所有包装层，代码（relieve_wrapper.py）示例如下：

```
def decorator_1(func):
    @wraps(func)
    def wrapper(*args, **kwargs):
        print('Call decorator 1')
        return func(*args, **kwargs)
    return wrapper

def decorator_2(func):
    @wraps(func)
    def wrapper(*args, **kwargs):
        print('Call decorator 2')
        return func(*args, **kwargs)
    return wrapper

@decorator_1
@decorator_2
def add(x, y):
    return x + y
```

测试代码（relieve_wrapper.py）如下：

```
print(f'add result = {add(3, 5)}')
print(f'wrapped add result = {add.__wrapped__(3, 5)}')
```

执行 py 文件，输出结果如下：

```
Call decorator 1
Call decorator 2
add result = 8
Call decorator 2
wrapped add result = 8
```

　　在实际应用中，并不是所有的装饰器都使用了 @wraps，因此这里的方案并不通用。特别地，内置的装饰器 @staticmethod 和 @classmethod 就没有使用 @wraps（它们把原始函数存储在属性 __func__ 中）。

9.1.4　带参数的装饰器

　　在实际应用中，我们有时希望装饰器可以带参数，或者说定义一个可以接收参数的装饰器。

　　下面用一个示例详细阐述接收参数的过程。假设我们想写一个装饰器，并给函数添加日志功能，同时允许用户指定日志的级别和其他的选项。装饰器的定义和使用示例（param_wrapper.py）如下：

```
from functools import wraps
```

```
import logging

def logged(level, name=None, message=None):
    """
    Add logging to a function. level is the logging
    level, name is the logger name, and message is the
    log message. If name and message aren't specified,
    they default to the function's module and name.
    """
    def decorate(func):
        logname = name if name else func.__module__
        log = logging.getLogger(logname)
        logmsg = message if message else func.__name__

        @wraps(func)
        def wrapper(*args, **kwargs):
            log.log(level, logmsg)
            return func(*args, **kwargs)
        return wrapper
    return decorate

# Example use
@logged(logging.DEBUG)
def add(x, y):
    return x + y

@logged(logging.CRITICAL, 'example')
def spam():
    print('Spam!')
```

这种实现看上去很复杂，但是核心思想很简单。最外层的函数 logged() 接收参数并将它们作用在内部的装饰器函数上。内层函数 decorate() 接收一个函数作为参数，然后在函数上放置一个包装器。这里的关键点是包装器可以使用传递给 logged() 函数的参数。

接收参数的包装器看上去比较复杂主要是因为底层的调用序列存在一定的复杂性，示例（param_wrapper.py）如下：

```
@decorator(x, y, z)
def func(a, b):
    pass
```

装饰器处理过程与下面的函数调用是等效的（param_wrapper.py）：

```
def func(a, b):
    pass
func = decorator(x, y, z)(func)
```

decorator(x,y,z) 的返回结果必须是一个可调用对象，它接收一个函数作为参数并进行装饰。

9.1.5　装饰器自定义属性

在实际应用中，我们需要定义一个带参数的装饰器来装饰函数，在运行时通过参数控制装饰器行为。

　　首先引入一个访问函数，使用 nonlocal 来修改内部变量，然后将该访问函数作为一个属性赋值给包装函数，代码（self_define_wrap.py）示例如下：

```python
from functools import wraps, partial
import logging
# Utility decorator to attach a function as an attribute of obj
def attach_wrapper(obj, func=None):
    if func is None:
        return partial(attach_wrapper, obj)
    setattr(obj, func.__name__, func)
    return func

def logged(level, name=None, message=None):
    '''
    Add logging to a function. level is the logging
    level, name is the logger name, and message is the
    log message. If name and message aren't specified,
    they default to the function's module and name.
    '''
    def decorate(func):
        logname = name if name else func.__module__
        log = logging.getLogger(logname)
        logmsg = message if message else func.__name__

        @wraps(func)
        def wrapper(*args, **kwargs):
            log.log(level, logmsg)
            return func(*args, **kwargs)

        # Attach setter functions
        @attach_wrapper(wrapper)
        def set_level(newlevel):
            nonlocal level
            level = newlevel

        @attach_wrapper(wrapper)
        def set_message(newmsg):
            nonlocal logmsg
            logmsg = newmsg

        return wrapper

    return decorate

# Example use
@logged(logging.DEBUG)
def add(x, y):
    return x + y

@logged(logging.CRITICAL, 'example')
def spam():
    print('Spam!')
```

　　使用示例（self_define_wrap.py）如下：

```
import logging
logging.basicConfig(level=logging.DEBUG)
print(f'add result: {add(3, 5)}')
add.set_message('Add called')
print(f'add result: {add(3, 5)}')
add.set_level(logging.WARNING)
print(f'add result: {add(3, 5)}')
```

执行 py 文件，输出结果如下：

```
add result: 8
add result: 8
add result: 8
```

这里的关键点在于访问函数如 set_message() 和 set_level()，它们被作为属性值赋给包装器。每个访问函数允许使用 nonlocal 来修改函数内部的变量。

访问函数会在多层装饰器间传播（如果装饰器都使用了 @functools.wraps 注解）。比如引入另外一个装饰器，如前面的 @time_use，代码（self_define_wrap.py）示例如下：

```
import time
def time_use(func):
    @wraps(func)
    def wrapper(*args, **kwargs):
        start = time.time()
        result = func(*args, **kwargs)
        end = time.time()
        print(f'func name: {func.__name__},time use: {end - start} s')
        return result
    return wrapper


@time_use
@logged(logging.DEBUG)
def countdown(n):
    while n > 0:
        n -= 1
```

现在访问函数依旧有效（self_define_wrap.py）：

```
countdown(10000000)
countdown.set_level(logging.WARNING)
countdown.set_message("Counting down to zero")
countdown(10000000)
```

执行 py 文件，输出结果如下：

```
func name: countdown,time use: 0.6400651931762695 s
func name: countdown,time use: 0.5566129684448242 s
```

即使装饰器像下面这样以相反的方向排放，效果也是一样的，示例如下：

```
@logged(logging.DEBUG)
@time_use
def countdown(n):
    while n > 0:
        n -= 1
```

我们还能使用 lambda 表达式使访问函数返回不同的设定值，示例如下：

```
@attach_wrapper(wrapper)
def get_level():
    return level

# Alternative
wrapper.get_level = lambda: level
```

一个比较难理解的地方是访问函数的首次使用。我们可能会考虑其他方法直接访问函数的属性，示例如下：

```
@wraps(func)
def wrapper(*args, **kwargs):
    wrapper.log.log(wrapper.level, wrapper.logmsg)
    return func(*args, **kwargs)

# Attach adjustable attributes
wrapper.level = level
wrapper.logmsg = logmsg
wrapper.log = log
```

这个方法也可能正常工作，但前提是它必须是最外层的装饰器。如果它的外层还有装饰器（比如上面提到的 @time_use），则其会隐藏底层属性，使得修改没有任何作用。而使用访问函数就能避免这样的局限性。

9.1.6　带可选参数的装饰器

在实际应用中，我们需要定义一个装饰器——既可以不传参数给它，如 @decorator，也可以传递可选参数给它，如 @decorator(x,y,z)。

以下是前面日志装饰器的一个修改版本（choiceable_wrap.py）：

```
from functools import wraps, partial
import logging

def logged(func=None, *, level=logging.DEBUG, name=None, message=None):
    if func is None:
        return partial(logged, level=level, name=name, message=message)

    logname = name if name else func.__module__
    log = logging.getLogger(logname)
    logmsg = message if message else func.__name__

    @wraps(func)
    def wrapper(*args, **kwargs):
        log.log(level, logmsg)
        return func(*args, **kwargs)

    return wrapper

# Example use
@logged
```

```
def add(x, y):
    return x + y

@logged(level=logging.CRITICAL, name='example')
def spam():
    print('Spam!')
```

@logged 装饰器可以同时不带参数或带参数。

这里的问题就是通常所说的编程一致性。当使用装饰器的时候，大部分程序员习惯要么不给装饰器传递任何参数，要么给它们传递确切参数。

从技术上来讲，我们可以定义一个所有参数都是可选参数的装饰器，示例如下：

```
@logged()
def add(x, y):
    return x+y
```

这种写法不太符合程序员的习惯，有时候程序员忘记加上后面的括号导致错误发生。这里展示了如何以一致的编程风格来同时满足装饰器没有括号和有括号的两种情况。

为了理解代码是如何工作的，我们需要非常熟悉装饰器如何作用到函数以及装饰器的调用规则。以下是一个简单的装饰器（choiceable_wrap.py）：

```
@logged
def add(x, y):
    return x + y
```

其调用序列与下面的程序等价（choiceable_wrap.py）：

```
def add(x, y):
    return x + y

add = logged(add)
```

这时候，被装饰函数会被当作第一个参数直接传递给 logged 装饰器。因此，logged() 函数中的第一个参数就是被包装函数本身。所有其他参数都必须有默认值。

对于下面这样一个有参数的装饰器（choiceable_wrap.py）：

```
@logged(level=logging.CRITICAL, name='example')
def spam():
    print('Spam!')
```

其调用序列与下面的程序等价（choiceable_wrap.py）：

```
def spam():
    print('Spam!')
spam = logged(level=logging.CRITICAL, name='example')(spam)
```

初始调用 logged() 函数时，被包装函数并没有传递进来。因此在装饰器内，它必须是可选的。这反过来会迫使其他参数必须使用关键字来指定。但这些参数被传递进来后，装饰器要返回一个函数，这个返回函数接收一个函数参数并对这个返回函数进行包装。我们可以使用一个技巧，就是利用 functools.partial 来实现。functools.partial 会返回一个未完全初始化的自身，除了被包装函数外其他参数都可以确定下来。

9.1.7 函数的类型检查

在实际应用中，有时出于程序可用性的目的，我们会默认一种编程规约，就是对函数参数进行强制类型检查。

对函数参数类型进行检查，代码（type_check.py）示例如下：

```
@type_assert(int, int)
def add(x, y):
    return x + y

print(f'add result: {add(2, 3)}')
add(2, 'hello')
```

执行 py 文件，输出结果如下：

```
add result: 5
Traceback (most recent call last):
  File "/advanced_programming/chapter9/type_check.py", line 32, in <module>
    add(2, 'hello')
  File "/advanced_programming/chapter9/type_check.py", line 21, in wrapper
    raise TypeError(f'Argument {name} must be {bound_types[name]}')
TypeError: Argument y must be <class 'int'>
```

使用装饰器 @typeassert 来实现类型检查，代码（type_check.py）示例如下：

```
from inspect import signature
from functools import wraps

def type_assert(*ty_args, **ty_kwargs):
    def decorate(func):
        # If in optimized mode, disable type checking
        if not __debug__:
            return func

        # Map function argument names to supplied types
        sig = signature(func)
        bound_types = sig.bind_partial(*ty_args, **ty_kwargs).arguments

        @wraps(func)
        def wrapper(*args, **kwargs):
            bound_values = sig.bind(*args, **kwargs)
            # Enforce type assertions across supplied arguments
            for name, value in bound_values.arguments.items():
                if name in bound_types:
                    if not isinstance(value, bound_types[name]):
                        raise TypeError(f'Argument {name} must be {bound_
types[name]}')
            return func(*args, **kwargs)
        return wrapper
    return decorate
```

这个装饰器非常灵活，既可以指定所有参数类型，也可以只指定部分，并可以通过位置或关键字指定参数类型，代码（type_check.py）示例如下：

```
@type_assert(int, z=int)
def spam(x, y, z=42):
    print(f'x = {x}, y = {y}, z = {z}')

spam(1, 2, 3)
spam(1, 'hello', 3)
spam(1, 'hello', 'world')
```

执行 py 文件，输出结果如下：

```
x = 1, y = 2, z = 3
x = 1, y = hello, z = 3
```

下面是一个高级装饰器示例，引入了很多重要的概念。

首先，装饰器只会在函数定义时被调用一次。若去掉装饰器的功能，那么只需要简单地返回被装饰函数即可。在下面的代码中，如果全局变量 __debug__ 被设置成 False（当使用 -O 或 -OO 参数的优化模式执行程序时），会直接返回未修改的函数（type_check.py）：

```
def decorate(func):
    # If in optimized mode, disable type checking
    if not __debug__:
        return func
```

其次，检查被包装函数的参数签名，这里使用了 inspect.signature() 函数。简单来讲，它运行之后可提取一个可调用对象的参数签名信息，代码（type_check.py）示例如下：

```
from inspect import signature
def spam(x, y, z=42):
    pass

sig = signature(spam)
print(f'sig = {sig}')
print(f'parameters: {sig.parameters}')
print(f'parameters z name = {sig.parameters["z"].name}')
print(f'parameters z default = {sig.parameters["z"].default}')
print(f'parameters z kind = {sig.parameters["z"].kind}')
```

执行 py 文件，输出结果如下：

```
sig = (x, y, z=42)
parameters: OrderedDict([('x', <Parameter "x">), ('y', <Parameter "y">), ('z',
<Parameter "z=42">)])
parameters z name = z
parameters z default = 42
parameters z kind = 1
```

装饰器的开始部分，使用了 bind_partial() 方法来执行从指定类型到名称的部分绑定，代码（type_check.py）示例如下：

```
bound_types = sig.bind_partial(int, z=int)
print(f'bound_types = {bound_types}')
```

```
print(f'bound_types arguments = {bound_types.arguments}')
```

执行 py 文件，输出结果如下：

```
bound_types = <BoundArguments (x=<class 'int'>, z=<class 'int'>)>
bound_types arguments = OrderedDict([('x', <class 'int'>), ('z', <class 'int'>)])
```

在绑定中，缺失的参数被忽略了（比如并没有对 y 进行绑定）。不过最重要的是创建了一个有序字典 bound_types.arguments。这个字典会将参数名以函数签名中相同顺序映射到指定的类型值上。在装饰器例子中，这个映射包含了要强制指定的类型断言。

在装饰器创建的实际包装函数中使用到了 sig.bind() 方法。bind() 方法与 bind_partial() 方法类似，但是 bind() 方法不允许忽略任何参数，代码（type_check.py）示例如下：

```
bound_values = sig.bind(1, 2, 3)
print(f'arguments = {bound_values.arguments}')
```

执行 py 文件，输出结果如下：

```
arguments = OrderedDict([('x', 1), ('y', 2), ('z', 3)])
```

使用这个映射可以很轻松地实现强制类型检查（type_check.py）：

```
for name, value in bound_values.arguments.items():
    if name in bound_types.arguments:
        if not isinstance(value, bound_types.arguments[name]):
            raise TypeError
```

这个方案还有点小瑕疵，即对于有默认值的参数并不适用。以下代码可以正常工作，尽管 items 的类型是错误的（type_check.py）：

```
@type_assert(int, list)
def bar(x, items=None):
    if items is None:
        items = []
    items.append(x)
    return items
print(f'bar single param: {bar(3)}')
print(f'bar double param: {bar(3, 5)}')
print(f'bar mix param: {bar(4, [1, 2, 3])}')
```

执行 py 文件，输出结果如下：

```
bar single param: [3]
Traceback (most recent call last):
  File "/advanced_programming/chapter9/type_check.py", line 84, in <module>
    print(f'bar double param: {bar(3, 5)}')
  File "/advanced_programming/chapter9/type_check.py", line 21, in wrapper
    raise TypeError(f'Argument {name} must be {bound_types[name]}')
TypeError: Argument items must be <class 'list'>
bar mix param: [1, 2, 3, 4]
```

最后一点是关于使用装饰器参数还是函数注解的争论。如为什么不像下面这样写一个装饰器来查找函数中的注解呢？示例如下：

```
@type_assert
def spam(x:int, y, z:int = 42):
    print(x,y,z)
```

一个可能的原因是如果使用了函数注解，装饰器就被限制了。如果函数注解被用来做类型检查就不能做其他事情了。同时 @typeassert 不能再作用于使用注解做其他事情的函数。而使用 type_check.py 文件中的装饰器参数灵活性更大，也更加通用。

9.1.8 类中定义装饰器

出于对代码结构以及减少重复编写代码的工作的考虑，我们可以在类中定义装饰器，并将其作用在其他函数或方法上。

在类里面定义装饰器很简单，首先要确认它的使用方式，如到底是作为一个实例方法还是类方法，代码（class_part.py）示例如下：

```
from functools import wraps

class A:
    # Decorator as an instance method
    def decorator_1(self, func):
        @wraps(func)
        def wrapper(*args, **kwargs):
            print('Decorator 1')
            return func(*args, **kwargs)
        return wrapper

    # Decorator as a class method
    @classmethod
    def decorator_2(cls, func):
        @wraps(func)
        def wrapper(*args, **kwargs):
            print('Decorator 2')
            return func(*args, **kwargs)
        return wrapper
```

装饰器使用如下（class_part.py）：

```
# As an instance method
a = A()
@a.decorator_1
def spam():
    pass
# As a class method
@A.decorator_2
def grok():
    pass
```

仔细观察，我们可以发现对示例中装饰器的调用，一个是实例调用，一个是类调用。

在类中定义装饰器初看上去好像很奇怪，但是在标准库中有很多这样的例子。特别地，@property 装饰器实际上是一个类，它定义了 3 个方法——getter()、setter()、deleter() 方法，每一个方法都是一个装饰器，代码（class_part.py）示例如下：

```
class Person:
    # Create a property instance
    first_name = property()

    # Apply decorator methods
    @first_name.getter
    def first_name(self):
        return self._first_name

    @first_name.setter
    def first_name(self, value):
        if not isinstance(value, str):
            raise TypeError('Expected a string')
        self._first_name = value

person = Person()
person.first_name = 'Bill'
print(f'person first name: {person.first_name}')
person.first_name = 5
```

执行 py 文件，输出结果如下：

```
person first name: Bill
Traceback (most recent call last):
  File "/advanced_programming/chapter9/class_part.py", line 51, in <module>
    person.first_name = 5
  File "/advanced_programming/chapter9/class_part.py", line 45, in first_name
    raise TypeError('Expected a string')
TypeError: Expected a string
```

这样定义的主要原因是各种装饰器方法会在关联的 property 实例上操作它的状态。如果需要在装饰器中记录或绑定信息，这不失为一种可行的方法。

在类中定义装饰器有一个难理解的地方就是，对于额外参数 self 或 cls 的正确使用。尽管最外层的装饰器函数如 decorator_1() 或 decorator_2() 需要提供 self 或 cls 参数，但是在两个装饰器内部创建的 wrapper() 函数并不需要包含 self 参数。wrapper() 函数唯一需要 self 参数的场景是在确实要访问包装器中实例的某些部分的时候。

对于在类中定义包装器还有一点比较难理解，就是涉及继承的时候。如想让在 A 中定义的装饰器作用在子类 B 中，示例如下：

```
class B(A):
    @A.decorator_2
    def bar(self):
        pass
```

装饰器要被定义成类方法并且必须显式地使用父类名去调用它，而不能使用 @B.decorator_2。因为在方法定义时，类 B 还没有被创建。

9.1.9 装饰器定义为类

在实际应用中，我们需要使用一个装饰器去包装函数，但是希望返回一个可调用的实例，并且需要装饰器可以同时工作在类定义的内部和外部。

为了将装饰器定义成一个实例，我们需要确保它实现了 __call__() 方法和 __get__() 方法。以下示例代码定义了一个类，它在其他函数上放置了一个简单的记录层：

```python
import types
from functools import wraps

class Profiled:
    def __init__(self, func):
        wraps(func)(self)
        self.ncalls = 0

    def __call__(self, *args, **kwargs):
        self.ncalls += 1
        return self.__wrapped__(*args, **kwargs)

    def __get__(self, instance, cls):
        if instance is None:
            return self
        else:
            return types.MethodType(self, instance)
```

上面示例中定义的 Profiled 类可以当作一个普通的装饰器来使用，在类内部或外部都可以使用，示例如下（wrapper_class.py）：

```python
@Profiled
def add(x, y):
    return x + y

class Spam:
    @Profiled
    def bar(self, x):
        print(f'object: {self}, param is: {x}')
```

使用示例代码如下（wrapper_class.py）：

```python
print(f'number add result: {add(3, 5)}')
print(f'number add result: {add(5, 8)}')
print(f'ncalls: {add.ncalls}')

s = Spam()
s.bar(1)
s.bar(2)
s.bar(3)
print(f'bar ncalls: {Spam.bar.ncalls}')
```

执行 py 文件，输出结果如下：

```
number add result: 8
number add result: 13
ncalls: 2
object: <__main__.Spam object at 0x10796f310>, param is: 1
object: <__main__.Spam object at 0x10796f310>, param is: 2
object: <__main__.Spam object at 0x10796f310>, param is: 3
```

```
bar ncalls: 3
```

将装饰器定义成类通常是很简单的，但是这里还有一些细节需要解释，特别是当想将它作用在实例方法上时。

首先，使用 functools.wraps() 函数的方法与之前一样——将被包装函数的元信息复制到可调用实例中。

其次，我们很容易忽视 __get__() 方法。对 Profiled 类中的 __get__() 方法进行注释，保持其他代码不变，再次运行，会发现在调用被装饰实例方法时出现错误，代码（wrapper_class.py）示例如下：

```
s = Spam()
s.bar(3)
```

执行 py 文件，输出结果如下：

```
Traceback (most recent call last):
  File "/advanced_programming/chapter9/wrapper_class.py", line 35, in <module>
    s.bar(1)
  File "/advanced_programming/chapter9/wrapper_class.py", line 11, in __call__
    return self.__wrapped__(*args, **kwargs)
TypeError: bar() missing 1 required positional argument: 'x'
```

出错原因是当函数在一个类中被查找时，__get__() 方法会依据描述器协议被调用。在这里，__get__() 方法的目的是创建一个绑定方法对象（最终会给绑定方法传递 self 参数）。以下示例演示了底层原理，代码（wrapper_class.py）如下：

```
s = Spam()
def grok(self, x):
    pass

print(f'grok get: {grok.__get__(s, Spam)}')
```

执行 py 文件，输出结果如下：

```
grok get: <bound method grok of <__main__.Spam object at 0x10796f310>>
```

__get__() 方法的作用是确保绑定方法对象能被正确地创建。type.MethodType() 函数创建一个绑定方法。只有当实例被使用的时候绑定方法才会被创建。如果是在类中访问，那么 __get__() 方法中的 instance 参数会被设置成 None 并直接返回 Profiled 实例本身，进而就可以提取它的 ncalls 属性了。

如果想避免混乱，我们可以考虑使用闭包和 nonlocal 变量实现的装饰器，代码（wrapper_class.py）示例如下：

```
import types
from functools import wraps

def profiled(func):
    ncalls = 0
    @wraps(func)
```

```
    def wrapper(*args, **kwargs):
        nonlocal ncalls
        ncalls += 1
        return func(*args, **kwargs)
    wrapper.ncalls = lambda: ncalls
    return wrapper

# Example
@profiled
def add(x, y):
    return x + y
```

这个方式与本节第一个示例的效果几乎一样，除了对 ncalls 属性的访问是通过被绑定为属性的函数来实现，示例如下：

```
print(f'number add result: {add(3, 5)}')
print(f'number add result: {add(5, 8)}')
print(f'ncalls: {add.ncalls()}')
```

执行 py 文件，输出结果如下：

```
number add result: 8
number add result: 13
ncalls: 2
```

9.1.10 类和静态方法的装饰器

装饰器除了可以装饰函数和方法，还可以装饰类或静态方法。

给类或静态方法提供装饰器是很简单的，不过要确保提供的装饰器在 @classmethod 或 @staticmethod 之前被调用，示例如下：

```
import time
from functools import wraps

# A simple decorator
def time_use(func):
    @wraps(func)
    def wrapper(*args, **kwargs):
        start = time.time()
        r = func(*args, **kwargs)
        end = time.time()
        print(f'time use: {end - start} s')
        return r
    return wrapper

# Class illustrating application of the decorator to different kinds of methods
class Spam:
    @time_use
    def instance_method(self, n):
        print(f'object: {self}, param: {n}')
        while n > 0:
            n -= 1

    @classmethod
```

```
    @time_use
    def class_method(cls, n):
        print(f'object: {cls}, param: {n}')
        while n > 0:
            n -= 1


    @staticmethod
    @time_use
    def static_method(n):
        print(f'param is: {n}')
        while n > 0:
            n -= 1
```

装饰后的类和静态方法可以正常工作，只不过增加了额外的计时功能，代码（wrapper_
support.py）示例如下：

```
s = Spam()
s.instance_method(1000000)
Spam.class_method(1000000)
Spam.static_method(1000000)
```

执行 py 文件，输出结果如下：

```
object: <__main__.Spam object at 0x101447d60>, param: 1000000
time use: 0.06910920143127441 s
object: <class '__main__.Spam'>, param: 1000000
time use: 0.06515312194824219 s
param is: 1000000
time use: 0.054512977600097656 s
```

如果把装饰器的顺序写错了，程序就会出错，代码（wrapper_support.py）示例如下：

```
class Spam:
    @time_use
    @staticmethod
    def static_method(n):
        print(f'param is: {n}')
        while n > 0:
            n -= 1
```

调用静态方法时就会报错（wrapper_support.py）：

```
Spam.static_method(1000000)
```

执行 py 文件，输出结果如下：

```
Traceback (most recent call last):
  File "/advanced_programming/chapter9/wrapper_support.py", line 53, in <module>
    Spam.static_method(1000000)
  File "/advanced_programming/chapter9/wrapper_support.py", line 9, in wrapper
    r = func(*args, **kwargs)
TypeError: 'staticmethod' object is not callable
```

出错原因是 @classmethod 和 @staticmethod 实际上并不是创建可直接调用的对象，而是创建特殊的描述器对象。因此当其试着在其他装饰器中将它们当作函数来使用时就会出错，但确保装饰器出现在装饰器链中的第一个位置可以解决这个问题。

当在抽象基类中定义类方法和静态方法时，这里讲到的知识就很有用。如果想定义一个抽象类方法，我们可以使用类似下面的代码（wrapper_support.py）：

```
from abc import ABCMeta, abstractmethod
class A(metaclass=ABCMeta):
    @classmethod
    @abstractmethod
    def method(cls):
        pass
```

在代码中，@classmethod 与 @abstractmethod 的顺序是有讲究的，随意调换它们的顺序会出错。

9.1.11 给函数增加参数

在实际应用中，我们有时为了使装饰器更加通用，会在装饰器中给被包装函数增加额外的参数，但该操作不会影响函数现有的调用规则。

我们可以使用关键字参数来给被包装函数增加额外参数，示例（add_param.py）如下：

```
from functools import wraps

def optional_debug(func):
    @wraps(func)
    def wrapper(*args, debug=False, **kwargs):
        if debug:
            print('Calling', func.__name__)
        return func(*args, **kwargs)

    return wrapper
```

使用方法如下（add_param.py）：

```
@optional_debug
def spam(a, b, c):
    print(f'a = {a}, b = {b}, c = {c}')

spam(1, 2, 3)
spam(1, 2, 3, debug=True)
```

执行 py 文件，输出结果如下：

```
a = 1, b = 2, c = 3
Calling spam
a = 1, b = 2, c = 3
```

通过装饰器来给被包装函数增加参数的做法并不常见，不过有时候可以避免重复编写代码，示例（add_param.py）如下：

```
def a(x, debug=False):
    if debug:
        print('Calling func a')
```

```
def b(x, y, z, debug=False):
    if debug:
        print('Calling func b')

def c(x, y, debug=False):
    if debug:
        print('Calling func c')
```

我们可以将其重构成如下形式（add_param.py）：

```
from functools import wraps
import inspect

def optional_debug(func):
    if 'debug' in inspect.getfullargspec(func):
        raise TypeError('debug argument already defined')

    @wraps(func)
    def wrapper(*args, debug=False, **kwargs):
        if debug:
            print(f'Calling {func.__name__}')
        return func(*args, **kwargs)
    return wrapper

@optional_debug
def a(x):
    pass

@optional_debug
def b(x, y, z):
    pass

@optional_debug
def c(x, y):
    pass
```

这种实现方案之所以行得通，是因为强制关键字参数很容易被添加到接收 *args 和 **kwargs 参数的函数中。

上述方案还有一个难点就是，如何处理被添加的参数与被包装函数参数名字之间的冲突。如装饰器 @optional_debug 作用在一个已经拥有 debug 参数的函数时会有问题，因此这里需增加一步名字检查。

上面的方案还可以更完美一点，因为被包装函数的函数签名其实是错误的，代码（add_param.py）示例如下：

```
@optional_debug
def add(x,y):
    return x+y

import inspect
print(f'inspect signature: {inspect.signature(add)}')
```

执行 py 文件，输出结果如下：

```
inspect signature: (x, y)
```

通过如下修改，可以解决上述问题（add_param.py）：

```
from functools import wraps
import inspect

def optional_debug(func):
    if 'debug' in inspect.getfullargspec(func):
        raise TypeError('debug argument already defined')

    @wraps(func)
    def wrapper(*args, debug=False, **kwargs):
        if debug:
            print(f'Calling {func.__name__}')
        return func(*args, **kwargs)

    sig = inspect.signature(func)
    parms = list(sig.parameters.values())
    parms.append(inspect.Parameter('debug',
                inspect.Parameter.KEYWORD_ONLY,
                default=False))
    wrapper.__signature__ = sig.replace(parameters=parms)
    return wrapper
```

通过这样的修改，包装后的函数签名就能正确地显示 debug 参数了，示例（add_param.py）如下：

```
@optional_debug
def add(x,y):
    return x+y

print(f'signature: {inspect.signature(add)}')
print(f'add result: {add(5,3)}')
```

执行 py 文件，输出结果如下：

```
signature: (x, y, *, debug=False)
add result: 8
```

9.1.12 扩充类的功能

在实际应用中，有时为了使一个类更通用，需要进行类功能的扩充，通过重写类定义的某部分来修改它的行为，但是不希望使用继承或元类的方式。

以下是一个重写了特殊方法 __getattribute__ 的类装饰器，代码（expand_function.py）如下：

```
def log_getattribute(cls):
    # Get the original implementation
    orig_getattribute = cls.__getattribute__

    # Make a new definition
    def new_getattribute(self, name):
```

```
            print(f'getting name: {name}')
            return orig_getattribute(self, name)

    # Attach to the class and return
    cls.__getattribute__ = new_getattribute
    return cls

# Example use
@log_getattribute
class A:
    def __init__(self,x):
        self.x = x
    def spam(self):
        pass
```

使用方法如下（expand_function.py）：

```
a = A(30)
print(f'a.x = {a.x}')
print(f'a.spam(): {a.spam()}')
```

执行 py 文件，输出结果如下：

```
getting name: x
a.x = 30
getting name: spam
a.spam(): None
```

类装饰器通常可以作为其他高级技术比如混入类或元类的简洁的替代方案。上述示例中的另外一种实现使用了继承，代码（expand_function.py）示例如下：

```
class LoggedGetattribute:
    def __getattribute__(self, name):
        print(f'getting name: {name}')
        return super().__getattribute__(name)

# Example:
class A(LoggedGetattribute):
    def __init__(self,x):
        self.x = x
    def spam(self):
        pass
```

这种方案也行得通，为了深入理解它，我们必须知道方法调用顺序、super() 函数以及其他继承知识。从某种程度上讲，类装饰器方案显得更加直观，并且不会引入新的继承体系。它的运行速度也更快一些，因为它并不依赖 super() 函数。

如果想在一个类上使用多个类装饰器，就需要注意它们的调用顺序。如装饰器 A 会将其装饰的方法完整替换成另一种实现，而装饰器 B 只是简单地在其装饰的方法中添加额外逻辑，这时装饰器 A 就需要放在装饰器 B 的前面。

9.2　元类

对象的类型叫作类，类的类型则叫作元类。实例对象由类创建，而类则是由元类创建的。

9.2.1　控制实例创建

在实际应用中，我们有时需要改变实例的创建方式，以实现单例、缓存或其他类似的特性。

在 Python 中，如果定义了一个类，就能像函数一样调用它来创建实例，代码（create_control.py）示例如下：

```
class Spam:
    def __init__(self, name):
        self.name = name

a = Spam('Guido')
b = Spam('Bill')
```

如果想自定义这个步骤，可以定义一个元类并实现 __call__() 方法。

假设不想任何人创建这个自定义元类的实例，代码（create_control.py）示例如下：

```
class NoInstances(type):
    def __call__(self, *args, **kwargs):
        raise TypeError("Can't instantiate directly")

# Example
class Spam(metaclass=NoInstances):
    @staticmethod
    def grok(x):
        print('Spam.grok')
```

用户只能调用这个类的静态方法，而不能使用通常的方法来创建它的实例，示例（create_control.py）如下：

```
Spam.grok(30)
s = Spam()
```

执行 py 文件，输出结果如下：

```
Spam.grok
Traceback (most recent call last):
  File "/advanced_programming/chapter9/create_control.py", line 21, in <module>
    s = Spam()
  File "/advanced_programming/chapter9/create_control.py", line 11, in __call__
    raise TypeError("Can't instantiate directly")
TypeError: Can't instantiate directly
```

假如我们想实现单例模式，即只能创建唯一实例的类，其实现代码（create_control.py）示例如下：

```python
class Singleton(type):
    def __init__(self, *args, **kwargs):
        self.__instance = None
        super().__init__(*args, **kwargs)

    def __call__(self, *args, **kwargs):
        if self.__instance is None:
            self.__instance = super().__call__(*args, **kwargs)
            return self.__instance
        else:
            return self.__instance

# Example
class Spam(metaclass=Singleton):
    def __init__(self):
        print('Creating Spam')
```

那么，Spam 类就只能创建唯一的实例了，示例（create_control.py）如下：

```python
a = Spam()
b = Spam()
print(f'a is b = {a is b}')
c = Spam()
print(f'a is c = {a is c}')
```

执行 py 文件，输出结果如下：

```
Creating Spam
a is b = True
a is c = True
```

假设我们想创建缓存实例，可通过元类实现，示例（create_control.py）如下：

```python
import weakref

class Cached(type):
    def __init__(self, *args, **kwargs):
        super().__init__(*args, **kwargs)
        self.__cache = weakref.WeakValueDictionary()

    def __call__(self, *args):
        if args in self.__cache:
            return self.__cache[args]
        else:
            obj = super().__call__(*args)
            self.__cache[args] = obj
            return obj

# Example
class Spam(metaclass=Cached):
    def __init__(self, name):
        print(f'Creating Spam({name!r})')
        self.name = name
```

测试如下（create_control.py）：

```
a = Spam('Bill')
b = Spam('Guido')
c = Spam('Guido')
print(f'a is b = {a is b}')
print(f'b is c = {b is c}')
```

执行 py 文件，输出结果如下：

```
Creating Spam('Bill')
Creating Spam('Guido')
a is b = False
b is c = True
```

利用元类实现多种实例创建模式通常要比不使用元类的方式优雅得多。因为如果不使用元类，则需要将类隐藏在某些工厂函数后面。如为了实现一个单例，代码这样写（create_control.py）：

```
class _Spam:
    def __init__(self):
        print('Creating Spam')

_spam_instance = None

def Spam():
    global _spam_instance

    if _spam_instance is not None:
        return _spam_instance
    else:
        _spam_instance = _Spam()
        return _spam_instance
```

使用元类可能会涉及比较高级的技术，但代码看起来会更加简洁，也更加直观。

9.2.2 元类定义可选参数

定义一个元类，并允许类定义时提供可选参数，这样可以控制或配置类型的创建。

在定义类的时候，Python 允许使用 metaclass 关键字参数来指定特定的元类，如使用抽象基类（param_choicable.py）：

```
from abc import ABCMeta, abstractmethod
class IStream(metaclass=ABCMeta):
    @abstractmethod
    def read(self, maxsize=None):
        pass

    @abstractmethod
    def write(self, data):
        pass
```

在自定义元类中还可以提供其他关键字参数，示例（param_choicable.py）如下：

```
class Spam(metaclass=MyMeta, debug=True, synchronize=True):
```

```
        pass
```

为了使元类支持这些关键字参数，我们必须确保在＿＿prepare＿＿()、＿＿new＿＿() 和 ＿＿init＿＿()方法中都使用了强制关键字参数，示例（param_choicable.py）如下：

```
class MyMeta(type):
    # Optional
    @classmethod
    def __prepare__(cls, name, bases, *, debug=False, synchronize=False):
        # Custom processing
        pass
        return super().__prepare__(name, bases)

    # Required
    def __new__(cls, name, bases, ns, *, debug=False, synchronize=False):
        # Custom processing
        pass
        return super().__new__(cls, name, bases, ns)

    # Required
    def __init__(self, name, bases, ns, *, debug=False, synchronize=False):
        # Custom processing
        pass
        super().__init__(name, bases, ns)
```

给一个元类添加可选关键字参数，这需要我们完全弄懂类创建的所有步骤，因为这些参数会被传递给每一个相关的方法。＿＿prepare＿＿()方法在所有类定义开始执行前首先被调用，用于创建类命名空间。通常来讲，这个方法只是简单地返回一个字典或其他映射对象。＿＿new＿＿()方法用于实例化最终的类对象，它在类的主体被执行完成后开始执行。＿＿init＿＿()方法最后被调用，用于执行其他一些初始化工作。

当构造元类的时候，通常只需要定义一个＿＿new＿＿() 或＿＿init＿＿()方法，不需要两个都定义。如果需要接收其他的关键字参数，这两个方法就要同时提供，并且都要提供对应的参数签名。程序中默认＿＿prepare＿＿()方法接收任意的关键字参数，但是只有当这些额外的参数可能会影响到类命名空间的创建时才需要去显示定义＿＿prepare＿＿()方法。

在类的创建过程中，我们必须通过关键字来指定这些参数。

使用关键字参数配置元类还可以被视作对类变量的一种替代方式，示例（param_choicable.py）如下：

```
class Spam(metaclass=MyMeta):
    debug = True
    synchronize = True
    pass
```

将这些属性定义为参数的好处在于，它们不会污染类的名称空间。这些属性仅仅从属于类的创建阶段，而不是类中的语句执行阶段。它们在＿＿prepare＿＿()方法中是可以被访问的，因为这个方法会在所有类主体执行前被执行。但是类变量只能在元类的＿＿new＿＿() 和＿＿init＿＿()方法中可见。

9.3 类的属性定义顺序

在实际应用中，若一个类中属性和方法定义的顺序被记录下来，可以实现很多操作（比如序列化、映射到数据库等）。

利用元类可以很容易地捕获类的定义信息。以下示例使用 OrderedDict 来记录描述器的定义顺序（attr_order.py）：

```python
from collections import OrderedDict

# A set of descriptors for various types
class Typed:
    _expected_type = type(None)
    def __init__(self, name=None):
        self._name = name

    def __set__(self, instance, value):
        if not isinstance(value, self._expected_type):
            raise TypeError(f'Expected {str(self._expected_type)}')
        instance.__dict__[self._name] = value

class Integer(Typed):
    _expected_type = int

class Float(Typed):
    _expected_type = float

class String(Typed):
    _expected_type = str

# Metaclass that uses an OrderedDict for class body
class OrderedMeta(type):
    def __new__(cls, cls_name, bases, cls_dict):
        d = dict(cls_dict)
        order = []
        for name, value in cls_dict.items():
            if isinstance(value, Typed):
                value._name = name
                order.append(name)
        d['_order'] = order
        return type.__new__(cls, cls_name, bases, d)

    @classmethod
    def __prepare__(cls, cls_name, bases):
        return OrderedDict()
```

在这个元类中，执行类主体时描述器的定义顺序会被 OrderedDict 捕获，生成的有序结果从字典中被提取出来并放入类属性 _order 中。这样，类中的方法就可以通过多种方式来使用得到的有序结果。以下示例中定义的类，使用排序字典将一个类实例的数据序列化为一行 csv 数据（attr_order.py）：

```python
class Structure(metaclass=OrderedMeta):
    def as_csv(self):
```

```
        return ','.join(str(getattr(self,name)) for name in self._order)

# Example use
class Course(Structure):
    course_name = String()
    total_class = Integer()
    score = Float()

    def __init__(self, course_name, total_class, score):
        self.course_name = course_name
        self.total_class = total_class
        self.score = score
```

测试 Course 类（attr_order.py）：

```
course = Course('python', 30, 0.3)
print(f'course name: {course.course_name}')
print(f'course as csv: {course.as_csv()}')
err_ = Course('python','total class', 0.3)
```

执行 py 文件，输出结果如下：

```
course name: python
course as csv: python,30,0.3
Traceback (most recent call last):
  File "/advanced_programming/chapter9/attr_order.py", line 59, in <module>
    err_ = Course('python','total class', 0.3)
  File "/advanced_programming/chapter9/attr_order.py", line 52, in __init__
    self.total_class = total_class
  File "/advanced_programming/chapter9/attr_order.py", line 11, in __set__
    raise TypeError(f'Expected {str(self._expected_type)}')
TypeError: Expected <class 'int'>
```

这里的一个关键点就是 OrderedMeta 元类中定义的 __prepare__() 方法。该方法会在开始定义类和它的父类的时候被执行。它必须返回一个映射对象，以便在类定义体中使用。注意，这里返回 OrderedDict 而不是普通的字典，以便很容易地捕获类定义的顺序。

如果想构造自己的类字典对象，可以扩展这个元类功能。以下示例可以防止重复定义（attr_order.py）：

```
from collections import OrderedDict

class NoDupOrderedDict(OrderedDict):
    def __init__(self, cls_name):
        self.cls_name = cls_name
        super().__init__()
    def __setitem__(self, name, value):
        if name in self:
            raise TypeError(f'{name} already defined in {self.cls_name}')
        super().__setitem__(name, value)

class OrderedMeta(type):
    def __new__(cls, cls_name, bases, cls_dict):
        d = dict(cls_dict)
        d['_order'] = [name for name in cls_dict if name[0] != '_']
```

```
          return type.__new__(cls, cls_name, bases, d)

      @classmethod
      def __prepare__(cls, cls_name, bases):
          return NoDupOrderedDict(cls_name)
```

测试重复定义后的效果，代码（attr_order.py）如下：

```
class A(metaclass=OrderedMeta):
    def spam(self):
        pass

    def spam(self):
        pass
```

执行 py 文件，输出结果如下：

```
Traceback (most recent call last):
  File "/advanced_programming/chapter9/attr_order.py", line 85, in <module>
    class A(metaclass=OrderedMeta):
  File "/advanced_programming/chapter9/attr_order.py", line 88, in A
    def spam(self):
  File "/advanced_programming/chapter9/attr_order.py", line 71, in __setitem__
    raise TypeError(f'{name} already defined in {self.cls_name}')
TypeError: spam already defined in A
```

在 __new__() 方法中，尽管类使用了另外一个字典来定义，但在构造最终的 class 对象时，仍然需要将这个字典转换为一个正确的 dict 实例。这可以通过语句 d=dict(clsdict) 来实现。

对于很多应用程序，能够捕获类定义的顺序是一个看似不起眼却非常重要的特性。

在框架底层，我们必须捕获类定义的顺序来将对象映射到元组或数据库表中的行（类似于 as_csv() 的功能）。这里展示的技术非常简单，并且通常会比其他类似的方法（通常都要在描述器类中维护一个隐藏的计数器）要简单得多。

9.4 强制参数签名

如果将 *args 和 **kwargs 作为函数或方法的参数，这样的函数或方法会比较通用，但有时需要检查传递的参数是不是想要的类型。

针对任何涉及操作函数调用签名的问题，我们应该使用 inspect 模块中的签名特性。关注两个类：Signature 和 Parameter，示例（param_sig.py）如下：

```
from inspect import Signature, Parameter
parm_list = [Parameter('x', Parameter.POSITIONAL_OR_KEYWORD),
             Parameter('y', Parameter.POSITIONAL_OR_KEYWORD, default=42),
             Parameter('z', Parameter.KEYWORD_ONLY, default=None)]
sig = Signature(parm_list)
print(f'sig is: {sig}')
```

执行 py 文件，输出结果如下：

```
sig is: (x, y=42, *, z=None)
```

一旦有了签名对象，我们就可以使用bind()方法很容易地将它绑定到 *args 和 **kwargs 参数上，示例（param_sig.py）如下：

```python
def func(*args, **kwargs):
    bound_values = sig.bind(*args, **kwargs)
    for name, value in bound_values.arguments.items():
        print(f'name is: {name}, value is: {value}')

func(1, 2, z=3)
func(1)
func(1, z=3)
func(y=2, x=1)
func(1, 2, 3, 4)
func(y=2)
func(1, y=2, x=3)
```

执行 py 文件，输出结果如下：

```
name is: x, value is: 1
name is: y, value is: 2
name is: z, value is: 3
name is: x, value is: 1
name is: x, value is: 1
name is: z, value is: 3
name is: x, value is: 1
name is: y, value is: 2
Traceback (most recent call last):
  File "/advanced_programming/chapter9/param_sig.py", line 18, in <module>
    func(1, 2, 3, 4)
  ...
TypeError: too many positional arguments
Traceback (most recent call last):
  File "/advanced_programming/chapter9/param_sig.py", line 19, in <module>
    func(y=2)
  ...
TypeError: missing a required argument: 'x'
Traceback (most recent call last):
  File "/advanced_programming/chapter9/param_sig.py", line 20, in <module>
    func(1, y=2, x=3)
...
TypeError: multiple values for argument 'x'
```

通过将签名和传递的参数绑定起来，我们可以强制函数调用时遵循特定的规则，比如必填、默认、重复等。

下面是一个强制函数签名更具体的例子。在基类中先定义了一个通用的 __init__() 方法，然后强制所有子类必须提供一个特定的参数签名，示例（param_sig.py）如下：

```python
from inspect import Signature, Parameter

def make_sig(*names):
    parm_list = [Parameter(name, Parameter.POSITIONAL_OR_KEYWORD)
            for name in names]
    return Signature(parm_list)
```

```python
class Structure:
    __signature__ = make_sig()
    def __init__(self, *args, **kwargs):
        bound_values = self.__signature__.bind(*args, **kwargs)
        for name, value in bound_values.arguments.items():
            setattr(self, name, value)

class Course(Structure):
    __signature__ = make_sig('course_name', 'total_class', 'score')

class Point(Structure):
    __signature__ = make_sig('x', 'y')
```

使用 Course 类的方法（param_sig.py）如下：

```python
print(inspect.signature(Course))
course_1 = Course('python', 30, 0.3)
course_2 = Course('python', 30)
course_3 = Course('python', 30, 0.3, total_class=30)
```

执行 py 文件，输出结果如下：

```
Course signature: (course_name, total_class, score)
Traceback (most recent call last):
  File "//advanced_programming/chapter9/param_sig.py", line 47, in <module>
    course_2 = Course('python', 30)
...
TypeError: missing a required argument: 'score'
Traceback (most recent call last):
  File "/advanced_programming/chapter9/param_sig.py", line 48, in <module>
    course_3 = Course('python', 30, 0.3, total_class=30)
...
TypeError: multiple values for argument 'total_class'
```

在需要构造通用函数库、编写装饰器或实现代理的时候，*args 和 **kwargs 的使用很普遍。但是这样的函数有一个缺点就是，当想要检验自己的参数时，代码会显得笨拙混乱。这时，我们可以通过签名对象来简化代码。

我们还可以使用自定义元类来创建签名对象，示例（param_sig.py）如下：

```python
from inspect import Signature, Parameter

def make_sig(*names):
    parms = [Parameter(name, Parameter.POSITIONAL_OR_KEYWORD)
             for name in names]
    return Signature(parms)

class StructureMeta(type):
    def __new__(cls, cls_name, bases, cls_dict):
        cls_dict['__signature__'] = make_sig(*cls_dict.get('_fields',[]))
        return super().__new__(cls, cls_name, bases, cls_dict)

class Structure(metaclass=StructureMeta):
    _fields = []
    def __init__(self, *args, **kwargs):
```

```
            bound_values = self.__signature__.bind(*args, **kwargs)
            for name, value in bound_values.arguments.items():
                setattr(self, name, value)

class Course(Structure):
    _fields = ['course_name', 'total_class', 'score']

class Point(Structure):
    _fields = ['x', 'y']
```

当自定义签名的时候，将签名存储在特定的属性 __signature__ 中通常是很有用的。在使用 inspect 模块执行内省代码时，我们发现了签名并将它作为调用约定，示例（param_sig.py）如下：

```
import inspect
print(f'course signature: {inspect.signature(Course)}')
print(f'point signature: {inspect.signature(Point)}')
```

执行 py 文件，输出结果如下：

```
course signature: (course_name, total_class, score)
point signature: (x, y)
```

9.5　强制使用编程规约

在实际应用中，一个项目会包含很大的类继承体系，为了更好地做项目管理，一般会强制执行某些编程规约（或者代码诊断）来帮助开发者更好地了解项目全局。

如果想监控类的定义，我们可以通过定义一个元类实现。一个基本元类的定义通常是继承自 type 并重新定义它的 __new__() 方法或者 __init__() 方法，示例（code_statute.py）如下：

```
class MyMeta(type):
    def __new__(cls, cls_name, bases, cls_dict):
        # cls_name is name of class being defined
        # bases is tuple of base classes
        # cls_dict is class dictionary
        return super().__new__(cls, cls_name, bases, cls_dict)
```

重新定义 __init__() 方法（code_statute.py）：

```
class MyMeta(type):
    def __init__(self, cls_name, bases, cls_dict):
        super().__init__(cls_name, bases, cls_dict)
        # cls_name is name of class being defined
        # bases is tuple of base classes
        # cls_dict is class dictionary
```

为了使用这个元类，通常要将它放到一个顶级父类定义中，然后由其他的类继承这个顶级父类，示例（code_statute.py）如下：

```
class Root(metaclass=MyMeta):
```

```
    pass

class A(Root):
    pass

class B(Root):
    pass
```

元类的一个关键特点是，它允许在定义的时候检查类的内容。在重新定义 __init__()
方法中，我们可以很轻松地检查类字典、父类等。一旦某个元类被指定给某个类，其就会
被继承到该类的所有子类中。因此，一个框架的构建者就能在大型的继承体系中通过给顶
级父类指定元类去捕获所有子类的定义。

以下示例定义了一个元类，它会拒绝任何以混合大小写字母作为方法名的类的定义
（code_statute.py）：

```
class NoMixedCaseMeta(type):
    def __new__(cls, cls_name, bases, cls_dict):
        for name in cls_dict:
            if name.lower() != name:
                raise TypeError('Bad attribute name: ' + name)
        return super().__new__(cls, cls_name, bases, cls_dict)

class Root(metaclass=NoMixedCaseMeta):
    pass

class A(Root):
    def foo_bar(self):
        pass

class B(Root):
    def fooBar(self):
        pass
```

执行 py 文件，输出结果如下：

```
Traceback (most recent call last):
  File "/advanced_programming/chapter9/code_statute.py", line 41, in <module>
    class B(Root):
  File "/advanced_programming/chapter9/code_statute.py", line 31, in __new__
    raise TypeError('Bad attribute name: ' + name)
TypeError: Bad attribute name: fooBar
```

以下为更高级和实用的示例，用来检测重载方法，确保调用参数与父类中原始方法有
相同的参数签名（code_statute.py）：

```
from inspect import signature
import logging

class MatchSignaturesMeta(type):

    def __init__(self, cls_name, bases, cls_dict):
        super().__init__(cls_name, bases, cls_dict)
```

```
            sup = super(self, self)
            for name, value in cls_dict.items():
                if name.startswith('_') or not callable(value):
                    continue
                # Get the previous definition (if any) and compare the signatures
                # prev_dfn = getattr(sup,name,None)
                if (prev_dfn := getattr(sup,name,None)):
                    prev_sig = signature(prev_dfn)
                    val_sig = signature(value)
                    if prev_sig != val_sig:
                        logging.warning(f'Signature mismatch in {value.__
qualname__}. {prev_sig} != {val_sig}')

    # Example
    class Root(metaclass=MatchSignaturesMeta):
        pass

    class A(Root):
        def foo(self, x, y):
            pass

        def spam(self, x, *, z):
            pass

    # Class with redefined methods, but slightly different signatures
    class B(A):
        def foo(self, a, b):
            pass

        def spam(self,x,z):
            pass
```

运行代码，得到如下输出结果：

```
WARNING:root:Signature mismatch in B.foo. (self, x, y) != (self, a, b)
WARNING:root:Signature mismatch in B.spam. (self, x, *, z) != (self, x, z)
```

这种警告信息对于捕获一些微妙的程序 bug 是很有用的。如果某个代码依赖于传递给方法的关键字参数，当子类改变参数名字的时候就会发生调用报错。

在大型面向对象的程序中，将类的定义放在元类中控制是很有用的。元类可以监控类的定义，提示程序员某些没有注意到的可能出现的错误。

有人可能会说，像这样的错误可以通过程序分析工具或 IDE 发现。诚然，这些工具很有用。但如果构建的框架或函数库是供其他人使用，则没办法控制使用者要使用的工具。因此，对于这种类型的程序，如果在元类中做检测或许可，可以带来更好的用户体验。

在元类中选择重新定义 __new__() 方法还是 __init__() 方法取决于你想怎样使用结果类。__new__() 方法在类创建之前被调用，通常用于通过某种方式（如通过改变类字典的内容）修改类的定义。而 __init__() 方法是在类被创建之后被调用，当需要完整构建类对象的时候会很有用。在最后一个例子中，重新定义 __init__() 方法这是必要的，因为它使用了 super() 函数来搜索之前的定义。__init__() 方法只能在类的实例被创建之后，并且相应的方法解析顺序也已经被设置好之后被调用。

最后一个例子还演示了 Python 的函数签名对象的使用方法。实际上，元类将每个可调用定义放在一个类字典中，并定义一个 prev_dfn 变量进行搜索，然后通过 inspect.signature() 函数来简单地比较它们的调用签名。

代码中使用的 super(self, self) 并不是排版错误。当使用元类的时候，要时刻记住 self 实际上是一个类对象。因此，这条语句其实是用来寻找位于继承体系中构建 self 父类的定义。

9.6 以编程方式定义类

在实际应用中，我们在定义类时需要创建一个新的类对象，将类的定义的代码以字符串的形式发布出去，同时使用函数如 exec() 来执行，但是现在想寻找一个更加优雅的解决方案。

我们可以使用 types.new_class() 函数来初始化新的类对象，需要做的只是提供类的名字、父类元组、关键字参数，以及一个用成员变量填充类字典的回调函数，示例如下（class_define.py）：

```
# Methods
def __init__(self, course_name, total_class, score):
    self.course_name = course_name
    self.total_class = total_class
    self.score = score

def total_score(self):
    return self.total_class * self.score

cls_dict = {
    '__init__' : __init__,
    'total_score' : total_score,
}

# Make a class
import types

Course = types.new_class('Course', (), {}, lambda ns: ns.update(cls_dict))
Course.__module__ = __name__
```

这种方式会构建一个普通的类对象，并且按照我们的期望工作（class_define.py）：

```
course = Course('python', 30, 0.3)
print(f'course object is: {course}')
print(f'total score = {course.total_score()}')
```

执行 py 文件，输出结果如下：

```
course object is: <__main__.Course object at 0x102b04730>
total score = 9.0
```

在上述方法中，一个比较难理解的地方是，调用 types.new_class() 函数对 Course.__

module__ 的赋值。当类被定义后，它的 __module__ 属性会包含定义它的模块名。这个名字用于生成 __repr__() 方法的输出。它同样被用于很多库，比如 pickle。因此，为了保证创建的类是正确的，我们需要确保这个属性也设置正确。

如果创建的类需要不同的元类，则可以通过 types.new_class() 函数的第 3 个参数传递给它，示例（class_define.py）如下：

```
import abc
Course = types.new_class('Course', (), {'metaclass': abc.ABCMeta}, lambda ns:
ns.update(cls_dict))
Course.__module__ = __name__
print(f'Course object: {Course}')
print(f'Course type: {type(Course)}')
```

执行 py 文件，输出结果如下：

```
Course object: <class '__main__.Course'>
Course type: <class 'abc.ABCMeta'>
```

第 3 个参数还可以包含其他关键字参数，示例（class_define.py）如下：

```
class Spam(Base, debug=True, typecheck=False):
    pass
```

可以将其翻译成如下的 new_class() 调用形式（class_define.py）：

```
Spam = types.new_class('Spam', (Base,), {'debug': True, 'typecheck': False},
                       lambda ns: ns.update(cls_dict))
```

new_class() 的第 4 个参数最神秘，它是一个用来接收类命名空间的映射对象的函数，实际上是 __prepare__() 方法返回的任意对象。这个函数需要使用 update() 方法给命名空间增加内容。

很多时候构造新的类对象是很有用的。以下示例展示了调用 collections.namedtuple() 函数，代码（class_define.py）如下：

```
import collections
Course = collections.namedtuple('Course', ['course_name', 'total_class',
'score'])
print(f'Course object: {Course}')
```

执行 py 文件，输出结果如下：

```
Course object: <class '__main__.Course'>
```

collections.namedtuple() 函数使用了 exec() 函数。以下示例通过一个简单的修改，可直接创建一个类（class_define.py）：

```
import operator
import types
import sys

def named_tuple(class_name, field_names):
```

```
    # Populate a dictionary of field property accessors
    cls_dict = {name: property(operator.itemgetter(n)) for n, name in
enumerate(field_names)}

    # Make a __new__ function and add to the class dict
    def __new__(cls, *args):
        if len(args) != len(field_names):
            raise TypeError(f'Expected {len(field_names)} arguments')
        return tuple.__new__(cls, args)

    cls_dict['__new__'] = __new__

    # Make the class
    cls = types.new_class(class_name, (tuple,), {}, lambda ns: ns.update(cls_
dict))

    # Set the module to that of the caller
    cls.__module__ = sys._getframe(1).f_globals['__name__']
    return cls
```

这段代码的最后部分使用了一个所谓的"框架魔法",通过调用 sys._getframe() 函数来获取调用者的模块名。

以下示例展示了上述代码是如何工作的(class_define.py):

```
Point = named_tuple('Point', ['x', 'y'])
print(f'point object: {Point}')
p = Point(5, 8)
print(f'p length = {len(p)}')
print(f'p.x = {p.x}')
print(f'p.y = {p.y}')
p.x = 3
print(f'p is: {p}')
```

执行 py 文件,输出结果如下:

```
point object: <class '__main__.Point'>
p length = 2
p.x = 5
p.y = 8
Traceback (most recent call last):
  File "/advanced_programming/chapter9/class_define.py", line 77, in <module>
    p.x = 3
AttributeError: can't set attribute
p is: (5, 8)
```

这项技术的一个很重要的方面是它对于元类的正确使用。比如通过直接实例化元类来创建类(class_define.py):

```
Course = type('Course', (), cls_dict)
```

这种方法的问题在于它忽略了一些关键步骤,比如对于元类中 __prepare__() 方法的调用。通过使用 types.new_class() 方法,可以保证所有的必要初始化步骤都能得到执行。如 types.new_class() 方法的第 4 个参数的回调函数接收 __prepare__() 方法返回的映射对象。

如果只是想执行准备步骤，可以使用 types.prepare_class() 方法，示例（class_define.py）如下：

```
import types
metaclass, kwargs, ns = types.prepare_class('Course', (), {'metaclass': type})
```

它会查找合适的元类并调用 __prepare__() 方法，然后由元类保存关键字参数，准备命名空间后被返回。

9.7　初始化类的成员

在实际应用中，对于部分类的成员，需要在类被定义的时候就初始化，而不是要等到实例被创建后再初始化。

在类定义时就执行初始化或设置操作是元类的一个典型应用场景。从本质上讲，若一个元类在定义时被触发，就可以执行一些额外的操作。

利用这个思路我们来创建类似于 collections 模块中的命名元组的类，示例（init_cls.py）如下：

```
import operator

class StructTupleMeta(type):
    def __init__(cls, *args, **kwargs):
        super().__init__(*args, **kwargs)
        for n, name in enumerate(cls._fields):
            setattr(cls, name, property(operator.itemgetter(n)))

class StructTuple(tuple, metaclass=StructTupleMeta):
    _fields = []
    def __new__(cls, *args):
        if len(args) != len(cls._fields):
            raise ValueError(f'{len(cls._fields)} arguments required')
        return super().__new__(cls,args)
```

这段代码可以用来定义简单的基于元组的数据结构，示例（init_cls.py）如下：

```
class Course(StructTuple):
    _fields = ['course_name', 'total_class', 'score']

class Point(StructTuple):
    _fields = ['x', 'y']
```

下面演示它如何工作（init_cls.py）：

```
course = Course('python', 30, 0.3)
print(f'course is: {course}')
print(f'course[0] = {course[0]}')
print(f'course.course_name = {course.course_name}')
print(f'course total_score = {course.total_class * course.score}')

course.total_class = 20
```

执行 py 文件，输出结果如下：

```
course is: ('python', 30, 0.3)
course[0] = python
course.course_name = python
course total_score = 9.0
Traceback (most recent call last):
  File "/advanced_programming/chapter9/init_cls.py", line 30, in <module>
    course.total_class = 20
AttributeError: can't set attribute
```

StructTupleMeta 类获取 _fields 属性中的属性名字列表，然后将它们转换成相应的可访问特定元组槽的方法。operator.itemgetter() 函数创建一个访问器函数，然后由 property() 函数将其转换成类的属性。

这里最难懂的部分是，不同初始化步骤的发生时机。StructTupleMeta 类中的 __init__() 方法只在每个类被定义时被调用一次。cls 参数就是被定义的类。实际上，上述代码使用了 _fields 来保存新的被定义的类。

StructTuple 类作为普通的基类，可供其他使用者来继承。这里使用 __new__() 方法构造新的实例，但这种方式并不常见，因为要修改元组的调用签名，以便可以像调用普通的实例那样创建实例，示例（init_cls.py）如下：

```
course = Course('python', 30, 0.3)
course = Course(('python', 30, 0.3))
```

执行 py 文件，输出结果如下：

```
Traceback (most recent call last):
  File "/advanced_programming/chapter9/init_cls.py", line 34, in <module>
    course = Course(('python', 30, 0.3))
  File "/advanced_programming/chapter9/init_cls.py", line 13, in __new__
    raise ValueError(f'{len(cls._fields)} arguments required')
ValueError: 3 arguments required
```

与 __init__() 方法不同的是，__new__() 方法在实例创建之前被触发。由于元组是不可修改的，所以元组一旦创建就不可能做任何改动。而 __init__() 方法会在实例创建的最后被触发，这样就可以自定义需要处理的任务了。

9.8 利用注解实现方法重载

前面讲解了如何使用参数注解，那么是否可以利用注解实现基于类型的方法重载呢？

这里介绍一个简单的技术——使用参数注解实现方法重载，示例（method_reload.py）如下：

```
class Spam:
    def bar(self, x:int, y:int):
        print(f'Bar 1:{x} {y}')
```

```
    def bar(self, s:str, n:int = 0):
        print(f'Bar 2: {s} {n}')

s = Spam()
s.bar(5, 8)
s.bar('hello')
```

第一步尝试使用一个元类和描述器（method_reload.py）：

```
import inspect
import types

class MultiMethod:
    """
    Represents a single multimethod.
    """
    def __init__(self, name):
        self._methods = {}
        self.__name__ = name

    def register(self, meth):
        """
        Register a new method as a multimethod
        :param meth:
        :return:
        """
        sig = inspect.signature(meth)

        # Build a type signature from the method's annotations
        types = []
        for name, parm in sig.parameters.items():
            if name == 'self':
                continue
            if parm.annotation is inspect.Parameter.empty:
                raise TypeError(f'Argument {name} must be annotated with a
type')
            if not isinstance(parm.annotation, type):
                raise TypeError('Argument {name} annotation must be a type')
            if parm.default is not inspect.Parameter.empty:
                self._methods[tuple(types)] = meth
            types.append(parm.annotation)

        self._methods[tuple(types)] = meth

    def __call__(self, *args):
        """
        Call a method based on type signature of the arguments
        :param args:
        :return:
        """
        types = tuple(type(arg) for arg in args[1:])
        # meth = self._methods.get(types, None)
        if (meth := self._methods.get(types, None)):
            return meth(*args)
        else:
```

```python
            raise TypeError(f'No matching method for types {types}')

    def __get__(self, instance, cls):
        """
        Descriptor method needed to make calls work in a class
        :param instance:
        :param cls:
        :return:
        """
        if instance is not None:
            return types.MethodType(self, instance)
        else:
            return self

class MultiDict(dict):
    """
    Special dictionary to build multimethods in a metaclass
    """
    def __setitem__(self, key, value):
        if key in self:
            # If key already exists, it must be a multimethod or callable
            current_value = self[key]
            if isinstance(current_value, MultiMethod):
                current_value.register(value)
            else:
                mvalue = MultiMethod(key)
                mvalue.register(current_value)
                mvalue.register(value)
                super().__setitem__(key, mvalue)
        else:
            super().__setitem__(key, value)

class MultipleMeta(type):
    """
    Metaclass that allows multiple dispatch of methods
    """
    def __new__(cls, cls_name, bases, cls_dict):
        return type.__new__(cls, cls_name, bases, dict(cls_dict))

    @classmethod
    def __prepare__(cls, cls_name, bases):
        return MultiDict()
```

使用类的操作 (method_reload.py) 如下：

```python
class Spam(metaclass=MultipleMeta):
    def bar(self, x:int, y:int):
        print(f'Bar 1: {x} {y}')

    def bar(self, s:str, n:int = 0):
        print(f'Bar 2: {s} {n}')

# Example: overloaded __init__
import time

class Date(metaclass=MultipleMeta):
```

```
    def __init__(self, year: int, month:int, day:int):
        self.year = year
        self.month = month
        self.day = day

    def __init__(self):
        t = time.localtime()
        self.__init__(t.tm_year, t.tm_mon, t.tm_mday)
```

验证类能否正常工作（method_reload.py）：

```
s = Spam()
s.bar(3, 5)
s.bar('hello world!')
s.bar('hello', 8)
s.bar(3, 'hello')

e = Date()
print(f'year is: {e.year}')
print(f'month is: {e.month}')
print(f'day is: {e.day}')
```

执行 py 文件，输出结果如下：

```
Bar 2: 5 8
Bar 2: hello 0
Bar 1: 3 5
Bar 2: hello world! 0
Traceback (most recent call last):
  File "/advanced_programming/chapter9/method_reload.py", line 127, in <module>
    s.bar(3, 'hello')
  File "/advanced_programming/chapter9/method_reload.py", line 58, in __call__
    raise TypeError(f'No matching method for types {types}')
TypeError: No matching method for types (<class 'int'>, <class 'str'>)
Bar 2: hello 8
year is: 2020
month is: 5
day is: 15
```

这里使用了很多魔法代码，有助于读者深入理解元类和描述器的底层工作原理。代码中的一些底层思想也会影响你对其他涉及元类、描述器和函数注解的编程技术的理解。

上述代码的实现思路其实很简单。MutipleMeta 元类使用它的 __prepare__() 方法来提供一个作为 MultiDict 实例的自定义字典。与普通字典不同的是，MultiDict 实例会在元素被设置的时候检查其是否已经存在，如果存在，重复的元素会在 MultiMethod 实例中合并。

MultiMethod 实例通过构建从类型签名到函数的映射来收集方法。在构建过程中，函数注解被用来收集这些签名然后构建映射。这个过程在 MultiMethod.register() 方法中实现。映射的一个关键特点是对于多个方法，必须指定所有参数类型，否则程序就会报错。

通过让 MultiMethod 实例模拟调用，它的 __call__() 方法被实现了。__call__() 方法从所有排除 self 的参数中构建一个类型元组，在内部 map 中查找需要调用的目标方法并调用。为了能让 MultiMethod 实例在类定义时正确操作，__get__() 方法是必须实现的。它被用来构建正确的绑定方法，示例（method_reload.py）如下：

```
b = s.bar
print(f'object b is: {b}')
print(f'self of b is: {b.__self__}')
print(f'func of b is: {b.__func__}')
b(3, 5)
b('hello world!')
```

执行 py 文件，输出结果如下：

```
object b is: <bound method bar of <__main__.Spam object at 0x10a87caf0>>
self of b is: <__main__.Spam object at 0x10a87caf0>
func of b is: <__main__.MultiMethod object at 0x10a7bd6a0>
Bar 1: 3 5
Bar 2: hello world! 0
```

不过，这里的实现还有一些限制，其中一个是不能使用关键字参数，示例（method_reload.py）如下：

```
# s.bar(x=3, y=5)
# s.bar(s='python')
```

执行 py 文件，输出结果如下：

```
Traceback (most recent call last):
  File "/advanced_programming/chapter9/method_reload.py", line 143, in <module>
    s.bar(x=3, y=5)
TypeError: __call__() got an unexpected keyword argument 'x'
Traceback (most recent call last):
  File "/advanced_programming/chapter9/method_reload.py", line 144, in <module>
    s.bar(s='python')
TypeError: __call__() got an unexpected keyword argument 's'
```

也有其他方法能添加这种支持，但是需要一个完全不同的映射方式，而且主要的问题在于关键字参数的出现是没有顺序的。当它与位置参数混合使用时，参数就会变得比较混乱，这时候不得不在 __call__() 方法中先去做排序。

同样对于继承也是有限制的，类似下面这种代码（method_reload.py）就不能正常工作：

```
class A:
    pass


class B(A):
    pass


class C:
    pass


class Spam(metaclass=MultipleMeta):
    def foo(self, x:A):
        print(f'Foo 1: {x}')

    def foo(self, x:C):
        print(f'Foo 2: {x}')
```

原因是 x:A 注解不能成功匹配子类实例（比如 B 的实例），示例（method_reload.py）如下：

```
s = Spam()
a = A()
s.foo(a)
c = C()
s.foo(c)
b = B()
# s.foo(b)
```

执行 py 文件，输出结果如下：

```
Foo 1: <__main__.A object at 0x10a984fd0>
Foo 2: <__main__.C object at 0x10a992070>
Traceback (most recent call last):
  File "/advanced_programming/chapter9/method_reload.py", line 170, in <module>
    s.foo(b)
  File "/advanced_programming/chapter9/method_reload.py", line 58, in __call__
    raise TypeError(f'No matching method for types {types}')
TypeError: No matching method for types (<class '__main__.B'>,)
```

作为元类和注解的替代方案，我们可以通过描述器来实现，示例（method_reload.py）如下：

```
import types

class MultiMethod1:
    def __init__(self, func):
        self._methods = {}
        self.__name__ = func.__name__
        self._default = func

    def match(self, *types):
        def register(func):
            ndefaults = len(func.__defaults__) if func.__defaults__ else 0
            for n in range(ndefaults+1):
                self._methods[types[:len(types) - n]] = func
            return self
        return register

    def __call__(self, *args):
        types = tuple(type(arg) for arg in args[1:])
        # meth = self._methods.get(types, None)
        if (meth := self._methods.get(types, None)):
            return meth(*args)
        else:
            return self._default(*args)

    def __get__(self, instance, cls):
        if instance is not None:
            return types.MethodType(self, instance)
        else:
            return self
```

使用描述器的操作（method_reload.py）如下：

```
class Spam:
    @MultiMethod1
    def bar(self, *args):
        # Default method called if no match
        raise TypeError('No matching method for bar')

    @bar.match(int, int)
    def bar(self, x, y):
        print(f'Bar 1: {x} {y}')

    @bar.match(str, int)
    def bar(self, s, n = 0):
        print(f'Bar 2: {s} {n}')
```

描述器方案同样也有前面提到的局限性，如不支持关键字参数和继承。

所有事物都是平等的，有好有坏，也许最好的办法就是在普通代码中避免使用方法重载。

9.9　避免重复的属性方法

在编程过程中，我们应该尽量避免重复工作。在类定义中很容易出现一些执行相同逻辑的属性方法的重复定义，如类型检查，所以需要考虑简化重复代码。

对于下面的类，它的属性由属性方法包装（repeat_attr.py）：

```
class Person:
    def __init__(self, name ,age):
        self.name = name
        self.age = age

    @property
    def name(self):
        return self._name

    @name.setter
    def name(self, value):
        if not isinstance(value, str):
            raise TypeError('name must be a string')
        self._name = value

    @property
    def age(self):
        return self._age

    @age.setter
    def age(self, value):
        if not isinstance(value, int):
            raise TypeError('age must be an int')
        self._age = value
```

一个可行的优化方法是创建一个函数来定义属性并返回它，示例（repeat_attr.py）如下：

```python
def typed_property(name, expected_type):
    storage_name = '_' + name

    @property
    def prop(self):
        return getattr(self, storage_name)

    @prop.setter
    def prop(self, value):
        if not isinstance(value, expected_type):
            raise TypeError(f'{name} must be a {expected_type}')
        setattr(self, storage_name, value)

    return prop

class Person:
    name = typed_property('name', str)
    age = typed_property('age', int)

    def __init__(self, name, age):
        self.name = name
        self.age = age
```

这里演示了内部函数或者闭包的一个重要特性，它们很像宏。示例中的 typed_property() 函数看上去有点难理解，其实它所做的仅仅是生成属性并返回属性对象。因此，当在类中使用它的时候，效果与将其包含的代码放到类定义中是一样的。尽管 getter() 和 setter() 方法访问了本地变量如 name、expected_type 以及 storate_name，但这很正常，因为这些本地变量的值会保存在闭包当中。

我们还可以使用 functools.partial() 函数来修改代码，具体（repeat_attr.py）如下：

```python
from functools import partial

String = partial(typed_property, expected_type=str)
Integer = partial(typed_property, expected_type=int)

class Person:
    name = String('name')
    age = Integer('age')

    def __init__(self, name, age):
        self.name = name
        self.age = age
```

9.10 定义上下文管理器

实现一个新的上下文管理器的最简单的方法是使用 contexlib 模块中的 @contextmanager 装饰器。以下是一个实现了计时功能的上下文管理器示例（context_manage.py）：

```python
import time
```

```
from contextlib import contextmanager

@contextmanager
def time_use(label):
    start = time.time()
    try:
        yield
    finally:
        end = time.time()
        print(f'{label}: {end - start} s')

with time_use('counting'):
    n = 10000000
    while n > 0:
        n -= 1
```

在函数 time_use() 中，yield 语句之前的代码会在上下文管理器中作为 __enter__() 方法执行，所有在 yield 语句之后的代码会作为 __exit__() 方法执行。如果出现了异常，异常会在 yield 语句抛出。

以下是一个更加高级的上下文管理器，实现了列表对象上的某种事务，代码（context_manage.py）如下：

```
@contextmanager
def list_transaction(orig_list):
    working = list(orig_list)
    yield working
    orig_list[:] = working
```

只有当上述代码运行完成并且不出现异常的情况下，对列表的修改才会生效，示例（context_manage.py）如下：

```
@contextmanager
def list_transaction(orig_list):
    working = list(orig_list)
    yield working
    orig_list[:] = working


item_list = [1, 2, 3]
with list_transaction(item_list) as working:
    working.append(4)
    working.append(5)

print(f'items is: {item_list}')
with list_transaction(item_list) as working:
    working.append(6)
    working.append(7)
    raise RuntimeError('oops')

print(f'items is: {item_list}')
```

执行 py 文件，输出结果如下：

```
counting: 1.022325038909912 s
items is: [1, 2, 3, 4, 5]
Traceback (most recent call last):
  File "/advanced_programming/chapter9/context_manage.py", line 35, in <module>
    raise RuntimeError('oops')
RuntimeError: oops
items is: [1, 2, 3, 4, 5]
```

通常情况下，如果要写上下文管理器，需要定义一个类，里面包含 __enter__() 方法和 __exit__() 方法，示例（context_manage.py）如下：

```python
import time

class time_use:
    def __init__(self, label):
        self.label = label

    def __enter__(self):
        self.start = time.time()

    def __exit__(self, exc_ty, exc_val, exc_tb):
        end = time.time()
        print(f'{self.label}: {end - self.start} s')
```

尽管这个代码不难写，但是相比写一个使用 @contextmanager 注解的函数还是稍显乏味。

@contextmanager 应该仅仅用来写自包含上下文管理器的函数。如果有一些对象（比如一个文件、网络连接或锁）需要支持 with 语句，就需要单独实现 __enter__() 方法和 __exit__() 方法。

9.11　局部变量域中执行代码

为了实现某些特定的业务需求，我们需要定义一段只在使用范围内执行的代码片段，并在执行后使所有的结果都不可见。

先看如下简单场景，在全局命名空间执行代码片段（local_var.py）：

```python
a = 20
exec('b = a + 1')
print(f'b = {b}')
```

执行 py 文件，输出结果如下：

```
b = 21
```

再在函数中执行同样的代码（local_var.py）：

```python
def test():
    a = 20
    exec('b = a + 1')
    print(f'b = {b}')
```

```
test()
```

执行 py 文件，输出结果如下：

```
Traceback (most recent call last):
  File "/advanced_programming/chapter9/local_var.py", line 11, in <module>
    test()
  File "/advanced_programming/chapter9/local_var.py", line 9, in test
    print(f'b = {b}')
NameError: name 'b' is not defined
```

可以看到，最后抛出了一个 NameError 异常，这与 exec() 函数从没执行过的效果一样。如果想在后面的计算中使用 exec() 函数的执行结果就会有问题了。

为了修正这样的错误，我们需要在调用 exec() 函数之前使用 locals() 函数得到一个局部变量字典，之后从局部变量字典中获取修改后的变量值，示例（local_var.py）如下：

```
def test():
    a = 20
    loc = locals()
    exec('b = a + 1')
    b = loc['b']
    print(f't: b = {b}')


test()
```

执行 py 文件，输出结果如下：

```
t: b = 21
```

实际上，要想正确使用 exec() 函数是比较难的。大多数情况下，其实有其他更好的解决方案（比如装饰器、闭包、元类等）来代替 exec() 函数。

如果仍然要使用 exec() 函数，这里列出了一些正确使用它的方法。默认情况下，exec() 函数会在调用者局部和全局范围内执行代码。在函数内部传递给 exec() 函数的局部变量是复制实际局部变量组成的。如果 exec() 函数执行了修改操作，这种修改后的结果对实际局部变量值是没有影响的，示例（local_var.py）如下：

```
def test_1():
    x = 0
    exec('x += 1')
    print(f't1: x = {x}')


test_1()
```

执行 py 文件，输出结果如下：

```
t1: x = 0
```

当调用 locals() 函数获取局部变量时，获得的是传递给 exec() 函数的局部变量的一个副本。通过在代码执行后审查这个字典的值，就能获取修改后的值了，示例（local_var.py）如下：

```python
def test_2():
    x = 0
    loc = locals()
    print(f't2 before: {loc}')
    exec('x += 1')
    print(f't2 after: {loc}')
    print(f't2: x = {x}')

test_2()
```

执行 py 文件，输出结果如下：

```
t2 before: {'x': 0}
t2 after: {'x': 1, 'loc': {...}}
t2: x = 0
```

仔细观察最后一步的输出，除非将 loc 中被修改后的值手动赋值给 x，否则 x 变量值是不会变的。

在使用 locals() 函数时，需要注意操作顺序。locals() 函数被调用时会获取局部变量值并覆盖字典中相应的变量。

观察下面这个试验的输出结果，代码（local_var.py）如下：

```python
def test_3():
    x = 0
    loc = locals()
    print(f't3: loc = {loc}')
    exec('x += 1')
    print(f't3: loc = {loc}')
    locals()
    print(f't3: loc = {loc}')

test_3()
```

执行 py 文件，输出结果如下：

```
t3: loc = {'x': 0}
t3: loc = {'x': 1, 'loc': {...}}
t3: loc = {'x': 0, 'loc': {...}}
```

作为 locals() 函数的一个替代方案，我们可以使用自己的字典，并将它传递给 exec() 函数，示例（local_var.py）如下：

```python
def test_4():
    a = 20
    loc = {'a': a}
    glb = {}
    exec('b = a + 1', glb, loc)
    b = loc['b']
    print(f't4: b = {b}')

test_4()
```

执行 py 文件，输出结果如下：

```
t4: b = 21
```

大部分情况下，使用自己的字典，并将字典传递给 exec() 函数是使用 exec() 函数的最佳实践，只需要保证全局和局部字典被后面代码访问时已经初始化。

9.12 Python 源码解析

在实际应用中，为了更好地处理某些问题，我们可能需要解析 Python 源码。

计算或执行字符串形式的 Python 源码，示例（code_parser.py）如下：

```
x = 30
print(f"1 + 2*3 + {x} = {eval('1 + 2*3 + x')}")
exec('for i in range(5): print(i)')
```

执行 py 文件，输出结果如下：

```
1 + 2*3 + 30 = 37
0
1
2
3
4
```

ast 模块可用于将 Python 源码编译成一个可被分析的 AST，示例（code_parser.py）如下：

```
import ast
ex = ast.parse('2 + 3*4 + x', mode='eval')
print(f'ex: {ex}')
print(f'ast dump ex:\n{ast.dump(ex)}')

top = ast.parse('for i in range(10): print(i)', mode='exec')
print(f'top: {top}')
print(f'ast dump top:\n{ast.dump(top)}')
```

执行 py 文件，输出结果如下：

```
ex: <_ast.Expression object at 0x1086ecfa0>
ast dump ex:
Expression(body=BinOp(left=BinOp(left=Constant(value=2, kind=None), op=Add(),
right=BinOp(left=Constant(value=3, kind=None), op=Mult(), right=Constant(value=4,
kind=None))), op=Add(), right=Name(id='x', ctx=Load())))
top: <_ast.Module object at 0x10872aac0>
ast dump top:
Module(body=[For(target=Name(id='i', ctx=Store()), iter=Call(func=
Name(id='range', ctx=Load()), args=[Constant(value=10, kind=None)], keywords=[]),
body=[Expr(value=Call(func=Name(id='print', ctx=Load()), args=[Name(id='i',
ctx=Load())], keywords=[]))], orelse=[], type_comment=None)], type_ignores=[])
```

源码树是由一系列 AST 节点组成的。分析这些节点最简单的方法是定义一个访问者类，实现很多 visit_NodeName() 方法，由 NodeName() 匹配节点。以下是一个记录了被加载、存储和删除的信息的类（code_parser.py）。

```python
import ast

class CodeAnalyzer(ast.NodeVisitor):
    def __init__(self):
        self.loaded = set()
        self.stored = set()
        self.deleted = set()

    def visit_Name(self, node):
        if isinstance(node.ctx, ast.Load):
            self.loaded.add(node.id)
        elif isinstance(node.ctx, ast.Store):
            self.stored.add(node.id)
        elif isinstance(node.ctx, ast.Del):
            self.deleted.add(node.id)

# Sample usage
if __name__ == '__main__':
    # Some Python code
    code = """for i in range(10):
        print(i)
        del i
    """

    # Parse into an AST
    top = ast.parse(code, mode='exec')

    # Feed the AST to analyze name usage
    c = CodeAnalyzer()
    c.visit(top)
    print(f'Loaded: {c.loaded}')
    print(f'Stored: {c.stored}')
    print(f'Deleted: {c.deleted}')
```

运行程序，得到如下输出（code_parser.py）：

```
Loaded: {'range', 'i', 'print'}
Stored: {'i'}
Deleted: {'i'}
```

AST 可以通过 compile() 函数编译并执行，示例（code_parser.py）如下：

```
exec(compile(top,'<stdin>', 'exec'))
```

执行 py 文件，输出结果如下：

```
0
1
2
3
4
```

相比盲目地传递一些代码片段到类似 exec() 的函数中，我们可以先将它转换成 AST，然后观察它的细节，还可以写一些工具来查看模块的全部源码，并在此基础上执行某些静态分析。

下面是一个装饰器示例，我们可以通过重新解析函数体源码、重写 AST 并重新创建函数代码对象将全局访问改为局部访问，即仅限函数体作用范围内（code_parser.py）：

```python
import ast
import inspect

# Node visitor that lowers globally accessed names into
# the function body as local variables.
class NameLower(ast.NodeVisitor):
    def __init__(self, lowered_names):
        self.lowered_names = lowered_names

    def visit_FunctionDef(self, node):
        # Compile some assignments to lower the constants
        code = '__globals = globals()\n'
        code += '\n'.join("{0} = __globals['{0}']".format(name)
                            for name in self.lowered_names)
        code_ast = ast.parse(code, mode='exec')

        # Inject new statements into the function body
        node.body[:0] = code_ast.body

        # Save the function object
        self.func = node

# Decorator that turns global names into locals
def lower_names(*namelist):
    def lower(func):
        srclines = inspect.getsource(func).splitlines()
        # Skip source lines prior to the @lower_names decorator
        for n, line in enumerate(srclines):
            if '@lower_names' in line:
                break

        src = '\n'.join(srclines[n+1:])
        # Hack to deal with indented code
        if src.startswith((' ','\t')):
            src = 'if 1:\n' + src
        top = ast.parse(src, mode='exec')

        # Transform the AST
        cl = NameLower(namelist)
        cl.visit(top)

        # Execute the modified AST
        temp = {}
        exec(compile(top,'','exec'), temp, temp)

        # Pull out the modified code object
        func.__code__ = temp[func.__name__].__code__
        return func
    return lower
```

使用方法（code_parser.py）如下：

```
INCR = 1
@lower_names('INCR')
def count_down(n):
    while n > 0:
        n -= INCR
```

装饰器会将 countdown() 函数重写为如下形式（code_parser.py）：

```
def count_down(n):
    __globals = globals()
    INCR = __globals['INCR']
    while n > 0:
        n -= INCR
```

在性能测试中，装饰器重写函数会让函数运行速度快 20%。

可以发现，AST 是一个更加高级的技术，并且更简单。

9.13 Python 字节码拆解

在实际应用中，对于某些问题，我们需要通过将代码反编译成低级的字节码来查看它底层的工作机制。

dis 模块可以用于输出任何 Python 函数的反编译结果，示例（byte_code.py）如下：

```
def count_down(n):
    while n > 0:
        print(f'T-minus: {n}')
        n -= 1
    print('Blastoff!')

import dis
dis.dis(count_down)
```

执行 py 文件，输出结果如下：

```
  2     >>     0 LOAD_FAST                0 (n)
                2 LOAD_CONST               1 (0)
                4 COMPARE_OP               4 (>)
                6 POP_JUMP_IF_FALSE       32

  3            8 LOAD_GLOBAL              0 (print)
              10 LOAD_CONST               2 ('T-minus: ')
              12 LOAD_FAST                0 (n)
              14 FORMAT_VALUE             0
              16 BUILD_STRING             2
              18 CALL_FUNCTION            1
              20 POP_TOP

  4           22 LOAD_FAST                0 (n)
              24 LOAD_CONST               3 (1)
              26 INPLACE_SUBTRACT
```

```
          28 STORE_FAST              0 (n)
          30 JUMP_ABSOLUTE           0

  5   >>  32 LOAD_GLOBAL             0 (print)
          34 LOAD_CONST              4 ('Blastoff!')
          36 CALL_FUNCTION           1
          38 POP_TOP
          40 LOAD_CONST              0 (None)
          42 RETURN_VALUE
```

当我们想知道程序底层的运行机制时，dis 模块是很有用的，如想理解性能特征。被 dis() 函数解析的原始字节码（byte_code.py）如下：

```
print(f'co code:\n{count_down.__code__.co_code}')
```

执行 py 文件，输出结果如下：

```
co code:
b'|\x00d\x01k\x04r
t\x00d\x02|\x00\x9b\x00\x9d\x02\x83\x01\x01\x00|\x00d\x038\x00}\x00q\x00t\x00d\
    x04\x83\x01\x01\x00d\x00S\x00'
```

如果想解释这段代码，需要使用一些在 opcode 模块中定义的常量，示例（byte_code. py）如下：

```
c = count_down.__code__.co_code
import opcode
print(f'opname is: {opcode.opname[c[0]]}')
print(f'opname c[2]: {opcode.opname[c[2]]}')
```

执行 py 文件，输出结果如下：

```
opname is: LOAD_FAST
opname c[2]: LOAD_CONST
```

dis 模块中并没有能很方便地处理字节码的函数。不过，生成器函数可以将原始字节码序列转换成 opcode，示例（byte_code.py）如下：

```
import opcode

def generate_opcodes(codebytes):
    extended_arg = 0
    i = 0
    n = len(codebytes)
    while i < n:
        op = codebytes[i]
        i += 1
        if op >= opcode.HAVE_ARGUMENT:
            oparg = codebytes[i] + codebytes[i+1]*256 + extended_arg
            extended_arg = 0
            i += 2
            if op == opcode.EXTENDED_ARG:
                extended_arg = oparg * 65536
                continue
        else:
```

```
        oparg = None
    yield (op, oparg)
```

使用方法（byte_code.py）如下：

```
for op, oparg in generate_opcodes(count_down.__code__.co_code):
    print(f'op is: {op}, opname: {opcode.opname[op]}, oparg: {oparg}')
```

执行 py 文件，输出结果如下：

```
op is: 124, opname: LOAD_FAST, oparg: 25600
op is: 1, opname: POP_TOP, oparg: None
op is: 107, opname: COMPARE_OP, oparg: 29188
op is: 32, opname: <32>, oparg: None
op is: 116, opname: LOAD_GLOBAL, oparg: 25600
op is: 2, opname: ROT_TWO, oparg: None
op is: 124, opname: LOAD_FAST, oparg: 39680
...
```

9.14　本章小结

本章主要讲解元编程的进阶操作。元编程是关于创建操作代码的函数和类。元编程的概念有一些抽象，但它的功能非常强大，在现在比较火热的中台技术中就涉及大量元编程技术。

对函数、类、元编程这些大的概念了解之后，下一章将学习 Python 中模块与包的处理。

第 10 章 *Chapter 10*

模 块 与 包

模块与包是任何大型程序的核心，Python 安装程序本身也是一个包。本章重点讲解有关模块和包的常用编程技术，如何组织包，如何把大型模块分割成多个文件，如何创建命名空间包等，同时讲述自定义导入语句的秘籍。

10.1 模块处理

在 Python 中，一个程序一般会有多个模块，模块之间存在引用和交互，这些引用和交互是程序的重要组成部分。下面具体介绍模块的相关处理。

10.1.1 模块层级

模块的层级对于很多读者应该不陌生，一个项目代码一般会由很多分层模块构成的包组成。

封装成包是很简单的。首先在文件系统上构建目录，并确保每个目录都定义了 __init__.py 文件，再在各目录下构建代码，示例（import_exp.py）如下：

```
advanced_programming/
    __init__.py
    Chapter9/
        __init__.py
        add_param.py
        attr_order.py
    chapter10/
        test
            __init__.py
            import_test.py
```

```
__init__.py
import_exp.py
```

一旦做到了这一点，程序就能够执行各种 import 语句，示例（import_exp.py）如下：

```
import chapter10.test.import_test
from chapter10.test import import_test
import chapter10.test.import_test as ts
```

定义模块的层次结构就像在文件系统上建立目录结构一样。文件 __init__.py 的作用是对不同运行级别的包的可选代码的初始化。如执行语句 import chapter10 后，文件 chapter10/__init__.py 将被导入该文件，建立 chapter10 命名空间的内容。若像 import chapter10.test 这样导入，文件 chapter10/__init__.py 和文件 chapter10/test/__init__.py 将在文件 chapter10/test/import_test.py 导入之前导入。

一般让 __init__.py 文件空着就好。__init__.py 文件的其他常用用法包括将多个文件合并到一个逻辑命名空间，这在后面会有详细讨论。

我们有时会发现，即使 __init__.py 文件不存在，Python 仍然会导入包。这在没有定义 __init__.py 时，实际上创建了一个所谓的"命名空间包"。

 提示 如果要创建新的包，__init__.py 文件会很有用。

10.1.2 控制模块的导入

Python 的模块导入比较简单，不过也很容易因为使用不当，而导入过多冗余内容。要做到精确控制模块的导入，需要使用好模块导入方法。

如使用 from module import * 语句时，希望对从模块或包导出的符号进行精确控制。

在模块中定义一个变量 __all__ 来明确地列出需要导出的内容，示例（import_all.py）如下：

```
def spam():
    pass

def grok():
    pass

age = 30
# Only export 'spam' and 'grok'
__all__ = ['spam', 'grok']
```

一般不建议使用 from module import * 语句。若在定义了大量变量名的模块中频繁使用该语句，将会导入所有不以下划线开头的模块。但若定义了 __all__，那么只有被列举出的模块会被导入。

如果将 __all__ 定义成一个空列表，没有模块被导入。

10.1.3 重新加载模块

在实际应用中，对于有些项目，我们在修改了代码后，并不希望通过项目重启来查看修改的效果，特别是对于项目调试，频繁重启会耗费大量时间，若可以重新加载模块，就可以避免项目重启。

我们可使用 importlib.reload() 函数来重新加载先前加载的模块，示例（module_reload.py）如下：

```
import importlib
from chapter10 import module_split

print(importlib.reload(module_split))
```

执行 py 文件，输出结果如下：

```
<module 'chapter10.module_split' from '/advanced_programming/chapter10/module_
split.py'>
```

重新加载模块在开发和调试过程中很有用，但在生产环境中使用会不安全。

reload() 函数擦除了模块底层字典的内容，并通过重新执行模块的代码来刷新模块。模块对象本身的身份保持不变。

尽管如此，reload() 函数没有更新像 from module import name 这样使用 import 语句导入的模块，示例（module_reload.py）如下：

```
def course():
    print(f'This is func course.')

def sport():
    print('This is func sport.')
```

交互模式操作如下：

```
>>> from chapter10 import module_reload
>>> from chapter10.module_reload import sport
>>> module_reload.sport()
This is func sport.
>>> sport()
This is func sport.
```

修改 module_reload.py 中的 sport() 函数，示例（module_reload.py）如下：

```
def sport():
    print('This new sport.')
```

现在回到交互式会话，重新加载模块，操作如下：

```
>>> import importlib
>>> importlib.reload(module_reload)
<module 'chapter10.module_reload' from '/chapter10/module_reload.py'>
>>> sport()
This is func sport.
>>> module_reload.sport()
```

```
This new sport.
```

在示例中，我们看到有两个版本的 sport() 函数被加载，这不是我们想要的，所以在应用中需要注意 reload() 函数的使用。

 注意 在生产环境中需要避免重新加载模块。

10.1.4 通过字符串名导入模块

在实际应用中，我们有时会遇到模块的名字在字符串里的情形，需通过字符串名导入模块。

使用 importlib.import_module() 函数手动导入字符串形式的模块或者包的一部分，示例（module_import.py）如下：

```
import importlib

math = importlib.import_module('math')
print(f'math.sqrt(10) = {math.sqrt(10)}')

req = importlib.import_module('requests')
res = req.get('http://www.python.org')
print(f'response text:\n{res.text}')
```

执行 py 文件，输出结果如下：

```
math.sqrt(10) = 3.1622776601683795
response text:
<!doctype html>
...
```

import_module 只是简单地执行和 import 相同的步骤，返回生成的模块对象。我们只需要将模块名存储在一个变量中，然后像操作普通的模块一样即可。

如果使用的是包，import_module() 也可用于相对导入，但需要给它一个额外的参数，示例（module_import.py）如下：

```
module_split = importlib.import_module('module_split', __package__)
module_split.course()
```

module_split.py 如下：

```
def course():
    print(f'This is func course.')

def sport():
    print('This is func sport.')
```

执行 py 文件，输出结果如下：

```
This is func course.
```

使用 import_module() 函数手动导入模块的操作通常出现在修改或覆盖模块代码时。比如你正在执行某种自定义导入机制，可通过模块名称来加载模块，或通过补丁加载代码。

在旧的版本中，我们有时会看到用于模块导入的内置函数 __import__()。通常，importlib.import_module() 函数更容易使用。

10.1.5 远程加载模块

对于一些复杂的程序，我们需要远程加载模块、自定义 Python 的 import 语句，以便在远程机器上透明地加载模块。

首先要考虑的是安全问题。这里的主要目的是深入分析 Python 的 import 语句机制。理解了 import 语句的内部原理，我们就能够在任何场景下自定义 import。

这里的核心是设计导入语句的扩展功能。为了演示方便，首先构造 Python 代码结构：

```
test/
    __init__.py
    spam.py
    fib.py
    http_server.py
    grok/
        __init__.py
        blah.py
```

这些文件的内容并不重要，不过在每个文件中放入少量简单语句和函数，这样便于测试并查看其被导入时的输出。对应 py 文件内容如下。

spam.py 文件内容如下：

```
print("I'm spam")

def hello(name):
    print(f'Hello {name}!')
```

fib.py 文件内容如下：

```
print("I'm fib")

def fib(n):
    if n < 2:
        return 1
    else:
        return fib(n - 1) + fib(n - 2)
```

grok/__init__.py 文件内容如下：

```
print('I am grok.__init__')
```

blah.py 文件内容如下：

```
print('I am grok.blah')
```

这些文件允许作为模块被远程访问。也许最简单的方式就是将它们发布到一个 Web 服务器上。在 test 目录中，我们可以像下面这样运行 Python：

```
cd test/
python -m http.server 15000
Serving HTTP on :: port 15000 (http://[::]:15000/) ...
```

服务器运行后再启动一个单独的 Python 解释器，确保使用 requests 库可以访问远程文件，示例（http_server.py）如下：

```
import requests
res = requests.get('http://localhost:15000/fib.py')
data = res.text
print(data)
```

执行 py 文件，输出结果如下：

```
print("I'm fib")

def fib(n):
    if n < 2:
        return 1
    else:
        return fib(n - 1) + fib(n - 2)
```

从服务器加载代码是本节的基础。为了替代手动通过 urlopen() 函数收集源文件，我们可以通过自定义 import 语句在后台自动完成。

加载远程模块的第一种方法是创建一个显式的加载函数，示例（remote_load.py）如下：

```
import imp
import requests
import sys

def load_module(url):
    u = requests.get(url)
    source = u.text
    mod = sys.modules.setdefault(url, imp.new_module(source))
    code = compile(source, url, 'exec')
    mod.__file__ = url
    mod.__package__ = ''
    exec(code, mod.__dict__)
    return mod
```

加载函数会下载代码，并使用 compile() 函数将其编译到一个代码对象中，然后在新创建的模块对象的字典中执行，示例（remote_load.py）如下：

```
fib = load_module('http://localhost:15000/fib.py')
print(f'fib(20) = {fib.fib(20)}')

spam = load_module('http://localhost:15000/spam.py')
spam.hello('world')

print(f'{fib}')
print(f'{spam}')
```

执行 py 文件，输出结果如下：

```
I'm fib
fib(20) = 10946
I'm spam
Hello world!
<module 'print("I\'m fib")\n\ndef fib(n):\n    if n < 2:\n        return 1\n
else:\n        return fib(n - 1) + fib(n - 2)' from 'http://localhost:15000/fib.py'>
    <module 'print("I\'m spam")\n\ndef hello(name):\n    print(f\'Hello {name}!\')'
from 'http://localhost:15000/spam.py'>
```

对于简单的模块，加载函数是行得通的。不过，它并没有嵌入通常的 import 语句中，如果要支持更高级的结构比如包就需要做更多的工作了。

一个更高级的做法是创建自定义导入器。第一种方法是创建元路径导入器，示例（self_define_import.py）如下：

```python
import sys
import importlib.abc
import imp
from urllib.request import urlopen
from urllib.error import HTTPError, URLError
from html.parser import HTMLParser

# Debugging
import logging
log = logging.getLogger(__name__)

# Get links from a given URL
def _get_links(url):
    class LinkParser(HTMLParser):
        def handle_starttag(self, tag, attrs):
            if tag == 'a':
                attrs = dict(attrs)
                links.add(attrs.get('href').rstrip('/'))
    links = set()
    try:
        log.debug(f'Getting links from {url}')
        u = urlopen(url)
        parser = LinkParser()
        parser.feed(u.read().decode('utf-8'))
    except Exception as e:
        log.debug(f'Could not get links. {e}')
    log.debug(f'links: {links}')
    return links

class UrlMetaFinder(importlib.abc.MetaPathFinder):
    def __init__(self, base_url):
        self._base_url = base_url
        self._links = {}
        self._loaders = {base_url : UrlModuleLoader(base_url)}

    def find_module(self, full_name, path=None):
        log.debug(f'find_module: full_name={full_name}, path={path}')
        if path is None:
```

```
                base_url = self._base_url
            else:
                if not path[0].startswith(self._base_url):
                    return None
                base_url = path[0]
            parts = full_name.split('.')
            base_name = parts[-1]
            log.debug(f'find_module: base_url={base_url}, base_name={base_name}')

            # Check link cache
            if base_name not in self._links:
                self._links[base_url] = _get_links(base_url)

            # Check if it's a package
            if base_name in self._links[base_url]:
                log.debug(f'find_module: trying package {full_name}')
                full_url = self._base_url + '/' + base_name
                # Attempt to load the package (which accesses __init__.py)
                loader = UrlPackageLoader(full_url)
                try:
                    loader.load_module(full_name)
                    self._links[full_url] = _get_links(full_url)
                    self._loaders[full_url] = UrlModuleLoader(full_url)
                    log.debug(f'find_module: package {full_name} loaded')
                except ImportError as e:
                    log.debug(f'find_module: package failed. {e}')
                    loader = None
                return loader
            # A normal module
            file_name = base_name + '.py'
            if file_name in self._links[base_url]:
                log.debug(f'find_module: module {full_name} found')
                return self._loaders[base_url]
            else:
                log.debug(f'find_module: module {full_name} not found')
                return None

        def invalidate_caches(self):
            log.debug('invalidating link cache')
            self._links.clear()

    # Module Loader for a URL
    class UrlModuleLoader(importlib.abc.SourceLoader):
        def __init__(self, base_url):
            self._base_url = base_url
            self._source_cache = {}

        def module_repr(self, module):
            return f'<urlmodule {module.__name__} from {module.__file__}>'

        # Required method
        def load_module(self, full_name):
            code = self.get_code(full_name)
            mod = sys.modules.setdefault(full_name, imp.new_module(full_name))
            mod.__file__ = self.get_filename(full_name)
```

```
            mod.__loader__ = self
            mod.__package__ = full_name.rpartition('.')[0]
            exec(code, mod.__dict__)
            return mod

        # Optional extensions
        def get_code(self, full_name):
            src = self.get_source(full_name)
            return compile(src, self.get_filename(full_name), 'exec')

        def get_data(self, path):
            pass

        def get_filename(self, full_name):
            return self._base_url + '/' + full_name.split('.')[-1] + '.py'

        def get_source(self, full_name):
            file_name = self.get_filename(full_name)
            log.debug(f'loader: reading {file_name}')
            if file_name in self._source_cache:
                log.debug(f'loader: cached {file_name}')
                return self._source_cache[file_name]
            try:
                u = urlopen(file_name)
                source = u.read().decode('utf-8')
                log.debug(f'loader: {file_name} loaded')
                self._source_cache[file_name] = source
                return source
            except (HTTPError, URLError) as e:
                log.debug(f'loader: {file_name} failed. {e}')
                raise ImportError(f"Can't load {file_name}")

        def is_package(self, full_name):
            return False

# Package loader for a URL
class UrlPackageLoader(UrlModuleLoader):
    def load_module(self, full_name):
        mod = super().load_module(full_name)
        mod.__path__ = [ self._base_url ]
        mod.__package__ = full_name

    def get_filename(self, full_name):
        return self._base_url + '/' + '__init__.py'

    def is_package(self, full_name):
        return True

# Utility functions for installing/uninstalling the loader
_installed_meta_cache = {}
def install_meta(address):
    if address not in _installed_meta_cache:
        finder = UrlMetaFinder(address)
        _installed_meta_cache[address] = finder
        sys.meta_path.append(finder)
```

```
            log.debug(f'{finder} installed on sys.meta_path')

    def remove_meta(address):
        if address in _installed_meta_cache:
            finder = _installed_meta_cache.pop(address)
            sys.meta_path.remove(finder)
            log.debug(f'{finder} removed from sys.meta_path')
```

使用示例如下：

```
>>> import fib
Traceback (most recent call last):
  File "<input>", line 1, in <module>
  File "/Applications/PyCharm.app/Contents/helpers/pydev/_pydev_bundle/pydev_
import_hook.py", line 20, in do_import
      module = self._system_import(name, *args, **kwargs)
ModuleNotFoundError: No module named 'fib'
>>> from chapter10 import self_define_import
self_define_import.install_meta('http://localhost:15000')
>>> import fib
I'm fib
>>> import grok.blah
I am grok.__init__
I am grok.__init__
I am grok.blah
>>> grok.blah.__file__
'http://localhost:15000/grok/blah.py'
```

这个特殊的方案会安装一个特别的查找器——UrlMetaFinder 实例，作为 sys.meta_path 中最后的实体。当模块被导入时，程序会依据 sys.meta_path 中的查找器定位模块。在示例中，UrlMetaFinder 实例是最后一个查找器，当模块找不到时就触发它。

常见的实现方案是 UrlMetaFinder 类包装在用户指定的 URL 上。在 UrlMetaFinder 类内部，查找器通过抓取指定的 URL 的内容构建合法的链接集合。导入模块的时候，程序会对模块名与已有的链接进行对比。如果二者匹配，一个单独的 UrlModuleLoader 类将被用来从远程机器上加载代码并创建最终的模块对象。这里缓存链接的一个原因是避免不必要的 HTTP 请求重复导入。

自定义导入的第二种方法是编写一个钩子直接嵌入 sys.path 变量中，识别某些目录命名模式。

在上面示例中添加如下的类和支持函数（self_define_import_1.py）：

```
import sys
import importlib.abc
import imp
from urllib.request import urlopen
from urllib.error import HTTPError, URLError
from html.parser import HTMLParser

# Debugging
import logging
log = logging.getLogger(__name__)
```

```
# Get links from a given URL
def _get_links(url):
    class LinkParser(HTMLParser):
        def handle_starttag(self, tag, attrs):
            if tag == 'a':
                attrs = dict(attrs)
                links.add(attrs.get('href').rstrip('/'))
    links = set()
    try:
        log.debug(f'Getting links from {url}')
        u = urlopen(url)
        parser = LinkParser()
        parser.feed(u.read().decode('utf-8'))
    except Exception as e:
        log.debug(f'Could not get links. {e}')
    log.debug(f'links: {links}')
    return links

class UrlMetaFinder(importlib.abc.MetaPathFinder):
    def __init__(self, base_url):
        self._base_url = base_url
        self._links = {}
        self._loaders = {base_url : UrlModuleLoader(base_url)}

    def find_module(self, full_name, path=None):
        log.debug(f'find_module: full_name={full_name}, path={path}')
        if path is None:
            base_url = self._base_url
        else:
            if not path[0].startswith(self._base_url):
                return None
            base_url = path[0]
        parts = full_name.split('.')
        base_name = parts[-1]
        log.debug(f'find_module: base_url={base_url}, base_name={base_name}')

        # Check link cache
        if base_name not in self._links:
            self._links[base_url] = _get_links(base_url)

        # Check if it's a package
        if base_name in self._links[base_url]:
            log.debug(f'find_module: trying package {full_name}')
            full_url = self._base_url + '/' + base_name
            # Attempt to load the package (which accesses __init__.py)
            loader = UrlPackageLoader(full_url)
            try:
                loader.load_module(full_name)
                self._links[full_url] = _get_links(full_url)
                self._loaders[full_url] = UrlModuleLoader(full_url)
                log.debug(f'find_module: package {full_name} loaded')
            except ImportError as e:
                log.debug(f'find_module: package failed. {e}')
                loader = None
            return loader
```

```python
            # A normal module
            file_name = base_name + '.py'
            if file_name in self._links[base_url]:
                log.debug(f'find_module: module {full_name} found')
                return self._loaders[base_url]
            else:
                log.debug(f'find_module: module {full_name} not found')
                return None

    def invalidate_caches(self):
        log.debug('invalidating link cache')
        self._links.clear()

# Module Loader for a URL
class UrlModuleLoader(importlib.abc.SourceLoader):
    def __init__(self, base_url):
        self._base_url = base_url
        self._source_cache = {}

    def module_repr(self, module):
        return f'<urlmodule {module.__name__} from {module.__file__}>'

    # Required method
    def load_module(self, full_name):
        code = self.get_code(full_name)
        mod = sys.modules.setdefault(full_name, imp.new_module(full_name))
        mod.__file__ = self.get_filename(full_name)
        mod.__loader__ = self
        mod.__package__ = full_name.rpartition('.')[0]
        exec(code, mod.__dict__)
        return mod

    # Optional extensions
    def get_code(self, full_name):
        src = self.get_source(full_name)
        return compile(src, self.get_filename(full_name), 'exec')

    def get_data(self, path):
        pass

    def get_filename(self, full_name):
        return self._base_url + '/' + full_name.split('.')[-1] + '.py'

    def get_source(self, full_name):
        file_name = self.get_filename(full_name)
        log.debug(f'loader: reading {file_name}')
        if file_name in self._source_cache:
            log.debug(f'loader: cached {file_name}')
            return self._source_cache[file_name]
        try:
            u = urlopen(file_name)
            source = u.read().decode('utf-8')
            log.debug(f'loader: {file_name} loaded')
            self._source_cache[file_name] = source
            return source
```

```python
        except (HTTPError, URLError) as e:
            log.debug(f'loader: {file_name} failed. {e}')
            raise ImportError(f"Can't load {file_name}")

    def is_package(self, full_name):
        return False

# Package loader for a URL
class UrlPackageLoader(UrlModuleLoader):
    def load_module(self, full_name):
        mod = super().load_module(full_name)
        mod.__path__ = [ self._base_url ]
        mod.__package__ = full_name

    def get_filename(self, full_name):
        return self._base_url + '/' + '__init__.py'

    def is_package(self, full_name):
        return True

# Utility functions for installing/uninstalling the loader
_installed_meta_cache = {}
def install_meta(address):
    if address not in _installed_meta_cache:
        finder = UrlMetaFinder(address)
        _installed_meta_cache[address] = finder
        sys.meta_path.append(finder)
        log.debug(f'{finder} installed on sys.meta_path')

def remove_meta(address):
    if address in _installed_meta_cache:
        finder = _installed_meta_cache.pop(address)
        sys.meta_path.remove(finder)
        log.debug(f'{finder} removed from sys.meta_path')

class UrlPathFinder(importlib.abc.PathEntryFinder):
    def __init__(self, baseurl):
        self._links = None
        self._loader = UrlModuleLoader(baseurl)
        self._base_url = baseurl

    def find_loader(self, full_name):
        log.debug(f'find_loader: {full_name}')
        parts = full_name.split('.')
        base_name = parts[-1]
        # Check link cache
        if self._links is None:
            self._links = [] # See discussion
            self._links = _get_links(self._base_url)

        # Check if it's a package
        if base_name in self._links:
            log.debug(f'find_loader: trying package {full_name}')
            full_url = self._base_url + '/' + base_name
            # Attempt to load the package (which accesses __init__.py)
```

```
            loader = UrlPackageLoader(full_url)
            try:
                loader.load_module(full_name)
                log.debug(f'find_loader: package {full_name} loaded')
            except ImportError as e:
                log.debug(f'find_loader: {full_name} is a namespace package')
                loader = None
            return loader, [full_url]

        # A normal module
        file_name = base_name + '.py'
        if file_name in self._links:
            log.debug(f'find_loader: module {full_name} found')
            return self._loader, []
        else:
            log.debug(f'find_loader: module {full_name} not found')
            return None, []

    def invalidate_caches(self):
        log.debug('invalidating link cache')
        self._links = None

# Check path to see if it looks like a URL
_url_path_cache = {}
def handle_url(path):
    if path.startswith(('http://', 'https://')):
        log.debug(f'Handle path? {path}. [Yes]')
        if path in _url_path_cache:
            finder = _url_path_cache[path]
        else:
            finder = UrlPathFinder(path)
            _url_path_cache[path] = finder
        return finder
    else:
        log.debug(f'Handle path? {path}. [No]')

def install_path_hook():
    sys.path_hooks.append(handle_url)
    sys.path_importer_cache.clear()
    log.debug('Installing handle_url')

def remove_path_hook():
    sys.path_hooks.remove(handle_url)
    sys.path_importer_cache.clear()
    log.debug('Removing handle_url')
```

要使用这个路径查找器，只需要在 sys.path 中加入 URL 链接，相关代码如下：

```
>>> import fib
Traceback (most recent call last):
  File "<input>", line 1, in <module>
  File "/Applications/PyCharm.app/Contents/helpers/pydev/_pydev_bundle/pydev_import_hook.py", line 20, in do_import
    module = self._system_import(name, *args, **kwargs)
ModuleNotFoundError: No module named 'fib'
```

```
>>> from chapter10 import self_define_import_1
>>> self_define_import_1.install_path_hook()
>>> import fib
Traceback (most recent call last):
  File "<input>", line 1, in <module>
  File "/Applications/PyCharm.app/Contents/helpers/pydev/_pydev_bundle/pydev_
import_hook.py", line 20, in do_import
    module = self._system_import(name, *args, **kwargs)
ModuleNotFoundError: No module named 'fib'
>>> import sys
>>> sys.path.append('http://localhost:15000')
>>> import fib
I'm fib
>>> import grok.blah
I am grok.__init__
I am grok.__init__
I am grok.blah
>>> grok.blah.__file__
'http://localhost:15000/grok/blah.py'
```

示例中的关键点就是 handle_url() 函数，它被添加到了 sys.path_hooks 变量中。当 sys.
path 的实体被处理时，程序会调用 sys.path_hooks 中的函数。任何函数返回查找器对象，这
个对象就被用来为 sys.path 实体加载模块。

远程模块加载与其他加载方法几乎一样，相关代码如下：

```
>>> fib
<urlmodule fib from http://localhost:15000/fib.py>
>>> fib.__name__
'fib'
>>> fib.__file__
'http://localhost:15000/fib.py'
>>> import inspect
>>> print(inspect.getsource(fib))
print("I'm fib")
def fib(n):
    if n < 2:
        return 1
    else:
        return fib(n - 1) + fib(n - 2)
```

需要强调的是，Python 的模块、包和导入机制是整个语言中最复杂的部分，即使经验
丰富的 Python 程序员也很少能做到精通。

如果想创建新的模块对象，我们可以使用 imp.new_module() 函数：

```
>>> import imp
>>> new_module = imp.new_module('spam')
>>> new_module
<module 'spam'>
>>> new_module.__name__
'spam'
```

模块对象通常有一些期望属性，包括 __file__（运行模块加载语句的文件名）和

__package__（包名）。

模块会被解释器缓存。缓存模块可以在字典 sys.modules 中找到。有了缓存机制，我们可以将缓存和模块的创建通过以下步骤完成：

```
>>> import sys
>>> import imp
>>> m = sys.modules.setdefault('spam', imp.new_module('spam'))
>>> m
<module 'spam'>
```

如果给定的模块已经存在，我们可以直接获取，示例如下：

```
>>> import math
>>> m = sys.modules.setdefault('math', imp.new_module('math'))
>>> m
<module 'math' from '/Library/Frameworks/Python.framework/Versions/3.8/lib/
python3.8/lib-dynload/math.cpython-38-darwin.so'>
>>> m.sin(3)
0.1411200080598672
>>> m.cos(3)
-0.9899924966004454
```

该方案的一个缺点是很难处理复杂情况比如包的导入。为了处理一个包，我们要重新实现普通 import 语句的底层逻辑（比如检查目录、查找 __init__.py 文件、执行哪些文件、设置路径等）。这也是最好直接扩展 import 语句而不是自定义函数的一个原因。

扩展 import 语句很简单，但是会有很多移动操作。在最高层上，导入操作被位于 sys.meta_path 列表中的元路径查找器处理。如果输出 sys.meta_path 的值，会看到下面的代码：

```
>>> from pprint import pprint
>>> pprint(sys.meta_path)
[<class '_frozen_importlib.BuiltinImporter'>,
 <class '_frozen_importlib.FrozenImporter'>,
 <class '_frozen_importlib_external.PathFinder'>,
 <pkg_resources.extern.VendorImporter object at 0x10eaa10d0>,
 <pkg_resources._vendor.six._SixMetaPathImporter object at 0x10f21f4c0>]
```

当执行一个语句比如 import fib 时，解释器会遍历 sys.mata_path 中的查找器对象，调用它们的 find_module() 方法定位正确的模块加载器。下面通过示例来展示（find_module.py）：

```
class Finder:
    def find_module(self, full_name, path):
        print(f'Looking for {full_name} {path}')
        return None


import sys
sys.meta_path.insert(0, Finder())
import math
print('finish import math\n')

import types
print('finish import types\n')
```

```
print('import threading')
import threading
```

执行 py 文件，输出结果如下：

```
Looking for math None
finish import math

Looking for types None
finish import types

import threading
Looking for threading None
Looking for _weakrefset None
Looking for itertools None
Looking for _collections None
```

注意，find_module() 方法中的 path 参数的作用是处理包。导入多个包时，这些包可以看作一个可在包的 __path__ 属性中找到的路径列表。要找到包的子组件就要检查这些路径。如对于 xml.etree 和 xml.etree.ElementTree 的路径配置（find_module.py）如下：

```
import xml.etree.ElementTree
```

执行 py 文件，输出结果如下：

```
Looking for xml None
Looking for xml.etree ['/Library/Frameworks/Python.framework/Versions/3.8/lib/
python3.8/xml']
Looking for xml.etree.ElementTree ['/Library/Frameworks/Python.framework/
Versions/3.8/lib/python3.8/xml/etree']
Looking for re None
Looking for enum None
...
```

在 sys.meta_path 上，查找器的位置很重要。如果将它从队头移到队尾，然后导入，代码（find_module.py）如下：

```
del sys.meta_path[0]
sys.meta_path.append(Finder())
import requests
import time
```

现在看不到任何输出了，因为导入被 sys.meta_path 中的其他实体覆盖了。只有在导入不存在模块的时候，才能看到它被触发：

```
>>> import fib
Traceback (most recent call last):
  File "<input>", line 1, in <module>
  File "/Applications/PyCharm.app/Contents/helpers/pydev/_pydev_bundle/pydev_
import_hook.py", line 20, in do_import
    module = self._system_import(name, *args, **kwargs)
ModuleNotFoundError: No module named 'fib'
>>> import xml.superfast
```

```
Traceback (most recent call last):
  File "<input>", line 1, in <module>
  File "/Applications/PyCharm.app/Contents/helpers/pydev/_pydev_bundle/pydev_
import_hook.py", line 20, in do_import
    module = self._system_import(name, *args, **kwargs)
ModuleNotFoundError: No module named 'xml.superfast'
```

之前安装过一个捕获未知模块的查找器，其是 UrlMetaFinder 类的关键。UrlMetaFinder 实例被添加到 sys.meta_path 的末尾，作为最后一个查找器。如果被请求的模块名不能被定位，就会被这个查找器处理掉。处理包的时候需要注意，在 path 参数中指定的值需要被检查，确定它是否以查找器中注册的 URL 开头。如果不是，该子模块必须归属于其他查找器并被忽略掉。

对于包的其他处理，我们可在 UrlPackageLoader 类中找到。这个类不会导入包名，而是去加载对应的 __init__.py 文件。它也会设置模块的 __path__ 属性，这一步很重要，因为在加载包的子模块时这个属性值会被传给后面的 find_module() 函数。基于路径将钩子导入是这些思想的一个扩展，但是采用了另外的方法。我们知道，sys.path 是一个 Python 查找模块的目录列表，示例（some_verify.py）如下：

```
from pprint import pprint
import sys

print('sys.path is:')
pprint(sys.path)
```

执行 py 文件，输出结果如下：

```
sys.path is:
['/Users/lyz/Desktop/python-workspace/advanced_programming/chapter10',
 '/Users/lyz/Desktop/python-workspace/advanced_programming',
 '/Library/Frameworks/Python.framework/Versions/3.8/lib/python38.zip',
 '/Library/Frameworks/Python.framework/Versions/3.8/lib/python3.8',
 '/Library/Frameworks/Python.framework/Versions/3.8/lib/python3.8/lib-dynload',
 '/Library/Frameworks/Python.framework/Versions/3.8/lib/python3.8/site-
packages',
 '/Applications/PyCharm.app/Contents/helpers/pycharm_matplotlib_backend']
```

在 sys.path 中，每一个实体都会被绑定到查找器对象上。我们可以通过 sys.path_importer_cache 查看这些查找器（some_verify.py）：

```
print('sys.path_importer_cache is:')
pprint(sys.path_importer_cache)
```

执行 py 文件，输出结果如下：

```
sys.path_importer_cache is:
{'/Applications/PyCharm.app/Contents/helpers/pycharm_matplotlib_backend':
FileFinder('/Applications/PyCharm.app/Contents/helpers/pycharm_matplotlib_backend'),
 '/Library/Frameworks/Python.framework/Versions/3.8/lib/python3.8': FileFinder('/
Library/Frameworks/Python.framework/Versions/3.8/lib/python3.8'),
 '/Library/Frameworks/Python.framework/Versions/3.8/lib/python3.8/encodings':
```

```
FileFinder('/Library/Frameworks/Python.framework/Versions/3.8/lib/python3.8/
encodings'),
    '/Library/Frameworks/Python.framework/Versions/3.8/lib/python3.8/lib-dynload':
FileFinder('/Library/Frameworks/Python.framework/Versions/3.8/lib/python3.8/lib-
dynload'),
    '/Library/Frameworks/Python.framework/Versions/3.8/lib/python3.8/site-packages':
FileFinder('/Library/Frameworks/Python.framework/Versions/3.8/lib/python3.8/site-
packages'),
    '/Library/Frameworks/Python.framework/Versions/3.8/lib/python38.zip': None,
    '/advanced_programming': FileFinder('advanced_programming'),
    '/advanced_programming/chapter10': FileFinder('/advanced_programming/
chapter10'),
    '/advanced_programming/chapter10/some_valify.py': None}
```

sys.path_importer_cache 比 sys.path 内存更大，因为它会为所有被加载代码的目录记录它们的查找器，包括包的子目录，这些通常在 sys.path 中是不存在的。

执行 import fib 语句时，程序会按顺序检查 sys.path 中的目录。对于每个目录，名称 fib 会被传给相应的 sys.path_importer_cache 中的查找器。我们可以自己创建查找器并在缓存中放入一个实体，示例（some_verify.py）如下：

```
class Finder(object):
    def find_loader(self, name):
        print(f'Looking for {name}')
        return None, []

import sys
sys.path_importer_cache['debug'] = Finder()
sys.path.insert(0, 'debug')
import threading
```

执行 py 文件，输出结果如下：

```
Looking for threading
Looking for _weakrefset
```

在这里，我们可以为 debug 创建新的缓存实体并将它设置成 sys.path 上的第一个实体。在接下来的所有导入中，我们会看到查找器被触发了。不过，由于它返回了 (None,[])，处理进程会继续处理下一个实体。

sys.path_importer_cache 的使用被一个存储在 sys.path_hooks 中的函数列表控制。以下示例展示了清除缓存并给 sys.path_hooks 添加新的路径检查函数（some_verify.py）：

```
sys.path_importer_cache.clear()

def check_path(path):
    print(f'Checking {path}')
    raise ImportError()

sys.path_hooks.insert(0, check_path)
import fib
```

执行 py 文件，输出结果如下：

```
Checking /Users/lyz/Desktop/python-workspace/advanced_programming/chapter10
Checking /Users/lyz/Desktop/python-workspace/advanced_programming
Checking /Library/Frameworks/Python.framework/Versions/3.8/lib/python38.zip
Checking /Library/Frameworks/Python.framework/Versions/3.8/lib/python3.8
Checking /Library/Frameworks/Python.framework/Versions/3.8/lib/python3.8/lib-
dynload
Checking /Library/Frameworks/Python.framework/Versions/3.8/lib/python3.8/site-
packages
Checking /Applications/PyCharm.app/Contents/helpers/pycharm_matplotlib_backend
Traceback (most recent call last):
  File "/advanced_programming/chapter10/some_valify.py", line 30, in <module>
    import fib
ModuleNotFoundError: No module named 'fib'
```

正如我们所见，check_path() 函数被每个 sys.path 中的实体调用。由于抛出了 ImportError 异常，程序仅将检查转移到 sys.path_hooks 的下一个函数。

知道了 sys.path 是怎样被处理的，我们就能构建一个自定义路径检查函数来查找文件名和 URL，示例（some_verify.py）如下：

```python
def check_url(path):
    if path.startswith('http://'):
        return Finder()
    else:
        raise ImportError()

sys.path.append('http://localhost:15000')
sys.path_hooks[0] = check_url
import fib
sys.path_importer_cache['http://localhost:15000']
```

执行 py 文件，输出结果如下：

```
Looking for fib
Traceback (most recent call last):
  File "/advanced_programming/chapter10/some_valify.py", line 41, in <module>
    import fib
ModuleNotFoundError: No module named 'fib'
```

事实上，一个用来在 sys.path 中查找 URL 的自定义路径检查函数已经构建完毕。新的 UrlPathFinder 实例被创建并放入 sys.path_importer_cache 之后，所有需要检查 sys.path 的导入语句都会使用自定义查找器。

基于路径导入的包处理稍微有点复杂，并且与 find_loader() 方法返回值有关。对于简单模块，find_loader() 方法返回一个元组（loader，None），其中 loader 是导入模块的加载器实例。

对于一个普通的包，find_loader() 方法返回一个元组（loader，path），其中 loader 是导入包（并执行 __init__.py）的加载器实例，path 是初始化包的 __path__ 属性的目录列表。比如基础 URL 是 http://localhost:15000，在用户执行 import grok 后，find_loader() 方法返回的 path 是 ['http://localhost:15000/grok']。

find_loader() 方法还要能处理命名空间包。命名空间包中包含合法的包目录名，但是不存在 __init__.py 文件。这样，find_loader() 方法必须返回元组（None，path），path 是一个目录列表，由它来构建包的定义有 __init__.py 文件的 __path__ 属性。对于这种情况，导入机制会继续检查 sys.path 中的目录。如果找到了命名空间包，所有的结果路径被加到一起来构建最终的命名空间包。

所有的包包含内部路径设置，可以在 __path__ 属性中看到，示例（some_verify.py）如下：

```
import xml.etree.ElementTree
xml.__path__
xml.etree.__path__
```

之前提到，__path__ 属性的值是通过 find_loader() 方法返回值控制的。同时，__path__ 也会被 sys.path_hooks 中的函数处理。包的子组件被加载后，位于 __path__ 中的实体会被 handle_url() 函数检查，这会导致新的 UrlPathFinder 实例被创建并且被加入 sys.path_importer_cache。

还有一个难点就是 handle_url() 函数与其内部使用的 _get_links() 函数之间的交互。如果查找器实现需要使用其他模块（比如 urllib.request），有可能这些模块会在查找器操作期间进行更多的导入，导致 handle_url() 函数和其他查找器部分陷入递归循环状态。为了解释这种可能性，实现中有一个被创建的查找器缓存，它可以避免创建重复查找器。另外，下面的代码片段可以确保查找器不会在初始化链接集合的时候响应任何导入请求，示例（some_verify.py）如下：

```
if self._links is None:
    self._links = [] # See discussion
    self._links = _get_links(self._baseurl)
```

最后，查找器的 invalidate_caches() 方法用来清理内部缓存。该方法在调用 importlib.invalidate_caches() 方法时被触发。如果想让 URL 导入者重新读取链接列表，我们可以使用它。

下面对比一下修改 sys.meta_path 和使用路径钩子这两种方案的适用场景。使用 sys.meta_path 时，导入者可以按照自己的需要自由处理模块，如可以从数据库中导入或以不同于一般模块 / 包处理方式导入。这意味着导入者需要自己进行钩子内部的一些管理。另外，基于路径钩子的方案只适用于对 sys.path 的处理。这种通过扩展加载的模块与普通方式加载的模块的特性是一样的。

如果到现在为止你还不是很明白，可以通过增加一些日志打印进行理解，示例如下：

```
>>> import logging
>>> logging.basicConfig(level=logging.DEBUG)
>>> from chapter10 import self_define_import_1
>>> self_define_import_1.install_path_hook()
DEBUG:chapter10.self_define_import_1:Installing handle_url
>>> import fib
```

```
    DEBUG:chapter10.self_define_import_1:Handle path? /Library/Frameworks/Python.
framework/Versions/3.8/lib/python38.zip. [No]
    Traceback (most recent call last):
      File "<input>", line 1, in <module>
      File "/Applications/PyCharm.app/Contents/helpers/pydev/_pydev_bundle/pydev_
import_hook.py", line 20, in do_import
        module = self._system_import(name, *args, **kwargs)
    ModuleNotFoundError: No module named 'fib'
    >>> import sys
    >>> sys.path.append('http://localhost:15000')
    >>> import fib
    DEBUG:chapter10.self_define_import_1:Handle path? http://localhost:15000. [Yes]
    DEBUG:chapter10.self_define_import_1:find_loader: fib
```

10.1.6 导入模块的同时修改模块

对于一些复杂操作，我们需要在模块导入时做一些额外操作，如模块已经被导入并且被使用过，需要给模块中的函数添加装饰器。

在这里，问题的关键是在模块被加载时执行某个动作，可能是在模块被加载时触发某个回调函数来返回一个通知。关于这个问题，我们可以导入钩子机制来解决。

以下是一个可行的方案（modify_module.py）：

```python
import importlib
import sys
from collections import defaultdict

_post_import_hooks = defaultdict(list)

class PostImportFinder:
    def __init__(self):
        self._skip = set()

    def find_module(self, full_name, path=None):
        if full_name in self._skip:
            return None
        self._skip.add(full_name)
        return PostImportLoader(self)

class PostImportLoader:
    def __init__(self, finder):
        self._finder = finder

    def load_module(self, full_name):
        importlib.import_module(full_name)
        module = sys.modules[full_name]
        for func in _post_import_hooks[full_name]:
            func(module)
        self._finder._skip.remove(full_name)
        return module

def imported_action(full_name):
    def decorate(func):
```

```
        if full_name in sys.modules:
            func(sys.modules[full_name])
        else:
            _post_import_hooks[full_name].append(func)
        return func
    return decorate

sys.meta_path.insert(0, PostImportFinder())
```

使用 imported_action() 装饰器的示例（use_modify_module.py）如下：

```
from chapter10.modify_module import imported_action

@imported_action('threading')
def warn_threads(mod):
    print('Call Threads.')

import threading
```

执行 py 文件，输出结果如下：

```
Call Threads.
```

下面介绍一个更实际的例子，需要在已存在的函数定义上添加装饰器，示例（modify_module_1.py）如下：

```
from functools import wraps
from chapter10.modify_module import imported_action

def logged(func):
    @wraps(func)
    def wrapper(*args, **kwargs):
        print(f'Calling {func.__name__},args: {args},kwargs: {kwargs}')
        return func(*args, **kwargs)
    return wrapper

@imported_action('math')
def add_logging(mod):
    mod.cos = logged(mod.cos)
    mod.sin = logged(mod.sin)


import math
print(f'math.sin(2) = {math.sin(2)}')
```

执行 py 文件，输出结果如下：

```
Calling sin,args: (2,),kwargs: {}
math.sin(2) = 0.9092974268256817
```

@imported_action 装饰器的作用是将导入时被激活的处理器函数进行注册。该装饰器用于检查 sys.modules，以便查看模块是否已经被加载。如果是，处理器被立即调用，添加到 _post_import_hooks 字典的一个列表中。一个模块可以注册多个处理器，_post_import_hooks 的作用是收集所有的处理器对象。

要让模块导入后触发添加的动作，我们可将 PostImportFinder 类设置为 sys.meta_path 的第一个元素。它会捕获所有模块的导入操作。

这里，PostImportFinder 的作用不是加载模块，而是自动导入完成后触发相应的动作。实际的导入任务委派给位于 sys.meta_path 中的其他查找器。PostImportLoader 类中的 imp.import_module() 函数被递归地调用。为了避免陷入无限循环，PostImportFinder 保存了一个所有被加载过的模块集合。

当模块被 imp.import_module() 函数加载后，所有在 _post_import_hooks 注册的处理器对象被调用，将新加载模块作为一个参数。

> **注意** 该机制不适用于那些通过 imp.reload() 函数被显式加载的模块。也就是说，如果加载已被加载过的模块，导入处理器将不会再次被触发。如果从 sys.modules 中删除模块再重新导入，处理器会再一次触发。

10.2 读取包中的数据文件

在实际应用中，我们经常需要用最便捷的方式使用包中包含的代码去读取数据文件。假设包中的文件组织如下：

```
chapter10/
    __init__.py
    test_data.dat
    data_read.py
```

现在 data_read.py 文件需要读取 test_data.dat 文件中的内容。我们可以用以下代码来完成（data_read.py）：

```
import pkgutil
data = pkgutil.get_data(__package__, 'test_data.dat')
```

由此产生的变量是包含该文件的原始内容的字节字符串。

要读取数据文件，我们可能会倾向于使用内置 I/O 功能的代码，如 open() 函数。但是这种方法也有一些问题。

第一，包对解释器的当前工作目录几乎没有控制权。因此，编程时任何 I/O 操作都必须使用绝对文件名。由于每个模块包含完整路径的 __file__ 变量，因此弄清楚它的路径很烦琐。

第二，包通常作为 zip 或 egg 文件安装，这些文件并不被保存在文件系统上的普通目录中。因此，试图用 open() 函数对包含数据文件的归档文件进行操作行不通。

pkgutil.get_data() 函数是一个读取数据文件的高级工具。无论包如何安装以及安装在哪，它都会将文件内容以字节字符串返回。

get_data() 函数的第一个参数是包含包名的字符串，可以直接使用包名，也可以使用特殊的变量，比如 __package__。第二个参数是包内文件的相对名称。如果有必要，可以使用标准的 Unix 命名规范到不同的目录，只要最后的目录仍然位于包中。

10.3 将文件夹加入 sys.path

在实际应用中，如果 Python 代码不在 sys.path 中，我们无法导入 Python 代码，需要添加新目录到 Python 路径，但不希望硬链接到指定代码。

有两种常用的方式将新目录添加到 sys.path 中。第一种是使用 PythonPath 环境变量来添加，示例（sys_path.py）如下：

```
import sys
print(f'sys path: {sys.path}')
```

执行 py 文件，输出结果如下：

```
sys path: ['/Library/Frameworks/Python.framework/Versions/3.8/lib/python38.
zip', '/Library/Frameworks/Python.framework/Versions/3.8/lib/python3.8', '/Library/
Frameworks/Python.framework/Versions/3.8/lib/python3.8/site-packages',...]
```

在自定义应用程序中，这样的环境变量可在程序启动时设置或通过 Shell 脚本设置。

第二种方法是创建一个 pth 文件，将目录列举出来，示例（sys_path.py）如下：

```
/test/dir
/test/dir
```

这个 pth 文件需要放在某个 Python 的 site-packages 目录下，通过 sys.path 命令看到。当解释器启动时，pth 文件里列举的存在于文件系统的目录将被添加到 sys.path 中。如果它被添加到系统级的 Python 解释器，安装 pth 文件可能需要管理员权限。

比起费力地找文件，我们可能倾向于写一个代码手动调整 sys.path 的值，示例（sys_path.py）如下：

```
import sys
sys.path.insert(0, '/test/dir')
sys.path.insert(0, '/test/dir')
```

这种方法的问题是，它将目录名硬编码到了代码。如果代码被移到一个新的位置，会导致维护出现问题。更好的做法是在不修改代码的情况下，将 path 文件配置到其他地方。如果使用模块级的变量来创建绝对路径，或许可以解决硬编码目录的问题，比如 __file__，示例（sys_path.py）如下：

```
import sys
from os import path
file_path = path.abspath(path.dirname(__file__))
sys.path.insert(0, path.join(file_path, 'test'))
print(f'sys path: {sys.path}')
```

执行 py 文件，输出结果如下：

```
sys path: ['/advanced_programming/chapter10', '/advanced_programming', '/Library/
Frameworks/Python.framework/Versions/3.8/lib/python38.zip', '/Library/Frameworks/
Python.framework/Versions/3.8/lib/python3.8', '/Library/Frameworks/Python.framework/
Versions/3.8/lib/python3.8/site-packages',...]
```

上述代码将 src 目录添加到 path 里，和执行插入步骤的代码在同一个目录里。

site-packages 目录是第三方包和模块安装的目录。如果手动安装代码，代码将被安装到 site-packages 目录下。配置 path 的 pth 文件必须放置在 site-packages 里，但配置的路径可以是系统上任何希望的目录中。因此，我们可以把代码放在一系列不同的目录中，只要那些目录包含在 pth 文件里。

10.4　安装私有的包

在实际应用中，安装第三方包是经常性的操作。但有时我们没有权限将第三方包安装到 Python 库中，或只想安装一个供自己使用的包。

Python 有一个用户安装目录，形式类似如下（Mac 系统上的示例），具体可以通过 sys. path 命令查看：

```
/Library/Frameworks/Python.framework/Versions/3.8/lib/python3.8/site-packages
```

要强制在这个目录中安装包，可使用安装选项 --user，示例如下：

```
pyhton3 setup.py install --user
```

或者使用如下方法：

```
pip install --user packagename
```

在 sys.path 中，用户的 site-packages 目录位于系统的 site-packages 目录之前。第三方包比系统已安装的包优先级高（尽管并不总是这样，要取决于第三方包管理器，比如 distribute 或 pip）。

通常包会被安装到系统的 site-packages 目录下，路径类似如下：

```
/usr/local/lib/python3.3/site-packages
```

这种安装方法需要用户有管理员权限并且需要使用 sudo 命令。即使用户有权限去执行 sudo 命令，安装一个新的、没有被验证的包有时候也不安全。

10.5　创建新的 Python 环境

在实际应用中，为了使各个项目的环境相互独立，一般会选择给各个项目创建独立的新环境。对于每一个新的 Python 环境，其都需要安装指定的模块和包。创建新环境不是安装一个新的 Python 克隆，其不能对系统 Python 环境产生影响。

我们可以使用 virtualenv 命令创建新的虚拟环境。要使用 virtualenv 命令，首先要安装

virtualenv，安装命令如下：

```
pip install virtualenv
```

该命令放在 Python 的 site-packages 目录下，全路径类似如下：

```
/Library/Frameworks/Python.framework/Versions/3.8/lib/python3.8/site-packages
```

使用 virtualenv 创建虚拟环境的操作如下：

```
virtualenv test_env --python=python3.8
```

其中，test_env 是需要创建的虚拟环境的名字，--python=python3.8 用于指定需要使用的 Python 版本，如示例中指定 Python 版本为 3.8。

🔍 注 意 --python=python3.8 命 令 的 执 行 需 要 系 统 上 有 指 定 的 Python 版 本，否 则 安 装
不 成 功。如 果 系 统 只 安 装 了 Python3.6，使 用 --python=python3.8 就 会 出 错，--
python=python3.6 为正确操作方式。

执行上面的命令，我们就可以在指定目录中创建一个名为 test_env 的虚拟环境，如执行上面的命令可直接在当前目录下创建名为 test_env 的虚拟环境。

要使用虚拟环境，需要先进入虚拟环境，进入虚拟环境的命令如下：

```
source test_env/bin/activate
```

若当前目录不在 test_env 所在同级目录，命令类似如下：

```
source /usr/local/test_env/bin/activate
```

进入虚拟环境后，可以看到在命令行最前面有一个类似 test_env 的标志，示例如下：

```
(test_env) MacBook:usr lyz$
```

正常形式如下：

```
MacBook:usr lyz$
```

test_env 表示所在的虚拟环境名称。

在虚拟环境输入如下命令，我们可以查看对应的 Python 版本：

```
python --version
```

退出虚拟环境的命令为：

```
deactivate
```

默认情况下，虚拟环境是空的，不包含任何额外的第三方库。如果想安装第三方库，可以直接使用 pip 命令：

```
pip install requests
```

在某虚拟环境中安装的第三方库，只可以在该虚拟环境中使用，不能在其他虚拟环境或非虚拟环境使用该虚拟环境中的任何资源。

在 Python 的使用中，灵活应用 virtualenv 命令创建虚拟环境是非常好的习惯，可以做到有效管理各个项目，也可以很好地管理一些对 Python 版本有要求的项目。

10.6 分发包

在实际应用中，使用的第三方库都是他人分发出来的。若自己编写了有用的库，也可以分享给其他人。

如果想分发代码，第一件事就是给代码库指定唯一的名字，并且清理它的目录结构。以下是一个典型的函数库包：

```
projectname/
    README.txt
    Doc/
        documentation.txt
    projectname/
        __init__.py
        foo.py
        bar.py
        utils/
            __init__.py
            spam.py
            grok.py
    examples/
        helloworld.py
        ...
```

要让包可以发布出去，首先要编写一个 setup.py 文件，示例（setup.py）如下：

```
from distutils.core import setup

setup(name='projectname',
    version='1.0',
    author='Your Name',
    author_email='you@youraddress.com',
    url='http://www.you.com/projectname',
    packages=['projectname', 'projectname.utils'],
)
```

然后，创建一个 MANIFEST.in 文件，列出所有在包中需要包含进来的非代码文件（MANIFEST.in）：

```
include *.txt
recursive-include examples *
recursive-include Doc *
```

确保 setup.py 和 MANIFEST.in 文件放在包的最顶级目录中，这样我们就可以像下面这样执行命令来创建代码分发包了：

```
% bash python3 setup.py sdist
```

分发包会创建一个如 projectname-1.0.zip 或 projectname-1.0.tar.gz 的文件，具体依赖于

系统平台。如果一切正常，该文件就可以发送给别人或者上传至 Python Package Index 中。

通过 Python 编写普通的 setup.py 文件通常很简单。一个要留意的问题是必须手动列出所有构成包代码的子目录。一个常见错误就是仅仅只列出包的最顶级目录，忘记了包含包的子组件。这也是为什么在 setup.py 文件中对包的说明包含了列表 packages=['projectname', 'projectname.utils']。

我们知道有很多第三方包管理器供选择，包括 setuptools、distribute 等，有些是为了替代标准库中的 distutils。

注意 如果依赖第三方包管理器，用户可能不能安装指定的软件，除非他们已经事先安装过所需要的包管理器。最好使用标准的 Python3 版本安装第三方包。如果你需要其他包，可以通过添加可选项来实现。

10.7 本章小结

本章主要讲解模块与包的进阶操作，Python 中模块与包的基本操作相对比较简单，但当涉及一些不同路径或远程加载需求时，需要小心谨慎。当涉及安装私有包或分发包时，我们应当经过严格的测试来保证操作的可行性。

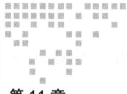

第 11 章

网络编程

本章给出了在网络应用和分布式应用中常见的技术，以及用于实现涉及协同或通信的代码。本章主题包括使用 Python 编写客户端程序来访问已有的服务，以及使用 Python 实现网络服务端程序。

11.1 与 HTTP 服务交互

在 Web 编程过程中，通过 HTTP 以客户端的方式访问多种服务是基本要求，如下载数据或者与基于 REST 的 API 进行交互。

对于 HTTP 以客户端的方式访问多种服务的需求，首选 requests 库来解决。如发送一个简单的 HTTP GET 请求到远程服务，示例（http_server.py）如下：

```
import requests
from urllib import parse

url = 'http://httpbin.org/get'

# Dictionary of query parameters (if any)
parms = {
    'name1' : 'value1',
    'name2' : 'value2'
}

# Encode the query string
querystring = parse.urlencode(parms)

# Make a GET request and read the response
u = requests.get(url+'?' + querystring)
resp = u.text
```

如果需要使用 POST 方法在请求主体中发送查询参数，可以将参数编码后作为可选参数提供给 post() 函数，示例（post_server.py）如下：

```
import requests

url = 'http://httpbin.org/post'

# Dictionary of query parameters (if any)
parms = {
    'name1' : 'value1',
    'name2' : 'value2'
}

# Extra headers
headers = {
    'User-agent' : 'none/ofyourbusiness',
    'Spam' : 'Eggs'
}

resp = requests.post(url, data=parms, headers=headers)
text = resp.text
```

关于 requests 库，值得一提的特性就是它能以多种方式从请求中返回响应结果。从上面的代码看，resp.text 是以 Unicode 解码的响应文本。如果访问 resp.content，会得到原始的二进制数据。如果访问 resp.json，会得到 JSON 格式的响应数据。

以下示例利用 requests 库发起一个 HEAD 请求，并从响应中提取出一些 HTTP 头数据的字段（more_exp.py）：

```
import requests

resp = requests.get('http://www.python.org')
status = resp.status_code
x_timer = resp.headers['X-Timer']
content_type = resp.headers['Content-Type']
content_length = resp.headers['Content-Length']
```

用 requests 库通过基本认证登录 pypi，代码（more_exp.py）如下：

```
import requests

resp = requests.get('http://pypi.python.org/pypi?:action=login',
                    auth=('user','password'))
```

用 requests 库将 HTTP cookies 从一个请求传递到另一个请求，代码（more_exp.py）如下：

```
import requests

url = 'http://pypi.python.org'
# First request
resp1 = requests.get(url)

# Second requests with cookies received on first requests
resp2 = requests.get(url, cookies=resp1.cookies)
```

用 requests 库上传内容，代码（more_exp.py）如下：

```
import requests
url = 'http://httpbin.org/post'
file_list = {'file': ('data.csv', open('data.csv', 'rb'))}

r = requests.post(url, files=file_list)
```

对于操作 HTTP 客户端的需求，首先想到的应该是使用如 requests 这样的第三方库。

如果决定坚持使用标准的程序库而不考虑像 requests 这样的第三方模块，也许就不得不使用底层的 http.client 模块来实现。以下示例展示了如何执行 HEAD 请求（http_client.py）：

```
from http.client import HTTPConnection
from urllib import parse

c = HTTPConnection('www.python.org', 80)
c.request('HEAD', '/index.html')
resp = c.getresponse()

print(f'Status is: {resp.status}')
for name, value in resp.getheaders():
    print(f'name is: {name}, value is: {value}')
```

同样地，如果必须编写涉及代理、认证、cookies 以及其他一些细节方面的代码，使用 urllib 就显得特别别扭。以下示例实现了在 Python 包索引上的认证（http_client.py）：

```
import urllib.request

auth = urllib.request.HTTPBasicAuthHandler()
auth.add_password('pypi','http://pypi.python.org','username','password')
opener = urllib.request.build_opener(auth)

r = urllib.request.Request('http://pypi.python.org/pypi?:action=login')
u = opener.open(r)
resp = u.read()
```

实际上，所有的这些操作在 requests 模块中都变得简单了。

在开发过程中，测试 HTTP 客户端代码常常是很令人沮丧的，因为所有棘手的细节问题都需要考虑（如 cookies、认证、HTTP 头、编码方式等）。要完成这些任务，我们可以考虑使用 httpbin 服务（http://httpbin.org）。这个站点会接收发出的请求，然后以 JSON 格式将响应信息回传回来，示例（http_bin.py）如下：

```
import requests

r = requests.get('http://httpbin.org/get?name=Dave&n=37',
                 headers = { 'User-agent': 'goaway/1.0' })

resp = r.json()
print(f"headers:\n{resp['headers']}")
print(f"args: {resp['args']}")
```

执行 py 文件，输出结果如下：

```
headers:
{'Accept': '*/*', 'Accept-Encoding': 'gzip, deflate', 'Host': 'httpbin.
org', 'User-Agent': 'goaway/1.0', 'X-Amzn-Trace-Id': 'Root=1-5ec9c849-
e84ad61a39db267e75c2c7e4'}
args: {'n': '37', 'name': 'Dave'}
```

在同一个站点进行交互前，在 httpbin.org 网站上做实验常常是可取的办法。尤其是面对几次登录失败就会关闭账户这样的风险时，该方法尤为有用（不要尝试自己编写 HTTP 认证客户端来登录银行账户）。

request 模块对许多高级的 HTTP 客户端协议提供了支持，如 OAuth。

11.2　创建服务器

传输协议分 TCP 和 UDP 两种。对于这两种传输协议，我们要分别创建服务器，下面分别进行介绍。

11.2.1　TCP 服务器

创建 TCP 服务器的简单方法是使用 socketserver 库。以下是一个简单的应答服务器（tcp_exp_1.py）：

```
from socketserver import BaseRequestHandler, TCPServer

class EchoHandler(BaseRequestHandler):
    def handle(self):
        print(f'Got connection from {self.client_address}')
        while True:
            # msg = self.request.recv(8192)
            if not (msg := self.request.recv(8192)):
                break
            self.request.send(msg)
            print(f'received msg: {msg}')

if __name__ == '__main__':
    serv = TCPServer(('', 20000), EchoHandler)
    serv.serve_forever()
```

在示例代码中，定义了一个特殊的处理类，实现了 handle() 方法，以便为客户端提供连接服务。request 属性是客户端 socket，client_address 是客户端地址。测试 TCP 服务器时，先运行 tcp_exp_1.py，再运行如下代码（tcp_call.py）：

```
from socket import socket, AF_INET, SOCK_STREAM

s = socket(AF_INET, SOCK_STREAM)
s.connect(('localhost', 20000))
s.send(b'Hello, world!')

s.recv(8192)
```

执行 py 文件，控制台输出结果如下：

```
Got connection from ('127.0.0.1', 61081)
received msg: b'Hello, world!'
```

很多时候，我们可以很容易地定义不同的处理器。以下是一个使用 StreamRequest-Handler 基类将类文件接口放置在底层 socket 的示例（tcp_exp_2.py）：

```python
from socketserver import StreamRequestHandler, TCPServer
from socketserver import ThreadingTCPServer

class EchoHandler(StreamRequestHandler):
    def handle(self):
        print(f'Got connection from {self.client_address}')
        # self.rfile is a file-like object for reading
        for line in self.rfile:
            # self.wfile is a file-like object for writing
            self.wfile.write(line)


if __name__ == '__main__':
    serv = TCPServer(('', 20000), EchoHandler)
    serv.serve_forever()
```

socketserver 可以很容易地创建简单的 TCP 服务器。

注意 默认情况下，TCP 服务器是单线程的，一次只能为一个客户端连接服务。

如果需要处理多个客户端，可以通过初始化 ForkingTCPServer 对象或者 Threading TCPServer 对象实现，示例如下（tcp_exp_2.py）：

```python
if __name__ == '__main__':
    serv = ThreadingTCPServer(('', 20000), EchoHandler)
    serv.serve_forever()
```

使用 fork 或线程服务器的一个潜在问题就是，它们会为每个客户端创建新的进程或线程。由于客户端连接数是没有限制的，因此黑客可以同时发送大量的连接让服务器崩溃。

如果担心服务器崩溃，我们可以创建一个预先分配大小的工作线程池或进程池。首先创建一个普通的非线程服务器，然后在线程池中使用 serve_forever() 方法来启动它们，示例（tcp_exp_2.py）如下：

```python
if __name__ == '__main__':
    from threading import Thread
    NWORKERS = 16
    serv = TCPServer(('', 20000), EchoHandler)
    for n in range(NWORKERS):
        t = Thread(target=serv.serve_forever)
        t.daemon = True
        t.start()
    serv.serve_forever()
```

TCPServer 在实例化的时候会绑定并激活相应的 socket。当通过设置某些选项来调整

socket 时，可以设置参数 bind_and_activate=False，示例（tcp_exp_2.py）如下：

```python
import socket
if __name__ == '__main__':
    serv = TCPServer(('', 20000), EchoHandler, bind_and_activate=False)
    # Set up various socket options
    serv.socket.setsockopt(socket.SOL_SOCKET, socket.SO_REUSEADDR, True)
    # Bind and activate
    serv.server_bind()
    serv.server_activate()
    serv.serve_forever()
```

示例中，socket 选项是一个非常普遍的配置项，它允许服务器重新绑定之前使用过的端口号。由于 socket 选项经常被使用到，因此被放置到类变量中，我们可以直接在 TCPServer 上对其进行设置。在实例化服务器的时候设置 socket 的示例（tcp_exp_2.py）如下：

```python
if __name__ == '__main__':
    TCPServer.allow_reuse_address = True
    serv = TCPServer(('', 20000), EchoHandler)
    serv.serve_forever()
```

上述示例演示了两种不同的处理器基类——BaseRequestHandler 和 StreamRequestHandler。StreamRequestHandler 基类更加灵活，能通过设置其他的类变量来支持一些新的特性，示例（tcp_exp_3.py）如下：

```python
import socket
from socketserver import StreamRequestHandler

class EchoHandler(StreamRequestHandler):
    # Optional settings (defaults shown)
    # Timeout on all socket operations
    timeout = 5
    # Read buffer size
    rbufsize = -1
    # Write buffer size
    wbufsize = 0
    # Sets TCP_NODELAY socket option
    disable_nagle_algorithm = False

    def handle(self):
        print(f'Got connection from {self.client_address}')
        try:
            for line in self.rfile:
                # self.wfile is a file-like object for writing
                self.wfile.write(line)
        except socket.timeout:
            print('Timed out!')
```

> 注意 大部分 Python 的高层网络模块（比如 HTTP、XML-RPC 等）是建立在 socketserver 功能之上的。也就是说，直接使用 socket 库来实现服务器并不是很难。

以下示例为使用 socket 直接编程构建服务器（tcp_exp_4.py）：

```python
from socket import socket, AF_INET, SOCK_STREAM

def echo_handler(address, client_sock):
    print(f'Got connection from {address}')
    while True:
        # msg = client_sock.recv(8192)
        if not (msg := client_sock.recv(8192)):
            break
        client_sock.sendall(msg)
    client_sock.close()

def echo_server(address, backlog=5):
    sock = socket(AF_INET, SOCK_STREAM)
    sock.bind(address)
    sock.listen(backlog)
    while True:
        client_sock, client_addr = sock.accept()
        echo_handler(client_addr, client_sock)

if __name__ == '__main__':
    echo_server(('', 20000))
```

11.2.2 UDP 服务器

与 TCP 服务器一样，UDP 服务器也可以通过使用 socketserver 库很容易地创建。以下是一个简单的时间服务器（udp_exp_1.py）：

```python
from socketserver import BaseRequestHandler, UDPServer
import time

class TimeHandler(BaseRequestHandler):
    def handle(self):
        print(f'Got connection from {self.client_address}')
        # Get message and client socket
        msg, sock = self.request
        resp = time.ctime()
        sock.sendto(resp.encode('ascii'), self.client_address)

if __name__ == '__main__':
    serv = UDPServer(('', 20000), TimeHandler)
    serv.serve_forever()
```

首先定义一个实现 handle() 方法的类，为客户端连接服务。这个类的 request 属性是一个包含数据报和底层 socket 对象的元组。client_address 包含客户端地址。

测试 UDP 服务器时，首先运行它，然后打开另一个 Python 进程向服务器发送消息（udp_call.py）：

```python
from socket import socket, AF_INET, SOCK_DGRAM

s = socket(AF_INET, SOCK_DGRAM)
```

```
s.sendto(b'', ('localhost', 20000))
```

```
s.recvfrom(8192)
```

典型的 UDP 服务器可以接收数据报（消息）和客户端地址。如果服务器需要做应答，它要给客户端回发一个数据报。对于数据报的传送，我们应该使用 socket 的 sendto() 和 recvfrom() 方法。尽管传统的 send() 和 recv() 方法也可以达到同样的效果，但是 sendto() 和 recvfrom() 方法对于 UDP 连接更普遍。

由于没有底层的连接，UPD 服务器相对于 TCP 服务器来讲实现起来更加简单。但 UDP 服务器可靠性不高，因为通信没有建立连接，消息可能丢失，所以需要解决丢失消息的问题，这不在本书讨论范围之内。

通常来说，如果可靠性对程序很重要，我们需要借助序列号、重试、超时以及一些其他方法来解决。UDP 服务器通常被用在那些对于可靠传输要求不是很高的场合，如在实时应用的多媒体流以及游戏领域，无须返回恢复丢失的数据包。

UDPServer 类是单线程的，也就是一次只能为一个客户端连接服务。但在实际使用中，无论是 UDP 服务器还是 TCP 服务器，这都不是大问题。如果要并发操作，我们可以实例化 ForkingUDPServer 或 ThreadingUDPServer 对象，示例（udp_exp_1.py）如下：

```python
from socketserver import ThreadingUDPServer
if __name__ == '__main__':
    serv = ThreadingUDPServer(('',20000), TimeHandler)
    serv.serve_forever()
```

可直接使用 socket 实现 UDP 服务器，示例（udp_exp_2.py）如下：

```python
from socket import socket, AF_INET, SOCK_DGRAM
import time

def time_server(address):
    sock = socket(AF_INET, SOCK_DGRAM)
    sock.bind(address)
    while True:
        msg, addr = sock.recvfrom(8192)
        print(f'Got message from {addr}')
        resp = time.ctime()
        sock.sendto(resp.encode('ascii'), addr)

if __name__ == '__main__':
    time_server(('', 20000))
```

11.3 通过 CIDR 地址生成对应的 IP 地址集

在实际应用中，我们有时会将 CIDR 网络地址比如 123.45.67.89/27，转换成它所代表的所有 IP 地址（如 193.145.37.64，193.145.37.65…193.145.37.67）。

使用 ipaddress 模块可以很容易地实现这样的计算，示例（ip_addr.py）如下：

```
import ipaddress

net = ipaddress.ip_network('193.145.37.64/30')
print(f'net is: {net}')

for n in net:
    print(f'ip address is: {n}')

net_6 = ipaddress.ip_network('12:3456:78:90ab:cd:ef01:23:30/127')
print(f'ip net 6 is: {net_6}')
for n in net_6:
    print(f'net 6 address: {n}')
```

执行 py 文件，输出结果如下：

```
net is: 193.145.37.64/30
ip address is: 193.145.37.64
ip address is: 193.145.37.65
ip address is: 193.145.37.66
ip address is: 193.145.37.67
ip net 6 is: 12:3456:78:90ab:cd:ef01:23:30/127
net 6 address: 12:3456:78:90ab:cd:ef01:23:30
net 6 address: 12:3456:78:90ab:cd:ef01:23:31
```

Network 允许像数组一样索引取值，示例（ip_addr.py）如下：

```
print(f'num addresses: {net.num_addresses}')
print(f'num 0: {net[0]}')
print(f'num 1: {net[1]}')
```

执行 py 文件，输出结果如下：

```
num addresses: 4
num 0: 193.145.37.64
num 1: 193.145.37.65
```

ipaddress 模块也可以执行检查网络成员之类的操作（ip_addr.py）：

```
a = ipaddress.ip_address('193.145.37.67')
print(f'{a} in net is: {a in net}')
b = ipaddress.ip_address('193.145.37.97')
print(f'{b} in net is: {b in net}')
```

执行 py 文件，输出结果如下：

```
193.145.37.67 in net is: True
193.145.37.97 in net is: False
```

IP 地址和网络地址能通过 IP 接口来指定，示例如下（ip_addr.py）：

```
i_net = ipaddress.ip_interface('193.145.37.67/27')
print(f'network: {i_net.network}')
print(f'ip is: {i_net.ip}')
```

执行 py 文件，输出结果如下：

```
network: 193.145.37.64/27
ip is: 193.145.37.67
```

ipaddress 模块有很多类，可以表示 IP 地址、网络和接口。当需要操作网络地址（如解析、打印、验证等）的时候，ipaddress 模块会很有用。

ipaddress 模块与其他一些和网络相关的模块比如 socket 库交集很少，所以不能使用 IPv4Address 实例来代替地址字符串，首先得显式地使用 str() 函数转换它，示例（ip_addr.py）如下：

```
local_host = ipaddress.ip_address('127.0.0.1')
from socket import socket, AF_INET, SOCK_STREAM
s = socket(AF_INET, SOCK_STREAM)
# s.connect((a, 8080))
s.connect((str(a), 8080))
```

执行 py 文件，输出结果如下：

```
Traceback (most recent call last):
  File "/advanced_programming/chapter11/ip_addr.py", line 34, in <module>
    s.connect((a, 8080))
TypeError: str, bytes or bytearray expected, not IPv4Address
```

11.4　REST 接口创建

使用 REST 接口通过网络远程控制或访问应用程序是当前最为流行的方式。

构建 REST 接口最简单的方法是创建一个基于 WSGI 标准（PEP 3333）库，示例（rest_exp.py）如下：

```
import cgi

def not_found_404(environ, start_response):
    start_response('404 Not Found', [ ('Content-type', 'text/plain') ])
    return [b'Not Found']

class PathDispatcher:
    def __init__(self):
        self.pathmap = { }

    def __call__(self, environ, start_response):
        path = environ['PATH_INFO']
        params = cgi.FieldStorage(environ['wsgi.input'],
                                  environ=environ)
        method = environ['REQUEST_METHOD'].lower()
        environ['params'] = { key: params.getvalue(key) for key in params }
        handler = self.pathmap.get((method,path), not_found_404)
        return handler(environ, start_response)

    def register(self, method, path, function):
        self.pathmap[method.lower(), path] = function
        return function
```

使用上面的调度器，只需要编写不同的处理器，示例（rest_processor.py）如下：

```python
import time

_hello_resp = '''\
<html>
  <head>
     <title>Hello {name}</title>
  </head>
  <body>
     <h1>Hello {name}!</h1>
  </body>
</html>'''

def hello_world(environ, start_response):
    start_response('200 OK', [ ('Content-type','text/html')])
    params = environ['params']
    resp = _hello_resp.format(name=params.get('name'))
    yield resp.encode('utf-8')

_localtime_resp = '''\
<?xml version="1.0"?>
<time>
  <year>{t.tm_year}</year>
  <month>{t.tm_mon}</month>
  <day>{t.tm_mday}</day>
  <hour>{t.tm_hour}</hour>
  <minute>{t.tm_min}</minute>
  <second>{t.tm_sec}</second>
</time>'''

def local_time(environ, start_response):
    start_response('200 OK', [ ('Content-type', 'application/xml') ])
    resp = _localtime_resp.format(t=time.localtime())
    yield resp.encode('utf-8')

if __name__ == '__main__':
    from chapter11.rest_exp import PathDispatcher
    from wsgiref.simple_server import make_server

    # Create the dispatcher and register functions
    dispatcher = PathDispatcher()
    dispatcher.register('GET', '/hello', hello_world)
    dispatcher.register('GET', '/localtime', local_time)

    # Launch a basic server
    httpd = make_server('', 8080, dispatcher)
    print('Serving on port 8080...')
    httpd.serve_forever()
```

使用 requests 模块测试创建的服务器，示例（use_rest.py）如下：

```python
import requests

req = requests.get('http://localhost:8080/hello?name=world')
```

```
print(f'hello text:\n{req.text}')

req = requests.get('http://localhost:8080/localtime')
print(f'localtime text:\n{req.text}')
```

执行 py 文件，输出结果如下：

```
hello text:
<html>
  <head>
     <title>Hello world</title>
   </head>
   <body>
      <h1>Hello world!</h1>
   </body>
</html>

localtime text:
<?xml version="1.0"?>
<time>
   <year>2020</year>
   <month>5</month>
   <day>24</day>
   <hour>11</hour>
   <minute>35</minute>
   <second>2</second>
</time>
```

REST 接口通常服务于普通的 HTTP 请求，与那些功能完整的网站相比，只需要处理数据。这些数据以各种标准格式编码，如 XML、JSON 或 CSV。REST 接口对于很多应用程序来讲是非常有用的。如长期运行的程序可能会使用 REST 接口来实现数据的监控或诊断。大数据应用程序可以使用 REST 接口来构建数据查询或提取系统。REST 接口还能用来控制硬件设备如机器人、传感器、工厂或灯泡。更重要的是，REST 接口已经被大量客户端编程环境支持，比如 Javascript、Android、iOS 等。因此，利用 REST 接口可以开发出更加复杂的应用程序。

我们只需让程序代码满足 Python 的 WSGI 标准即可实现简单的 REST 接口。WSGI 被标准库支持，同时也被绝大部分第三方 Web 框架支持。因此，如果代码遵循 WSGI 标准，在后面的使用过程中就会更加灵活！

在 WSGI 标准中，我们可以像下面这样约定以可调用对象来实现程序，示例（rest_more_info.py）如下：

```
import cgi

def wsgi_app(environ, start_response):
    pass
```

environ 属性是一个字典，包含从 Web 服务器如 Apache 提供的 CGI 接口中获取的值。将这些不同的值提取出来的操作（rest_more_info.py）如下：

```
def wsgi_app(environ, start_response):
    method = environ['REQUEST_METHOD']
    path = environ['PATH_INFO']
    # Parse the query parameters
    params = cgi.FieldStorage(environ['wsgi.input'], environ=environ)
```

这里展示了一些常见的值。environ['REQUEST_METHOD'] 表示请求类型如 GET、POST、HEAD 等。environ['PATH_INFO'] 表示被请求资源的路径。调用 cgi.FieldStorage() 函数可以从请求中提取查询参数并将它们放入类字典对象中以便后续使用。

start_response 参数是一个为了初始化请求对象而必须被调用的函数。第一个参数是返回的 HTTP 状态值，第二个参数是一个（名，值）元组列表，用来构建返回的 HTTP 头，示例（rest_more_info.py）如下：

```
def wsgi_app(environ, start_response):
    pass
    start_response('200 OK', [('Content-type', 'text/plain')])
```

WSGI 程序必须返回字节字符串序列。我们可以像下面这样使用列表来实现（rest_more_info.py）：

```
def wsgi_app(environ, start_response):
    pass
    start_response('200 OK', [('Content-type', 'text/plain')])
    resp = []
    resp.append(b'Hello World\n')
    resp.append(b'Goodbye!\n')
    return resp
```

还可以使用 yield 语句（rest_more_info.py）：

```
def wsgi_app(environ, start_response):
    pass
    start_response('200 OK', [('Content-type', 'text/plain')])
    yield b'Hello World\n'
    yield b'Goodbye!\n'
```

需要强调的是，最后返回结果必须是字节字符串。如果返回结果包含文本字符串，必须先将其编码成字节。

尽管 WSGI 程序通常被定义成函数，但可以使用类实例来实现，只要它实现了对应的 __call__() 方法，示例（rest_more_info.py）如下：

```
class WSGIApplication:
    def __init__(self):
        pass

    def __call__(self, environ, start_response):
        pass
```

上面的示例创建了 PathDispatcher 类。分发器仅仅只是管理一个字典，将（方法，路径）对映射到处理器函数上。当请求到来时，它的方法和路径被提取出来，然后被分发到对应的处理器上。另外，任何查询变量都会被解析后放到一个字典中，以 environ['params'] 形式存储。这个步骤太常见，所以建议在分发器里完成，这样可以省掉很多重复代码。使用分发器的时候，只需简单地创建一个实例，然后通过它注册 WSGI 形式的函数。编写这些函数很简单，只要遵循 start_response() 函数的编写规则，并且最后返回字节字符串即可。

当编写 WSGI 形式的函数的时候，我们还需注意对字符串模板的使用。没人愿意写那种混合着 print() 函数、XML 和大量格式化操作的代码。上面使用了三引号包含的预先定义好的字符串模板。这种方式可以很容易地修改输出格式（只需要修改模板本身，不用动任何使用它的地方）。

最后，使用 WSGI 形式的函数还有一个很重要的部分就是没有什么地方是针对特定 Web 服务器的。因为标准对于服务器和框架是中立的，可以将程序放入任何类型服务器中。测试代码（rest_more_info.py）如下：

```
if __name__ == '__main__':
    from wsgiref.simple_server import make_server
    from chapter11.rest_exp import PathDispatcher

    # Create the dispatcher and register functions
    dispatcher = PathDispatcher()
    pass

    # Launch a basic server
    httpd = make_server('', 8080, dispatcher)
    print('Serving on port 8080...')
    httpd.serve_forever()
```

当准备进一步扩展程序的时候，我们可以修改这个代码，让它可以为特定服务器工作。

WSGI 本身是一个很小的标准，因此它并没有提供高级的特性比如认证、cookies、重定向等。不过，如果想要更多的支持，可以考虑第三方库，如 WebOb 或者 Paste。

11.5 远程调用

远程调用（RPC）是一种通过网络从远程计算机程序上请求服务，而不需要了解底层网络技术的协议。

11.5.1 远程方法调用

在实际应用中，我们有时需要在消息传输层如 sockets、multiprocessing connections 或 ZeroMQ 的基础之上实现简单的远程调用。

将函数请求、参数和返回值使用 pickle 编码后，在不同的解释器直接传送 pickle 字节字符串，可以很容易地实现远程调用。以下是一个简单的 RPC 处理器，可以被整合到服务器中（remote_call.py）：

```
import pickle
```

```
class RPCHandler:
    def __init__(self):
        self._functions = { }

    def register_function(self, func):
        self._functions[func.__name__] = func

    def handle_connection(self, connection):
        try:
            while True:
                # Receive a message
                func_name, args, kwargs = pickle.loads(connection.recv())
                # Run the RPC and send a response
                try:
                    r = self._functions[func_name](*args,**kwargs)
                    connection.send(pickle.dumps(r))
                except Exception as e:
                    connection.send(pickle.dumps(e))
        except EOFError:
            pass
```

要使用这个处理器，需要将它加入消息服务器中。该实现有很多种选择，但是使用 multiprocessing 库是最简单的，示例（remote_server.py）如下：

```
from multiprocessing.connection import Listener
from threading import Thread
from chapter11.remote_call import RPCHandler

def rpc_server(handler, address, authkey):
    sock = Listener(address, authkey=authkey)
    while True:
        client = sock.accept()
        t = Thread(target=handler.handle_connection, args=(client,))
        t.daemon = True
        t.start()

# Some remote functions
def add(x, y):
    return x + y

def sub(x, y):
    return x - y

# Register with a handler
handler = RPCHandler()
handler.register_function(add)
handler.register_function(sub)

# Run the server
rpc_server(handler, ('localhost', 17000), authkey=b'peekaboo')
```

为了实现从远程客户端访问服务器，我们需要创建一个对应的用来传送请求的 RPC 代理类，示例（rpc_proxy.py）如下：

```
import pickle
```

```
class RPCProxy:
    def __init__(self, connection):
        self._connection = connection

    def __getattr__(self, name):
        def do_rpc(*args, **kwargs):
            self._connection.send(pickle.dumps((name, args, kwargs)))
            result = pickle.loads(self._connection.recv())
            if isinstance(result, Exception):
                raise result
            return result
        return do_rpc
```

要使用这个代理类，需要将其包装到服务器的连接上，示例（remote_use.py）如下：

```
from multiprocessing.connection import Client
from chapter11.rpc_proxy import RPCProxy

c = Client(('localhost', 17000), authkey=b'peekaboo')
proxy = RPCProxy(c)
print(f'add(3, 5) = {proxy.add(3, 5)}')
print(f'sub(5, 12) = {proxy.sub(5, 12)}')
proxy.sub([1, 2], 4)
```

执行 py 文件，输出结果如下：

```
add(3, 5) = 8
sub(5, 12) = -7
Traceback (most recent call last):
  File "/advanced_programming/chapter11/remote_use.py", line 8, in <module>
    proxy.sub([1, 2], 4)
  File "/advanced_programming/chapter11/rpc_proxy.py", line 12, in do_rpc
    raise result
TypeError: unsupported operand type(s) for -: 'list' and 'int'
```

> 注意 很多消息层（如 multiprocessing）已经使用 pickle 序列化数据，如果已经序列化数据，对 pickle.dumps() 和 pickle.loads() 函数的调用要去掉。

RPCHandler 和 RPCProxy 的基本思路比较简单。如果客户端想要调用远程函数如 foo(1, 2, z=3)，可以通过代理类创建一个包含函数名和参数的元组如（'foo', (1, 2), {'z': 3}）。这个元组被 pickle 序列化后通过网络连接发出去。这一步在 RPCProxy 的 __getattr__() 方法返回的 do_rpc() 闭包中完成。服务器接收后通过 pickle 反序列化消息，查找函数名确认其是否已经注册过，然后执行相应的函数。执行结果（或异常）被 pickle 序列化后返回给客户端。实例需要依赖 multiprocessing 进行通信。这种方式适用于任何消息系统，如在 ZeroMQ 之上实现 RPC，仅仅需要将连接对象换成适合 ZeroMQ 的 socket 对象。

由于底层需要依赖 pickle，安全问题就需要考虑了（因为黑客可以创建特定的消息，使任意函数通过 pickle 反序列化后被执行）。因此，永远不要允许来自不信任或未认证的客户端的远程调用，特别是绝对不要允许来自互联网的任意机器的访问，这种方式只能在内部使用，位于防火墙后面并且不要对外暴露。

作为 pickle 的替代，我们也许可以考虑使用 JSON、XML 或其他编码格式来序列化消息。如本机实例可以很容易地改写成 JSON 编码方案，并将 pickle.loads() 和 pickle.dumps() 函数替换成 json.loads() 和 json.dumps() 函数。

以下示例分别展示了 JSON RPC 服务器和客户端（json_rpc_server.py）。JSON RPC 服务器示例如下：

```python
import json

class RPCHandler:
    def __init__(self):
        self._functions = { }

    def register_function(self, func):
        self._functions[func.__name__] = func

    def handle_connection(self, connection):
        try:
            while True:
                # Receive a message
                func_name, args, kwargs = json.loads(connection.recv())
                # Run the RPC and send a response
                try:
                    r = self._functions[func_name](*args,**kwargs)
                    connection.send(json.dumps(r))
                except Exception as e:
                    connection.send(json.dumps(str(e)))
        except EOFError:
            pass
```

JSON RPC 客户端示例如下：

```python
import json

class RPCProxy:
    def __init__(self, connection):
        self._connection = connection

    def __getattr__(self, name):
        def do_rpc(*args, **kwargs):
            self._connection.send(json.dumps((name, args, kwargs)))
            result = json.loads(self._connection.recv())
            return result
        return do_rpc
```

实现远程调用的一个比较复杂的问题是如何处理异常，至少当程序产生异常时服务器不应该崩溃。因此，返给客户端的异常所代表的含义就需要好好设计。如果使用 pickle，异常对象实例在客户端能被反序列化并抛出。如果使用其他的协议，需要考虑其他方法，至少应该在响应中返回异常字符串。

对于其他的远程调用实现示例，推荐读者查看在 XML-RPC 中使用的 SimpleXMLRPC-

Server 和 ServerProxy 的实现。

11.5.2 通过 XML-RPC 远程调用

在实际应用中，我们有时想找一个简单的方式去执行运行在远程机器上的 Python 程序中的函数或方法。

实现远程调用方法的最简单方式是使用 XML-RPC。下面演示一个实现了键–值存储功能的简单服务器示例（rpc_call.py）：

```python
from xmlrpc.server import SimpleXMLRPCServer

class KeyValueServer:
    _rpc_methods_ = ['get', 'set', 'delete', 'exists', 'keys']
    def __init__(self, address):
        self._data = {}
        self._serv = SimpleXMLRPCServer(address, allow_none=True)
        for name in self._rpc_methods_:
            self._serv.register_function(getattr(self, name))

    def get(self, name):
        return self._data[name]

    def set(self, name, value):
        self._data[name] = value

    def delete(self, name):
        del self._data[name]

    def exists(self, name):
        return name in self._data

    def keys(self):
        return list(self._data)

    def serve_forever(self):
        self._serv.serve_forever()

if __name__ == '__main__':
    kvserv = KeyValueServer(('', 15000))
    kvserv.serve_forever()
```

从客户端访问服务器（rpc_use.py）：

```python
from xmlrpc.client import ServerProxy

s = ServerProxy('http://localhost:15000', allow_none=True)
s.set('foo', 'bar')
s.set('spam', [1, 2, 3])
print(f'keys: {s.keys()}')
print(f"get foo is: {s.get('foo')}")
print(f"get spam is: {s.get('spam')}")
s.delete('spam')
print(f"exists spam is: {s.exists('spam')}")
```

执行 py 文件，输出结果如下：

```
keys: ['foo', 'spam']
get foo is: bar
get spam is: [1, 2, 3]
exists spam is: False
```

XML-RPC 可以很容易地构造简单的远程调用服务，所需要做的仅仅是创建一个服务器实例，通过 register_function() 来注册函数，然后使用 serve_forever() 函数启动它，接着将这些步骤写到一个类中，不过这并不是必需的。我们还可以按照以下方法创建服务器（rpc_more_info.py）：

```
from xmlrpc.server import SimpleXMLRPCServer
def add(x,y):
    return x+y

serv = SimpleXMLRPCServer(('', 15000))
serv.register_function(add)
serv.serve_forever()
```

XML-RPC 暴露出来的函数只能适用于部分数据类型，比如字符串、整型、列表和字典。对于其他数据类型，我们就需要采用其他方法了。如想通过 XML-RPC 传递对象实例，实际上只有它的实例字典被处理，示例（rpc_more_info.py）如下：

```
class Point:
    def __init__(self, x, y):
        self.x = x
        self.y = y

from xmlrpc.client import ServerProxy

s = ServerProxy('http://localhost:15000', allow_none=True)
p = Point(2, 3)
s.set('foo', p)
print(f"get foo is: {s.get('foo')}")
```

执行 py 文件，输出结果如下：

```
get foo is: {'x': 2, 'y': 3}
```

类似地，XML-RPC 对于二进制数据的处理也很友好（rpc_more_info.py）：

```
s.set('foo', b'Hello World')
print(f"get foo is: {s.get('foo')}")
```

执行 py 文件，输出结果如下：

```
get foo is: Hello World
```

一般来讲，不应该将 XML-RPC 服务器以公共 API 的方式暴露出来，分布式应用是更好的选择。

XML-RPC 服务器的缺点是性能有待提高。SimpleXMLRPCServer 的实现是单线程的，所以不适合于大型程序。另外，由于 XML-RPC 服务器将所有数据序列化为 XML 格式，因此它会比其他方式运行慢一些。但是它也有优点，XML 格式的编码可以被绝大部分编程语言支持。

虽然 XML-RPC 服务器有很多缺点，但是可用于快速构建简单的远程调用系统。

11.6 不同 Python 解释器之间的交互

在实际应用中，当有多台机器运行着多个 Python 解释器实例时，一般会涉及解释器之间通过消息来交换数据。

通过使用 multiprocessing.connection 模块可以很容易地实现解释器之间的通信。下面是一个简单的应答服务器示例（interpreter_conn.py）：

```python
from multiprocessing.connection import Listener
import traceback

def echo_client(conn):
    try:
        while True:
            msg = conn.recv()
            conn.send(msg)
    except EOFError:
        print('Connection closed')

def echo_server(address, authkey):
    serv = Listener(address, authkey=authkey)
    while True:
        try:
            client = serv.accept()

            echo_client(client)
        except Exception:
            traceback.print_exc()

echo_server(('', 25000), authkey=b'peekaboo')
```

客户端连接服务器并发送消息（conn_use.py）：

```python
from multiprocessing.connection import Client

c = Client(('localhost', 25000), authkey=b'peekaboo')
c.send('hello')
print(f'received is:{c.recv()}')
c.send(42)
print(f'received is:{c.recv()}')
c.send([1, 2, 3, 4, 5])
print(f'received is:{c.recv()}')
```

执行 py 文件，输出结果如下：

```
received is:hello
```

```
received is:42
received is:[1, 2, 3, 4, 5]
```

与底层 socket 不同的是，每个消息会完整保存（每一个通过 send() 发送的对象能通过 recv() 来完整接收）。所有对象会通过 pickle 序列化。因此，任何兼容 pickle 的对象都能在此连接上被发送和接收。

目前，有很多用来实现各种消息传输的包和函数库，如 ZeroMQ、Celery 等。我们还可以选择自己在底层 socket 基础上实现消息传输层。但是简单一点的方案还是使用 multiprocessing.connection 模块，因为仅使用一些简单的语句即可实现多个解释器之间的通信。

如果解释器运行在同一台机器上，我们可以使用其他通信机制，如 Unix 域套接字或者 Windows 命名管道。使用 Unix 域套接字来创建连接，只需简单地将地址改写成文件名即可：

```
s = Listener('/tmp/myconn', authkey=b'peekaboo')
```

使用 Windows 命名管道来创建连接，只需像下面这样使用文件名即可：

```
s = Listener(r'\\.\pipe\myconn', authkey=b'peekaboo')
```

一个通用准则是，不要使用 multiprocessing.connection 模块来实现对外的公共服务。Client() 和 Listener() 函数中的 authkey 参数用来认证发起连接的终端用户。如果密钥不正确，会产生异常。此外，该模块最适合用来建立长连接（而不是大量的短连接），如两个解释器之间启动后就开始建立连接并在处理某个问题过程中一直保持连接状态。

如果需要对底层连接做更多的控制，比如支持超时、非阻塞 I/O 或其他类似特性，最好使用另外的库或者是在高层 socket 上实现这些特性。

11.7 客户端认证

在分布式系统中，我们有时想实现简单的客户端连接认证功能，但又不想像 SSL 认证那样复杂。

我们可以利用 hmac 模块实现连接握手，从而实现简单而高效的认证，示例（client_auth.py）如下：

```
import hmac
import os

def client_authenticate(connection, secret_key):
    """
    Authenticate client to a remote service.
    connection represents a network connection.
    secret_key is a key known only to both client/server.
    :param connection:
    :param secret_key:
    :return:
    """
```

```
        message = connection.recv(32)
        hash = hmac.new(secret_key, message)
        digest = hash.digest()
        connection.send(digest)

def server_authenticate(connection, secret_key):
    """
    Request client authentication.
    :param connection:
    :param secret_key:
    :return:
    """
    message = os.urandom(32)
    connection.send(message)
    hash = hmac.new(secret_key, message)
    digest = hash.digest()
    response = connection.recv(len(digest))
    return hmac.compare_digest(digest,response)
```

基本原理是当连接建立后，服务器给客户端发送一个随机的字节消息（示例中使用了 os.urandom() 返回值）。客户端和服务器同时利用 hmac 模块和只有双方知道的密钥计算出加密哈希值。然后，客户端将它计算出的摘要发送给服务器，服务器通过比较这个值和自己计算出的值是否一致来决定接收或拒绝连接。摘要的比较需要使用 hmac.compare_digest() 函数，不要用简单的比较操作符（==）。该函数可以避免遭到时间分析攻击。为了使用该函数，我们需要将它集成到已有的网络或消息代码中。

对于 socket，服务器代码（sockets_server.py）类似如下：

```
from socket import socket, AF_INET, SOCK_STREAM
from chapter11.client_auth import server_authenticate

secret_key = b'peekaboo'
def echo_handler(client_sock):
    if not server_authenticate(client_sock, secret_key):
        client_sock.close()
        return
    while True:

        # msg = client_sock.recv(8192)
        if not (msg := client_sock.recv(8192)):
            break
        client_sock.sendall(msg)

def echo_server(address):
    s = socket(AF_INET, SOCK_STREAM)
    s.bind(address)
    s.listen(5)
    while True:
        c,a = s.accept()
        echo_handler(c)

echo_server(('', 18000))
```

client 代码（sockets_client.py）类似如下：

```
from socket import socket, AF_INET, SOCK_STREAM
from chapter11.client_auth import client_authenticate

secret_key = b'peekaboo'

s = socket(AF_INET, SOCK_STREAM)
s.connect(('localhost', 18000))
client_authenticate(s, secret_key)
s.send(b'Hello World')
resp = s.recv(1024)
```

hmac 认证的一个常见使用场景是内部消息通信系统和进程间通信。如编写的系统涉及集群中多个处理器之间的通信，我们可以使用示例中的方案来确保只有被允许的进程才能彼此通信。事实上，基于 hmac 认证的 multiprocessing.connection 模块可被用来实现子进程之间的通信。

连接认证和加密是两码事，认证成功之后的通信消息是以明文形式发送的，任何人只要想监听这个连接线路都能看到消息（尽管双方的密钥不会被传输）。

hmac 认证算法基于哈希函数如 MD5 和 SHA-1，这在 IETF RFC 2104 中有详细介绍。

11.8　Socket 文件描述符传递

在实际应用中，当多个 Python 解释器进程同时运行时，我们想将某个打开的文件描述符从一个解释器传递给另一个解释器。如服务器的进程响应连接请求实际的响应逻辑是在另一个解释器中执行的。

为了在多个进程中传递文件描述符，首先需要将它们连接到一起。在 Unix 系统中，我们需要使用 Unix 域套接字，而在 Windows 系统中需要使用命名管道。不过，我们无须操作这些底层，通常使用 multiprocessing.connection 模块来创建连接会更容易一些。

一旦连接被创建，我们可以使用 multiprocessing.reduction 模块中的 send_handle() 和 recv_handle() 函数在不同的处理器中直接传递文件描述符。以下示例演示了 multiprocessing.reduction 最基本的用法（socket_desc.py）：

```
import multiprocessing
from multiprocessing.reduction import recv_handle, send_handle
import socket

def worker(in_p, out_p):
    out_p.close()
    while True:
        fd = recv_handle(in_p)
        print(f'CHILD: GOT FD {fd}')
        with socket.socket(socket.AF_INET, socket.SOCK_STREAM, fileno=fd) as s:
            while True:
                # msg = s.recv(1024)
                if not (msg := s.recv(1024)):
```

```
                    break
                print(f'CHILD: RECV {msg!r}')
                s.send(msg)

def server(address, in_p, out_p, worker_pid):
    in_p.close()
    s = socket.socket(socket.AF_INET, socket.SOCK_STREAM)
    s.setsockopt(socket.SOL_SOCKET, socket.SO_REUSEADDR, True)
    s.bind(address)
    s.listen(1)
    while True:
        client, addr = s.accept()
        print(f'SERVER: Got connection from {addr}')
        send_handle(out_p, client.fileno(), worker_pid)
        client.close()

if __name__ == '__main__':
    c1, c2 = multiprocessing.Pipe()
    worker_p = multiprocessing.Process(target=worker, args=(c1,c2))
    worker_p.start()

    server_p = multiprocessing.Process(target=server,
                args=(('', 15000), c1, c2, worker_p.pid))
    server_p.start()

    c1.close()
    c2.close()
```

在示例中，两个进程被创建并通过一个 multiprocessing 管道连接起来，服务器进程打开一个 socket 并等待客户端连接请求。

工作进程仅仅使用 recv_handle() 函数在管道上等待接收文件描述符。当服务器接收到一个连接时，会将产生的 socket 文件描述符通过 send_handle() 函数传递给工作进程。工作进程接收到 socket 后向客户端回应数据，然后关闭此次连接。

该示例最重要的部分是服务器接收到的客户端 socket 实际上已被另一个不同的进程处理。服务器仅仅只是将其转手并关闭连接，然后等待下一个连接。

对于大部分程序员来讲，在不同进程之间传递 socket 文件描述符没有必要。但是，文件描述符有时是构建可扩展系统的很有用的工具。如在一个多核机器上有多个 Python 解释器实例，将文件描述符传递给其他解释器可以实现负载均衡。

send_handle() 和 recv_handle() 函数只能用于 multiprocessing 连接。我们可使用它们来代替管道的使用，只要使用的是 Unix 域套接字或 Windows 管道。如可以让服务器和工作者各自以单独的程序来启动。

以下是一个服务器的实现示例（server_mp.py）：

```
from multiprocessing.connection import Listener
from multiprocessing.reduction import send_handle
import socket

def server(work_address, port):
```

```
    # Wait for the worker to connect
    work_serv = Listener(work_address, authkey=b'peekaboo')
    worker = work_serv.accept()
    worker_pid = worker.recv()

    # Now run a TCP/IP server and send clients to worker
    s = socket.socket(socket.AF_INET, socket.SOCK_STREAM)
    s.setsockopt(socket.SOL_SOCKET, socket.SO_REUSEADDR, True)
    s.bind(('', port))
    s.listen(1)
    while True:
        client, addr = s.accept()
        print(f'SERVER: Got connection from {addr}')

        send_handle(worker, client.fileno(), worker_pid)
        client.close()

if __name__ == '__main__':
    import sys
    if len(sys.argv) != 3:
        print('Usage: server.py server_address port', file=sys.stderr)
        raise SystemExit(1)

    server(sys.argv[1], int(sys.argv[2]))
```

运行该服务器，只需要执行 python3 server_mp.py /tmp/servconn 15000，下面是相应的工作者代码（worker_mp.py）：

```
from multiprocessing.connection import Client
from multiprocessing.reduction import recv_handle
import os
from socket import socket, AF_INET, SOCK_STREAM

def worker(server_address):
    serv = Client(server_address, authkey=b'peekaboo')
    serv.send(os.getpid())
    while True:
        fd = recv_handle(serv)
        print('WORKER: GOT FD', fd)
        with socket(AF_INET, SOCK_STREAM, fileno=fd) as client:
            while True:
                # msg = client.recv(1024)
                if not (msg := client.recv(1024)):
                    break
                print(f'WORKER: RECV {msg!r}')
                client.send(msg)

if __name__ == '__main__':
    import sys
    if len(sys.argv) != 2:
        print('Usage: worker.py server_address', file=sys.stderr)
        raise SystemExit(1)

    worker(sys.argv[1])
```

要运行工作者，需要执行命令 python3 worker_mp.py /tmp/servconn。效果与使用 Pipe()
函数是完全一样的。文件描述符的传递涉及 Unix 域套接字的创建和套接字的 sendmsg() 方
法。下面是使用套接字来传递描述符的另一种实现（server.py）：

```python
import socket

import struct

def send_fd(sock, fd):
    sock.sendmsg([b'x'],
                 [(socket.SOL_SOCKET, socket.SCM_RIGHTS, struct.pack('i', fd))])
    ack = sock.recv(2)
    assert ack == b'OK'

def server(work_address, port):
    # Wait for the worker to connect
    work_serv = socket.socket(socket.AF_UNIX, socket.SOCK_STREAM)
    work_serv.bind(work_address)
    work_serv.listen(1)
    worker, addr = work_serv.accept()

    # Now run a TCP/IP server and send clients to worker
    s = socket.socket(socket.AF_INET, socket.SOCK_STREAM)
    s.setsockopt(socket.SOL_SOCKET, socket.SO_REUSEADDR, True)
    s.bind(('',port))
    s.listen(1)
    while True:
        client, addr = s.accept()
        print(f'SERVER: Got connection from {addr}')
        send_fd(worker, client.fileno())
        client.close()

if __name__ == '__main__':
    import sys
    if len(sys.argv) != 3:
        print('Usage: server.py server_address port', file=sys.stderr)
        raise SystemExit(1)

    server(sys.argv[1], int(sys.argv[2]))
```

下面是使用套接字的工作者实现（worker_achieve.py）：

```python
import socket
import struct

def recv_fd(sock):
    msg, ancdata, flags, addr = sock.recvmsg(1,
                                    socket.CMSG_LEN(struct.calcsize('i')))

    cmsg_level, cmsg_type, cmsg_data = ancdata[0]
    assert cmsg_level == socket.SOL_SOCKET and cmsg_type == socket.SCM_RIGHTS
    sock.sendall(b'OK')

    return struct.unpack('i', cmsg_data)[0]
```

```
def worker(server_address):
    serv = socket.socket(socket.AF_UNIX, socket.SOCK_STREAM)
    serv.connect(server_address)
    while True:
        fd = recv_fd(serv)
        print(f'WORKER: GOT FD {fd}')
        with socket.socket(socket.AF_INET, socket.SOCK_STREAM, fileno=fd) as client:
            while True:
                # msg = client.recv(1024)
                if not (msg := client.recv(1024)):
                    break
                print(f'WORKER: RECV {msg!r}')
                client.send(msg)

if __name__ == '__main__':
    import sys
    if len(sys.argv) != 2:
        print('Usage: worker.py server_address', file=sys.stderr)
        raise SystemExit(1)

    worker(sys.argv[1])
```

如果想在程序中传递文件描述符，建议参阅其他一些用法更加高级的文档。

11.9　事件驱动的 I/O

或许你已经了解过基于事件驱动或异步 I/O 的包，但是还不能完全理解它的底层到底是怎样工作的，以及对程序产生什么影响。

从本质上讲，事件驱动 I/O 就是将基本 I/O 操作（比如读和写）转化为程序需要处理的事件。如当数据在某个 socket 上被接收后，它会转化成一个 receive 事件，然后被定义的回调方法或函数处理。作为一个可能的起始点，事件驱动的框架可能会以实现一系列基本事件处理器方法的基类开始，示例（event_handler.py）如下：

```
class EventHandler:
    def fileno(self):
        'Return the associated file descriptor'
        raise NotImplemented('must implement')

    def wants_to_receive(self):
        'Return True if receiving is allowed'
        return False

    def handle_receive(self):
        'Perform the receive operation'
        pass

    def wants_to_send(self):
        'Return True if sending is requested'
        return False
```

```
    def handle_send(self):
        'Send outgoing data'
        pass
```

基类的实例作为插件被放入类似如下的事件循环中（event_use.py）:

```
import select

def event_loop(handlers):
    while True:
        wants_recv = [h for h in handlers if h.wants_to_receive()]
        wants_send = [h for h in handlers if h.wants_to_send()]
        can_recv, can_send, _ = select.select(wants_recv, wants_send, [])

        for h in can_recv:
            h.handle_receive()

        for h in can_send:
            h.handle_send()
```

事件循环的关键部分是 select() 函数调用，它会不断轮询文件描述符从而激活它。在调用 select() 函数之前，事件循环会询问所有的处理器，然后决定接收哪个文件，接着将结果列表提供给 select() 函数。select() 函数返回准备接收或发送的对象组成的列表。最后触发相应的 handle_receive() 或 handle_send() 方法。

编写应用程序的时候，EventHandler 实例会被创建。以下是一个简单的基于 UDP 网络服务的处理器示例（udp_server.py）:

```
import socket
import time
from chapter11.event_handler import EventHandler
from chapter11.event_use import event_loop

class UDPServer(EventHandler):
    def __init__(self, address):
        self.sock = socket.socket(socket.AF_INET, socket.SOCK_DGRAM)
        self.sock.bind(address)

    def fileno(self):
        return self.sock.fileno()

    def wants_to_receive(self):
        return True

class UDPTimeServer(UDPServer):
    def handle_receive(self):
        msg, addr = self.sock.recvfrom(1)
        self.sock.sendto(time.ctime().encode('ascii'), addr)

class UDPEchoServer(UDPServer):
    def handle_receive(self):
        msg, addr = self.sock.recvfrom(8192)
        self.sock.sendto(msg, addr)
```

```
if __name__ == '__main__':
    handlers = [ UDPTimeServer(('',14000)), UDPEchoServer(('',15000))  ]
    event_loop(handlers)
```

测试上述代码，从另一个 Python 解释器连接服务（udp_server_use.py）：

```
from socket import *
s = socket(AF_INET, SOCK_DGRAM)
print(f"sendto: {s.sendto(b'',('localhost',14000))}")
print(f'recv content: {s.recvfrom(128)}')
print(f"sendto: {s.sendto(b'Hello',('localhost',15000))}")
print(f'recv content: {s.recvfrom(128)}')
```

执行 py 文件，输出结果如下：

```
sendto: 0
recv content: (b'Wed May 27 21:38:44 2020', ('127.0.0.1', 14000))
sendto: 5
recv content: (b'Hello', ('127.0.0.1', 15000))
```

TCP 服务器的实现会更加复杂一点，因为每一个客户端都要初始化新的处理器对象。以下是一个 TCP 应答客户端示例（tcp_server.py）：

```
import socket
from chapter11.event_handler import EventHandler
from chapter11.event_use import event_loop

class TCPServer(EventHandler):
    def __init__(self, address, client_handler, handler_list):
        self.sock = socket.socket(socket.AF_INET, socket.SOCK_STREAM)
        self.sock.setsockopt(socket.SOL_SOCKET, socket.SO_REUSEADDR, True)
        self.sock.bind(address)
        self.sock.listen(1)
        self.client_handler = client_handler
        self.handler_list = handler_list

    def fileno(self):
        return self.sock.fileno()

    def wants_to_receive(self):
        return True

    def handle_receive(self):
        client, addr = self.sock.accept()
        # Add the client to the event loop's handler list
        self.handler_list.append(self.client_handler(client, self.handler_list))

class TCPClient(EventHandler):
    def __init__(self, sock, handler_list):
        self.sock = sock
        self.handler_list = handler_list
        self.outgoing = bytearray()

    def fileno(self):
        return self.sock.fileno()
```

```
    def close(self):
        self.sock.close()
        # Remove myself from the event loop's handler list
        self.handler_list.remove(self)

    def wants_to_send(self):
        return True if self.outgoing else False

    def handle_send(self):
        nsent = self.sock.send(self.outgoing)
        self.outgoing = self.outgoing[nsent:]

class TCPEchoClient(TCPClient):
    def wants_to_receive(self):
        return True

    def handle_receive(self):
        # data = self.sock.recv(8192)
        if not (data := self.sock.recv(8192)):
            self.close()
        else:
            self.outgoing.extend(data)

if __name__ == '__main__':
    handlers = []
    handlers.append(TCPServer(('',16000), TCPEchoClient, handlers))
    event_loop(handlers)
```

TCP 应答服务器示例的关键点是从处理器列表中增加和删除客户端的操作。对于每一个连接，新的处理器会被创建并加入处理器列表中。当连接被关闭后，每个客户端负责将其从列表中删除。如果运行程序并试着用 Telnet 或类似工具连接，TCP 应答服务器会将发送的消息回显。TCP 应答服务器能轻松地处理多客户端连接。

实际上，所有的事件驱动框架原理与上面的例子相差无几。实际的 TCP 服务器实现细节和软件架构可能不一样，但是在最核心的部分都会有一个轮询来检查活动的 socket，并执行响应操作。

事件驱动 I/O 的好处是，它能处理非常大的并发连接，不需要使用多线程或多进程。也就是说，select() 函数（或其他等效的）能监听大量的 socket 并响应它们中任何一个生产事件，在循环中一次处理一个事件，并不需要其他的并发机制。

事件驱动 I/O 的缺点是，它没有真正的同步机制。任何事件处理器方法阻塞或耗时计算，都会阻塞处理进程。而且调用那些并不是事件驱动风格的库函数也会有问题，如果某些库函数调用阻塞，会导致整个事件循环停止。

关于阻塞或耗时计算的问题，我们可以通过将事件发送给其他单独的现场或进程来处理。在事件循环中引入多线程和多进程是比较棘手的。以下示例演示了如何使用 concurrent.futures 模块来解决上述问题（thread_pool.py）：

```
import os
import socket
```

```python
from concurrent.futures import ThreadPoolExecutor
from chapter11.event_handler import EventHandler

class ThreadPoolHandler(EventHandler):
    def __init__(self, nworkers):
        if os.name == 'posix':
            self.signal_done_sock, self.done_sock = socket.socketpair()
        else:
            server = socket.socket(socket.AF_INET, socket.SOCK_STREAM)
            server.bind(('127.0.0.1', 0))
            server.listen(1)
            self.signal_done_sock = socket.socket(socket.AF_INET,
                                                  socket.SOCK_STREAM)
            self.signal_done_sock.connect(server.getsockname())
            self.done_sock, _ = server.accept()
            server.close()

        self.pending = []
        self.pool = ThreadPoolExecutor(nworkers)

    def fileno(self):
        return self.done_sock.fileno()

    # Callback that executes when the thread is done
    def _complete(self, callback, r):

        self.pending.append((callback, r.result()))
        self.signal_done_sock.send(b'x')

    # Run a function in a thread pool
    def run(self, func, args=(), kwargs={},*,callback):
        r = self.pool.submit(func, *args, **kwargs)
        r.add_done_callback(lambda r: self._complete(callback, r))

    def wants_to_receive(self):
        return True

    # Run callback functions of completed work
    def handle_receive(self):
        # Invoke all pending callback functions
        for callback, result in self.pending:
            callback(result)
            self.done_sock.recv(1)
        self.pending = []
```

在代码中，run() 函数被用来将工作提交给回调函数池。实际工作被提交给 ThreadPool-Executor 实例。这里有一个难点是协调计算结果和事件循环。为了解决该问题，我们创建了一对 socket 并将其作为某种信号量机制来使用。线程池完成工作后会执行类中的 _complete() 方法。这个方法在某个 socket 上写入字节之前会将挂起的回调函数和结果放入队列。fileno() 方法返回另外的 socket。因此，字节被写入时会通知事件循环，然后 handle_receive() 方法被激活并为所有之前提交的工作执行回调函数。以下示例演示了如何使用线程池来实现耗时计算（thread_pool_server.py）：

```
from chapter11.udp_server import UDPServer
from chapter11.thread_pool import ThreadPoolHandler
from chapter11.event_use import event_loop

def fib(n):
    if n < 2:
        return 1
    else:
        return fib(n - 1) + fib(n - 2)

class UDPFibServer(UDPServer):
    def handle_receive(self):
        msg, addr = self.sock.recvfrom(128)
        n = int(msg)
        pool.run(fib, (n,), callback=lambda r: self.respond(r, addr))

    def respond(self, result, addr):
        self.sock.sendto(str(result).encode('ascii'), addr)

if __name__ == '__main__':
    pool = ThreadPoolHandler(16)
    handlers = [ pool, UDPFibServer(('',16000))]
    event_loop(handlers)
```

运行 TCP 服务器，用如下 Python 程序进行测试（thread_pool_use.py）：

```
from socket import *

sock = socket(AF_INET, SOCK_DGRAM)
for x in range(40):
    sock.sendto(str(x).encode('ascii'), ('localhost', 16000))
    resp = sock.recvfrom(8192)
    print(resp[0])
```

执行 py 文件，输出结果如下：

```
b'1'
b'1'
b'2'
b'3'
b'5'
b'8'
b'13'
...
b'102334155'
```

该程序能在不同窗口中重复执行，并且不会影响其他程序。不过，当数字越来越大时，程序运行会变得越来越慢。

11.10 大型数组发送与接收

对于大型数组，其操作并不是一件容易的事情，如通过网络连接发送和接收连续数据的大型数组，并尽量减少数据的复制操作。

以下示例利用 memoryview() 方法来发送和接收大型数组（big_data.py）：

```python
def send_from(arr, dest):
    view = memoryview(arr).cast('B')
    while len(view):
        nsent = dest.send(view)
        view = view[nsent:]

def recv_into(arr, source):
    view = memoryview(arr).cast('B')
    while len(view):
        nrecv = source.recv_into(view)
        view = view[nrecv:]
```

创建通过 socket 连接的服务器（test_data_1.py）：

```python
from socket import *
s = socket(AF_INET, SOCK_STREAM)
s.bind(('', 25000))
s.listen(1)
c,a = s.accept()
```

客户端（另外一个解释器）的测试程序（test_data_2.py）如下：

```python
from socket import *
c = socket(AF_INET, SOCK_STREAM)
c.connect(('localhost', 25000))
```

这里的目标是通过连接传输一个超大型数组。以下示例展示了通过 array 模块或 numpy 模块来创建数组（create_data.py）：

```python
import numpy
from socket import *
from chapter11.big_data import send_from, recv_into

a = numpy.arange(0.0, 50000000.0)
c = socket(AF_INET, SOCK_STREAM)
send_from(a, c)

# Client
import numpy
a = numpy.zeros(shape=50000000, dtype=float)
print(a[0:10])
recv_into(a, c)
c = socket(AF_INET, SOCK_STREAM)
print(a[0:10])
```

在数据密集型的分布式计算和并行计算程序中，自己写程序来实现发送 / 接收大量数据并不常见。如果确实想这样做，可能需要将数据转换成原始字节，以便给底层的网络函数使用；还可能需要将数据切割成多个块，因为大部分和网络相关的函数并不能一次性发送或接收超大数据块。

一种方法是使用某种机制序列化数据——可能将其转换成字节字符串。不过，这样最终会造成数据的复制。即使只是零碎地使用该机制，代码中最终还是会有大量的小型复制操作。

这里通过使用内存视图展示一些魔法操作。从本质上讲，内存视图是已存在数组的覆盖层。而且，内存视图能以不同的方式转换成不同类型来表现数据，代码如下：

```
view = memoryview(arr).cast('B')
```

memoryview() 方法接收数组 arr 并将其转换为无符号字节的内存视图。该视图被传递给 socket 相关函数，如 socket.send() 或 send.recv_into() 函数。在这两个函数内部，其能够直接操作内存区域，如 sock.send() 函数直接在内存中产生数据而不需要复制，send.recv_into() 函数将内存区域作为接收操作的输入缓冲区。

还有一个难点就是 socket 函数可能只操作部分数据。通常来讲，我们会使用很多不同的 send() 和 recv_into() 函数来传输整个数组，不用担心每次操作后，视图会发送或接收字节数量被切割成新的视图。新的视图同样也是内存覆盖层，因此，还是没有任何的复制操作。

这里有个问题就是接收者必须事先知道有多少数据要被发送，以便预分配数组或者确保它能将接收的数据放入已经存在的数组中。如果没办法知道，发送者就得先将数据大小发送给接收者，然后再发送实际的数组数据。

11.11 本章小结

本章主要讲解网络编程的操作处理，使用 Python 编写客户端程序来访问已有的服务，及使用 Python 实现网络服务端程序。

在本章的学习过程中，有兴趣的读者可以对 TCP 和 UDP 的区别及它们分别做几次握手做详细了解。了解这些内容可以帮助读者更进一步了解 TCP 和 UDP。

第 12 章

并 发 编 程

对于并发编程，Python 有多种长期支持的方法，包括多线程、调用子进程，以及各种各样关于生成器函数的技巧。本章将讲解并发编程的各种方法与技巧，包括通用的多线程技术以及并行计算的实现方法。本章的主要目标之一是给出更加可信赖和易调试的代码。

12.1 线程处理

线程处理是编程语言最为常见的操作，特别是伴随着硬件性能越来越好，很多应用程序都会设计成使用多线程加多进程的方式运行。下面介绍 Python 中的线程是如何被处理的。

12.1.1 线程的启动与停止

对于线程，我们最基本的是了解线程的启动与停止，为需要并发执行的代码创建 / 销毁线程。

threading 库可以在单独的线程中执行任何在 Python 中可以调用的对象。我们可以创建 Thread 对象并将要执行的对象以 target 参数的形式提供给该对象，示例（thread_exp.py）如下：

```
import time
def countdown(n):
    while n > 0:
        print('T-minus', n)
        n -= 1
        time.sleep(5)

from threading import Thread
```

```
if __name__ == '__main__':
    t = Thread(target=countdown, args=(3,))
    t.start()

    if t.is_alive():
        print('Still running')
    else:
        print('Completed')
```

当创建好线程对象后，该对象并不会立即执行，除非调用它的 start() 方法（当调用 start() 方法时，它会调用传递进来的函数，并把传递进来的参数传递给该函数）。Python 中的线程会在单独的系统级线程（比如 POSIX 线程或者 Windows 线程）中执行，这些线程由操作系统全权管理。线程一旦启动，将独立执行直到返回目标函数。我们可以查询线程对象的状态，看它是否还在执行，示例如下：

```
if t.is_alive():
        print('Still running')
    else:
        print('Completed')
```

也可以将线程加入当前线程，并等待它终止：

```
t.join()
```

Python 解释器在所有线程都终止前仍保持运行。对于需要长时间运行的线程或者需要一直运行的后台任务，我们应当考虑使用后台线程，示例如下：

```
t = Thread(target=countdown, args=(10,), daemon=True)
t.start()
```

后台线程无法等待，不过这些线程会在主线程终止时自动销毁。除了上述两个操作，后台并没有太多可以对线程做的事情——无法结束一个线程，无法给它发送信号，无法调整它的调度，也无法执行其他高级操作。如果需要这些操作，需要自己添加。如需要终止线程，必须通过编程在某个特定点轮询才能退出。我们可以把线程放入类中，示例（count_down.py）如下：

```
import time
from threading import Thread

class CountdownTask:
    def __init__(self):
        self._running = True

    def terminate(self):
        self._running = False

    def run(self, n):
        while self._running and n > 0:
            print(f'T-minus: {n}')
            n -= 1
            time.sleep(5)
```

```
c = CountdownTask()
t = Thread(target=c.run, args=(10,))
t.start()
c.terminate()
t.join()
```

如果线程执行一些像 I/O 这样的阻塞操作，通过轮询来终止线程将使得线程之间的协调变得非常困难。如一个线程一直阻塞在 I/O 操作上，它就永远无法返回，也就无法检查自己是否已经被结束了。要处理这些问题，需要利用超时循环来操作线程，示例（io_task. py）如下：

```
import socket

class IOTask:
    def terminate(self):
        self._running = False

    def run(self, sock):
        sock.settimeout(5)
        while self._running:
            try:
                data = sock.recv(8192)
                break
            except socket.timeout:
                continue
        return
```

由于存在全局解释锁（GIL），Python 的线程被限制为同一时刻只允许一个线程执行一个模型。所以，Python 的线程更适用于处理 I/O 和其他需要并发执行的阻塞操作（比如等待 I/O、等待从数据库获取数据等），而不是需要多处理器并行计算的密集型任务。

我们有时会看到如下通过继承 Thread 类实现的线程（cd_thread.py）：

```
import time
from threading import Thread

class CountdownThread(Thread):
    def __init__(self, n):
        super().__init__()
        self.n = n
    def run(self):
        while self.n > 0:

            print(f'T-minus: {self.n}')
            self.n -= 1
            time.sleep(5)

c = CountdownThread(5)
c.start()
```

上文所写的代码、函数并非真正使用 threading 库，这样就使得这些代码可以被用在其他上下文中，可能与线程有关，也可能与线程无关。我们可以通过 multiprocessing 模块在单独的进程中执行代码，示例（multiprocessing_exp.py）如下：

```
import multiprocessing
from chapter12.count_down import CountdownTask

c = CountdownTask()
p = multiprocessing.Process(target=c.run)
p.start()
```

12.1.2 线程判断

线程启动并不表示线程真的已经开始运行了。判断线程是否真的已经开始运行，需要做一些处理。

线程的一个关键特性是每个线程都是独立运行且状态不可预测。如果程序中的其他线程需要通过判断某个线程的状态来确定自己下一步的操作，线程同步问题就会变得非常棘手。为了解决这些问题，我们需要使用 threading 库中的 Event 对象。Event 对象包含一个可由线程设置的信号标志，允许线程等待某些事件的发生。在初始情况下，Event 对象中的信号标志被设置为假。如果有线程等待 Event 对象，而 Event 对象的信号标志为假，那么该线程将会被一直阻塞直至 Event 对象信号标志为真。线程如果将 Event 对象的信号标志设置为真，它将唤醒所有等待这个 Event 对象的线程。如果线程等待一个已经被设置为真的 Event 对象，那么它将忽略这个事件，继续执行。以下代码展示了如何使用 Event 对象来协调线程的启动（thread_event.py）：

```
from threading import Thread, Event
import time

# Code to execute in an independent thread
def countdown(n, started_evt):
    print('countdown starting')
    started_evt.set()
    while n > 0:
        print(f'T-minus: {n}')
        n -= 1
        time.sleep(5)

# Create the event object that will be used to signal startup
started_evt = Event()

# Launch the thread and pass the startup event
print('Launching countdown')
t = Thread(target=countdown, args=(10,started_evt))
t.start()

started_evt.wait()
print('countdown is running')
```

执行 py 文件，输出结果类似如下：

```
Launching countdown
```

```
countdown starting
T-minus: 10
countdown is running
T-minus: 9
```

由执行结果可见，countdown is running 是在 countdown starting 之后显示的。这是由于使用 Event 对象来协调线程，使得主线程要等到 countdown() 函数输出启动信息后，才能继续执行。

Event 对象最好单次使用，也就是说，创建一个 Event 对象让某个线程等待这个对象，一旦该对象被设置为真，就应该丢弃它。尽管我们可以通过 clear() 方法来重置 Event 对象，但是很难确保安全地清理 Event 对象并对其重新赋值，这很可能出现错过事件、死锁等问题（特别是无法保证重置 Event 对象的代码会在线程再次等待 Event 对象之前执行）。如果线程需要不停地重复使用 Event 对象，最好使用 Condition 对象来代替。以下示例使用 Condition 对象实现了一个周期定时器。每当定时器超时的时候，其他线程都可以监测到，代码（timer_exp.py）如下：

```python
import threading
import time

class PeriodicTimer:
    def __init__(self, interval):
        self._interval = interval
        self._flag = 0
        self._cv = threading.Condition()

    def start(self):
        t = threading.Thread(target=self.run)
        t.daemon = True

        t.start()

    def run(self):
        '''
        Run the timer and notify waiting threads after each interval
        '''
        while True:
            time.sleep(self._interval)
            with self._cv:
                self._flag ^= 1
                self._cv.notify_all()

    def wait_for_tick(self):
        '''
        Wait for the next tick of the timer
        '''
        with self._cv:
            last_flag = self._flag
            while last_flag == self._flag:
                self._cv.wait()
```

```
# Example use of the timer
ptimer = PeriodicTimer(5)
ptimer.start()

# Two threads that synchronize on the timer
def countdown(nticks):
    while nticks > 0:
        ptimer.wait_for_tick()
        print(f'T-minus: {nticks}')
        nticks -= 1

def countup(last):
    n = 0
    while n < last:
        ptimer.wait_for_tick()
        print(f'Counting: {n}')
        n += 1

threading.Thread(target=countdown, args=(10,)).start()
threading.Thread(target=countup, args=(5,)).start()
```

Event 对象的一个重要特点是当它被设置为真时，会唤醒所有等待它的线程。如果只想唤醒单个线程，最好是使用信号量或者 Condition 对象来替代。下面是使用信号量实现唤醒单个线程的代码（signal_exp.py）：

```
import threading

def worker(n, sema):
    # Wait to be signaled
    sema.acquire()

    # Do some work
    print('Working', n)

# Create some threads
sema = threading.Semaphore(0)
nworkers = 10
for n in range(nworkers):
    t = threading.Thread(target=worker, args=(n, sema,))
    t.start()
```

运行示例代码将会启动一个线程池，但是并没有什么事情发生。这是因为所有的线程都在等待获取信号量。每次信号量被释放，只有一个线程会被唤醒并执行，示例如下：

```
>>> from chapter12.signal_exp import sema
Working 0
>>> sema.release()
Working 1
>>> sema.release()
Working 2
```

编写涉及大量线程同步执行的代码会让人抓狂。比较合适的方式是使用队列进行线程间通信或者把线程当作一个 Actor，利用 Actor 模型来控制并发。

12.1.3 线程间通信

当程序中有多个线程时，我们可以实现多个线程间通信，但需要确保在这些线程之间交换的信息或数据是安全的。

从一个线程向另一个线程发送数据最安全的方式可能是使用 queue 库中的队列。创建一个被多个线程共享的 Queue 对象，这些线程使用 put() 和 get() 函数向队列添加元素或者从队列中删除元素，示例（queue_exp_1.py）如下：

```python
from queue import Queue
from threading import Thread

def producer(out_q):
    while True:
        data = 'hello world!'
        out_q.put(data)

def consumer(in_q):
    while True:
        data = in_q.get()
        print(f'get data is: {data}')

q = Queue()
t1 = Thread(target=consumer, args=(q,))
t2 = Thread(target=producer, args=(q,))
t1.start()
t2.start()
```

Queue 对象包含必要的锁，我们可以通过它在多个线程间安全地共享数据。当使用队列时，生产者和消费者的协调可能会有一些麻烦。一个通用的解决方法是在队列中放置一个特殊值，当消费者读到这个值的时候，终止执行程序，示例（queue_exp_2.py）如下：

```python
from queue import Queue
from threading import Thread

_sentinel = object()

def producer(out_q):
    put_time = 0
    while True:
        data = 'hello world!'
        out_q.put(data)

        put_time += 1
        if put_time == 5:
            out_q.put(_sentinel)

def consumer(in_q):
    while True:
        data = in_q.get()
        print(f'get data is: {data}')

        if data is _sentinel:
```

```
            in_q.put(_sentinel)
            break

q = Queue()
t1 = Thread(target=consumer, args=(q,))
t2 = Thread(target=producer, args=(q,))
t1.start()
t2.start()
```

执行 py 文件，输出结果如下：

```
get data is: hello world!
get data is: hello world!
get data is: hello world!
get data is: hello world!
get data is: hello world!
get data is: <object object at 0x104637c60>
```

示例中有一个特殊的地方：消费者在读到特殊值之后立即把它放回到队列中并传递下去。这样，所有监听这个队列的消费者线程就可以全部关闭了。尽管队列是最常见的线程间通信机制，但是我们仍然可以自己通过创建数据结构并添加所需的锁和同步机制来实现线程间通信。最常见的方法是使用 Condition 变量来包装数据结构。以下示例演示了如何创建线程安全的优先级队列（priority_queue.py）。

```
import heapq
import threading

class PriorityQueue:
    def __init__(self):
        self._queue = []
        self._count = 0
        self._cv = threading.Condition()
    def put(self, item, priority):
        with self._cv:
            heapq.heappush(self._queue, (-priority, self._count, item))
            self._count += 1
            self._cv.notify()

    def get(self):
        with self._cv:
            while len(self._queue) == 0:
                self._cv.wait()
            return heapq.heappop(self._queue)[-1]
```

使用队列进行线程间通信是一个单向、不确定的过程。通常情况下，我们无法知道接收数据的线程是什么时候接收到数据并开始工作的。不过，队列能提供一些基本的特性。

以下示例展示了 task_done() 和 join() 方法的使用（queue_exp_3.py）：

```
from queue import Queue
from threading import Thread

_sentinel = object()
```

```python
def producer(out_q):
    put_time = 0
    while True:
        data = 'hello world!'
        out_q.put(data)

        put_time += 1
        if put_time == 5:
            out_q.put(_sentinel)

# A thread that consumes data
def consumer(in_q):
    while True:
        data = in_q.get()
        print(f'get data is: {data}')

        if data is _sentinel:
            in_q.put(_sentinel)
            break
        in_q.task_done()

q = Queue()
t1 = Thread(target=consumer, args=(q,))
t2 = Thread(target=producer, args=(q,))
t1.start()
t2.start()

q.join()
```

如果线程需要在消费者线程处理完特定的数据项时立即得到通知，我们可以把要发送的数据和 Event 对象放到一起使用，这样生产者就可以通过 Event 对象来监测处理过程了，示例（queue_exp_4.py）如下：

```python
from queue import Queue
from threading import Thread, Event

# A thread that produces data
def producer(out_q):
    while True:
        # Produce some data
        ...
        # Make an (data, event) pair and hand it to the consumer
        evt = Event()
        data = ''
        out_q.put((data, evt))
        ...
        # Wait for the consumer to process the item
        evt.wait()

def consumer(in_q):
    while True:
        data, evt = in_q.get()
        # Process the data
        ...
```

```
# Indicate completion
evt.set()
```

在多数情况下，基于简单队列编写多线程程序是一个比较明智的选择。从线程安全队列的底层实现来看，无须在代码中使用锁和其他底层的同步机制。此外，使用队列这种基于消息的通信机制可以被扩展到更大的应用范畴，如可以把程序放入多个进程甚至是分布式系统而无须改变底层的队列结构。使用线程队列有一个要注意的问题是，向队列中添加数据项时并不会复制此数据项，线程间通信实际上是在线程间传递对象引用。如果担心对象的共享状态，最好只传递不可修改的数据结构（如整型、字符串或者元组）或者对象的深复制，示例（queue_exp_5.py）如下：

```
from queue import Queue
from threading import Thread
import copy

# A thread that produces data
def producer(out_q):
    while True:
        # Produce some data
        ...
        data = ''
        out_q.put(copy.deepcopy(data))

# A thread that consumes data
def consumer(in_q):
    while True:
        # Get some data
        data = in_q.get()
        # Process the data
        ...
```

Queue 对象提供一些在当前上下文很有用的附加特性。如在创建 Queue 对象时提供可选的 size 参数来限制可以添加到队列中的元素数量。对于生产者与消费者速度有差异的情况，为队列中的元素数量添加上限是有意义的。如生产者产生数据的速度比消费者消费的速度快，那么使用固定大小的队列就会在队列已满的时候阻塞队列，进而产生未预期的连锁效应，造成死锁或者程序运行失常。在通信的线程之间进行流量控制是一件看起来容易实现起来困难的事情。如果通过调整队列大小来解决问题，这也许意味着程序可能存在脆弱设计或者固有的可伸缩问题。get() 和 put() 方法都支持非阻塞方式和设定超时，示例（queue_exp_6.py）如下：

```
import queue
q = queue.Queue()

try:
    data = q.get(block=False)
except queue.Empty:
    ...
```

```
try:
    item = ''
    q.put(item, block=False)
except queue.Full:
    ...

try:
    data = q.get(timeout=5.0)
except queue.Empty:
    ...
```

这些操作都可以用来避免当执行某些特定队列操作时发生无限阻塞的情况发生，如一个非阻塞的 put() 方法和一个固定大小的队列一起使用。这样，当队列存满时就可以执行不同的代码，如输出一条日志信息并丢弃。

```
def producer(q):
    ...
    try:
        q.put(item, block=False)
    except queue.Full:
        log.warning('queued item %r discarded!', item)
```

如果试图让消费者线程在执行像 q.get() 这样的操作时，超时自动终止以便检查终止标志，应该使用 q.get() 方法的可选参数 timeout，示例如下：

```
_running = True

def consumer(q):
    while _running:
        try:
            item = q.get(timeout=5.0)
            # Process item
            ...
        except queue.Empty:
            pass
```

通过 q.qsize()、q.full()、q.empty() 等实用方法可以获取队列的当前大小和状态。

> **注意** q.qsize()、q.full()、q.empty() 方法都不是线程安全的，比如使用 q.empty() 方法判断出一个队列为空，但同时另一个线程可能已经向这个队列插入数据项，所以最好不要在代码中使用这些方法。

12.1.4　线程加锁

在实际应用中，为了确保一些关键临界区的安全，我们一般会选择对多线程程序中的临界区加锁以避免竞争发生。

要在多线程程序中安全地使用可变对象，需要使用 threading 库中的 Lock 对象，示例（lock_exp_1.py）如下：

```python
import threading

class SharedCounter:
    '''
    A counter object that can be shared by multiple threads.
    '''
    def __init__(self, initial_value = 0):
        self._value = initial_value
        self._value_lock = threading.Lock()

    def inc_r(self,delta=1):
        '''
        Increment the counter with locking
        '''
        with self._value_lock:
            self._value += delta

    def dec_r(self,delta=1):
        '''
        Decrement the counter with locking
        '''
        with self._value_lock:
            self._value -= delta
```

Lock 对象和 with 语句块一起使用可以保证线程互斥执行,就是每次只有一个线程可以执行 with 语句包含的代码块。with 语句会在执行包含的代码块前自动获取锁,在执行结束后自动释放锁。

线程调度本质上是不确定的,因此在多线程程序中错误地使用锁机制可能会导致随机数据损坏或者发生其他的异常行为,这被称为竞争条件。为了避免竞争条件的发生,最好只在临界区(对临界资源进行操作的那部分代码)使用锁。在一些老的 Python 代码中,显式获取和释放锁是很常见的。

以下是上面示例的变种(lock_exp_2.py):

```python
import threading

class SharedCounter:
    '''
    A counter object that can be shared by multiple threads.
    '''
    def __init__(self, initial_value = 0):
        self._value = initial_value
        self._value_lock = threading.Lock()

    def inc_r(self,delta=1):
        '''
        Increment the counter with locking
        '''
        self._value_lock.acquire()
        self._value += delta
        self._value_lock.release()

    def dec_r(self,delta=1):
```

```
'''
Decrement the counter with locking
'''
self._value_lock.acquire()
self._value -= delta
self._value_lock.release()
```

相比于这种显式调用的方法，with 语句更加优雅，也更不容易出错，特别是对于程序员可能会忘记调用 release() 方法或者程序在获得锁之后产生异常这两种情况（使用 with 语句可以保证在这两种情况下仍能正确释放锁）。为了避免出现死锁的情况，锁机制应该设定为每个线程一次只允许获取一个锁。如不能这样做，就需要更高级的死锁避免机制。threading 库中还提供了其他的同步原语，如 RLock 和 Semaphore 对象。但是根据以往经验，这些原语用于一些特殊的情况，如果只是需要简单地对可变对象进行锁定，那不应该使用它们。一个 RLock（可重入锁）对象可以被同一个线程多次获取，用来实现基于监测对象模式的锁定和同步。在使用可重入锁的情况下，当锁被持有时，只有一个线程可以使用完整的函数或者类中的方法。

SharedCounter 类的实现如下（lock_exp_3.py）：

```
import threading

class SharedCounter:
    '''
    A counter object that can be shared by multiple threads.
    '''
    _lock = threading.RLock()
    def __init__(self, initial_value = 0):
        self._value = initial_value

    def inc_r(self,delta=1):
        '''
        Increment the counter with locking
        '''
        with SharedCounter._lock:
            self._value += delta

    def dec_r(self,delta=1):
        '''
        Decrement the counter with locking
        '''
        with SharedCounter._lock:
            self.inc_r(-delta)
```

在示例中，没有对每一个实例中的可变对象加锁，取而代之的是一个被所有实例共享的类级锁。类级锁用来同步类方法，具体来说就是保证一次只有一个线程可以调用这个类方法。与标准锁不同的是，已经持有类级锁的方法在调用同样使用该锁的方法时，无须再次获取锁，如 dec_r 方法。这种实现方式的一个特点是，无论类有多少实例都只用一个锁，因此在需要大量使用计数器的情况下内存使用率更高。不过这样做也有缺点，就是在程序中使用大量线程并频繁更新计数器会出现争用锁的问题。信号量对象是一个建立在共享计数器基础上的同步原语。如果计数器不为 0，with 语句将使计数器减 1，而线程可继续执行。with 语句执行结束后，计数器加 1。如果计数器为 0，线程将被阻塞，直到其他线程结束，计数器加 1。尽管我们可以在程序中像标准锁一样使用信号量做线程同步，但是这种方式并不被推荐，因为使用信号量会使程序复杂性增加，影响程序性能。相对于作为锁使用，信号量更适用于那些需要在线程之间引入信号或者限制的程序。如果需要限制并发访问量，可以像下面这样使用信号量完成（lock_exp_4.py）：

```python
from threading import Semaphore
import urllib.request

# At most, five threads allowed to run at once
_fetch_url_sema = Semaphore(5)

def fetch_url(url):
    with _fetch_url_sema:
        return urllib.request.urlopen(url)
```

如果读者对线程同步原语的底层理论和实现感兴趣，可以参考操作系统相关书籍。

12.1.5　防止死锁

在编写多线程程序时，有时某个线程可能需要一次获取多个锁，这就很容易导致死锁。例如：一个线程获取了第一个锁，然后在获取第二个锁的时候发生阻塞，那么这个线程就可能阻塞其他线程的执行，导致整个程序假死。解决死锁问题的一种方案是为程序中的每一个锁分配唯一的 id，只允许程序按照升序规则来使用多个锁。这个规则使用上下文管理器是非常容易实现的，示例（avoid_lock_1.py）如下：

```python
import threading
from contextlib import contextmanager

_local = threading.local()

@contextmanager
def acquire(*locks):
    # Sort locks by object identifier
    locks = sorted(locks, key=lambda x: id(x))

    # Make sure lock order of previously acquired locks is not violated
    acquired = getattr(_local,'acquired',[])
    if acquired and max(id(lock) for lock in acquired) >= id(locks[0]):
        raise RuntimeError('Lock Order Violation')

    # Acquire all of the locks
    acquired.extend(locks)
    _local.acquired = acquired

    try:
        for lock in locks:
            lock.acquire()
        yield
```

```
    finally:
        # Release locks in reverse order of acquisition
        for lock in reversed(locks):
            lock.release()
        del acquired[-len(locks):]
```

如何使用上下文管理器呢？可以按照正常途径创建一个锁对象，但不论是单个锁还是多个锁都使用 acquire() 函数来申请锁，示例（avoid_lock_2.py）如下：

```
import threading
from chapter12.avoid_lock_1 import acquire

x_lock = threading.Lock()
y_lock = threading.Lock()

def thread_1():
    while True:
        with acquire(x_lock, y_lock):
            print('Thread-1')

def thread_2():
    while True:
        with acquire(y_lock, x_lock):
            print('Thread-2')

t1 = threading.Thread(target=thread_1)
t1.daemon = True
t1.start()

t2 = threading.Thread(target=thread_2)
t2.daemon = True
t2.start()
```

执行这段代码，我们会发现它在不同的函数中以不同的顺序获取锁也没有发生死锁。其关键在于在第一段代码中，对这些锁进行了排序。通过排序使得不管用户以什么样的顺序来请求锁，这些锁都会按照固定的顺序被获取。如果有多个 acquire() 函数被嵌套调用，可以通过线程本地存储（TLS）来检测潜在的死锁问题。代码示例（avoid_lock_3.py）如下：

```
import threading
from chapter12.avoid_lock_1 import acquire

x_lock = threading.Lock()
y_lock = threading.Lock()

def thread_1():

    while True:
        with acquire(x_lock):
            with acquire(y_lock):
                print('Thread-1')

def thread_2():
    while True:
```

```
        with acquire(y_lock):
            with acquire(x_lock):
                print('Thread-2')

t1 = threading.Thread(target=thread_1)
t1.daemon = True
t1.start()

t2 = threading.Thread(target=thread_2)
t2.daemon = True
t2.start()
```

死锁是多线程程序都会面临的一个问题。根据经验来讲，要尽可能保证每一个线程只能同时保持一个锁，这样程序就不会发生死锁。一旦有线程同时申请多个锁，一切就不可预料了。

死锁的检测与恢复是一个几乎没有优雅的解决方案的扩展话题。一个比较常用的死锁检测与恢复的方案是引入看门狗计数器。当线程正常运行的时候会每隔一段时间重置计数器，在没有发生死锁的情况下，一切都正常进行。一旦发生死锁，由于无法重置计数器，则定时器超时，这时程序会通过重启恢复到正常状态。

避免死锁是另外一种解决死锁问题的方式，比如在进程获取锁的时候严格按照对象 id 升序排列获取。经过数学证明，这样可以保证程序不会进入死锁状态。有兴趣的读者可以自行证明，本书不提供对应示例。避免死锁的主要思想是，单纯地按照对象 id 递增的顺序加锁不会产生循环依赖，因为循环依赖是死锁的一个必要条件，这样可避免程序进入死锁状态。

下面以一个关于线程死锁的经典问题——哲学家就餐问题为例进行介绍。题目是这样的：5 位哲学家围坐在一张桌子前，每个人面前有一碗饭和一支筷子。在这里每个哲学家可以看作是一个独立的线程，而每支筷子可以看作是一个锁。每个哲学家可以处在静坐、思考、吃饭三种状态中的其中一个。需要注意的是，每个哲学家吃饭是需要两支筷子的，这样问题就来了：如果每个哲学家都拿起自己左边的筷子，那么他们只能拿着一支筷子坐在那儿。此时他们就进入了死锁状态。以下是一个简单的使用死锁避免机制解决哲学家就餐问题的实现（avoid_lock_4.py）：

```
import threading
from chapter12.avoid_lock_1 import acquire

# The philosopher thread
def philosopher(left, right):
    while True:
        with acquire(left,right):
            print(f'{threading.currentThread()} eating')

# The chopsticks (represented by locks)
NSTICKS = 5
chopsticks = [threading.Lock() for n in range(NSTICKS)]

# Create all of the philosophers
```

```
for n in range(NSTICKS):
    t = threading.Thread(target=philosopher,
                         args=(chopsticks[n],chopsticks[(n+1) % NSTICKS]))
    t.start()
```

> **注意** 为了避免死锁，所有的加锁操作必须使用 acquire() 函数。如果代码中的某部分绕过 acquire() 函数直接申请锁，那么整个死锁避免机制就不起作用了。

12.1.6　线程状态信息保存

在实际应用中，有时为便于一些其他后续操作，我们需要保存正在运行线程的状态，这个状态对于其他的线程不可见。

有时在多线程编程中，我们需要只保存当前运行线程的状态。我们可使用 thread.local() 方法创建一个本地线程存储对象实现。这个对象的属性的保存和读取操作都只对执行线程可见。

作为使用本地存储的一个有趣的示例，之前定义过 LazyConnection 上下文管理器类。现在对它进行一些小的修改，以便用于多线程（thread_status.py）：

```python
from socket import socket, AF_INET, SOCK_STREAM
import threading

class LazyConnection:
    def __init__(self, address, family=AF_INET, type=SOCK_STREAM):
        self.address = address
        self.family = AF_INET
        self.type = SOCK_STREAM
        self.local = threading.local()

    def __enter__(self):
        if hasattr(self.local, 'sock'):
            raise RuntimeError('Already connected')
        self.local.sock = socket(self.family, self.type)
        self.local.sock.connect(self.address)
        return self.local.sock

    def __exit__(self, exc_ty, exc_val, tb):
        self.local.sock.close()
        del self.local.sock
```

示例中，self.local 属性被初始化为一个 threading.local() 实例。其他方法操作被存储为 self.local.sock 的套接字对象。有了这些，我们就可以在多线程中安全地使用 Lazy-Connection 实例，示例（thread_st_use.py）如下：

```python
import threading
from functools import partial
from chapter12.thread_status import LazyConnection

def test(conn):
```

```
    with conn as s:
        s.send(b'GET /index.html HTTP/1.0\r\n')
        s.send(b'Host: www.python.org\r\n')

        s.send(b'\r\n')
        resp = b''.join(iter(partial(s.recv, 8192), b''))

    print(f'Got {len(resp)} bytes')

if __name__ == '__main__':
    conn = LazyConnection(('www.python.org', 80))

    t1 = threading.Thread(target=test, args=(conn,))
    t2 = threading.Thread(target=test, args=(conn,))
    t1.start()
    t2.start()
    t1.join()
    t2.join()
```

执行 py 文件，输出结果如下：

```
Got 392 bytes
Got 392 bytes
```

上述代码之所以行得通，是因为每个线程会创建一个自己专属的套接字连接（存储为 self.local.sock）。当不同的线程执行套接字操作时，由于操作的是不同的套接字，它们不会相互影响。

创建和操作线程特定状态一般不会有问题，出问题通常是因为某个对象被多个线程使用来操作一些专用的系统资源，如套接字或文件。所有线程不能共享单个对象，因为多个线程同时读和写会产生混乱。本地线程存储通过让这些资源只能在被使用的线程中可见来解决这个问题。

示例中，thread.local() 方法可以让 LazyConnection 类支持每一个线程都有一个连接，而不是对于所有的进程只有一个连接。

其原理是，每个 threading.local() 实例为每个线程维护着单独的实例字典。所有普通实例操作比如获取、修改和删除仅仅操作这个字典。每个线程使用一个独立的字典就可以保证数据的隔离了。

12.1.7 创建线程池

线程的创建与注销是有开销的，为避免过多的开销，一般会创建线程池，以便快速响应客户端请求，以及减少线程创建与注销的额外开销。

concurrent.futures 函数库中的 ThreadPoolExecutor 类可以被用来完成这个任务。

以下示例展示了 TCP 服务器使用线程池响应客户端（thread_pool_1.py）：

```
from socket import AF_INET, SOCK_STREAM, socket
from concurrent.futures import ThreadPoolExecutor

def echo_client(sock, client_addr):
```

```
    '''
    Handle a client connection
    '''
    print(f'Got connection from {client_addr}')
    while True:
        msg = sock.recv(65536)
        if not msg:
            break
        sock.sendall(msg)
    print('Client closed connection')
    sock.close()

def echo_server(addr):
    pool = ThreadPoolExecutor(128)
    sock = socket(AF_INET, SOCK_STREAM)
    sock.bind(addr)
    sock.listen(5)
    while True:
        client_sock, client_addr = sock.accept()
        pool.submit(echo_client, client_sock, client_addr)

echo_server(('',15000))
```

如果手动创建线程池，通常可以使用 Queue 来轻松实现。以下是一个手动创建线程池的例子（thread_pool_2.py）：

```
from socket import socket, AF_INET, SOCK_STREAM
from threading import Thread
from queue import Queue

def echo_client(q):
    '''
    Handle a client connection
    '''
    sock, client_addr = q.get()
    print(f'Got connection from {client_addr}')
    while True:
        # msg = sock.recv(65536)
        if not (msg := sock.recv(65536)):
            break
        sock.sendall(msg)
    print('Client closed connection')

    sock.close()

def echo_server(addr, nworkers):
    q = Queue()
    for n in range(nworkers):
        t = Thread(target=echo_client, args=(q,))
        t.daemon = True
        t.start()

    sock = socket(AF_INET, SOCK_STREAM)
    sock.bind(addr)
    sock.listen(5)
```

```
    while True:
        client_sock, client_addr = sock.accept()
        q.put((client_sock, client_addr))

echo_server(('',15000), 128)
```

相比于手动实现，使用 ThreadPoolExecutor 类的一个好处在于它使得任务提交者更方便地从被调用函数中获取返回值，示例（thread_pool_3.py）如下：

```
from concurrent.futures import ThreadPoolExecutor
import requests

def fetch_url(url):
    u = requests.get(url)
    data = u.text
    return data

pool = ThreadPoolExecutor(10)
a = pool.submit(fetch_url, 'http://www.python.org')
b = pool.submit(fetch_url, 'http://www.pypy.org')

x = a.result()
y = b.result()
print(x)
```

示例中返回的 Handle 对象会处理所有的阻塞与协作，然后从工作线程中返回数据。特别地，a.result() 方法会阻塞进程直到对应的函数执行完成并返回结果。

通常来讲，我们应该避免编写线程数量可以无限增加的程序，示例（thread_pool_4.py）如下：

```
from threading import Thread
from socket import socket, AF_INET, SOCK_STREAM

def echo_client(sock, client_addr):
    '''
    Handle a client connection
    '''
    print(f'Got connection from {client_addr}')
    while True:
        # msg = sock.recv(65536)
        if not (msg := sock.recv(65536)):
            break
        sock.sendall(msg)
    print('Client closed connection')
    sock.close()

def echo_server(addr):
    sock = socket(AF_INET, SOCK_STREAM)
    sock.bind(addr)
    sock.listen(5)
    while True:
        client_sock, client_addr = sock.accept()
        t = Thread(target=echo_client, args=(client_sock, client_addr))
```

```
        t.daemon = True
        t.start()

echo_server(('',15000))
```

上述代码尽管也可以工作，但是不能抵御通过创建大量线程让服务器资源枯竭而崩溃的攻击行为。通过使用预先初始化的线程池，可以设置同时运行线程的上限数量。

创建大量线程会有什么后果？现代操作系统可以很轻松地创建拥有几千个线程的线程池，而且几千个线程同时等待不会对其他代码性能产生影响。但如果所有线程同时被唤醒并立即在 CPU 上执行，那就不同了，特别是有了全局解释器锁。通常，我们应该只在 I/O处理相关代码中使用线程池。

创建大的线程池可能需要关注的一个问题是内存的使用。比如在 OS X 系统中创建2000 个线程，系统显示 Python 进程使用了超过 9GB 的虚拟内存。不过，这个计算通常是有误差的。当创建一个线程时，操作系统会预留一个虚拟内存区域来放置线程的执行栈（通常是 8MB 大小）。但是这个内存只有一小片段被实际映射到真实内存中。因此，Python 进程使用到的真实内存其实很小（对于 2000 个线程来讲，只使用到了 70MB 的真实内存，而不是 9GB）。如果担心虚拟内存太大，可以使用 threading.stack_size() 函数来降低它，示例如下：

```
import threading
threading.stack_size(65536)
```

如果加上这条语句并再次运行前面的创建 2000 个线程代码，会发现 Python 进程只使用到了大概 210MB 的虚拟内存，而真实内存使用量没有变。

> 📷 注
> 意　线程栈大小必须至少为 32768 字节，通常是系统内存页大小（4096 字节、8192 字节等）的整数倍。

12.2　并行编程

对于 CPU 密集型工作，我们可以利用多核 CPU 的优势来运行得快一点。

concurrent.futures 库提供了一个 ProcessPoolExecutor 类，其可以被用来在单独的Python 解释器中计算密集型函数。要使用它，首先要有一些密集型任务。下面通过一个简单而实际的例子来演示它，假定有一个 Apache Web 服务器日志目录的 gzip 压缩包：

```
logs/
    20200501.log.gz
    20200502.log.gz
    20200503.log.gz
    20200504.log.gz
    20200505.log.gz
    20200506.log.gz
    ...
```

假设每个日志文件内容类似如下：

```
128.15.116.27 - - [10/May/2020:00:18:50 -0500] "GET /robots.txt ..." 200 81
110.121.29.167 - - [10/May/2020:00:18:51 -0500] "GET /ply/ ..." 200 18652
110.121.29.167 - - [10/May/2020:00:18:51 -0500] "GET /favicon.ico ..." 404 139
119.15.16.156 - - [10/May/2020:00:20:04 -0500] "GET /blog/atom.xml ..." 304 -
```

在这些日志文件中查找所有访问过 robots.txt 文件的主机，示例（parallel_exp_1.py）如下：

```python
import gzip
import io
import glob

def find_robots(filename):
    '''
    Find all of the hosts that access robots.txt in a single log file
    '''
    robots = set()
    with gzip.open(filename) as f:
        for line in io.TextIOWrapper(f,encoding='ascii'):
            fields = line.split()
            if fields[6] == '/robots.txt':
                robots.add(fields[0])
    return robots

def find_all_robots(logdir):
    '''
    Find all hosts across and entire sequence of files
    '''
    files = glob.glob(logdir+'/*.log.gz')
    all_robots = set()
    for robots in map(find_robots, files):
        all_robots.update(robots)
    return all_robots

if __name__ == '__main__':
    robots = find_all_robots('logs')
    for ipaddr in robots:
        print(ipaddr)
```

前面的程序使用了 map-reduce 风格来编写。find_robots() 函数在一个文件名集合上做 map 操作，并将结果汇总为一个单独的结果，也就是 find_all_robots() 函数中的 all_robots 集合。现假设要修改这个程序让它使用多核 CPU，只需要将 map() 函数替换为 concurrent. futures 库中的类似函数即可，示例（parallel_exp_2.py）如下：

```python
import gzip
import io
import glob
from concurrent import futures

def find_robots(filename):
    '''
    Find all of the hosts that access robots.txt in a single log file
```

```
    '''
    robots = set()
    with gzip.open(filename) as f:
        for line in io.TextIOWrapper(f,encoding='ascii'):
            fields = line.split()
            if fields[6] == '/robots.txt':
                robots.add(fields[0])
    return robots

def find_all_robots(logdir):
    '''
    Find all hosts across and entire sequence of files
    '''
    files = glob.glob(logdir+'/*.log.gz')
    all_robots = set()
    with futures.ProcessPoolExecutor() as pool:
        for robots in pool.map(find_robots, files):
            all_robots.update(robots)
    return all_robots

if __name__ == '__main__':
    robots = find_all_robots('logs')
    for ipaddr in robots:
        print(ipaddr)
```

修改后，运行脚本产生的结果相同，但是在四核机器上运行速度比之前快了 3.5 倍。实际的性能优化效果因机器 CPU 数量的不同而不同。

ProcessPoolExecutor 的典型用法如下：

```
from concurrent.futures import ProcessPoolExecutor

with ProcessPoolExecutor() as pool:
    ...
    do work in parallel using pool
    ...
```

其原理是，一个 ProcessPoolExecutor 创建 N 个独立的 Python 解释器，N 是系统上可用 CPU 的个数。我们可以通过提供可选参数给 ProcessPoolExecutor(N) 修改处理器数量。这个处理池会一直运行直到 with 语句块中最后一个语句执行完成，然后关闭处理池。

被提交到处理池中的工作必须被定义为一个函数。如果想让列表推导或 map() 函数并行执行，可使用 pool.map() 方法：

```
def work(x):
    ...
    return result

# Nonparallel code
results = map(work, data)

# Parallel implementation
with ProcessPoolExecutor() as pool:
```

```
    results = pool.map(work, data)
```

我们也可以使用 pool.submit() 方法手动提交单个任务：

```
def work(x):
    ...
    return result

with ProcessPoolExecutor() as pool:
    ...
    # Example of submitting work to the pool
    future_result = pool.submit(work, arg)

    # Obtaining the result (blocks until done)
    r = future_result.result()
    ...
```

如果手动提交单个任务，最终返回结果是一个 Future 实例。要获取最终结果，需要调用它的 result() 函数。它会阻塞进程直到结果被返回。

如果不想阻塞，我们还可以使用回调函数，示例如下：

```
def when_done(r):
    print('Got:', r.result())

with ProcessPoolExecutor() as pool:
    future_result = pool.submit(work, arg)
    future_result.add_done_callback(when_done)
```

回调函数接收一个 Future 实例，其被用来获取最终的结果（如通过调用它的 result() 方法）。尽管处理池很容易使用，但在设计大型程序的时候还是有很多需要注意的地方，具体如下：

1）并行处理技术只适用于解决可以被分解为互相独立部分的问题。

2）被提交的任务必须是简单函数形式，对于方法、闭包和其他类型的并行执行还不支持。

3）函数参数和返回值必须兼容 pickle，因为要使用到进程间的通信，所以所有解释器之间的交换数据必须被序列化。

4）被提交的任务函数不应保留状态或有副作用。除了打印日志之类简单的事情，任务函数一旦启动，不能控制子进程的任何行为，因此最好保持简单和整洁——函数不要去修改环境。

5）在 Unix 上，通过 fork() 系统调用创建进程池。它会克隆 Python 解释器，包括 fork() 运行时的所有程序状态。而在 Windows 上，克隆 Python 解释器时不会克隆状态。实际的 fork() 函数会在第一次调用 pool.map() 或 pool.submit() 函数后启动。

6）混合使用进程池和多线程的时候要特别小心，应该在创建线程之前先创建并激活进程池（如在程序启动 main 线程时创建进程池）。

12.3　全局锁问题

Python 中因为存在全局解释器锁，使得多线程程序的执行性能受到很大影响。是否有办法解决这个问题？

尽管 Python 完全支持多线程编程，但是解释器的 C 语言实现部分在完全并行执行时并不是线程安全的。实际上，解释器的 C 语言部分被一个全局解释器锁保护着，以确保任何时候都只有一个 Python 线程执行。GIL 最大的问题是 Python 的多线程程序并不能利用多核 CPU 的优势（如一个使用了多线程计算的密集型程序只会在单 CPU 上运行）。

在讨论 GIL 之前，有一点要强调的是 GIL 只会影响那些严重依赖 CPU 的程序（比如计算型的）。如果程序大部分只涉及 I/O，比如网络交互，那么使用多线程程序就很合适，因为它们大部分时间都在等待。实际上，我们完全可以放心地创建几千个 Python 线程。

对于严重依赖 CPU 的程序，我们需要弄清楚执行计算的特点，如优化底层算法要比使用多线程运行快得多。类似地，由于 Python 代码是解释执行的，如果将那些性能瓶颈代码移到 C 语言扩展模块中，速度也会提升得很快。如果要操作数组，使用 NumPy 这样的扩展会非常高效。我们还可以考虑其他可选实现方案，如 PyPy，它通过 JIT 编译器来优化执行效率。

> 🎯 注意　线程不是专门用来优化性能的。CPU 依赖型程序可能会使用线程来管理图形用户界面、网络连接或其他服务。这时候，GIL 会产生一些问题，因为如果一个线程长期持有 GIL，会导致其他非 CPU 型线程一直等待。而且写得不好的 C 语言扩展会导致这个问题更加严重，尽管代码的计算部分会比之前运行更快些。

有两种策略来解决 GIL 的上述问题。首先，如果程序完全工作于 Python 环境，可以使用 multiprocessing 模块来创建一个进程池，并像协同处理器一样使用它。线程代码示例（gil_pro.py）如下：

```
def some_work(args):
    ...
    return result

# A thread that calls the above function
def some_thread():
    while True:
        ...
        r = some_work(args)
    ...
```

修改代码，使用进程池（gil_pro.py）：

```
pool = None

# Performs a large calculation (CPU bound)
def some_work(args):
    ...
```

```
        return result

# A thread that calls the above function
def some_thread():
    while True:
        ...
        r = pool.apply(some_work, (args))
        ...

# Initiaze the pool
if __name__ == '__main__':
    import multiprocessing
    pool = multiprocessing.Pool()
```

还可以使用一个技巧利用进程池解决 GIL 的问题。线程在执行 CPU 密集型工作时，会将任务发给进程池，然后由进程池在另一个进程中启动单独的 Python 解释器并工作，待线程等待结果的时候释放 GIL。由于计算任务在单独解释器中执行，因此不会受限于 GIL。在多核系统中，我们发现这个技术可以很好地利用多 CPU 的优势。

另外一个解决 GIL 的策略是使用 C 语言扩展编程技术，主要思想是将计算密集型任务转移给 C。与 Python 独立，在 C 代码中释放 GIL。我们可以通过在 C 代码中插入下面这样的特殊宏来完成（gil_pro.py）：

```
#include "Python.h"
...

PyObject *pyfunc(PyObject *self, PyObject *args) {
    ...
    Py_BEGIN_ALLOW_THREADS
    // Threaded C code
    ...
    Py_END_ALLOW_THREADS
    ...
}
```

如果使用其他工具访问 C 语言，如 Cython 的 ctypes 库，我们不需要做任何事，ctypes 库在调用 C 时会自动释放 GIL。

许多程序员在面对线程性能问题的时候会怪罪 GIL，其实不然。在多线程网络编程中，阻塞可能是其他原因比如 DNS 查找延时，而与 GIL 无关。

如果使用处理器池，可能会涉及数据序列化和在不同 Python 解释器通信。被执行的操作需要放在一个通过 def 语句定义的 Python 函数中，而不是 lambda 表达式、闭包可调用实例等，并且函数参数和返回值必须要兼容 pickle。同样，要执行的任务量必须足够大，以弥补额外的通信开销。

另外一个难点是混合使用线程和进程池。如果要同时使用两者，最好在程序启动、创建线程之前先创建一个单例进程池。然后，线程使用同样的进程池执行密集型工作。

C 扩展最重要的特征是其和 Python 解释器是保持独立的。也就是如果准备将 Python 中的任务分配到 C 中执行，需要确保 C 代码的操作与 Python 保持独立，这就意味着不要使用

Python 数据结构以及不要调用 Python 的 C API。另外，确保 C 扩展能担负起大量的计算任务，而不是少数计算。

以上解决 GIL 的方案并不适用于所有问题。如对于某些类型的应用程序被分解为多个进程处理，上述方案并不能很好地工作。对于这些应用程序，我们要根据需求寻找解决方案（如多进程访问共享内存区，多解析器运行于同一个进程等），还可以考虑其他的解释器实现，如 PyPy。

12.4　Actor 任务定义

在实际应用中，我们需要定义与 Actor 模式中类似 Actor 角色的任务。

Actor 模式是一种简单的并行和分布式计算解决方案。它的简单特性是受欢迎的重要原因之一。一个 Actor 就是一个并发执行的任务，只是简单地执行发送给它的消息任务。响应这些消息时，当前 Actor 还会给其他 Actor 发送消息。Actor 之间的通信是单向和异步的。因此消息发送者不知道消息什么时候被发送，也不会接收到消息已被处理的回应或通知。

结合线程和队列可以很容易地定义 Actor，示例（actor_exp_1.py）如下：

```python
from queue import Queue
from threading import Thread, Event

class ActorExit(Exception):
    pass

class Actor:
    def __init__(self):
        self._mailbox = Queue()

    def send(self, msg):
        '''
        Send a message to the actor
        '''
        self._mailbox.put(msg)

    def recv(self):
        '''
        Receive an incoming message
        '''
        # msg = self._mailbox.get()
        if (msg := self._mailbox.get()) is ActorExit:
            raise ActorExit()
        return msg

    def close(self):
        '''
        Close the actor, thus shutting it down
        '''
        self.send(ActorExit)

    def start(self):
```

```
    '''
    Start concurrent execution
    '''
    self._terminated = Event()
    t = Thread(target=self._bootstrap)

    t.daemon = True
    t.start()

def _bootstrap(self):
    try:
        self.run()
    except ActorExit:
        pass
    finally:
        self._terminated.set()

def join(self):
    self._terminated.wait()

def run(self):
    '''
    Run method to be implemented by the user
    '''
    while True:
        msg = self.recv()

# Sample ActorTask
class PrintActor(Actor):
    def run(self):
        while True:
            msg = self.recv()
            print(f'Got: {msg}')

p = PrintActor()
p.start()
p.send('Hello')
p.send('World')
p.close()
p.join()
```

执行 py 文件，输出结果如下：

```
Got：Hello
Got：World
```

　　示例中，使用 Actor 实例的 send() 方法发送消息给队列。其机制是，send() 方法会将消息放入一个队列中，然后将其转交给内部线程。close() 方法通过在队列中放入一个特殊的哨兵值（ActorExit）来关闭 Actor。用户可以通过继承 Actor 并定义 run() 方法来执行新的 Actor。ActorExit 异常就是用户自定义代码，以便在需要的时候捕获终止请求（异常被 get() 方法抛出并传播出去）。

　　如果放宽对于同步和异步消息发送的要求，类 Actor 对象还可以通过生成器来简化定义，示例（actor_exp_2.py）如下：

```python
def print_actor():
    while True:

        try:
            msg = yield
            print(f'Got: {msg}')
        except GeneratorExit:
            print('Actor terminating')

p = print_actor()
next(p)
p.send('Hello')
p.send('World')
p.close()
```

Actor 模式的魅力就在于它的简单特性。这里仅仅只有一个核心操作 send()。对于基于 Actor 系统中消息的泛化概念，其可以以多种方式扩展。如可以以元组形式传递标签消息，让 Actor 执行不同的操作，示例（actor_exp_3.py）如下：

```python
from chapter12.actor_exp_1 import Actor

class TaggedActor(Actor):
    def run(self):
        while True:
            tag, *payload = self.recv()
            getattr(self,'do_'+tag)(*payload)

    # Methods correponding to different message tags
    def do_A(self, x):
        print(f'Running A {x}')

    def do_B(self, x, y):
        print(f'Running B {x} {y}')

# Example
a = TaggedActor()
a.start()
a.send(('A', 1))
a.send(('B', 2, 3))
a.close()
a.join()
```

执行 py 文件，输出结果如下：

```
Got: Hello
Got: World
Running A 1
Running B 2 3
```

下面示例的 Actor 允许在一个工作者中运行任意函数，并通过特殊的 Result 对象返回结果（actor_exp_4.py）：

```python
from threading import Event
from chapter12.actor_exp_1 import Actor

class Result:
    def __init__(self):
        self._evt = Event()
        self._result = None

    def set_result(self, value):
        self._result = value

        self._evt.set()

    def result(self):
        self._evt.wait()
        return self._result

class Worker(Actor):
    def submit(self, func, *args, **kwargs):
        r = Result()
        self.send((func, args, kwargs, r))
        return r

    def run(self):
        while True:
            func, args, kwargs, r=self.recv()
            r.set_result(func(*args, **kwargs))

worker = Worker()
worker.start()
r = worker.submit(pow, 2, 3)
worker.close()
worker.join()
print(r.result())
```

执行 py 文件，输出结果如下：

```
Got: Hello
Got: World
8
```

发送任务消息的概念可以扩展到多进程甚至是大型分布式系统中。如类 Actor 对象的 send() 方法可以被编程，实现在一个套接字连接上传输数据或通过某些消息中间件（如 AMQP、ZMQ 等）来发送任务消息。

12.5 消息发布 / 订阅模型

对于基于线程通信的程序，我们可以通过发布 / 订阅模型更方便地处理消息。

要实现发布 / 订阅的消息通信模型，通常要引入一个单独的交换机或网关对象作为所有消息的中介。也就是说，不直接将消息从一个任务发送到另一个任务，而是将其发送给交换机，然后由交换机将它发送给一个或多个被关联任务。以下是一个非常简单的交换机实现示例（release_sub_1.py）：

```python
from collections import defaultdict

class Exchange:
    def __init__(self):
        self._subscribers = set()

    def attach(self, task):
        self._subscribers.add(task)

    def detach(self, task):
        self._subscribers.remove(task)

    def send(self, msg):
        for subscriber in self._subscribers:
            subscriber.send(msg)

# Dictionary of all created exchanges
_exchanges = defaultdict(Exchange)

# Return the Exchange instance associated with a given name
def get_exchange(name):
    return _exchanges[name]
```

一个交换机就是一个普通对象，负责维护一个活跃的订阅者集合，并为绑定、解绑和发送消息提供相应的方法。每个交换机通过名称来定位，get_exchange() 方法通过给定一个名称返回相应的 Exchange 实例。

以下示例演示了如何使用交换机（release_sub_2.py）：

```python
from chapter12.release_sub_1 import get_exchange

class Task:
    ...
    def send(self, msg):
        ...

task_a = Task()
task_b = Task()

# Example of getting an exchange
exc = get_exchange('name')

# Examples of subscribing tasks to it
exc.attach(task_a)
exc.attach(task_b)

# Example of sending messages
exc.send('msg1')
exc.send('msg2')

# Example of unsubscribing
```

```
exc.detach(task_a)
exc.detach(task_b)
```

消息会被发送给交换机，然后由交换机发送给被绑定的订阅者。

通过队列发送消息或线程的模式很容易被实现并且使用非常普遍。不过，发布/订阅模式的好处更加明显。

首先，使用交换机可以简化大部分涉及线程通信的工作，无须通过多进程模块来操作多个线程。从某种程度上讲，这与日志模块的工作原理类似。它可以轻松地解耦程序中多个任务。

其次，交换机广播消息给多个订阅者的能力带来了一个全新的通信模式，如可以使用多任务系统、广播或扇出，还可以通过普通订阅者身份绑定来构建调试和诊断工具。

以下是一个简单的诊断类，可以显示被发送的消息（release_sub_3.py）：

```
from chapter12.release_sub_1 import get_exchange

class DisplayMessages:
    def __init__(self):
        self.count = 0
    def send(self, msg):
        self.count += 1
        print(f'msg[{self.count}]: {msg!r}')

exc = get_exchange('name')
d = DisplayMessages()
exc.attach(d)
```

最后，该实现的一个重要特点是它能兼容多个 task-like 对象。如消息接收者可以是 Actor、协程、网络连接或任何实现了 send() 方法的对象。

关于交换机的一个可能问题是关于订阅者的正确绑定和解绑。为正确地管理资源，每一个绑定的订阅者最终必须要解绑，在代码中通常会像下面这样的模式实现（release_sub_3.py）：

```
exc = get_exchange('name')
exc.attach(some_task)
try:
    ...
finally:
    exc.detach(some_task)
```

某种意义上讲，这和使用文件、锁和类似对象很像，通常很容易忘记最后的 detach() 步骤。因此，我们可以考虑使用上下文管理器协议。如在交换机对象上增加一个 subscribe() 方法，示例（release_sub_4.py）如下：

```
from contextlib import contextmanager
from collections import defaultdict

class Exchange:
    def __init__(self):
```

```python
        self._subscribers = set()

    def attach(self, task):
        self._subscribers.add(task)

    def detach(self, task):
        self._subscribers.remove(task)

    @contextmanager
    def subscribe(self, *tasks):
        for task in tasks:
            self.attach(task)
        try:
            yield
        finally:
            for task in tasks:
                self.detach(task)

    def send(self, msg):
        for subscriber in self._subscribers:
            subscriber.send(msg)

# Dictionary of all created exchanges
_exchanges = defaultdict(Exchange)

# Return the Exchange instance associated with a given name
def get_exchange(name):
    return _exchanges[name]

# Example of using the subscribe() method
exc = get_exchange('name')
with exc.subscribe(task_a, task_b):
    ...
    exc.send('msg1')
    exc.send('msg2')
    ...
```

 注意 关于交换机的思想有很多种扩展实现。比如交换机可以实现整个消息通道集合或提供交换机名称的模式匹配规则。交换机还可以扩展到分布式计算程序中（如将消息路由到不同机器的任务中）。

12.6 生成器代替线程

Python 支持使用生成器（协程）替代系统线程实现并发，被称为用户级线程或绿色线程。

若想使用生成器实现并发，首先要对生成器函数和 yield 语句有深刻理解。yield 语句会让生成器挂起它的执行，这样就可以编写一个调度器，将生成器当作某种任务并使用任务协作切换来替换它们的执行。为了演示这种思想，我们展示两个使用简单的 yield 语句的生成器函数（generator_1.py）：

```
def countdown(n):
    while n > 0:
        print('T-minus', n)
        yield
        n -= 1
    print('Blastoff!')

def countup(n):
    x = 0
    while x < n:
        print('Counting up', x)
        yield
        x += 1
```

这些函数在内部使用 yield 语句，以下是实现了简单任务调度器的代码（generator_2.py）：

```
from collections import deque
from chapter12.generator_1 import countdown, countup

class TaskScheduler:
    def __init__(self):
        self._task_queue = deque()

    def new_task(self, task):
        '''
        Admit a newly started task to the scheduler
        '''
        self._task_queue.append(task)

    def run(self):
        '''
        Run until there are no more tasks
        '''
        while self._task_queue:
            task = self._task_queue.popleft()
            try:
                next(task)
                self._task_queue.append(task)
            except StopIteration:
                pass

sched = TaskScheduler()
sched.new_task(countdown(10))
sched.new_task(countdown(5))
sched.new_task(countup(15))
sched.run()
```

TaskScheduler 类在循环中运行生成器集合，直到碰到 yield 语句为止。运行代码，输出结果如下：

```
T-minus 10
T-minus 5
Counting up 0
T-minus 9
T-minus 4
```

```
Counting up 1
T-minus 8
T-minus 3
Counting up 2
T-minus 7
T-minus 2
```

到此为止，我们已经实现了操作系统最小的核心部分。生成器函数充当的是任务，而yield语句是任务挂起的信号。调度器循环检查任务列表直到没有任务要执行为止。

我们可以使用生成器实现简单的并发，还可以在实现 Actor 或网络服务器的时候使用生成器来替代线程。

以下示例演示了使用生成器实现不依赖线程的 Actor（generator_3.py）：

```python
from collections import deque

class ActorScheduler:
    def __init__(self):
        self._actors = {}
        self._msg_queue = deque()

    def new_actor(self, name, actor):
        '''
        Admit a newly started actor to the scheduler and give it a name
        '''
        self._msg_queue.append((actor,None))
        self._actors[name] = actor

    def send(self, name, msg):
        '''
        Send a message to a named actor
        '''
        actor = self._actors.get(name)
        if actor:
            self._msg_queue.append((actor,msg))

    def run(self):
        '''
        Run as long as there are pending messages.
        '''
        while self._msg_queue:
            actor, msg = self._msg_queue.popleft()
            try:
                actor.send(msg)
            except StopIteration:
                pass

# Example use
if __name__ == '__main__':
    def printer():
        while True:
            msg = yield
            print(f'Got: {msg}')
```

```
    def counter(sched):
        while True:
            # Receive the current count
            n = yield
            if n == 0:
                break
            # Send to the printer task
            sched.send('printer', n)
            # Send the next count to the counter task (recursive)
            sched.send('counter', n-1)

    sched = ActorScheduler()
    # Create the initial actors
    sched.new_actor('printer', printer())
    sched.new_actor('counter', counter(sched))

    # Send an initial message to the counter to initiate
    sched.send('counter', 10000)
    sched.run()
```

完全弄懂这段代码需要更深入的学习,关键点在于收集消息的队列。从本质上讲,在有需要发送的消息时调度器会一直运行着。计数生成器会给自己发送消息并在递归循环中结束。

下面是一个更加高级的例子,演示了使用生成器来实现并发网络应用程序(generator_4.py):

```
from collections import deque
from select import select

# This class represents a generic yield event in the scheduler
class YieldEvent:
    def handle_yield(self, sched, task):
        pass

    def handle_resume(self, sched, task):
        pass

# Task Scheduler
class Scheduler:
    def __init__(self):
        self._numtasks = 0        # Total num of tasks
        self._ready = deque()     # Tasks ready to run
        self._read_waiting = {}   # Tasks waiting to read
        self._write_waiting = {}  # Tasks waiting to write

    # Poll for I/O events and restart waiting tasks
    def _iopoll(self):
        rset,wset,eset = select(self._read_waiting,
                                self._write_waiting,[])
        for r in rset:
            evt, task = self._read_waiting.pop(r)
            evt.handle_resume(self, task)
        for w in wset:
```

```
                evt, task = self._write_waiting.pop(w)
                evt.handle_resume(self, task)

    def new(self,task):
        '''
        Add a newly started task to the scheduler
        '''
        self._ready.append((task, None))
        self._numtasks += 1

    def add_ready(self, task, msg=None):
        '''
        Append an already started task to the ready queue.
        msg is what to send into the task when it resumes.
        '''
        self._ready.append((task, msg))

    # Add a task to the reading set
    def _read_wait(self, fileno, evt, task):
        self._read_waiting[fileno] = (evt, task)

    # Add a task to the write set
    def _write_wait(self, fileno, evt, task):
        self._write_waiting[fileno] = (evt, task)

    def run(self):
        '''
        Run the task scheduler until there are no tasks
        '''
        while self._numtasks:
            if not self._ready:
                self._iopoll()
            task, msg = self._ready.popleft()
            try:
                # Run the coroutine to the next yield
                r = task.send(msg)
                if isinstance(r, YieldEvent):
                    r.handle_yield(self, task)
                else:
                    raise RuntimeError('unrecognized yield event')
            except StopIteration:
                self._numtasks -= 1

# Example implementation of coroutine-based socket I/O
class ReadSocket(YieldEvent):
    def __init__(self, sock, nbytes):
        self.sock = sock
        self.nbytes = nbytes
    def handle_yield(self, sched, task):
        sched._read_wait(self.sock.fileno(), self, task)
    def handle_resume(self, sched, task):
        data = self.sock.recv(self.nbytes)
        sched.add_ready(task, data)

class WriteSocket(YieldEvent):
```

```python
    def __init__(self, sock, data):
        self.sock = sock
        self.data = data

    def handle_yield(self, sched, task):
        sched._write_wait(self.sock.fileno(), self, task)

    def handle_resume(self, sched, task):
        nsent = self.sock.send(self.data)
        sched.add_ready(task, nsent)

class AcceptSocket(YieldEvent):
    def __init__(self, sock):
        self.sock = sock

    def handle_yield(self, sched, task):
        sched._read_wait(self.sock.fileno(), self, task)

    def handle_resume(self, sched, task):
        r = self.sock.accept()
        sched.add_ready(task, r)

# Wrapper around a socket object for use with yield
class Socket(object):
    def __init__(self, sock):
        self._sock = sock

    def recv(self, maxbytes):
        return ReadSocket(self._sock, maxbytes)

    def send(self, data):
        return WriteSocket(self._sock, data)

    def accept(self):
        return AcceptSocket(self._sock)

    def __getattr__(self, name):
        return getattr(self._sock, name)

if __name__ == '__main__':
    from socket import socket, AF_INET, SOCK_STREAM
    import time

    # Example of a function involving generators.  This should
    # be called using line = yield from readline(sock)
    def readline(sock):
        chars = []
        while True:
            c = yield sock.recv(1)
            if not c:
                break
            chars.append(c)
            if c == b'\n':
                break
        return b''.join(chars)
```

```python
# Echo server using generators
class EchoServer:
    def __init__(self,addr,sched):
        self.sched = sched
        sched.new(self.server_loop(addr))

    def server_loop(self,addr):
        s = Socket(socket(AF_INET,SOCK_STREAM))

        s.bind(addr)
        s.listen(5)
        while True:
            c,a = yield s.accept()
            print(f'Got connection from {a}')
            self.sched.new(self.client_handler(Socket(c)))

    def client_handler(self,client):
        while True:
            line = yield from readline(client)
            if not line:
                break
            line = b'GOT:' + line
            while line:
                nsent = yield client.send(line)
                line = line[nsent:]
        client.close()
        print('Client closed')

sched = Scheduler()
EchoServer(('',16000),sched)
sched.run()
```

这段代码有点复杂。不过，它实现了一个小型的操作系统。代码中有一个就绪的任务队列，还有因I/O休眠的任务等待区域，还有很多调度器负责在就绪队列和I/O等待区域之间移动的任务。

在构建基于生成器的并发框架时，我们通常会使用更常见的yield语句，示例（generator_5.py）如下：

```python
def some_generator():
    ...
    result = yield data
    ...
```

使用上述形式的yield语句的函数通常被称为协程。通过调度器，yield语句在循环中被处理，示例（generator_5.py）如下：

```python
f = some_generator()

# Initial result. Is None to start since nothing has been computed
result = None
while True:
    try:
        data = f.send(result)
```

```
        result = ... do some calculation ...
    except StopIteration:
        break
```

这里的逻辑稍微有点复杂。被传给 send() 方法的值定义了在 yield 语句执行时的返回值。因此，一个 yield 语句会在下一次 send() 操作时将前一个 yield 语句的结果返回。如果生成器函数刚开始运行，发送一个 None 值会让它排在第一个 yield 语句前面。

除了发送值外，我们还可以在生成器上执行 close() 方法。这会导致在执行 yield 语句时抛出 GeneratorExit 异常，从而终止执行。如果进一步设计，生成器可以捕获这个异常并执行清理操作，同样还可以使用生成器的 throw() 方法在 yield 语句执行时生成任意一个执行指令。任务调度器可以利用该指令在运行的生成器中处理错误。

最后一个例子中使用的 yield from 语句可以被用来实现协程，也可以被其他生成器作为子程序或过程来调用，本质上是将控制权透明地传输给新的函数。不像普通的生成器，使用 yield from 语句调用的函数可以返回一个以 yield from 语句为结果的值。

使用生成器编程还是有很多缺点的，特别是得不到任何线程可以提供的好处。比如执行 CPU 依赖或 I/O 阻塞程序，它会将整个任务挂起直到操作完成。为解决这个问题，只能选择将操作委派给另一个可以独立运行的线程或进程。另一个限制是大部分 Python 库并不能很好地兼容基于生成器的线程。如果选择使用生成器编程，需要改写很多标准库函数。

12.7 线程队列轮询

轮询问题的常见解决方案中有一个技巧——隐藏的回路网络连接。其本质思想就是：对于每个想要轮询的队列，创建一对连接的套接字，然后在其中一个套接字上编写代码来标识存在的数据，并将另一个套接字传给 select() 函数或类似的轮询数据可到达的函数，示例（queue_loop_1.py）如下：

```
import queue
import socket
import os

class PollableQueue(queue.Queue):
    def __init__(self):
        super().__init__()
        # Create a pair of connected sockets
        if os.name == 'posix':
            self._putsocket, self._getsocket = socket.socketpair()
        else:
            # Compatibility on non-POSIX systems
            server = socket.socket(socket.AF_INET, socket.SOCK_STREAM)
            server.bind(('127.0.0.1', 0))
            server.listen(1)
            self._putsocket = socket.socket(socket.AF_INET, socket.SOCK_STREAM)
            self._putsocket.connect(server.getsockname())
            self._getsocket, _ = server.accept()
```

```
            server.close()
    def fileno(self):
        return self._getsocket.fileno()

    def put(self, item):
        super().put(item)
        self._putsocket.send(b'x')

    def get(self):
        self._getsocket.recv(1)
        return super().get()
```

在示例代码中，新的 Queue 实例类型被定义，底层是一个被连接套接字对。在 Unix 系统中，socketpair() 函数能轻松地创建这样的套接字。在 Windows 系统中，我们必须使用类似代码来模拟创建套接字，然后定义普通的 get() 和 put() 函数在这些套接字上执行 I/O 操作。put() 函数在将数据放入队列后会写一个单字节到某个套接字中。而 get() 函数在从队列中移除一个元素时会从另外一个套接字中读取到这个单字节数据。

fileno() 函数使用一个函数如 select() 来让队列轮询。它仅仅只是暴露了底层被 get() 函数使用到的 socket 文件描述符而已。

以下示例定义了一个为到来的元素监控多个队列的消费者（queue_loop_2.py）：

```
import select
import threading
from chapter12.queue_loop_1 import PollableQueue

def consumer(queues):
    while True:
        can_read, _, _ = select.select(queues,[],[])
        for r in can_read:
            item = r.get()
            print(f'Got: {item}')

q1 = PollableQueue()
q2 = PollableQueue()
q3 = PollableQueue()
t = threading.Thread(target=consumer, args=([q1,q2,q3],))
t.daemon = True
t.start()

q1.put(3)
q2.put(21)
q3.put('hello world!')
q2.put(18)
```

如果试着运行代码，会发现消费者会接收到所有被放入的元素，不管元素被放进了哪个队列中。

通常，轮询非类文件对象（如队列）是比较棘手的问题。如果不使用套接字技术，唯一的选择就是编写代码来循环遍历这些队列并使用一个定时器，示例（queue_loop_3.py）如下：

```
import time

def consumer(queues):
    while True:
        for q in queues:
            if not q.empty():
                item = q.get()
                print(f'Got: {item}')

        time.sleep(0.01)
```

这样做其实不合理，会引入其他的性能问题。比如新的数据被加入一个队列中，至少要 10 毫秒才能被发现。如果之前的轮询还要去轮询其他对象，如网络套接字，则会有更多问题。如果想同时轮询套接字和队列，可能要像下面这样编码（queue_loop_4.py）：

```
import select

def event_loop(sockets, queues):
    while True:
        # polling with a timeout
        can_read, _, _ = select.select(sockets, [], [], 0.01)
        for r in can_read:
            # handle_read(r)
            pass
        for q in queues:
            if not q.empty():
                item = q.get()
                print(f'Got: {item}')
```

这个方案通过将队列和套接字等同对待来解决问题。单独的 select() 函数调用可被同时轮询。使用超时或其他基于时间的机制来执行周期性检查没有必要。如果数据被加入队列，消费者一般可以被实时通知。该方案尽管会有一些底层的 I/O 损耗，但获得了更快的响应并能简化编程。

12.8 守护进程

在实际应用中，我们有时需要编写能在 Unix 或类 Unix 系统上守护进程的程序。

创建正确的守护进程需要精确的系统调用序列以及对细节的控制。以下示例定义了一个守护进程（daemon_exp.py）。

```
import os
import sys

import atexit
import signal

def daemonize(pidfile, *, stdin='/dev/null',
                          stdout='/dev/null',
                          stderr='/dev/null'):
```

```
    if os.path.exists(pidfile):
        raise RuntimeError('Already running')

    # First fork (detaches from parent)
    try:
        if os.fork() > 0:
            raise SystemExit(0)
    except OSError as e:
        raise RuntimeError('fork #1 failed.')

    os.chdir('/')
    os.umask(0)
    os.setsid()
    try:
        if os.fork() > 0:
            raise SystemExit(0)
    except OSError as e:
        raise RuntimeError('fork #2 failed.')

    # Flush I/O buffers
    sys.stdout.flush()
    sys.stderr.flush()

    # Replace file descriptors for stdin, stdout, and stderr
    with open(stdin, 'rb', 0) as f:
        os.dup2(f.fileno(), sys.stdin.fileno())

    with open(stdout, 'ab', 0) as f:
        os.dup2(f.fileno(), sys.stdout.fileno())

    with open(stderr, 'ab', 0) as f:
        os.dup2(f.fileno(), sys.stderr.fileno())

    with open(pidfile,'w') as f:
        print(os.getpid(),file=f)

    # Arrange to have the PID file removed on exit/signal
    atexit.register(lambda: os.remove(pidfile))

    # Signal handler for termination (required)
    def sigterm_handler(signo, frame):
        raise SystemExit(1)

    signal.signal(signal.SIGTERM, sigterm_handler)

def main():
    import time
    sys.stdout.write(f'Daemon started with pid {os.getpid()}\n')
    while True:
        sys.stdout.write(f'Daemon Alive! {time.ctime()}\n')
        time.sleep(10)

if __name__ == '__main__':
    PIDFILE = '/tmp/daemon.pid'
```

```
    if len(sys.argv) != 2:
        print(f'Usage: {sys.argv[0]} [start|stop]', file=sys.stderr)
        raise SystemExit(1)

    if sys.argv[1] == 'start':
        try:
            daemonize(PIDFILE,
                        stdout='/tmp/daemon.log',
                        stderr='/tmp/dameon.log')
        except RuntimeError as e:
            print(e, file=sys.stderr)
            raise SystemExit(1)

        main()

    elif sys.argv[1] == 'stop':
        if os.path.exists(PIDFILE):
            with open(PIDFILE) as f:
                os.kill(int(f.read()), signal.SIGTERM)
        else:
            print('Not running', file=sys.stderr)
            raise SystemExit(1)

    else:
        print(f'Unknown command {sys.argv[1]!r}', file=sys.stderr)
        raise SystemExit(1)
```

要启动这个守护进程，用户需要使用以下命令：

```
MacBook$ python daemon_exp.py start
MacBook$ cat /tmp/daemon.pid
3748
MacBook$ tail -f /tmp/daemon.log
Daemon started with pid 3748
Daemon Alive! Sun May 31 16:05:09 2020
Daemon Alive! Sun May 31 16:05:19 2020
Daemon Alive! Sun May 31 16:05:29 2020
```

守护进程可以完全在后台运行，因此上述命令会立即返回。不过，我们可以像上面那样查看与它相关的 pid 文件和日志。要停止这个守护进程，可以使用以下命令：

```
MacBook$ python daemon_exp.py stop
```

本节定义了一个函数 daemonize()，其在程序启动时被调用，使得程序以守护进程来运行。daemonize() 函数只接收关键字参数，这样可选参数在被使用时就更清晰直观了。该函数会强制用户像下面这样使用它：

```
daemonize('daemon.pid',
            stdin='/dev/null',
            stdout='/tmp/daemon.log',
            stderr='/tmp/daemon.log')
```

而不是像下面这样含糊不清地调用：

```
# Illegal. Must use keyword arguments
daemonize('daemon.pid',
          '/dev/null', '/tmp/daemon.log','/tmp/daemon.log')
```

创建守护进程的步骤看上去不是很易懂，大体思想是，首先守护进程必须要从父进程中脱离，这是由 os.fork() 函数来完成的，然后立即被父进程终止。在只有一个子进程时，调用 os.setsid() 函数创建一个全新的会话，设置子进程为新的进程组的首领，并确保不会再有控制终端，总之需要将守护进程同终端分离开并确保信号机制对它不起作用。调用 os.chdir() 和 os.umask(0) 函数改变当前工作目录并重置文件权限掩码。修改目录通常是一个好主意，因为这样可以使得它不再工作在被启动的目录下。

调用 os.fork() 函数使得守护进程失去了获取新的控制终端的能力并且让它更加独立（本质上，该守护进程放弃了它的会话首领地位，因此再也没有权限去打开控制终端了）。尽管我们可以忽略这一步，但是最好不要这么做。

一旦守护进程被正确地分离，它会重新初始化标准 I/O 流，指向用户指定的文件。这一部分有点难懂。与标准 I/O 流相关的文件对象的引用在解释器中多个地方被找到（sys. stdout,sys.__stdout__ 等），仅仅简单地关闭 sys.stdout 并重新指定它是行不通的，因为无法知道它是否全部用的是 sys.stdout。这里打开了一个单独的文件对象，并调用 os.dup2() 函数实现被 sys.stdout 使用的文件描述符的代替。这样，sys.stdout 使用的原始文件会被关闭并由新的文件来替换。需要强调的是，任何用于文件编码或文本处理的标准 I/O 流还会保留原状。

守护进程的一个常见实践是在文件中写入进程 ID，以便被其他程序使用。daemonize() 函数的最后部分显示了对这个文件的写入，但是在程序终止时删除了它。atexit.register() 函数注册了一个函数，用于在 Python 解释器终止时执行。对于 Sigterm 的信号处理器的定义，其同样需要被优雅地关闭。信号处理器简单地抛出了 SystemExit() 异常。或许这一步看上去没必要，但是没有它，终止信号会在不执行 atexit.register() 注册的清理操作的时候就杀掉解释器。我们可以在程序最后的 stop 命令中看到杀掉进程的代码。

12.9 本章小结

本章主要介绍并发编程的进阶操作。并发编程是编程中必须要掌握的知识。对于很多编程语言，并发编程是考验开发者能力的一个重要的点。Python 的并发编程有一些特殊，由于 GIL 的存在，在使用时需要慎重。

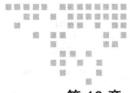

第 13 章 *Chapter 13*

脚本编程与系统管理

许多人使用 Python 作为 Shell 脚本的替代，用来实现常用系统任务的自动化，如文件的操作、系统的配置等。

本章的主要目的是介绍编写脚本时经常用到的一些功能，如解析命令行选项、获取有用的系统配置数据等。

13.1　脚本接收

大多数用户认为脚本接收是最简单的输入方式，包括将命令行的输出通过管道传递给脚本、重定向文件到脚本，或在命令行中传递一个文件名或文件名列表给脚本。

Python 内置的 fileinput 模块使脚本接收变得简单。脚本示例（file_input.py）如下：

```
import fileinput

with fileinput.input() as f_input:
    for line in f_input:
        print(line, end='')
```

假设将此脚本保存为 filein.py 并将其变为可执行文件，使用如下命令调用它，得到期望输出：

```
MacBook$ python file_input.py /etc/passwd
```

fileinput.input() 方法创建并返回一个 FileInput 类的实例。该实例除了拥有一些有用的帮助方法外，还可以被当作上下文管理器使用。因此，如果要写一个打印多个文件输出的脚本，需要在输出中包含文件名和行号，示例（file_input.py）如下：

```
import fileinput

with fileinput.input('/etc/passwd') as f:
    for line in f:
        print(f.filename(), f.lineno(), line, end='')
```

通过将该示例作为上下文管理器使用，可以确保文件不在使用时自动关闭。后续会演示 FileInput 类的一些有用的帮助方法，以便获取输出中的其他信息。

13.2 终止程序

当程序运行不正常时，可以通过向控制台打印一条标准错误消息并返回某个非零状态码来终止程序运行。

以下示例展示了程序抛出 SystemExit() 异常后，将错误消息作为参数，具体如下：

```
raise SystemExit('It failed!')
```

它会将消息在 sys.stderr 中打印，然后以状态码 1 退出。

上述代码虽然短小，但是它能解决在写脚本时的常见的程序无法退出的问题。也就是说，当想要终止某个程序时，可以编写如下代码（error_info.py）：

```
import sys
sys.stderr.write('It failed!\n')
raise SystemExit(1)
```

如果直接将消息作为参数传给 SystemExit()，可以省略其他步骤，如 import 语句或将错误消息写入 sys.stderr。

13.3 解析命令行选项

通过编写指定程序，我们可以实现对命令行选项的解析（位于 sys.argv 中）。argparse 模块可被用来解析命令行选项。

以下示例演示了 argparse 模块最基本的用法（order_parser.py）：

```
import argparse
parser = argparse.ArgumentParser(description='Search some files')

parser.add_argument(dest='filenames',metavar='filename', nargs='*')

parser.add_argument('-p', '--pat',metavar='pattern', required=True,
                    dest='patterns', action='append',
                    help='text pattern to search for')

parser.add_argument('-v', dest='verbose', action='store_true',
                    help='verbose mode')

parser.add_argument('-o', dest='outfile', action='store',
```

```
                            help='output file')

    parser.add_argument('--speed', dest='speed', action='store',
                        choices={'slow','fast'}, default='slow',
                        help='search speed')

    args = parser.parse_args()

    # Output the collected arguments
    print(args.filenames)
    print(args.patterns)
    print(args.verbose)
    print(args.outfile)
    print(args.speed)
```

以下代码定义了一个命令行解析器：

```
MacBook:chapter13$ python order_parser.py -h
usage: order_parser.py [-h] -p pattern [-v] [-o OUTFILE] [--speed {fast,slow}]
[filename [filename ...]]

Search some files

positional arguments:
  filename

optional arguments:
  -h, --help            show this help message and exit
  -p pattern, --pat pattern
                        text pattern to search for
  -v                    verbose mode
  -o OUTFILE            output file
  --speed {fast,slow}   search speed
```

以下代码演示了程序中的部分数据的打印，仔细观察 print() 语句的打印输出。

```
MacBook:chapter13$ python order_parser.py foo.txt bar.txt
usage: order_parser.py [-h] -p pattern [-v] [-o OUTFILE] [--speed {slow,fast}]
[filename [filename ...]]
order_parser.py: error: the following arguments are required: -p/--pat
MacBook:chapter13$ python order_parser.py -v -p spam --pat=eggs foo.txt bar.txt
-o results
['foo.txt', 'bar.txt']
['spam', 'eggs']
True
results
Slow
MacBook:chapter13$ python order_parser.py -v -p spam --pat=eggs foo.txt bar.txt
-o results --speed=fast
['foo.txt', 'bar.txt']
['spam', 'eggs']
True
results
fast
```

argparse 模块是标准库中最大的模块之一，拥有大量的配置选项。本节只是演示了其中一些基础的特性。

为了解析命令行选项，首先要创建一个 ArgumentParser 实例，并使用 add_argument() 方法声明想要支持的选项。在 add_argument() 方法调用中，dest 参数指定解析结果被指派给属性的名字；metavar 参数用来生成帮助信息；action 参数指定与属性对应的处理逻辑，通常值为 store，用来存储某个值或将多个参数值收集到一个列表中。下面展示的是 dest 参数收集所有剩余的命令行参数到一个列表中。在本例中 add_argument() 方法被用来构造一个文件名列表：

```
parser.add_argument(dest='filenames',metavar='filename', nargs='*')
```

下面展示的是根据 action 参数是否存在设置 Boolean 标志：

```
parser.add_argument('-v', dest='verbose', action='store_true',
                    help='verbose mode')
```

下面展示的是 action 参数接收一个单独值并将其存储为字符串：

```
parser.add_argument('-o', dest='outfile', action='store',
                    help='output file')
```

下面展示的是 required 参数允许某个参数重复出现多次，并将它们追加到一个列表中。required 表示该参数至少要有一个。-p 和 --pat 表示两个参数名形式都可使用。

```
parser.add_argument('-p', '--pat',metavar='pattern', required=True,
                    dest='patterns', action='append',
                    help='text pattern to search for')
```

下面展示的是 choice 参数接收一个值，但是会将其与可能的选择值做比较，以检测其合法性：

```
parser.add_argument('--speed', dest='speed', action='store',
                    choices={'slow','fast'}, default='slow',
                    help='search speed')
```

一旦参数选项被指定，就可以执行 parser.parse() 方法。该方法会处理 sys.argv 的值并返回一个结果实例。每个参数值会被设置成该实例中 add_argument() 方法的 dest 参数指定的属性值。

还有很多其他方法解析命令行选项，如手动处理 sys.argv 或者使用 getopt 模块。但如果采用本节的方式，将会减少很多冗余代码，底层细节可由 argparse 模块处理。我们可能还会使用 optparse 模块解析命令行选项。尽管 optparse 和 argparse 模块很像，但是后者更先进，因此在新的程序中可使用它。

13.4 弹出密码输入提示

在实际应用中，我们会遇到写了一个脚本，但此脚本是交互式的，不能将密码在脚本中硬编码，需要弹出密码输入提示的情形。

Python 的 getpass 模块可实现弹出密码输入提示，并且不会在用户终端回显密码，示例（pwd_prompt.py）如下：

```
import getpass

user = getpass.getuser()
passwd = getpass.getpass()

# for show the use of getpass
def svc_login(user, passwd):
    return True

if svc_login(user, passwd):
    print('Success!')
else:
    print('Fail!')
```

在此代码中，svc_login() 方法是要实现的处理密码的函数，具体的处理过程可由自己决定。

注意在前面的代码中，使用 getpass.getuser() 方法不会弹出用户名输入提示。它会根据该用户的 Shell 环境或者依据本地系统的密码库（支持 pwd 模块的平台）来使用当前用户的登录名。如果想以明文形式弹出用户名输入提示，可以使用内置的 input() 函数：

```
user = input('Enter your username: ')
```

还有一点很重要，有些系统可能不支持 getpass() 方法隐藏输入密码。这种情况下，Python 会提前警告这些问题，如会警告密码以明文形式显示。

13.5 执行外部命令

在实际应用中，我们需要执行外部命令并以 Python 字符串的形式获取执行结果。我们可使用 subprocess.check_output() 函数实现，示例（out_order.py）如下：

```
import subprocess

out_bytes = subprocess.check_output(['netstat','-a'])
```

这段代码执行了指定的命令并将执行结果以字节字符串的形式返回。如果需要以文本形式返回，加一个解码步骤即可，示例（out_order.py）如下：

```
out_text = out_bytes.decode('utf-8')
```

如果被执行的命令以非零码返回，程序会抛出异常。以下示例捕获到错误并获取返回码（out_order.py）：

```
    out_bytes = subprocess.check_output(['cmd','arg1','arg2'])
except subprocess.CalledProcessError as e:
    out_bytes = e.output        # Output generated before error
    code      = e.returncode    # Return code
```

默认情况下，check_output() 函数仅返回输入到标准输出的值。如果需要同时收集标准输出和错误输出，可使用 stderr 参数（out_order.py）：

```
out_bytes = subprocess.check_output(['cmd','arg1','arg2'],
                                    stderr=subprocess.STDOUT)
```

如果需要用一个超时机制来执行命令，可使用 timeout 参数（out_order.py）：

```
try:
    out_bytes = subprocess.check_output(['cmd','arg1','arg2'], timeout=5)
except subprocess.TimeoutExpired as e:
    ...
```

通常，命令的执行不需要使用底层 Shell 环境（如 sh、bash），字符串列表会被传递给低级系统命令，如 os.execve()。如果想让命令在 Shell 环境执行，可传递一个字符串参数，并设置参数 Shell=True。如果想让 Python 去执行一个复杂的 Shell 命令，该方法就很有用了，如管道流、I/O 重定向和其他特性，示例（out_order.py）如下：

```
out_bytes = subprocess.check_output('grep python | wc > out', Shell=True)
```

注意　在 Shell 环境中执行命令存在一定的安全风险，特别是当参数来自用户输入时。我们可以使用 shlex.quote() 函数将参数用双引号引起来。

使用 check_output() 函数是执行外部命令并获取其返回值的最简单方式。但如果需要对子进程做更复杂的交互，如给它传送输入，可直接使用 subprocess.Popen 类，示例（sub_process.py）如下：

```
import subprocess

# Some text to send
text = b'''
hello world
this is a test
goodbye
'''

# Launch a command with pipes
p = subprocess.Popen(['wc'],
        stdout = subprocess.PIPE,
        stdin = subprocess.PIPE)

# Send the data and get the output
stdout, stderr = p.communicate(text)

out = stdout.decode('utf-8')
err = stderr.decode('utf-8')
```

subprocess 模块对于依赖 TTY 的外部命令不适用，如不能使用它来自动化用户输入密码的任务（如一个 ssh 会话），这时需要使用第三方模块，如基于著名的 expect 家族的工具（比如 pexpect）。

13.6 文件操作

Python 中有几个内置模块和方法可用来执行文件操作。文件操作包含文件复制、移动、创建和解压等，下面分别进行介绍。

13.6.1 文件和目录的复制或移动

在实际应用中，我们有时需要通过 Python 代码实现复制或移动文件和目录，而不使用 Shell 命令。

shutil 模块有很多便捷的函数可以复制或移动文件和目录，示例（shutil_exp_1.py）如下：

```python
import shutil

# Copy src to dst. (cp src dst)
shutil.copy(src, dst)

# Copy files, but preserve metadata (cp -p src dst)
shutil.copy2(src, dst)

# Copy directory tree (cp -R src dst)
shutil.copytree(src, dst)

# Move src to dst (mv src dst)
shutil.move(src, dst)
```

这些函数的参数都是字符串形式的文件或目录名。底层语义模拟了类似 Unix 的命令，如上述代码的注释部分。

默认情况下，对于符号链接，这些命令处理的是它指向的对象。比如源文件是符号链接，那么目标文件将会是符号链接指向的文件。如果只想复制符号链接本身，需要指定关键字参数 follow_symlinks。

保留被复制目录中的符号链接，示例（shutil_exp_1.py）如下：

```python
shutil.copytree(src, dst, symlinks=True)
```

copytree() 函数可以在复制过程中选择性地忽略某些文件或目录（可以提供一个忽略函数），接收一个目录名和文件名列表，返回一个忽略文件或目录的名称列表，示例（shutil_exp_1.py）如下：

```python
def ignore_pyc_files(dirname, filenames):
    return [name in filenames if name.endswith('.pyc')]

shutil.copytree(src, dst, ignore=ignore_pyc_files)
```

由于忽略某种格式的文件名是很常见的，我们可使用 shutil 模块中提供的函数 ignore_patterns() 实现，示例（shutil_exp_1.py）如下：

```python
shutil.copytree(src, dst, ignore=shutil.ignore_patterns('*~', '*.pyc'))
```

使用 shutil 命令复制文件和目录是很简单的。不过，对于文件元数据信息，copy2() 函数只能尽自己的最大能力来保留它们。访问时间、创建时间和权限这些基本信息会被保留，但对于所有者、ACL、资源 fork 和其他更深层次的文件元信息就无法保证了，还得依赖于底层操作系统类型和用户所拥有的访问权限。通常，我们不会使用 shutil.copytree() 函数来执行系统备份。当处理文件名的时候，最好使用 os.path 库中的函数来确保文件元数据信息最大的可移植性（特别是要同时适用于 Unix 和 Windows 系统），示例（shutil_exp_2.py）如下：

```
import os.path

file_name = '/davanced_programming/chapter13/spam.py'
print(f'base name is: {os.path.basename(file_name)}')
print(f'dir name is: {os.path.dirname(file_name)}')
print(f'file split: {os.path.split(file_name)}')
print(os.path.join('/new/dir', os.path.basename(file_name)))
print(os.path.expanduser('~/chapter13/spam.py'))
```

执行 py 文件，输出结果如下：

```
base name is: spam.py
dir name is: /davanced_programming/chapter13
file split: ('/davanced_programming/chapter13', 'spam.py')
/new/dir/spam.py
/Users/chapter13/spam.py
```

使用 copytree() 函数复制文件夹的一个棘手问题是对错误的处理，比如在复制文件过程中，函数可能会碰到损坏的符号链接，因权限问题无法访问文件等。所有碰到的问题都会被收集到一个列表中并打包为单独的异常，最后再抛出，示例（shutil_exp_1.py）如下：

```
try:
    shutil.copytree(src, dst)
except shutil.Error as e:
    for src, dst, msg in e.args[0]:
        # src is source name
        # dst is destination name
        # msg is error message from exception
        print(dst, src, msg)
```

如果提供关键字参数 ignore_dangling_symlinks=True，copytree() 函数会忽略无效的符号链接。

此处演示的函数都是 shutil 模块中很常见的，shutil 模块还有更多和复制数据相关的操作。

13.6.2 创建和解压归档文件

在实际应用中，我们会创建或解压常见格式的归档文件，比如 tar、tgz 或 zip。

shutil 模块有两个函数——make_archive() 和 unpack_archive()，可用于归档文件的处理示例（archive_exp.py）如下：

```
import shutil

shutil.unpack_archive('py38.zip')

shutil.make_archive('py38','zip','test_zip')
```

make_archive() 函数的第二个参数是期望的输出格式。我们可以使用 get_archive_formats() 函数获取所有支持的归档格式列表，示例（archive_exp.py）如下：

```
print(shutil.get_archive_formats())
```

执行 py 文件，输出结果如下：

```
[('bztar', "bzip2'ed tar-file"), ('gztar', "gzip'ed tar-file"), ('tar',
'uncompressed tar file'), ('xztar', "xz'ed tar-file"), ('zip', 'ZIP file')]
```

Python 中还有其他的模块可用来处理多种归档格式（如 tarfile、zipfile、gzip、bz2）的底层细节。不过，如果只是创建或提取某个归档文件，就没有必要使用底层库了，可以直接使用 shutil 模块中的高层函数。

这些函数有很多其他选项可用于日志打印、预检、文件权限管理等。

13.6.3 文件查找

在实际应用中，我们需要编写涉及文件查找操作的脚本，如不在 Python 脚本中调用 Shell 命令实现对日志归档文件的重命名。

关于查找文件，可使用 os.walk() 函数，传入一个顶级目录名给它。以下示例展示了查找特定的文件名并应答所有符合条件的文件全路径（file_find_1.py）：

```
import os

def find_file(start, name):
    for rel_path, dirs, files in os.walk(start):
        if name in files:
            full_path = os.path.join(start, rel_path, name)
            print(f'full path is: {os.path.normpath(os.path.abspath(full_
path))}')

if __name__ == '__main__':
    find_file('/advanced_programming/chapter13', 'file_input.py')
```

保存脚本为文件 file_find_1.py，然后在命令行中执行它，并指定初始查找目录以及名字作为位置参数。

os.walk() 方法遍历目录树，每次进入一个目录，返回一个三元组，包含查找目录的相对路径、该目录下的目录名列表以及目录下的文件名列表。

对于每个元组，只需检测目标文件名是否在文件列表中存在。如果存在，则使用 os.path.join() 函数合并路径。为了避免出现奇怪的路径名，比如 ./../foo//bar，可使用另两个函数来修正结果。第一个是 os.path.abspath() 函数，它接收一个路径（可能是相对路径），最后返回绝对路径。第二个是 os.path.normpath() 函数，用来返回正常路径，解决双斜杠、对目录的多重引用的问题等。

这个脚本相对于 Unix 平台上的很多查找方法来讲要简单得多，还有跨平台的优势，并且能很轻松地加入其他功能。以下函数可打印所有最近被修改过的文件（file_find_2.py）：

```python
import os
import time

def modified_within(top, seconds):
    now = time.time()
    for path, dirs, files in os.walk(top):
        for name in files:
            full_path = os.path.join(path, name)
            if not os.path.exists(full_path):
                continue

            m_time = os.path.getmtime(full_path)
            if m_time > (now - seconds):
                print(f'full path is: {full_path}')

if __name__ == '__main__':
    modified_within('/advanced_programming/chapter13', float(1000))
```

在此函数的基础之上，可使用 os、os.path、glob 等类似模块，实现更加复杂的操作。

13.6.4 配置文件读取

在实际应用中，我们需要读取配置文件。在 Python 的编码过程中，大部分开发者习惯将一些类似数据库连接的信息存放在 ini 格式的配置文件中，应用时通过代码从 ini 文件中读取这些配置信息，这样做便于配置信息的管理，并且可避免一些敏感信息泄露。

configparser 模块可用来读取配置文件。配置文件（test.ini）如下：

```ini
[installation]
library=%(prefix)s/lib
include=%(prefix)s/include
bin=%(prefix)s/bin
prefix=/usr/local

# Setting related to debug configuration
[debug]
log_errors=true
show_warnings=False

[server]
port: 8080
nworkers: 32
pid-file=/tmp/spam.pid
root=/www/root
signature:
    =================================
    Brought to you by the Python Cookbook
    =================================
```

以下是一个读取和提取配置文件值的示例（config_read.py）：

```
from configparser import ConfigParser

cfg = ConfigParser()
cfg.read('test.ini')

print(f'sections is: {cfg.sections()}')
print(f"library is: {cfg.get('installation','library')}")
print(f"log errors: {cfg.getboolean('debug','log_errors')}")
print(f"port is: {cfg.getint('server','port')}")
print(f"nworkers is: {cfg.getint('server','nworkers')}")
print(f"signature is: {cfg.get('server','signature')}")
```

执行 py 文件，输出结果如下：

```
sections is: ['installation', 'debug', 'server']
library is: /usr/local/lib
log errors: True
port is: 8080
nworkers is: 32
signature is:
================================
Brought to you by the Python Cookbook
================================
```

如有需要，可以修改配置并使用 cfg.write() 方法将其写回文件中，示例（config_read. py）如下：

```
cfg.set('server','port','9000')
cfg.set('debug','log_errors','False')

print(f"new debug is: {cfg.getboolean('debug','log_errors')}")
print(f"After change,port is: {cfg.getint('server','port')}")
```

执行 py 文件，输出结果如下：

```
new debug is: False
After change,port is: 9000
```

配置文件作为一种可读性很好的文件，非常适用于存储程序中的配置数据。在每个配置文件中，配置数据会被分组（如示例中的 installation、debug 和 server），在每个分组中指定对应的各变量值。

对于可实现同样功能的配置文件来说，其和 Python 源文件有很大的不同。配置文件的语法更自由，以下赋值语句是等效的：

```
prefix=/usr/local
prefix: /usr/local
```

配置文件中的名字不区分大小写，示例（config_read.py）如下：

```
print(cfg.get('installation','PREFIX'))
print(cfg.get('installation','prefix'))
```

执行 py 文件，输出结果如下：

```
/usr/local
/usr/local
```

在解析值的时候，getboolean() 方法用于查找任何可行的值。以下语句是等价的：

```
log_errors = true
log_errors = TRUE
log_errors = Yes
log_errors = 1
```

或许配置文件和 Python 代码的最大不同在于，它并不是从上而下地顺序执行，而是作为一个整体被读取的。如果碰到了变量替换，它实际上已经被替换了。

13.7 添加日志

日志是项目管理中一个非常重要的信息载体。正确的日志记录方式对项目管理帮助很大，特别是当项目出现异常时，大部分问题都可以通过查看日志找到根源，而后做出相应的处理。

13.7.1 脚本增加日志功能

在实际应用中，需要在脚本和程序中将诊断信息写入日志文件。

打印日志的最简单方式是使用 logging 模块，示例（add_log.py）如下：

```python
import logging

def main():
    # Configure the logging system
    logging.basicConfig(
        filename='app.log',
        level=logging.ERROR
        # level = logging.WARNING,
        # format = f'%(levelname)s:%(asctime)s:%(message)s'
    )

    host_name = 'www.python.org'
    item = 'spam'
    file_name = 'data.csv'
    mode = 'r'

    logging.critical(f'Host {host_name} unknown')
    logging.error(f"Couldn't find {item}")
    logging.warning('Feature is deprecated')
    logging.info(f'Opening file {file_name}, mode={mode}')
    logging.debug('Got here')

if __name__ == '__main__':
    main()
```

上述 5 个日志调用（critical()、error()、warning()、info()、debug()）以降序方式表示不同的异常严重级别。basicConfig() 函数的 level 参数是一个过滤器。所有级别低于 level 参数指定级别的日志消息都会被忽略掉。logging 操作参数是一个消息字符串，后面再跟一个或多个参数。构造最终的日志消息时，我们可使用 % 操作符来格式化消息字符串。

运行上述程序，文件 app.log 得到的内容如下：

```
CRITICAL:root:Host www.python.org unknown
ERROR:root:Couldn't find 'spam'
```

如果想更改输出等级，可以修改 basicConfig() 函数调用中的参数，示例如下：

```
logging.basicConfig(
        filename='app.log',
        # level=logging.ERROR
        level = logging.WARNING,
        format = f'%(levelname)s:%(asctime)s:%(message)s'
    )
```

最后输出如下：

```
CRITICAL:2020-06-03 08:21:28,334:Host www.python.org unknown
ERROR:2020-06-03 08:21:28,335:Couldn't find spam
WARNING:2020-06-03 08:21:28,335:Feature is deprecated
```

上述日志配置都是硬编码到程序中的。如果想使用配置文件，可以像下面这样修改 basicConfig() 函数调用（add_log.py）：

```
def config_call():
    import logging.config
    logging.config.fileConfig('log_config.ini')
```

可以创建类似下面的 log_config.ini 文件：

```
[loggers]
keys=root

[handlers]
keys=defaultHandler

[formatters]
keys=defaultFormatter

[logger_root]
level=INFO
handlers=defaultHandler
qualname=root

[handler_defaultHandler]
class=FileHandler
formatter=defaultFormatter
args=('app.log', 'a')

[formatter_defaultFormatter]
format=%(levelname)s:%(name)s:%(message)s
```

如果想修改配置，可以直接编辑文件 log_config.ini。

logging 模块有很多更高级的配置选项，不过这里的方案对于简单的程序和脚本已经足够了。如果在调用日志操作前先执行 basicConfig() 函数，程序就能输出日志了。

如果想要将日志消息写到标准错误文件中，而不是日志文件中，调用 basicConfig() 函数时不传文件名参数即可，示例如下：

```
logging.basicConfig(level=logging.INFO)
```

basicConfig() 函数在程序中只能被执行一次。如果想改变日志配置，需要先获取 root logger，然后直接对其进行修改，示例如下：

```
logging.getLogger().level = logging.DEBUG
```

需要强调的是，这里只是演示了 logging 模块的一些基本用法，它可以做更多、更高级的定制。

更多关于日志定制化的资源，读者可以查阅网站：https://docs.python.org/3/howto/logging-cookbook.html。

13.7.2　函数库增加日志功能

在实际应用中，我们需要给某个函数库增加日志功能，但是又不能影响那些不使用日志功能的程序。

对于想要执行日志操作的函数库，我们应该创建一个专属的 logger 对象，并且做如下初始化配置（log_func.py）：

```python
import logging

log = logging.getLogger(__name__)
log.addHandler(logging.NullHandler())

def func():
    log.critical('A Critical Error!')
    log.debug('A debug message')
```

运行配置，默认情况下不会打印日志，示例（log_func_use.py）如下：

```python
from chapter13 import log_func

log_func.func()
```

若之前配置过日志系统，日志消息打印会生效，示例（log_func_use.py）如下：

```python
import logging

logging.basicConfig()
log_func.func()
```

执行 py 文件，输出结果如下：

```
CRITICAL:chapter13.log_func:A Critical Error!
```

> 提示 不应该在函数库中自己配置日志系统。

调用 getLogger(_ _name_ _) 函数创建和调用模块同名的 logger 模块时，由于模块都是唯一的，因此创建的 logger 模块也将是唯一的。

log.addHandler(logging.NullHandler()) 操作将一个空处理器绑定到刚刚创建好的 logger 对象上。空处理器默认会忽略调用所有的日志消息。因此，如果使用该函数库的时候还没有配置日志，将不会有消息或警告出现。

还有一点就是，各个函数库的日志配置可以相互独立，不影响其他库的日志配置，代码（log_func_use.py）如下：

```
logging.basicConfig(level=logging.ERROR)
log_func.func()

logging.getLogger('log_func').level=logging.DEBUG
log_func.func()
```

在这里，根日志被配置成仅仅输出 ERROR 或更高级别的消息。不过，log_func 的日志级别被单独配置成可以输出 debug 级别的消息，它的优先级比全局配置高。对于调试来讲，像这样更改单独模块的日志配置是很方便的，因为无须去更改任何的全局日志配置，只需要修改想要更多输出的模块的日志等级。

13.8 实现计时器

在实际应用中，为了便于观察某个任务执行所花费的时间，我们一般习惯给指定任务添加一个计时器，并将计时结果存放到指定文件中。

time 模块包含很多与计算执行时间有关的函数。通常，我们会在此基础之上构造一个更高级的接口来模拟计时器，示例（timer_exp.py）如下：

```
import time

class Timer:
    def __init__(self, func=time.perf_counter):
        self.elapsed = 0.0
        self._func = func
        self._start = None

    def start(self):
        if self._start is not None:
            raise RuntimeError('Already started')
        self._start = self._func()

    def stop(self):
        if self._start is None:
            raise RuntimeError('Not started')
        end = self._func()
```

```
        self.elapsed += end - self._start
        self._start = None

    def reset(self):
        self.elapsed = 0.0

    @property
    def running(self):
        return self._start is not None

    def __enter__(self):
        self.start()
        return self

    def __exit__(self, *args):
        self.stop()
```

这个类定义了一个可以被用户根据需要启动、停止和重置的计时器。它会在 elapsed 属性中记录整个任务执行消耗的时间，示例（timer_use.py）如下：

```
from chapter13.timer_exp import Timer

def countdown(n):
    while n > 0:
        n -= 1

t = Timer()
t.start()
countdown(1000000)
t.stop()
print(f'time used: {t.elapsed}')

with t:
    countdown(1000000)

print(f'use with time use: {t.elapsed}')

with Timer() as t2:
    countdown(1000000)
print(f't2 time used: {t2.elapsed}')
```

执行 py 文件，输出结果如下：

```
time used: 0.07160356899999999
use with time use: 0.131892546
t2 time used: 0.065886887
```

此处提供了一个简单而实用的类来实现时间记录以及耗时计算，同时也是对 with 语句以及上下文管理器协议很好的演示。

在计时中，我们要考虑底层的时间函数的选择问题。一般来说，使用 time.time() 或 time.clock() 函数计算的时间精度因操作系统的不同会有所不同。而 time.perf_counter() 函数可以确保使用所在系统中最精确的计时器。

示例代码中由 Timer 类记录的时间是钟表时间，包含了所有休眠时间。如果只想计算该进程所花费的 CPU 时间，应该使用 time.process_time() 函数，示例（timer_use.py）如下：

```
import time
t = Timer(time.process_time)
with t:
    countdown(1000000)
print(f'process time use: {t.elapsed}')
```

执行 py 文件，输出结果如下：

```
process time use: 0.05855699999999997
```

time.perf_counter() 和 time.process_time() 函数都会返回小数形式的秒数时间，为了得到有意义的结果，需要执行两次然后计算差值。

13.9　内存和 CPU 监测

对于服务器来讲，内存和 CPU 的资源都是有限的，因此我们需要对内存或 CPU 的使用做限制。

resource 模块能同时执行这两个任务。如果要限制 CPU 时间，可以执行如下操作（cup_limit.py）：

```
import signal
import resource
import os

def time_exceeded(signo, frame):
    print("Time's up!")
    raise SystemExit(1)

def set_max_runtime(seconds):
    # Install the signal handler and set a resource limit
    soft, hard = resource.getrlimit(resource.RLIMIT_CPU)
    resource.setrlimit(resource.RLIMIT_CPU, (seconds, hard))
    signal.signal(signal.SIGXCPU, time_exceeded)

if __name__ == '__main__':
    set_max_runtime(20)
    while True:
        pass
```

程序运行时，SIGXCPU 信号在时间过期时生成，然后执行清理并退出。

如果要限制内存使用，设置可使用的总内存值即可，示例（cup_limit.py）如下：

```
def limit_memory(maxsize):

    soft, hard = resource.getrlimit(resource.RLIMIT_AS)
    resource.setrlimit(resource.RLIMIT_AS, (maxsize, hard))

if __name__ == '__main__':
    limit_memory(1)
```

```
set_max_runtime(20)
while True:
    pass
```

像这样设置了内存限制后，程序运行到没有多余内存时会抛出 MemoryError 异常。

在示例中，setrlimit() 函数被用来设置特定资源的软限制和硬限制。软限制是一个值，当超过这个值时操作系统通常会发送一个信号来限制或通知进程。硬限制用来指定软限制能设定的最大值。通常来讲，硬限制由系统管理员通过设置系统级参数来设定。

setrlimit() 函数还能被用来设置子进程数量、打开文件数以及类似系统资源的限制。

 注意 这里的内容只适用于 Unix 系统，不保证所有系统都能如期工作。

13.10　启动 Web 浏览器

在实际应用中，我们需要编写的程序不但可以实现一些计算类的操作，也可以实现如启动浏览器并打开指定的 URL 网页的操作。

webbrowser 模块能被用来启动浏览器，并且此操作与平台无关，示例（web_start.py）如下：

```
import webbrowser

webbrowser.open('http://www.python.org')
```

它会使用默认浏览器打开指定网页。如果还想对网页打开方式做更多控制，可以使用如下函数（web_start.py）：

```
webbrowser.open_new('http://www.python.org')

webbrowser.open_new_tab('http://www.python.org')
```

这样就可以打开新的浏览器窗口或者标签，只要浏览器支持就行。

如果想指定浏览器类型，可以使用 webbrowser.get() 函数来实现，示例（web_start.py）如下：

```
c = webbrowser.get('chrome')
c.open('http://www.python.org')
c.open_new_tab('http://docs.python.org')
```

对于支持的浏览器名称列表，读者可查阅 Python 文档了解。

在脚本中打开浏览器有时会很有用，如某个脚本执行某个服务器发布的任务时，我们想快速打开浏览器来确保它已经正常运行。或者某个程序以 HTML 网页格式输出数据时，我们想打开浏览器查看结果。不管是上面哪种情况，使用 webbrowser 模块都是一个简单实用的解决方案。

13.11 本章小结

本章主要讲解了脚本编程与系统管理的操作，是对文件及代码管理等的进阶。增加日志功能是应用中非常重要的一步。对于一个系统，日志不但记录了系统的状况及行为，还记录了异常信息，为开发者找到问题所在提供了更快捷的途径。

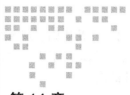

测试、调试和异常

本章主要讨论一些关于测试、调试和异常处理的常见问题。

14.1 测试

测试可以帮助我们在程序发布前发现错误，及时调整。不论多么简单的程序，都需要测试。

14.1.1 stdout 输出

假设程序中有一个方法会将最终结果输出到标准输出（sys.stdout）中，也就是说，它会将文本打印到屏幕上。下面编写一个测试代码来证明给定一个输入，相应的输出能正常显示出来。

unittest.mock 模块中的 patch() 函数，使用起来非常简单，可以为单个测试模拟 sys.stdout 然后回滚，并且不会产生大量临时变量或在测试用例中直接暴露状态变量。

定义如下函数（stdout_exp.py）：

```python
def url_print(protocol, host, domain):
    url = f'{protocol}://{host}.{domain}'
    print(f'url is: {url}')
```

默认情况下，内置的 print() 函数会将输出发送到 sys.stdout。为了测试输出，我们可以使用一个替身对象来模拟它，然后使用断言来确认结果。unittest.mock 模块的 patch() 函数可以很方便地在测试运行的上下文中替换对象，并且在测试完成时自动返回它们的原有状态。下面是对 stdout_exp 模块的测试代码（stdout_use.py）：

```
from io import StringIO
from unittest import TestCase
from unittest.mock import patch
from chapter14 import stdout_exp

class TestURLPrint(TestCase):
    def test_url_gets_to_stdout(self):
        protocol = 'http'
        host = 'www'
        domain = 'python.org'
        expected_url = f'{protocol}://{host}.{domain}\n'

        with patch('sys.stdout', new=StringIO()) as fake_out:
            stdout_exp.url_print(protocol, host, domain)
            self.assertEqual(fake_out.getvalue(), expected_url)
```

Url_print() 函数接收 3 个参数，在测试时会先设置每一个参数的值。expected_url 变量被设置成包含期望输出的字符串。

unittest.mock.patch() 函数作为上下文管理器，使用 StringIO 对象来代替 sys.stdout，fake_out 变量是在进程中被创建的模拟对象。在 with 语句中使用 Patch() 函数可以执行各种检查。当 with 语句结束时，patch() 函数会将所有创建的对象恢复到测试开始前的状态。

> **注意** 某些对 Python 的 C 扩展可能会忽略 sys.stdout 的配置而直接写入标准输出。限于篇幅，此处不涉及这方面的讲解，它适用于纯 Python 代码。如果真的需要在 C 扩展中捕获 I/O，可以先打开一个临时文件，然后将标准输出重定向到该文件。

14.1.2 对象打补丁

在单元测试时，我们需要给指定的对象打补丁，用来断言它们在测试中的期望行为（比如，断言被调用时的参数个数、访问指定的属性等）。

unittest.mock.patch() 函数可被用来解决该问题。patch() 函数还可以被当作装饰器、上下文管理器或单独使用。以下是一个将 patch() 函数当作装饰器使用的示例（patch_exp_1.py）：

```
from unittest.mock import patch
from chapter14 import example_exp

@patch('example_exp.func')
def test1(x, mock_func):
    example_exp.func(x)
    mock_func.assert_called_with(x)
```

example_exp 示例代码（example_exp.py）：

```
def func(param):
    pass
```

以下是一个将 patch() 函数当作上下文管理器的示例（patch_exp_1.py）：

```
with patch('example_exp.func') as mock_func:
```

```
    example_exp.func(x)
    mock_func.assert_called_with(x)
```

还可以手动使用 patch() 函数打补丁（patch_exp_1.py）：

```
p = patch('example.func')
mock_func = p.start()
example_exp.func(x)
mock_func.assert_called_with(x)
p.stop()
```

我们还能够叠加装饰器和上下文管理器来给多个对象打补丁，示例（patch_exp_2.py）如下：

```
from unittest.mock import patch

@patch('example.func1')
@patch('example.func2')
@patch('example.func3')
def test1(mock1, mock2, mock3):
    ...

def test2():
    with patch('example.patch1') as mock1, \
         patch('example.patch2') as mock2, \
         patch('example.patch3') as mock3:
        pass
```

patch() 函数接收一个已存在对象的全路径名，将其替换为一个新的值。原来的值会在装饰器函数或上下文管理器完成后自动恢复。默认情况下，所有值会被 MagicMock 实例名替代，示例（patch_exp_3.py）如下：

```
from unittest.mock import patch

x = 30
with patch('__main__.x'):
    print(f'x object is: {x}')

print(f'x is: {x}')
```

执行 py 文件，输出结果如下：

```
x object is: <MagicMock name='x' id='4515250672'>
x is: 30
```

可以给 patch() 函数提供第二个参数，以便替换成任何想要的值（patch_exp_3.py）：

```
with patch('__main__.x', 'patched_value'):
    print(f'x new value: {x}')
```

执行 py 文件，输出结果如下：

```
x new value: patched_value
```

作为替换值的 MagicMock 实例能够模拟可调用对象和实例。它们记录对象的使用信息并允许执行断言检查，示例（patch_exp_3.py）如下：

```
from unittest.mock import MagicMock
m = MagicMock(return_value = 10)
print(f'value: {m(1, 2, debug=True)}')
m.assert_called_with(1, 2, debug=True)
m.assert_called_with(1, 2)

m.upper.return_value = 'HELLO'
print(f"upper result: {m.upper('hello')}")
assert m.upper.called

m.split.return_value = ['hello', 'world']
print(f"split result: {m.split('hello world')}")
m.split.assert_called_with('hello world')

print(f"object is: {m['blah']}")
print(f'called result: {m.__getitem__.called}')
m.__getitem__.assert_called_with('blah')
```

执行 py 文件，输出结果如下：

```
value: 10
Traceback (most recent call last):
x is: 30
    File "/advanced_programming/chapter14/patch_exp_3.py", line 18, in <module>
x new value: patched_value
value: 10
    m.assert_called_with(1, 2)
    File "/Library/Frameworks/Python.framework/Versions/3.8/lib/python3.8/
        unittest/mock.py", line 913, in assert_called_with
    raise AssertionError(_error_message()) from cause
AssertionError: expected call not found.
Expected: mock(1, 2)
Actual: mock(1, 2, debug = True)
upper result: HELLO
split result: ['hello', 'world']
object is: <MagicMock name = 'mock.__getitem__()' id = '4515555504'>
called result: True
```

一般来讲，这些操作会在一个单元测试中完成。

这里只是对 unittest.mock 模块的一次浅尝辄止，更多更高级的特性请参考官方文档。

14.1.3　测试异常

在实际应用中，我们不能等发生异常了，才做异常抛出，通常需要先写测试用例来准确地判断某个异常是否被抛出。

对于异常的测试，我们可使用 assertRaises() 方法。比如测试某个函数抛出了 ValueError 异常，示例（except_exp.py）如下：

```
import unittest

# A simple function to illustrate
```

```
def parse_int(s):
    return int(s)

class TestConversion(unittest.TestCase):
    def test_bad_int(self):
        self.assertRaises(ValueError, parse_int, 'N/A')
```

如果想测试异常的具体值，可使用如下方法（except_exp.py）：

```
import errno

class TestIO(unittest.TestCase):
    def test_file_not_found(self):
        try:
            f = open('/file/not/found')
        except IOError as e:
            self.assertEqual(e.errno, errno.ENOENT)

        else:
            self.fail('IOError not raised')
```

assertRaises()方法是测试异常是否存在的简便方法。一个常见的测试是手动进行异常检测，示例（except_exp.py）如下：

```
class TestConversion1(unittest.TestCase):
    def test_bad_int(self):
        try:
            r = parse_int('N/A')
        except ValueError as e:
            self.assertEqual(type(e), ValueError)
```

这种测试的问题在于它很容易遗漏其他情况，如没有任何异常抛出时，还需要增加另外的检测，示例（except_exp.py）如下：

```
class TestConversion2(unittest.TestCase):
    def test_bad_int(self):
        try:
            r = parse_int('N/A')
        except ValueError as e:
            self.assertEqual(type(e), ValueError)
        else:
            self.fail('ValueError not raised')
```

assertRaises()方法可用于处理所有细节。其缺点是不能测试异常值。为了测试异常值，我们可以使用assertRaisesRegex()方法，它可以同时测试异常是否存在以及能否通过正则式匹配异常的字符串，示例（except_exp.py）如下：

```
class TestConversion3(unittest.TestCase):
    def test_bad_int(self):
        self.assertRaisesRegex(ValueError, 'invalid literal .*',
                                parse_int, 'N/A')
```

assertRaises()和assertRaisesRegex()方法还有一个容易忽略的地方就是，它们还能被当作上下文管理器使用（except_exp.py）：

```
class TestConversion4(unittest.TestCase):
    def test_bad_int(self):
        with self.assertRaisesRegex(ValueError, 'invalid literal .*'):
            r = parse_int('N/A')
```

测试涉及多个执行步骤时，assertRaisesRegex() 方法很有用。

14.1.4　记录测试结果

在实际应用中，为了便于测试结果的后续查看，我们需要将单元测试的输出写到某个文件中，而不是打印到标准输出。

运行单元测试的一个常用方法就是在测试文件底部加入如下代码片段（file_log_1.py）：

```
import unittest

class MyTest(unittest.TestCase):
    pass

if __name__ == '__main__':
    unittest.main()
```

这样的测试文件是可执行的，并且会将运行测试的结果打印到标准输出中。如果想重定向输出，就需要修改 main() 函数（file_log_2.py）：

```
import sys
import unittest

def main(out=sys.stderr, verbosity=2):
    loader = unittest.TestLoader()
    suite = loader.loadTestsFromModule(sys.modules[__name__])
    unittest.TextTestRunner(out,verbosity=verbosity).run(suite)

if __name__ == '__main__':
    with open('testing.out', 'w') as f:
        main(f)
```

示例的主要功能并不是将测试结果重定向到文件中，而是展示 unittest 模块一些值得关注的内部工作原理。

unittest 模块首先会组装一个测试套件。这个测试套件包含定义的各种方法。一旦套件组装完成，它所包含的测试就可以执行了。

这两步是分开的，unittest.TestLoader 实例被用来组装测试套件。loadTestsFromModule() 是它定义的方法之一，用来收集测试用例。它会为 TestCase 类扫描某个模块并将其中的测试方法提取出来。

如果需进行细粒度的控制，我们可以使用 loadTestsFromTestCase() 方法从 TestCase 类中提取测试方法。TextTestRunner 类是一个测试运行类的实例，其主要用途是执行某个测试套件中包含的测试方法。这个类与执行 unittest.main() 函数所使用的测试运行器是一样的。

在这里，我们对它进行了一系列底层配置，包括输出文件和提升级别。

尽管示例代码很少，但是能指导我们对 unittest 模块进行更进一步的自定义。要想自定义测试套件的装配方式，我们还可以对 TestLoader 类执行更多的操作。当然，我们也可以构造一个自己的测试运行类来模拟 TextTestRunner 的功能。unittest 模块的官方文档对底层实现原理有更深入的讲解，读者可以自行学习。

14.1.5 性能测试

在实际应用中，对于大部分程序，性能测试是必不可少的，特别是对于容易出现高并发或比较占用存储空间的程序，需要从时间成本或空间成本进行测试。

如果只是简单地测试程序整体花费的时间，通常使用 Unix 时间函数即可，示例如下：

```
MacBook$ time python profile_test.py
__main__.countdown : 0.521847557

real    0m0.614s
user    0m0.560s
sys     0m0.027s
```

如果还需要获取程序各个细节的详细报告，可以使用 cProfile 模块：

```
MacBook$ python -m cProfile profile_test.py
__main__.countdown : 0.510773408
         24 function calls in 0.511 seconds

   Ordered by: standard name

   ncalls  tottime  percall  cumtime  percall filename:lineno(function)
        1    0.000    0.000    0.000    0.000 functools.py:33(update_wrapper)
        1    0.000    0.000    0.000    0.000 functools.py:63(wraps)
        1    0.000    0.000    0.511    0.511 profile_test.py:1(<module>)
        1    0.511    0.511    0.511    0.511 profile_test.py:15(countdown)
        1    0.000    0.000    0.000    0.000 profile_test.py:4(time_this)
        1    0.000    0.000    0.511    0.511 profile_test.py:5(wrapper)
        1    0.000    0.000    0.511    0.511 {built-in method builtins.exec}
        7    0.000    0.000    0.000    0.000 {built-in method builtins.getattr}
        1    0.000    0.000    0.000    0.000 {built-in method builtins.print}
        5    0.000    0.000    0.000    0.000 {built-in method builtins.setattr}
        2    0.000    0.000    0.000    0.000 {built-in method time.perf_counter}
        1    0.000    0.000    0.000    0.000 {method 'disable' of '_lsprof.
Profiler' objects}
        1    0.000    0.000    0.000    0.000 {method 'update' of 'dict' objects}
```

对于函数的性能测试，我们可以使用一个简单的装饰器（profile_test.py）：

```python
import time
from functools import wraps

def time_this(func):
    @wraps(func)
    def wrapper(*args, **kwargs):
        start = time.perf_counter()
```

```
        r = func(*args, **kwargs)
        end = time.perf_counter()
        print(f'{func.__module__}.{func.__name__} time spend: {end - start}s')
        return r
    return wrapper
```

要使用这个装饰器，只需要将其放置在要进行性能测试的函数定义前即可，示例（profile_test.py）如下：

```
@time_this
def countdown(n):
    while n > 0:
        n -= 1


countdown(10000000)
```

执行 py 文件，输出结果如下：

```
__main__.countdown time spend: 0.5685382330000001s
```

要测试某个代码块的运行时间，我们可以定义一个上下文管理器，示例（profile_test.py）如下：

```
from contextlib import contextmanager

@contextmanager
def time_block(label):
    start = time.perf_counter()
    try:
        yield
    finally:
        end = time.perf_counter()
        print(f'{label} time spend: {end - start}s')
```

以下是使用上下文管理器的示例（profile_test.py）：

```
with time_block('counting'):
    n = 10000000
    while n > 0:
        n -= 1
```

执行 py 文件，输出结果如下：

```
counting time spend: 1.048839267s
```

对于很小的代码片段，我们在测试其运行性能时可以使用 timeit 模块，示例（profile_test.py）如下：

```
from timeit import timeit
print(f"math.sqrt time spend: {timeit('math.sqrt(2)', 'import math')}s")
print(f"sqrt time spend: {timeit('sqrt(2)', 'from math import sqrt')}s")
```

执行 py 文件，输出结果如下：

```
math.sqrt time spend: 0.149607267000000002s
```

```
sqrt time spend: 0.073721777799999996s
```

timeit 模块会将第一个参数中的语句运行 100 万次并计算运行时间，第二个参数是指定运行测试之前配置的环境。如果想改变循环执行次数，可以修改 number 参数的值（profile_test.py）：

```
print(f"math.sqrt time spend: {timeit('math.sqrt(2)', 'import math',
number=10000000)}s")
print(f"sqrt time spend: {timeit('sqrt(2)', 'from math import sqrt',
number=10000000)}s")
```

执行 py 文件，输出结果如下：

```
math.sqrt time spend: 1.1230686269999999s
sqrt time spend: 0.7126458310000001s
```

在执行性能测试时，需要注意获取的结果都是近似值。

time.perf_counter() 函数会在给定平台上获取最高精度的计时值。不过，它仍然还是基于时钟时间，很多因素会影响它的精度，如机器负载。如果对于执行时间更感兴趣，我们可使用 time.process_time() 函数来代替它，示例（profile_test.py）如下：

```
from functools import wraps
def time_this(func):
    @wraps(func)
    def wrapper(*args, **kwargs):
        start = time.process_time()
        r = func(*args, **kwargs)
        end = time.process_time()
        print(f'{func.__module__}.{func.__name__} : {end - start}')
        return r
    return wrapper
```

如果想进行更深入的性能分析，我们需要详细阅读 time、timeit 和其他相关模块的文档。

14.1.6 测试失败处理

为了更好地查看程序运行效果，有时在单元测试中我们需要忽略或标记某些测试运行失败。

unittest 模块中有一个装饰器，可用来控制对指定测试方法的失败处理，示例（expect_fail.py）如下：

```
import unittest
import os
import platform

class Tests(unittest.TestCase):
    def test_0(self):
        self.assertTrue(True)

    @unittest.skip('skipped test')
    def test_1(self):
```

```
        self.fail('should have failed!')

    @unittest.skipIf(os.name=='posix', 'Not supported on Unix')
    def test_2(self):
        import winreg

    @unittest.skipUnless(platform.system() == 'Darwin', 'Mac specific test')
    def test_3(self):
        self.assertTrue(True)

    @unittest.expectedFailure
    def test_4(self):
        self.assertEqual(2+2, 5)

if __name__ == '__main__':
    unittest.main()
```

如果在 Mac 系统上运行这段代码，会得到如下输出：

```
MacBook$ python expect_fail.py -v
test_0 (__main__.Tests) ... ok
test_1 (__main__.Tests) ... skipped 'skipped test'
test_2 (__main__.Tests) ... skipped 'Not supported on Unix'
test_3 (__main__.Tests) ... ok
test_4 (__main__.Tests) ... expected failure

----------------------------------------------------------------------
Ran 5 tests in 0.001s

OK (skipped=2, expected failures=1)
```

skip() 装饰器被用来忽略某个不想运行的测试。对于只想在某个特定平台、Python 版本或其他依赖成立时才运行测试的情况，skipIf() 和 skipUnless() 装饰器非常有用。可以使用 @expected 装饰器来标记那些确定会失败的测试，并且不打印测试失败的更多信息。

忽略方法的装饰器还可以被用来装饰整个测试类，示例（expect_fail.py）如下：

```
@unittest.skipUnless(platform.system() == 'Darwin', 'Mac specific tests')
class DarwinTests(unittest.TestCase):
    pass
```

14.2 异常处理

程序运行过程中出现异常时，若不做异常处理，一般会终止运行。异常处理是编程中不可缺少的一个环节。

14.2.1 捕获所有异常

一段代码执行时可能会抛出不止一个异常，对于此情况，一般需要捕获所有异常。

想要捕获所有的异常，直接使用 Exception 捕获即可（all_except.py）：

```
try:
    ...
except Exception as e:
    ...
    log('Reason:', e)
```

上述代码会捕获除 SystemExit、KeyboardInterrupt 和 GeneratorExit 之外的所有异常。如果还想捕获这三个异常，将 Exception 改成 BaseException 即可。

之所以要捕获所有异常，是因为程序员在复杂操作中并不能记住所有可能的异常。

如果选择捕获所有异常，那么确定在哪个地方（比如日志文件、打印异常到屏幕）打印确切原因就比较重要了。如果没有这样做，我们可能会在看到异常信息时摸不着头脑，示例（all_except.py）如下：

```
def parse_int(s):
    try:
        n = int(v)
    except Exception:
        print("Couldn't parse")
```

试着运行该函数，结果（all_except.py）如下：

```
print(parse_int('n/a'))
print(parse_int('30'))
```

执行 py 文件，输出结果如下：

```
Couldn't parse
Couldn't parse
```

这时候你就会想："怎么回事？"假如像下面这样重写该函数（all_except.py）：

```
def parse_int(s):
    try:
        n = int(v)
    except Exception as e:
        print("Couldn't parse")
        print('Reason:', e)
```

若出现异常，我们会看到如下输出，指明有一个编程错误（all_except.py）：

```
print(parse_int('30'))
```

执行 py 文件，输出结果如下：

```
Couldn't parse
Reason: name 'v' is not defined
```

很明显，我们应该尽可能将异常处理器定义得精准一些。

14.2.2 处理多个异常

在实际应用中，一段代码一般会抛出不止一个异常，是否有方法可以不用创建大量重复代码就能处理所有可能的异常呢？有的，下面来具体介绍。

当用单个代码块处理不同的异常时，可以将多个异常放入一个元组中，示例（mult_excep.py）如下：

```
try:
    client_obj.get_url(url)
except (URLError, ValueError, SocketTimeout):
    client_obj.remove_url(url)
```

在这个例子中，元组中任何一个异常发生时都会执行 remove_url() 方法。如果想对其中某个异常进行不同的处理，可以将其放入另一个 except 语句中，示例（mult_excep.py）如下：

```
try:
    client_obj.get_url(url)
except (URLError, ValueError):
    client_obj.remove_url(url)
except SocketTimeout:
    client_obj.handle_url_timeout(url)
```

很多异常会有层级关系，对于这种情况，可使用它们的基类来捕获所有的异常，示例（mult_excep.py）如下：

```
try:
    f = open(filename)
except (FileNotFoundError, PermissionError):
    pass
```

上述代码可以重写为：

```
try:
    f = open(filename)
except OSError:
    pass
```

OSError 是 FileNotFoundError 和 PermissionError 异常的基类。

我们可以使用 as 关键字来获得抛出异常的引用（mult_excep.py）：

```
try:
    f = open(filename)
except OSError as e:
    if e.errno == errno.ENOENT:
        logger.error('File not found')
    elif e.errno == errno.EACCES:
        logger.error('Permission denied')
    else:
        logger.error('Unexpected error: %d', e.errno)
```

示例中，e 变量指向一个被抛出的 OSError 异常实例。这对于进一步分析这个异常会很有用，如基于某个状态码来处理异常。

注意 except 语句是顺序检查的。

我们可以很容易地构造多个 except 同时匹配的情形，示例（mult_excep.py）如下：

```
f = open('missing')
try:
    f = open('missing')
except OSError:
    print('It failed')
except FileNotFoundError:
    print('File not found')
```

这里的 FileNotFoundError 语句没有执行的原因是 OSError 的错误级别更广，它包含了 FileNotFoundError 异常。在调试的时候，如果对某个特定异常的类的层级关系不是很确定，可以通过查看该异常的 __mro__ 属性来确定，示例（mult_excep.py）如下：

```
print(f'mro is: {FileNotFoundError.__mro__}')
```

执行 py 文件，输出结果如下：

```
mro is: (<class 'FileNotFoundError'>, <class 'OSError'>, <class 'Exception'>,
<class 'BaseException'>, <class 'object'>)
```

上面列表中从开始到 BaseException 的类都能放置于 except 语句后面。

14.2.3 自定义异常

在构建的应用程序中，除了使用系统定义好的异常处理方式，我们也可以将底层异常包装成自定义异常。

创建新的异常很简单，首先定义新的类，让它继承自 Exception（或者是任何一个已存在的异常类型）。如编写网络相关的程序，我们可能会定义一些类似如下的异常（self_except.py）：

```
class NetworkError(Exception):
    pass

class HostnameError(NetworkError):
    pass

class TimeoutError(NetworkError):
    pass

class ProtocolError(NetworkError):
    pass
```

这样，用户就可以使用这些异常了，示例（self_except.py）如下：

```
try:
    msg = s.recv()
except TimeoutError as e:
```

```
    ...
except ProtocolError as e:
    ...
```

自定义异常类应该总是继承自内置的 Exception 类，或者继承自那些本身就是继承自 Exception 的类。尽管所有类同时也继承自 BaseException，但我们不应该使用该基类来定义新的异常。BaseException 是为系统退出异常而保留的，如 KeyboardInterrupt 或 SystemExit 以及其他给应用发送信号而退出的异常，捕获这些异常本身没什么意义，所以，若继承 BaseException，可能会导致自定义异常不会被捕获而直接发送信号退出运行。

在程序中引入自定义异常可以使代码更具可读性，能清晰显示谁应该阅读这些代码。还有一种设计是将自定义异常通过继承组合起来。在复杂应用程序中，使用基类来分组各种异常也是很有用的。它可以让用户捕获一个范围很窄的特定异常，示例（self_except.py）如下：

```
try:
    s.send(msg)
except ProtocolError:
    ...
```

还能捕获更大范围的异常，示例（self_except.py）如下：

```
try:
    s.send(msg)
except NetworkError:
    ...
```

若定义的异常重写了 __init__() 函数，应确保所有参数调用 Exception.__init__()，示例（self_except.py）如下：

```
class CustomError(Exception):
    def __init__(self, message, status):
        super().__init__(message, status)
        self.message = message
        self.status = status
```

Exception 默认接收所有传递的参数并将它们以元组形式存储在 args 属性中。很多其他函数库和部分 Python 库默认所有异常必须有 args 属性，如果忽略了这一步，有些定义的新异常将不会按照期望运行。为演示 args 属性的使用方法，考虑使用内置的 RuntimeError 异常的交互会话，注意看 raise 语句中使用的参数个数，示例（self_except.py）如下：

```
try:
    raise RuntimeError('It failed')
except RuntimeError as e:
    print(e.args)

try:
    raise RuntimeError('It failed', 42, 'spam')
except RuntimeError as e:
    print(e.args)
```

14.2.4 抛出新的异常

在实际应用中，为了更好地控制程序，我们需要在异常回溯中保留异常信息。

为了构造异常链，我们使用 raise from 语句来代替简单的 raise 语句。它会同时保留两个异常的信息，示例（except_chain.py）如下：

```
def example():
    try:
        int('N/A')
    except ValueError as e:
        raise RuntimeError('A parsing error occurred') from e

example()
```

执行 py 文件，输出结果如下：

```
Traceback (most recent call last):
    File "/advanced_programming/chapter14/except_chain.py", line 3, in example
        int('N/A')
ValueError: invalid literal for int() with base 10: 'N/A'
```

以上异常是下面异常产生的直接原因（except_chain.py）：

```
Traceback (most recent call last):
    File "/advanced_programming/chapter14/except_chain.py", line 7, in <module>
        example()
    File "/advanced_programming/chapter14/except_chain.py", line 5, in example
        raise RuntimeError('A parsing error occurred') from e
RuntimeError: A parsing error occurred
```

在回溯中可以看到，两个异常都被捕获。要想捕获这样的异常，也可以使用一个简单的 except 语句。我们还可以通过查看异常对象的 __cause__ 属性来跟踪异常链，示例（except_chain.py）如下：

```
try:
    example()
except RuntimeError as e:
    print("It didn't work:", e)

    if e.__cause__:
        print('Cause:', e.__cause__)
```

当在 except 块中有另外的异常被抛出时会导致一个隐藏的异常链出现，示例（except_chain.py）如下：

```
def example2():
    try:
        int('N/A')
    except ValueError as e:
        print(f"Couldn't parse: {err}")

example2()
```

执行 py 文件，输出结果如下：

```
Traceback (most recent call last):
    File "/advanced_programming/chapter14/except_chain.py", line 21, in example2
        int('N/A')
ValueError: invalid literal for int() with base 10: 'N/A'
```

在处理上述异常的时候，另一个异常（except_chain.py）发生了：

```
Traceback (most recent call last):
    File "/advanced_programming/chapter14/except_chain.py", line 25, in <module>
        example2()
    File "/advanced_programming/chapter14/except_chain.py", line 23, in example2
        print(f"Couldn't parse: {err}")
NameError: name 'err' is not defined
```

示例中同时获得了两个异常信息，但是对异常的解释不同。NameError 异常作为程序最终异常被抛出，而不是位于解析异常的直接回应中。

如果想忽略掉异常链，可以使用 raise from None 语句（except_chain.py）：

```
def example3():
    try:
        int('N/A')
    except ValueError:
        raise RuntimeError('A parsing error occurred') from None


example3()
```

执行 py 文件，输出结果如下：

```
Traceback (most recent call last):
    File "/advanced_programming/chapter14/except_chain.py", line 34, in <module>
        example3()
    File "/advanced_programming/chapter14/except_chain.py", line 32, in example3
        raise RuntimeError('A parsing error occurred') from None
RuntimeError: A parsing error occurred
```

在设计代码时，在另一个 except 代码块中使用 raise 语句的时候要特别小心。大多数情况下，raise 语句应该被改成 raise from 语句，也就是说应该使用如下形式（except_chain.py）：

```
try:
    ...
except SomeException as e:
    raise DifferentException() from e
```

这样做的目的是显式地将原因链接起来，也就是说示例中的 DifferentException 异常是直接从 SomeException 异常衍生而来的。这种关系可以从回溯结果中看出。

按如下方式写代码仍会得到一个异常链，不过没有很清晰地说明这个异常链到底是内部异常还是某个未知的编程错误（except_chain.py）。

```
try:
    ...
```

```
except SomeException:
    raise DifferentException()
```

使用 raise from 语句后，就很清楚地表明抛出的是第二个异常。

注意，这里的最后一个例子隐藏了异常链信息。尽管隐藏异常链信息不利于回溯，也丢失了很多有用的调试信息。

14.2.5　异常重新抛出

在实际应用中，当发生某些异常时，我们不希望程序继续执行，而希望将 except 块中捕获的异常重新抛出，以便判断程序是否继续执行。

其实，简单使用一个 rasie 语句即可，示例（raise_except.py）如下：

```
def example():
    try:
        int('N/A')
    except ValueError:
        print("Didn't work")
        raise


example()
```

执行 py 文件，输出结果如下：

```
Didn't work
Traceback (most recent call last):
    File "/advanced_programming/chapter14/raise_except.py", line 8, in <module>
        example()
    File "/advanced_programming/chapter14/raise_except.py", line 3, in example
        int('N/A')
ValueError: invalid literal for int() with base 10: 'N/A'
```

上例中的 ValueError 问题产生的原因通常是在捕获异常后执行某个操作（如记录日志、清理等），但是想将异常传递下去。在捕获所有异常的处理器中常看见异常能传递下去，示例（raise_except.py）如下：

```
try:
    ...
except Exception as e:
    # Process exception information in some way
    ...

    # Propagate the exception
    raise
```

14.2.6　警告信息

在实际应用中，为了提示开发者一些警惕性信息，希望子程序能生成警告信息（如废弃特性或使用问题）。

要输出一个警告消息，我们可使用 warn() 函数，示例（warn_except.py）如下：

```
import warnings

def func(x, y, logfile=None, debug=False):
    if logfile is not None:
        warnings.warn('logfile argument deprecated', DeprecationWarning)
    ...

func(1, 2, 'a')
```

warn() 函数的参数是一个警告消息和一个警告类。警告类包括 UserWarning、DeprecationWarning、SyntaxWarning、RuntimeWarning、ResourceWarning 和 FutureWarning。

对警告的处理取决于如何运行解释器以及一些其他配置，如使用 -W all 选项去运行 Python 会得到如下输出：

```
MacBook$ python -W all warn_except.py
warn_except.py:5: DeprecationWarning: logfile argument deprecated
  warnings.warn('logfile argument deprecated', DeprecationWarning)
```

通常来讲，警告会输出到标准错误中。如果想将警告转换为异常，可以使用 -W error 选项：

```
MacBook$ python -W error warn_except.py
Traceback (most recent call last):
    File "warn_except.py", line 8, in <module>
        func(1, 2, 'a')
    File "warn_except.py", line 5, in func
        warnings.warn('log_file argument deprecated', DeprecationWarning)
DeprecationWarning: log_file argument deprecated
```

维护应用时，我们希望提示用户某些信息，但又不需要将其上升为异常级别，那么输出警告信息就很有用了。如准备修改某个函数库或框架的功能，可以先为要更改的部分输出警告信息，同时向后兼容一段时间，还可以警告用户一些有问题的代码使用方式。

下面展示一个内置函数库的警告示例，演示没有关闭文件就销毁它时产生的警告消息（warn_except.py）：

```
import warnings
warnings.simplefilter('always')
f = open('/etc/passwd')
del f
```

默认情况下，并不是所有警告消息都会出现。-W 选项能控制警告消息的输出，-W all 表示输出所有警告消息，-W ignore 表示忽略掉所有警告，-W error 表示将警告转换成异常。我们还可以使用 warnings.simplefilter() 函数控制输出。always 参数表示让所有警告消息出现，ignore 参数表示忽略所有的警告，error 参数表示将警告转换成异常。

对于简单的生成警告消息的情况，这些已经足够了。warnings 模块为过滤和警告消息处理提供了大量更高级的配置选项。

14.3　程序调试

在实际应用中，每一位开发者都会遇到程序突然崩溃的情况。当程序崩溃后，我们该怎样去调试它呢？

如果程序因为某个异常而崩溃，可以运行 python3 -i someprogram.py 进行简单的调试，-i 选项可让程序结束后打开一个交互式 Shell，以便查看环境，代码（debug_err.py）如下：

```
def func(n):
    return n + 10


func('Hello')
```

运行 python3 -i debug_err.py 会有类似如下的输出：

```
MacBook$ python -i debug_err.py
Traceback (most recent call last):
    File "debug_err.py", line 4, in <module>
        func('Hello')
    File "debug_err.py", line 2, in func
        return n + 10
TypeError: can only concatenate str (not "int") to str
>>> func(10)
20
```

如果看不到类似上面的输出，可以在程序崩溃后打开 Python 的调试器查看，示例（debug_err.py）如下：

```
>>> import pdb
>>> pdb.pm()
> /advanced_programming/chapter14/debug_err.py(2)func()
-> return n + 10
(Pdb) w
  /advanced_programming/chapter14/debug_err.py(4)<module>()
-> func('Hello')
> /advanced_programming/chapter14/debug_err.py(2)func()
-> return n + 10
(Pdb) print(n)
Hello
(Pdb) q
>>>
```

如果代码所在的环境很难获取交互式 Shell（如在某个服务器上），通常可以捕获异常后自己打印跟踪信息，示例（debug_err.py）如下：

```
import traceback
import sys

try:
    func(arg)
except:
    print('**** AN ERROR OCCURRED ****')
    traceback.print_exc(file=sys.stderr)
```

如果程序没有崩溃，只是产生了一些看不懂的结果，在适当的地方插入 print() 函数也是不错的选择。如果打算这样做，有一些小技巧可以使用。首先，traceback.print_stack() 函数会在程序运行到有异常的点的时候创建一个跟踪栈，示例（debug_err.py）如下：

```python
def sample(n):
    if n > 0:
        sample(n-1)
    else:
        traceback.print_stack(file=sys.stderr)

sample(5)
```

执行 py 文件，输出结果如下：

```
File "/advanced_programming/chapter14/debug_err.py", line 27, in <module>
    sample(5)
File "/advanced_programming/chapter14/debug_err.py", line 23, in sample
    sample(n-1)
File "/advanced_programming/chapter14/debug_err.py", line 23, in sample
    sample(n-1)
File "/advanced_programming/chapter14/debug_err.py", line 23, in sample
    sample(n-1)
  [Previous line repeated 2 more times]
File "/advanced_programming/chapter14/debug_err.py", line 25, in sample
    traceback.print_stack(file=sys.stderr)
```

还可以使用 pdb.set_trace() 函数在任何地方手动启动调试器（debug_err.py）：

```python
import pdb

def func(arg):
    ...
    pdb.set_trace()
    ...
```

当程序比较复杂而想调试控制流程以及函数参数的时候，插入 print() 函数就比较有用了。一旦调试器开始运行，我们就能够使用 print() 函数来观测变量值或输入某个命令如 w 来获取追踪信息。

不要将调试做得过于复杂。对于一些简单的错误，通过观察程序堆栈信息就能知道，实际的错误一般是堆栈的最后一行。在开发的时候，我们也可以在需要调试的地方插入 print() 函数来诊断信息（只需要最后发布的时候删除这些打印语句即可）。

调试器的一个常见用法是观测某个已经崩溃的函数中的变量。知道怎样在函数崩溃后进入调试器是一个很有用的技能。

当想解剖一个非常复杂的程序，但对底层的控制逻辑不是很清楚的时候，插入 pdb.set_trace() 函数就很有用。实际上，程序到达 set_trace() 函数位置后会立马进入调试器。

如果使用 IDE 做 Python 开发，通常 IDE 会提供自己的调试器来替代 pdb。

14.4　加速程序运行

对于开发人员，由于技术水平不同，有人编写的代码会运行得快一些，有人编写的则会慢一些。

对于运行太慢的程序，我们希望在不使用复杂技术比如 C 扩展或 JIT 编译器的情况下加快程序运行速度，这就会涉及如何对程序进行优化的问题。

如果程序运行缓慢，首先可以使用前面讲解的程序调试技术对代码进行性能测试，找到问题所在。

通常，我们会发现程序在少数几个地方花费了大量时间，如内存的数据处理。一旦定位到这些点，我们就可以使用如下技术来加速程序运行。

1. 使用函数

很多程序员刚开始会使用 Python 语言写一些简单脚本。在编写脚本的时候，通常习惯写毫无结构的代码，示例（fast_program.py）如下：

```
import sys
import csv

with open(sys.argv[1]) as f:
    for row in csv.reader(f):

        # Some kind of processing
        pass
```

像这样将变量定义在全局范围要比定义在函数运行慢得多。这种速度差异是由于局部变量和全局变量的实现方式（使用局部变量要更快些）引起的。如果想让程序运行更快些，只需要将脚本语句放入函数中即可，示例（fast_program.py）如下：

```
import sys
import csv

def main(filename):
    with open(filename) as f:
        for row in csv.reader(f):
            # Some kind of processing
            pass

main(sys.argv[1])
```

速度的差异取决于实际运行的程序，不过根据经验，使用函数可带来 15% ～ 30% 的性能提升。

2. 尽可能去掉属性访问

每一次使用点（.）操作符来访问属性时会带来额外的开销。它会触发特定的方法，比如触发 __getattribute__() 和 __getattr__() 方法执行字典操作。

通常，我们可以使用 from module import name 这样的形式，导入模块名或模块绑定的方法。假设有如下的代码片段（fast_program.py）：

```
import math
import time

def compute_roots(nums):
    result = []
    for n in nums:
        result.append(math.sqrt(n))
    return result

begin_time = time.time()
nums = range(1000000)
for n in range(100):
    r = compute_roots(nums)
print(f'time spend: {time.time() - begin_time}s')
```

执行 py 文件，输出结果如下：

```
time spend: 27.665118932724s
```

测试代码，发现这个程序花费了大概 27 秒。下面修改 compute_roots() 函数（fast_program.py）：

```
from math import sqrt

def compute_roots(nums):

    result = []
    result_append = result.append
    for n in nums:
        result_append(sqrt(n))
    return result

begin_time = time.time()
nums = range(1000000)
for n in range(100):
    r = compute_roots(nums)
print(f'time spend: {time.time() - begin_time}s')
```

执行 py 文件，输出结果如下：

```
time spend: 17.544304847717285s
```

修改后的版本运行时间大概是 17 秒。两段代码的唯一不同之处就是消除了属性访问，用 sqrt() 代替了 math.sqrt()。可以看到，result.append() 函数被赋值给一个局部变量 result_append，然后在内部循环中使用它。

这些改变只有在大量重复代码中才有意义，如循环，因此这些优化只是在某些特定地方才有用。

3. 理解局部变量

之前提过，局部变量的运行速度会比全局变量快。对于频繁访问的名称，通过将这些变量变成局部变量可以加速程序运行。以下是 compute_roots() 函数修改后的版本（fast_ program.py）：

```
import math

def compute_roots(nums):
    sqrt = math.sqrt
    result = []
    result_append = result.append
    for n in nums:
        result_append(sqrt(n))
    return result
```

在这个版本中，sqrt 从 match 模块中被拿出并放入一个局部变量中。运行这个代码，发现大概花费 25 秒（对于之前的 29 秒又是一个改进）。加速原因是对局部变量 sqrt 的查找要快于对全局变量 sqrt 的查找。

对于类中的属性访问，其也同样适用这个原理。通常查找某个值比如 self.name 时会比访问局部变量慢一些。在内部循环中，我们可以将某个需要频繁访问的属性放入局部变量中，示例（fast_program.py）如下：

```
class SomeClass:
    ...
    def method(self):
        for x in s:
            op(self.value)

# Faster
class SomeClass:

    ...
    def method(self):
        value = self.value
        for x in s:
            op(value)
```

4. 避免不必要的抽象

任何时候当使用额外的处理层（如装饰器、属性访问、描述器）去包装代码时，都会让程序运行速度变慢。首先展示一个类（fast_program.py）：

```
class A:
    def __init__(self, x, y):
        self.x = x
        self.y = y
    @property
    def y(self):
        return self._y
    @y.setter
    def y(self, value):
        self._y = value
```

现在进行一个简单测试（fast_program.py）：

```
from timeit import timeit
```

```
a = A(1,2)
print(f"a.x time spend: {timeit('a.x', 'from __main__ import a')}s")
print(f"a.y time spend: {timeit('a.y', 'from __main__ import a')}s")
```

执行 py 文件，输出结果如下：

```
a.x time spend: 0.03884644500000001s
a.y time spend: 0.154853603s
```

可以看到，访问属性 y 比访问属性 x 慢很多。如果在意性能的话，就需要重新审视对于 y 属性访问器的定义是否真有必要。如果没有必要，可使用默认属性。如果仅仅是因为其他编程语言需要使用 getter()/setter() 函数就去修改代码风格，这真没必要。

5. 使用内置的容器

内置的数据类型如字符串、元组、列表、集合和字典都是使用 C 来实现的，运行起来非常快。如果想自己实现新的数据结构（如链接列表、平衡树等），并且在性能上达到 Python 内置数据结构的运行速度，这几乎不可能，因此最好还是使用内置的数据结构。

6. 避免创建不必要的数据结构或复制

有时候，程序员想构造一些并没有必要的数据结构，示例如下：

```
values = [x for x in sequence]
squares = [x*x for x in values]
```

也许他的想法是首先将一些值收集到一个列表中，然后使用列表推导式来执行操作。不过，第一个列表完全没有必要，可以简单改成如下形式：

```
squares = [x*x for x in values]
```

同时，还要避免对 Python 的共享数据机制过于依赖。有些人并没有很好地理解或信任 Python 的内存模型，从而滥用 copy.deepcopy() 之类的函数。通常在这些代码中是可以去掉复制操作的。

在优化代码时，我们有必要先研究下使用的算法。选择一个复杂度为 $O(n \log n)$ 的算法要比去调整一个复杂度为 $O(n_2)$ 的算法所带来的性能提升大得多。

如果觉得程序还是得优化，请从整体考虑。作为一般准则，不要对程序的每一个部分都去优化，因为这些修改会导致代码难以阅读和理解，我们应该专注于优化产生性能瓶颈的地方，如内部循环。

还要注意微小优化的结果。考虑如下创建字典的两种方式：

```
a = {
    'course_name' : 'python',
    'total_class' : 30,
    'score' : 0.3
}

b = dict(course_name='python', total_class=30, score=0.3)
```

显然，第二种写法更简洁一些（不需要在关键字上输入引号）。但如果对这两个代码片段进行性能测试，会发现使用 dict() 函数的运行时间是第一种方式运行时间的 25%。你是不是有冲动想把所有使用 dict() 函数的代码替换成第一种。但是聪明的程序员只会关注他应该关注的地方，如内部循环。在其他地方，这点性能损失没有什么影响。

如果优化要求比较高，单靠这些简单技术满足不了，则可以考虑使用基于即时编译（JIT）技术的一些工具。如 PyPy 工程是 Python 解释器的另外一种实现，它会分析程序运行并对那些频繁执行的部分生成本机机器码，从而极大提升性能（通常可以接近 C 代码的速度）。

我们还可以考虑 Numba 工程。Numba 是一个使用装饰器对 Python 函数进行优化的动态编译器。这些函数会使用 LLVM 编译成本地机器码。Numba 同样可以极大地提升性能，但是它对于 Python3 的支持还停留在实验阶段。

最后引用 John Ousterhout 的话作为结尾："最好的性能优化是从不工作到工作状态的迁移。"在真的需要的时候再去考虑性能优化。确保程序的正确运行通常比提升程序的运行速度更重要一些（至少开始是这样的）。

14.5 实战——自然语言处理

在自然语言的处理中，我们经常需要对某些文本做单独处理。如对于文本中的薪资做归一化处理，使得文本中出现的薪资都按照某种指定的格式展示。

比如，对于类似如下形式的文本：

```
['期望薪资：10000-14999元/月', '10000~14999元/月'],
['期望薪资：30-40万元/年', '300000~400000元/年', '30-40万元/年'],
['期望薪资：30k-45k*12+年终奖3.5', '30000~45000元/月'],
['期望薪资：二万-三万/月', '二万-三万/月'],
['期望薪资：30k-45k*13-14薪', '30000~45000元/月'],
['期望薪资：30k-45k*13+3', '30000~45000元/月']
```

希望可以通过代码处理成如下的输出形式：

```
('10000.0元/月 * 12.0月', '14999.0元/月 * 12.0月', '10000-14999元/月'),
('25000.0元/月 * 12.0月', '33333.0元/月 * 12.0月', '30-40万元/年'),
('30000.0元/月 * 15.5月', '45000.0元/月 * 15.5月', '30k-45k*12+年终奖3.5'),
('20000.0元/月 * 12.0月', '30000.0元/月 * 12.0月', '二万~三万/月'),
('30000.0元/月 * 13.0月', '45000.0元/月 * 14.0月', '30k-45k*13-14薪'),
('30000.0元/月 * 16.0月', '45000.0元/月 * 16.0月', '30k-45k*13+3')
```

对于原始文本分析如下：

1）可以根据原始文本中的最小、最大薪资，解析成类似最低 ×× 元/月 * ×× 月，最高 ×× 元/月 * 月这样原始文本字段的形式。

2）对于年化形式的薪资，可以解析为 ×× 元/月 * ×× 月的形式。

3）对于超过 12 月的数据，将对应有多少个月份解析出来。

4）对于如二万、三万这样的中文，可以解析为如 20000、30000 的形式。

5）对于存在薪资区间和月份区间的数据，将最小薪资 / 最小月份和最大薪资 / 最大月份这个区间解析出来。

6）对于存在类似加（+）多少个月的数据，根据文本意思正确解析结果。

基于以上 6 点分析，我们需要做如下处理。

为了便于将文本中出现的中文数值字符转化为对应的数字形式，编写函数（nlp/num_to_number.py）如下：

```python
import re

str_num_pat = re.compile(r'[一二三四五六七八九十]')
str_salary_pat = re.compile(r'[一二三四五六七八九十]\s{0,3}[万千wk]')
str_num_dict = {'一': '1', '二': '2', '三': '3', '四': '4', '五': '5',
                '六': '6', '七': '7', '八': '8', '九': '9', '十': '10'}
conn_pat = re.compile(r'[~\-—――一至]')


def ch_num_to_number(salary_val):
    """
    salary_val 中的 一万字符 更改为 1万
    :param salary_val:
    :return:
    """
    if not str_num_pat.search(salary_val) or not str_salary_pat.search(salary_val):
        return salary_val

    str_num_list = str_num_pat.findall(salary_val)
    str_salary_list = str_salary_pat.findall(salary_val)

    # 满足如下 if 条件时，根据 str_num_list 中的值修改 salary_val 对应字符值
    if (len(str_num_list) <= len(str_salary_list)) \
            or (len(str_num_list) == len(str_salary_list) + 1
                and conn_pat.search(salary_val)):
        for str_num in str_num_list:
            num_val = str_num_dict.get(str_num)
            salary_val = salary_val.replace(str_num, num_val)
    else:
        # 根据 str_salary_list 中的值修改 salary_val 对应字符值
        for str_num in str_salary_list:
            b_salary_val = salary_val[0: salary_val.find(str_num)]
            e_salary_val = salary_val[salary_val.find(str_num) + len(str_num):]
            find_str = salary_val[salary_val.find(str_num): salary_val.find(str_num) + len(str_num)]
            num_s = str_num_pat.search(str_num).group()
            num_val = str_num_dict.get(num_s)
            find_str = find_str.replace(num_s, num_val)
            salary_val = b_salary_val + find_str + e_salary_val

    return salary_val


if __name__ == "__main__":
    fmt_result = ch_num_to_number('二万')
```

```
    print(fmt_result)
    fmt_result = ch_num_to_number(' 二万 - 三万 ')
    print(fmt_result)
```

执行 py 文件，可以看到输出结果类似如下：

```
2 万
2 万 -3 万
```

对于该函数，其并没有展示具体的正则式如何编写和调试的过程，读者可以自己通过实践进行调试。此处提供的方式也并非是最好的，感兴趣的读者可以自行改进。

为了便于薪资的归一化，下面编写一个函数来单独处理薪资的格式化，示例（nlp/unified_fmt.py）如下：

```python
import re

# 一年的月份数
YEAR_MONTH = 12
# 最大年薪
MAX_YEAR_SALARY = 10000000
# 最小年薪
MIN_YEAR_SALARY = 3000
MONTH_STYLE = '/ 月 '
YEAR_STYLE = '/ 年 '
US_DOLLAR = ' 美元 '
CHINA_YUAN = ' 元 '

digit_pattern = re.compile(r'[ 一二三四五六七八九十 0-9]')
annual_pay_pattern = re.compile(r'\d{1,2}\.?\d{1,2}[ 万w]')
salary_digit_pattern = re.compile(r'\d+\.?\d*')
str_num_pat = re.compile(r'[ 一二三四五六七八九十 ]')
str_salary_pat = re.compile(r'[ 一二三四五六七八九十 ]\s{0,3}[ 万千wk]')
str_num_dict = {' 一 ': '1', ' 二 ': '2', ' 三 ': '3', ' 四 ': '4', ' 五 ': '5',
                ' 六 ': '6', ' 七 ': '7', ' 八 ': '8', ' 九 ': '9', ' 十 ': '10'}
conn_pat = re.compile(r'[~\-－—―一至 ]')


def ch_num_to_number(salary_val):
    """
    salary_val 中的 一万字符 更改为 1 万
    :param salary_val:
    :return:
    """
    if not str_num_pat.search(salary_val) or not str_salary_pat.search(salary_
val):
        return salary_val

    str_num_list = str_num_pat.findall(salary_val)
    str_salary_list = str_salary_pat.findall(salary_val)

    # 满足如下 if 条件时，根据 str_num_list 中的值修改 salary_val 对应字符值
    if (len(str_num_list) <= len(str_salary_list)) \
            or (len(str_num_list) == len(str_salary_list) + 1
                and conn_pat.search(salary_val)):
```

```
        for str_num in str_num_list:
            num_val = str_num_dict.get(str_num)
            salary_val = salary_val.replace(str_num, num_val)
    else:
        # 根据 str_salary_list 中的值修改 salary_val 对应字符值
        for str_num in str_salary_list:
            b_salary_val = salary_val[0: salary_val.find(str_num)]
            e_salary_val = salary_val[salary_val.find(str_num) + len(str_num):]
            find_str = salary_val[salary_val.find(str_num): salary_val.find(str_num) + len(str_num)]
            num_s = str_num_pat.search(str_num).group()
            num_val = str_num_dict.get(num_s)
            find_str = find_str.replace(num_s, num_val)
            salary_val = b_salary_val + find_str + e_salary_val


    return salary_val


def salary_unified_fmt(salary_mat=None, salary_val=None, is_format=True):
    """
    统一格式化 salary
    :param salary_mat:
    :param salary_val:
    :param is_format: 若不需要格式化结果，将得到的 salary 以字典形式返回
    :return:
    """
    if not salary_mat and not salary_val:
        return ''

    if salary_mat:
        val = salary_mat.group().replace(' ', '')
    else:
        val = salary_val.replace(' ', '')

    val = val.lower()
    if val == u'保密' or val == u'面议' or u'egotiate' in val \
            or u'/天' in val or u'/周' in val:
        return ''

    if not digit_pattern.search(val):
        return ''

    if not salary_digit_pattern.search(val):
        val = ch_num_to_number(val)

    sal_min = 0
    sal_max = 0

    sal_list = salary_digit_pattern.findall(val)
    if len(sal_list) == 1:
        sal_min = sal_list[0].replace(',', '')
        sal_min = float(sal_min)
        if 'k' in val:
            sal_min *= 1000
```

```
        elif 'w' in val or u'万' in val:
            sal_min *= 10000
    elif len(sal_list) == 2:
        sal_min, sal_max = sal_list[0].replace(',', ''), sal_list[1].replace(',',
'')
        sal_min, sal_max = float(sal_min), float(sal_max)
        if 'k' in val:
            sal_min *= 1000
            sal_max *= 1000
        elif 'w' in val or u'万' in val:
            sal_min *= 10000
            sal_max *= 10000


    # 若 0 < sal_min < 100 且 sal_max // sal_min >= 50，sal_min 不认为有效
    if 0 < sal_min < 100 and sal_max // sal_min >= 50:
        sal_min = sal_max
        sal_max = 0


    # 若不需要格式化结果，将得到的 salary 以字典形式返回
    if not is_format:
        return {'sal_max': sal_max, 'sal_min': sal_min}


    monthly = False if (u'年' in val or u'/y' in val or
                        (u'月' not in val and u'/m' not in val)
                        or (annual_pay_pattern.match(val) and sal_min >= 80000)) \
        else True   # 当薪水是x.x万并且大于80000的时候，认为其是年薪


    salary = u'{0:d}~{1:d}'.format(int(sal_min), int(sal_max)) \
        if sal_max != 0 else u'{0:d}'.format(int(sal_min))
    salary = f'{salary}{US_DOLLAR}' if US_DOLLAR in val else f'{salary}{CHINA_
YUAN}'
    salary = f'{salary}{MONTH_STYLE}' if monthly else f'{salary}{YEAR_STYLE}'


    if sal_min == 0 and sal_max == 0 and not re.search(r'[万千wk元月ym]', val):
        return ''


    if sal_min == 0 and sal_max != 0:
        return ''


    if monthly and (sal_min < MIN_YEAR_SALARY // YEAR_MONTH
                    or sal_min > MAX_YEAR_SALARY // YEAR_MONTH):
        return ''
    elif not monthly and (sal_min < MIN_YEAR_SALARY or sal_min > MAX_YEAR_
SALARY):
        return ''


    return salary


if __name__ == "__main__":
    fmt_result = salary_unified_fmt(salary_val='30万元/年')
    print(fmt_result)
    fmt_result = salary_unified_fmt(salary_val='35k/月')
    print(fmt_result)
```

执行 py 文件，可以看到输出结果类似如下：

```
300000 元 / 年
35000 元 / 月
```

从文本中获取月份数的函数定义（nlp/salary_normalizer.py）如下：

```python
def _month_num(self, line):
    """
    从 line 中获取月份数，默认值为 YEAR_MOUTH
    :param line:
    :return:
    """
    month_list = list()
    month_num = str(YEAR_MONTH)
    if line.find('*') < 0:
        month_list.append(month_num)
        return month_list

    month_line = line[line.find('*') + 1:].strip()
    if month_line.find(' 个月 ') > -1:
        month_num = month_line[:month_line.find(' 个月 ')]
    elif month_line.find(' 月 ') > -1:
        month_num = month_line[:month_line.find(' 月 ')]
    elif month_line.find(' 薪 ') > -1:
        month_num = month_line[:month_line.find(' 薪 ')]

    # 解析疑似月份的字符串中有 + 号
    if month_num.find('+') > -1 or line.find('+') > -1:
        find_str = month_num if month_num.find('+') > -1 else month_line
        month_num = self._exists_plus_month_get(find_str)
        if not month_num:
            month_num = str(YEAR_MONTH)

    month_list = salary_digit_pattern.findall(month_num)

    return month_list
```

取得最大、最小月份数的函数定义（nlp/salary_normalizer.py）如下：

```python
def _min_max_mouth(self, month_list, is_year=True):
    """
    取得最小，最大月份数，默认按一年 12 个月计算，即取默认值时，
    返回的 min_month, max_month 均不可小于 12
    :param month_list:
    :param is_year:
    :return:
    """
    min_month = YEAR_MONTH
    max_month = YEAR_MONTH
    if not month_list:
        return min_month, max_month

    if len(month_list) == 1:
        min_month = float(month_list[0])
        max_month = min_month
```

```
    else:
        min_month = float(month_list[0])
        max_month = float(month_list[1])

    if is_year and min_month < YEAR_MONTH:
        min_month = YEAR_MONTH
    if is_year and max_month < YEAR_MONTH:
        max_month = YEAR_MONTH

    return min_month, max_month
```

总薪资计算函数定义（nlp/salary_normalizer.py）如下：

```
def _total_salary(self, line):
    """
    总薪资计算
    对于类似 5w+12*2.5w 的形式，需要计算总薪资
    :param line:
    :return: 计算得到的总额
    """
    if line.find('+') < 0 and line.find('*') < 0:
        return 0

    line_sub = line.split('+')
    left_val, right_val = line_sub[0], line_sub[1]
    # 是否有薪资单位
    if not (pay_pattern.search(left_val) and pay_pattern.search(right_val)):
        return 0

    month_num = YEAR_MONTH
    left_month, right_month = 0, 0
    left_sal_val, right_sal_val = left_val, right_val
    # 对含有 * 的部分文本，取得月份数和薪资值
    if left_val.find('*') > -1:
        sub_val_list = left_val.split('*')
        if pay_pattern.search(sub_val_list[0]):
            left_sal_val = sub_val_list[0]
        else:
            left_sal_val = sub_val_list[1]

        month_list = self._month_num(left_val)
        min_month, max_month = self._min_max_mouth(month_list, is_year=False)
        left_month = max_month
        month_num = left_month

    # 格式化 salary，通过 is_format 参数控制返回值形式，从返回值中取得相关值
    left_sal_dict = self._salary_unified_fmt(salary_val=left_sal_val,
                                             is_format=False)
    if left_month > 0:
        left_salary_total = left_sal_dict.get('sal_min') * left_month
    else:
        left_salary_total = left_sal_dict.get('sal_min')

    if right_val.find('*') > -1:
        sub_val_list = right_val.split('*')
```

```
        if pay_pattern.search(sub_val_list[0]):
            right_sal_val = sub_val_list[0]
        else:
            right_sal_val = sub_val_list[1]

        month_list = self._month_num(right_val)
        min_month, max_month = self._min_max_mouth(month_list, is_year=False)
        right_month = max_month
        month_num += max_month

    right_sal_dict = self._salary_unified_fmt(salary_val=right_sal_val,
                                              is_format=False)
    if right_month > 0:
        right_salary_total = right_sal_dict.get('sal_min') * right_month
    else:
        right_salary_total = right_sal_dict.get('sal_min')

    return left_salary_total + right_salary_total
```

对于文本中存在加号（+）的情形，定义如下函数做统一处理，示例（nlp/salary_normalizer.py）如下：

```
def _exists_plus_month_get(self, month_line):
    """
    month_line 中存在 "+" 号字符时，根据 "+" 字符提取前面最多两位及后面最多两位数字，相
加作为月份数
    需要注意对类似 "12+ 年终奖 3.5" 及 "年终奖 3.5+12" 这种格式的字符串的解析
    :param month_line:
    :return:
    """
    plus_num = month_line.find('+')
    if plus_num < 0:
        return ''

    if not (salary_digit_pattern.search(month_line[plus_num - 1:plus_num])
            or salary_digit_pattern.search(month_line[plus_num + 1: plus_num
+ 2])
            or (plus_num == 0 and
                salary_digit_pattern.search(month_line[plus_num + 1: plus_
num + 2]))):
        return ''

    split_results = month_line.split('+')
    left_val, right_val = split_results[0], split_results[1]
    if left_val.find('.') > -1 and salary_digit_pattern.findall(left_val):
        start_month = float(salary_digit_pattern.findall(left_val)[0])
    elif plus_num >= 2 and \
            salary_digit_pattern.search(month_line[plus_num - 2: plus_num -
1]):
        start_month = float(month_line[plus_num - 2: plus_num])
    elif plus_num > 0:
        start_month = float(month_line[plus_num - 1: plus_num])
    else:
        if left_val and salary_digit_pattern.findall(left_val):
            start_month = float(salary_digit_pattern.findall(left_val)[0])
```

```
            else:
                start_month = ''

        if right_val.find('.') > -1 and salary_digit_pattern.findall(right_val):
            end_month = float(salary_digit_pattern.findall(right_val)[0])
        elif (plus_num + 2 < len(month_line)
              and pay_pattern.search(month_line[plus_num + 1: plus_num + 3])) \
                or (plus_num + 3 < len(month_line)
                    and pay_pattern.search(month_line[plus_num + 1: plus_num +
4])):
            end_month = ''
        elif plus_num + 2 < len(month_line) \
                and salary_digit_pattern.search(month_line[plus_num + 2: plus_
num + 3]):
            end_month = float(month_line[plus_num + 1: plus_num + 3])
        elif plus_num + 2 <= len(month_line) \
                and salary_digit_pattern.search(month_line[plus_num + 1: plus_
num + 2]):
            end_month = float(month_line[plus_num + 1: plus_num + 2])
        else:
            if right_val and salary_digit_pattern.findall(right_val):
                end_month = float(salary_digit_pattern.findall(right_val)[0])
            else:
                end_month = ''

        if start_month and end_month:
            month_num = start_month + end_month
        elif start_month:
            month_num = start_month
        else:
            month_num = end_month

        return str(month_num)
```

月形式薪资格式化函数定义（nlp/salary_normalizer.py）如下：

```
def _month_style_fmt(self, salary):
    """
    月形式薪资格式化
    从 month_salary 中获取最大、最小月薪
    :param salary:
    :return:
    """
    month_salary = salary[:salary.find(MONTH_STYLE)].strip()
    if month_salary.endswith(CHINA_YUAN) and not month_salary.endswith(US_
DOLLAR):
        month_salary = month_salary[:month_salary.find(CHINA_YUAN)].strip()
        if month_salary.find(INTERVAL_CONN) > -1:
            salary_list = month_salary.split(INTERVAL_CONN)
            min_salary, max_salary = salary_list[0], salary_list[1]
            min_month_salary = float(min_salary)
            max_month_salary = float(max_salary)
        else:
            min_month_salary = float(month_salary)
            max_month_salary = min_month_salary
    elif month_salary.endswith(US_DOLLAR):
```

```
        month_salary = month_salary[:month_salary.find(US_DOLLAR)].strip()
        if month_salary.find(INTERVAL_CONN) > -1:
            salary_list = month_salary.split(INTERVAL_CONN)
            min_salary, max_salary = salary_list[0], salary_list[1]

            min_month_salary = self._dollar_to_yuan(min_salary)
            max_month_salary = self._dollar_to_yuan(max_salary)
        else:
            ch_month_salary = self._dollar_to_yuan(month_salary)
            min_month_salary = ch_month_salary
            max_month_salary = min_month_salary
    else:
        if month_salary.find(INTERVAL_CONN) > -1:
            salary_list = month_salary.split(INTERVAL_CONN)
            min_salary, max_salary = salary_list[0], salary_list[1]
            min_month_salary = float(min_salary)
            max_month_salary = float(max_salary)
        else:
            min_month_salary = float(month_salary)
            max_month_salary = min_month_salary

    return min_month_salary, max_month_salary
```

年形式薪资格式化函数定义（nlp/salary_normalizer.py）如下：

```
def _year_style_fmt(self, salary, month_list):
    """
    年薪格式化
    从 month_salary 中获取最大、最小月薪
    :param salary:
    :param month_list:
    :return:
    """
    min_month_salary, max_month_salary = 0, 0
    year_sal = salary[:salary.find(YEAR_STYLE)].strip()
    min_month, max_month = month_list[0], month_list[1]

    if year_sal.find(US_DOLLAR) > -1:
        year_sal = year_sal[:year_sal.find(US_DOLLAR)].strip()
        if year_sal.find(INTERVAL_CONN) > -1:
            salary_list = year_sal.split(INTERVAL_CONN)
            min_salary, max_salary = salary_list[0], salary_list[1]
            min_month_salary = self._dollar_to_yuan(min_salary) // min_month
            max_month_salary = self._dollar_to_yuan(max_salary) // max_month
        else:
            min_month_salary = self._dollar_to_yuan(year_sal) // min_month
            max_month_salary = self._dollar_to_yuan(year_sal) // max_month
    elif year_sal.find(CHINA_YUAN) > -1:
        year_sal = year_sal[:year_sal.find(CHINA_YUAN)].strip()
        if year_sal.find(INTERVAL_CONN) > -1:
            salary_list = year_sal.split(INTERVAL_CONN)
            min_month_salary = float(salary_list[0]) // min_month
            max_month_salary = float(salary_list[1]) // max_month
        else:
            min_month_salary = float(year_sal) // min_month
```

```
            max_month_salary = float(year_sal) // max_month
        return min_month_salary, max_month_salary
```

在实际应用中，还会涉及各种货币的转换，如美元与人民币的转换，实现函数定义（nlp/salary_normalizer.py）如下：

```python
# 美元兑换人民币汇率
DOLLER_TO_YUAN_EXCHANGE_RATE = '6.8288'

def _dollar_to_yuan(self, salary):
    """
    美元 转换为 人民币
    :param salary:
    :return:
    """
    chin_salary = float(salary) * float(DOLLER_TO_YUAN_EXCHANGE_RATE)
    # 保留 0 位小数
    chin_salary = float('{:0.0f}'.format(chin_salary))

    return chin_salary
```

该函数使用硬编码形式指定了汇率，有兴趣的读者可以进行改进（比如改进为实时汇率）。

最小、最大薪资格式化函数定义（nlp/salary_normalizer.py）如下：

```python
def _min_max_month_salary(self, salary, month_list):
    """
    取得最小、最大月薪
    :param salary:
    :param month_list:
    :return:
    """
    if salary.endswith(MONTH_STYLE):
        min_month_salary, max_month_salary = self._month_style_fmt(salary)
    elif salary.endswith(YEAR_STYLE):
        min_month_salary, max_month_salary = self._year_style_fmt(salary,
month_list)
    else:
        min_month_salary = ''
        max_month_salary = ''

    return min_month_salary, max_month_salary
```

完整示例代码（nlp/salary_normalizer.py）如下：

```python
import re
import unittest

# 美元兑换人民币汇率
DOLLER_TO_YUAN_EXCHANGE_RATE = '6.8288'

# 一年的月份数
YEAR_MONTH = 12
# 最大年薪
```

```python
MAX_YEAR_SALARY = 10000000
# 最小年薪
MIN_YEAR_SALARY = 3000
MONTH_STYLE = '/月'
YEAR_STYLE = '/年'
US_DOLLAR = '美元'
CHINA_YUAN = '元'
MONTH_FMT = '元/月 * {}月'
# 区间连接符，如 "5000~8000 元/月" 中的连接符
INTERVAL_CONN = '~'

salary_pat_a = re.compile(
    r'((?P<va1>\d{1,5}[\d.,]?\d?)\s{0,3}[万千wk0-9]?(/月|/年|/m|/y|'
    r'每年|每月)?\s{0,3}[~\-—─一至]\s{0,3}?(?P<va2>\d{1,5}[\d.,]?'
    r'\d?)\s{0,3}[万千wk0-9]\s{0,3}(元|人民币|美元)?(以上)?'
    r'(/月|/年|/m|/y|每年|每月)?)')
# 匹配类似 "2" "万" "千" "w" "k" "0" 字符串
salary_pat_b = re.compile(r'(?P<va1>\d{1,6}[\d.,]?\d?)\s{0,3}'
                          r'[万千wk0-9]\s{0,3}(k|元|人民币|美元)?(以上)?'
                          r'(/月|/年|/m|/y|每年|每月)?')
digit_pattern = re.compile(r'[一二三四五六七八九十0-9]')
annual_pay_pattern = re.compile(r'\d{1,2}\.?\d{1,2}[万w]')
salary_digit_pattern = re.compile(r'\d+\.?\d*')
str_num_pat = re.compile(r'[一二三四五六七八九十]')
str_salary_pat = re.compile(r'[一二三四五六七八九十]\s{0,3}[万千wk]')
str_num_dict = {'一': '1', '二': '2', '三': '3', '四': '4', '五': '5',
                '六': '6', '七': '7', '八': '8', '九': '9', '十': '10'}
conn_pat = re.compile(r'[~\-—─一至]')

pay_pattern = re.compile(r'[\d{1,4}|一二三四五六七八九十][万w千k]')


class SalaryNormalized(object):
    """
    薪资归一化，将简历中非特殊化的薪资都归一化为 xxx 元/年 的形式
    """
    def __init__(self):
        pass

    def _dollar_to_yuan(self, salary):
        """
        美元 转换为 人民币
        :param salary:
        :return:
        """
        chin_salary = float(salary) * float(DOLLER_TO_YUAN_EXCHANGE_RATE)
        # 保留 0 位小数
        chin_salary = float('{:0.0f}'.format(chin_salary))

        return chin_salary

    def _ch_num_to_number(self, salary_val):
        """
        salary_val 中的 一万字符 更改为 1万
        :param salary_val:
```

```
        :return:
        """
        if not str_num_pat.search(salary_val) or not str_salary_pat.search
(salary_val):
            return salary_val

        str_num_list = str_num_pat.findall(salary_val)
        str_salary_list = str_salary_pat.findall(salary_val)

        # 满足如下 if 条件时，根据 str_num_list 中的值修改 salary_val 对应字符值
        if (len(str_num_list) <= len(str_salary_list)) \
                or (len(str_num_list) == len(str_salary_list) + 1
                    and conn_pat.search(salary_val)):
            for str_num in str_num_list:
                num_val = str_num_dict.get(str_num)
                salary_val = salary_val.replace(str_num, num_val)
        else:
                # 根据 str_salary_list 中的值修改 salary_val 对应字符值
            for str_num in str_salary_list:
                b_salary_val = salary_val[0: salary_val.find(str_num)]
                e_salary_val = salary_val[salary_val.find(str_num) + len(str_
num):]
                find_str = salary_val[salary_val.find(str_num): salary_val.
find(str_num)
                                                        + len(str_num)]
                num_s = str_num_pat.search(str_num).group()
                num_val = str_num_dict.get(num_s)
                find_str = find_str.replace(num_s, num_val)
                salary_val = b_salary_val + find_str + e_salary_val

        return salary_val

    def _salary_unified_fmt(self, salary_mat=None, salary_val=None, is_
format=True):
        """
        统一格式化 salary
        :param salary_mat:
        :param salary_val:
        :param is_format: 若不需要格式化结果，将得到的 salary 以字典形式返回
        :return:
        """
        if not salary_mat and not salary_val:
            return ''

        if salary_mat:
            val = salary_mat.group().replace(' ', '')
        else:
            val = salary_val.replace(' ', '')

        val = val.lower()
        if val == u'保密' or val == u'面议' or u'egotiate' in val or u'/天' \
                in val or u'/周' in val:
            return ''

        if not digit_pattern.search(val):
```

```
                return ''

        if not salary_digit_pattern.search(val):
            val = self._ch_num_to_number(val)

        sal_min = 0
        sal_max = 0

        sal_list = salary_digit_pattern.findall(val)
        if len(sal_list) == 1:
            sal_min = sal_list[0].replace(',', '')
            sal_min = float(sal_min)
            if 'k' in val:
                sal_min *= 1000
            elif 'w' in val or u'万' in val:
                sal_min *= 10000
        elif len(sal_list) == 2:
            sal_min, sal_max = sal_list[0].replace(',', ''), sal_list[1].
replace(',', '')
            sal_min, sal_max = float(sal_min), float(sal_max)
            if 'k' in val:
                sal_min *= 1000
                sal_max *= 1000
            elif 'w' in val or u'万' in val:
                sal_min *= 10000
                sal_max *= 10000

        # 若 0 < sal_min < 100 且 sal_max // sal_min >= 50, sal_min 不认为有效
        if 0 < sal_min < 100 and sal_max // sal_min >= 50:
            sal_min = sal_max
            sal_max = 0

        # 若不需要格式化结果, 将得到的 salary 以字典形式返回
        if not is_format:
            return {'sal_max': sal_max, 'sal_min': sal_min}

        monthly = False if (u'年' in val or u'/y' in val
                            or (u'月' not in val and u'/m' not in val)
                            or (annual_pay_pattern.match(val) and sal_min >= 80000)) \
            else True  # 当薪水是 x.x 万并且大于 80000 的时候, 认为其是年薪

        salary = u'{0:d}~{1:d}'.format(int(sal_min), int(sal_max)) \
            if sal_max != 0 else u'{0:d}'.format(int(sal_min))
        salary = f'{salary}{US_DOLLAR}' if US_DOLLAR in val else f'{salary}{CHINA_
YUAN}'
        salary = f'{salary}{MONTH_STYLE}' if monthly else f'{salary}{YEAR_
STYLE}'

        if sal_min == 0 and sal_max == 0 and not re.search(r'[万千wk元月ym]',
val):

            return ''

        if sal_min == 0 and sal_max != 0:
            return ''

        if monthly and (sal_min < MIN_YEAR_SALARY // YEAR_MONTH
```

```
                          or sal_min > MAX_YEAR_SALARY // YEAR_MONTH):
                return ''
            elif not monthly and (sal_min < MIN_YEAR_SALARY or sal_min > MAX_YEAR_
SALARY):
                return ''

        return salary

    def _exists_plus_month_get(self, month_line):
        """
        month_line 中存在 "+" 号字符时，根据 "+" 字符提取前面最多两位及后面最多两位数字，相
加作为月份数
        需要注意对类似 "12+ 年终奖 3.5" 及 "年终奖 3.5+12" 这种格式的字符串的解析
        :param month_line:
        :return:
        """
        plus_num = month_line.find('+')
        if plus_num < 0:
            return ''

        if not (salary_digit_pattern.search(month_line[plus_num - 1:plus_num])
                or salary_digit_pattern.search(month_line[plus_num + 1: plus_num
+ 2])

                or (plus_num == 0 and
                    salary_digit_pattern.search(month_line[plus_num + 1: plus_
num + 2]))):
                return ''

        split_results = month_line.split('+')
        left_val, right_val = split_results[0], split_results[1]
        if left_val.find('.') > -1 and salary_digit_pattern.findall(left_val):
            start_month = float(salary_digit_pattern.findall(left_val)[0])
        elif plus_num >= 2 and \
                salary_digit_pattern.search(month_line[plus_num - 2: plus_num -
1]):
            start_month = float(month_line[plus_num - 2: plus_num])
        elif plus_num > 0:
            start_month = float(month_line[plus_num - 1: plus_num])
        else:
            if left_val and salary_digit_pattern.findall(left_val):
                start_month = float(salary_digit_pattern.findall(left_val)[0])
            else:
                start_month = ''

        if right_val.find('.') > -1 and salary_digit_pattern.findall(right_val):
            end_month = float(salary_digit_pattern.findall(right_val)[0])
        elif (plus_num + 2 < len(month_line)
              and pay_pattern.search(month_line[plus_num + 1: plus_num + 3])) \
                or (plus_num + 3 < len(month_line)
                    and pay_pattern.search(month_line[plus_num + 1: plus_num +
4])):
            end_month = ''
        elif plus_num + 2 < len(month_line) \
                and salary_digit_pattern.search(month_line[plus_num + 2: plus_
num + 3]):
```

```python
                end_month = float(month_line[plus_num + 1: plus_num + 3])
            elif plus_num + 2 <= len(month_line) \
                    and salary_digit_pattern.search(month_line[plus_num + 1: plus_
num + 2]):
                end_month = float(month_line[plus_num + 1: plus_num + 2])
            else:
                if right_val and salary_digit_pattern.findall(right_val):
                    end_month = float(salary_digit_pattern.findall(right_val)[0])
                else:
                    end_month = ''

            if start_month and end_month:
                month_num = start_month + end_month
            elif start_month:
                month_num = start_month
            else:
                month_num = end_month

            return str(month_num)

    def _month_num(self, line):
        """
        从 line 中获取月份数，默认值为 YEAR_MOUTH
        :param line:
        :return:
        """
        month_list = list()
        month_num = str(YEAR_MONTH)
        if line.find('*') < 0:
            month_list.append(month_num)
            return month_list

        month_line = line[line.find('*') + 1:].strip()
        if month_line.find('个月') > -1:
            month_num = month_line[:month_line.find('个月')]
        elif month_line.find('月') > -1:
            month_num = month_line[:month_line.find('月')]
        elif month_line.find('薪') > -1:
            month_num = month_line[:month_line.find('薪')]

        # 解析疑似月份的字符串中有 "+" 号
        if month_num.find('+') > -1 or line.find('+') > -1:
            find_str = month_num if month_num.find('+') > -1 else month_line
            month_num = self._exists_plus_month_get(find_str)
            if not month_num:
                month_num = str(YEAR_MONTH)

        month_list = salary_digit_pattern.findall(month_num)

        return month_list

    def _month_style_fmt(self, salary):
        """
        月形式薪资格式化
```

```
        从 month_salary 中获取最大、最小月薪
        :param salary:
        :return:
        """
        month_salary = salary[:salary.find(MONTH_STYLE)].strip()
        if month_salary.endswith(CHINA_YUAN) and not month_salary.endswith(US_
DOLLAR):
            month_salary = month_salary[:month_salary.find(CHINA_YUAN)].strip()
            if month_salary.find(INTERVAL_CONN) > -1:
                salary_list = month_salary.split(INTERVAL_CONN)
                min_salary, max_salary = salary_list[0], salary_list[1]
                min_month_salary = float(min_salary)
                max_month_salary = float(max_salary)
            else:
                min_month_salary = float(month_salary)
                max_month_salary = min_month_salary
        elif month_salary.endswith(US_DOLLAR):
            month_salary = month_salary[:month_salary.find(US_DOLLAR)].strip()
            if month_salary.find(INTERVAL_CONN) > -1:
                salary_list = month_salary.split(INTERVAL_CONN)
                min_salary, max_salary = salary_list[0], salary_list[1]

                min_month_salary = self._dollar_to_yuan(min_salary)
                max_month_salary = self._dollar_to_yuan(max_salary)
            else:
                ch_month_salary = self._dollar_to_yuan(month_salary)
                min_month_salary = ch_month_salary
                max_month_salary = min_month_salary
        else:
            if month_salary.find(INTERVAL_CONN) > -1:
                salary_list = month_salary.split(INTERVAL_CONN)
                min_salary, max_salary = salary_list[0], salary_list[1]
                min_month_salary = float(min_salary)
                max_month_salary = float(max_salary)
            else:
                min_month_salary = float(month_salary)
                max_month_salary = min_month_salary

        return min_month_salary, max_month_salary

    def _min_max_mouth(self, month_list, is_year=True):
        """
        取得最小、最大月数，默认按一年 12 个月计算，即取默认值时，
        返回的 min_month, max_month 均不可小于12
        :param month_list:
        :param is_year:
        :return:
        """
        min_month = YEAR_MONTH
        max_month = YEAR_MONTH
        if not month_list:
            return min_month, max_month

        if len(month_list) == 1:
            min_month = float(month_list[0])
```

```
            max_month = min_month
        else:
            min_month = float(month_list[0])
            max_month = float(month_list[1])

        if is_year and min_month < YEAR_MONTH:
            min_month = YEAR_MONTH
        if is_year and max_month < YEAR_MONTH:
            max_month = YEAR_MONTH

        return min_month, max_month

    def _year_style_fmt(self, salary, month_list):
        """
        年薪资格式化
        从 month_salary 中获取最大、最小月薪
        :param salary:
        :param month_list:
        :return:
        """
        min_month_salary, max_month_salary = 0, 0
        year_sal = salary[:salary.find(YEAR_STYLE)].strip()
        min_month, max_month = month_list[0], month_list[1]

        if year_sal.find(US_DOLLAR) > -1:
            year_sal = year_sal[:year_sal.find(US_DOLLAR)].strip()
            if year_sal.find(INTERVAL_CONN) > -1:
                salary_list = year_sal.split(INTERVAL_CONN)
                min_salary, max_salary = salary_list[0], salary_list[1]
                min_month_salary = self._dollar_to_yuan(min_salary) // min_month
                max_month_salary = self._dollar_to_yuan(max_salary) // max_month
            else:
                min_month_salary = self._dollar_to_yuan(year_sal) // min_month
                max_month_salary = self._dollar_to_yuan(year_sal) // max_month
        elif year_sal.find(CHINA_YUAN) > -1:
            year_sal = year_sal[:year_sal.find(CHINA_YUAN)].strip()
            if year_sal.find(INTERVAL_CONN) > -1:
                salary_list = year_sal.split(INTERVAL_CONN)
                min_month_salary = float(salary_list[0]) // min_month
                max_month_salary = float(salary_list[1]) // max_month
            else:
                min_month_salary = float(year_sal) // min_month
                max_month_salary = float(year_sal) // max_month
        return min_month_salary, max_month_salary

    def _min_max_month_salary(self, salary, month_list):
        """
        取得最小、最大月薪
        :param salary:
        :param month_list:
        :return:
        """
        if salary.endswith(MONTH_STYLE):
            min_month_salary, max_month_salary = self._month_style_fmt(salary)
        elif salary.endswith(YEAR_STYLE):
            min_month_salary, max_month_salary = self._year_style_fmt(salary,
```

```
month_list)
            else:
                min_month_salary = ''
                max_month_salary = ''

            return min_month_salary, max_month_salary

        def _salary_fmt(self, salary, month_list, salary_res=None,
                        salary_mat_search=None, total_salary=0.0):
            """
            薪资格式化为指定形式
            :param salary:
            :param month_list:
            :param salary_res:
            :param salary_mat_search:
            :param total_salary:
            :return:
            """
            min_month, max_month = self._min_max_mouth(month_list)
            month_list = [min_month, max_month]

            min_month_salary, max_month_salary = self._min_max_month_salary(salary,
month_list)

            res_min_month_salary, res_max_month_salary = '', ''
            # 若 salary_res 不为空，从 salary_res 中取得最大、最小月薪
            if salary_res:
                res_min_month_salary, res_max_month_salary = \
                    self._min_max_month_salary(salary_res, month_list)

            mat_search_min_month_salary, mat_search_max_month_salary = '', ''
            # 若 salary_mat_search 不为空，从 salary_mat_search 中取得最大、最小月薪
            if salary_mat_search:
                mat_search_min_month_salary, mat_search_max_month_salary = \
                    self._min_max_month_salary(salary_mat_search, month_list)

            if salary_res and min_month_salary and res_min_month_salary \
                    and max_month_salary and res_max_month_salary:
                # 比较 salary，返回大的一个
                if res_max_month_salary > max_month_salary \
                        or res_min_month_salary > min_month_salary:
                    min_month_salary = res_min_month_salary
                    max_month_salary = res_max_month_salary

            if salary_mat_search and min_month_salary and mat_search_min_month_
salary \
                    and max_month_salary and mat_search_max_month_salary:
                # 比较 salary，返回大的一个
                if mat_search_max_month_salary > max_month_salary \
                        or mat_search_min_month_salary > min_month_salary:
                    min_month_salary = mat_search_min_month_salary
                    max_month_salary = mat_search_max_month_salary

            if total_salary > 0 and total_salary // max_month > max_month_salary:
                min_month_salary = total_salary // max_month
```

```
                max_month_salary = min_month_salary

            if min_month_salary:
                min_month_salary = str(min_month_salary) + MONTH_FMT.format(min_
month)

            if max_month_salary:
                max_month_salary = str(max_month_salary) + MONTH_FMT.format(max_
month)

            return min_month_salary, max_month_salary

    def _total_salary(self, line):
        """
        总薪资计算
        对于类似 5w+12*2.5w 的形式，需要计算总薪资
        :param line:
        :return: 计算得到的总额
        """
        if line.find('+') < 0 and line.find('*') < 0:
            return 0

        line_sub = line.split('+')
        left_val, right_val = line_sub[0], line_sub[1]
        # 是否有薪资单位
        if not (pay_pattern.search(left_val) and pay_pattern.search(right_val)):
            return 0

        month_num = YEAR_MONTH
        left_month, right_month = 0, 0
        left_sal_val, right_sal_val = left_val, right_val
        # 对含有 "*" 的部分文本，取得月份数和薪资值
        if left_val.find('*') > -1:
            sub_val_list = left_val.split('*')
            if pay_pattern.search(sub_val_list[0]):
                left_sal_val = sub_val_list[0]
            else:
                left_sal_val = sub_val_list[1]

            month_list = self._month_num(left_val)
            min_month, max_month = self._min_max_mouth(month_list, is_year=False)
            left_month = max_month
            month_num = left_month

        # 格式化 salary，通过 is_format 参数控制返回值形式，从返回值中取得相关值
        left_sal_dict = self._salary_unified_fmt(salary_val=left_sal_val,
                                                 is_format=False)
        if left_month > 0:
            left_salary_total = left_sal_dict.get('sal_min') * left_month
        else:
            left_salary_total = left_sal_dict.get('sal_min')

        if right_val.find('*') > -1:
            sub_val_list = right_val.split('*')
            if pay_pattern.search(sub_val_list[0]):
```

```
                        right_sal_val = sub_val_list[0]
                    else:
                        right_sal_val = sub_val_list[1]

                    month_list = self._month_num(right_val)
                    min_month, max_month = self._min_max_mouth(month_list, is_year=False)
                    right_month = max_month
                    month_num += max_month

            right_sal_dict = self._salary_unified_fmt(salary_val=right_sal_val,
                                                       is_format=False)
            if right_month > 0:
                right_salary_total = right_sal_dict.get('sal_min') * right_month
            else:
                right_salary_total = right_sal_dict.get('sal_min')

            return left_salary_total + right_salary_total

    def get_normalized_salary(self, line, parser_salary, mat_val=None,
mtype=None):
        """
        取得归一化薪资值
        :param line:
        :param parser_salary:
        :param mat_val:
        :return:
        """
        salary_res = ''
        salary_mat_search = ''

        # 匹配类似 10000-14999 元 / 月字段
        salary_mat_a = salary_pat_a.search(line)
        # 匹配类似 10000 元 / 月字段
        salary_mat_b = salary_pat_b.search(line)

        if salary_mat_a and salary_mat_b:
            # 取得匹配值的起始位置
            a_span = salary_mat_a.span()[0]
            b_span = salary_mat_b.span()[0]

            # 从起始匹配值小的位置截取，作为 res_line 的值
            if a_span <= b_span:
                salary_mat_search = salary_mat_a.group()
                res_line = line[line.find(salary_mat_a.group())
+ len(salary_mat_a.group()):]
                primitive_salary_val = line[line.find(salary_mat_a.group()):]
            else:
                salary_mat_search = salary_mat_b.group()
                res_line = line[line.find(salary_mat_b.group())
+ len(salary_mat_b.group()):]
                primitive_salary_val = line[line.find(salary_mat_b.group()):]
        elif salary_mat_a or salary_mat_b:
            primitive_salary_val = line[line.find(salary_mat_a.group()):]
if salary_mat_a else line[line.find(salary_mat_b.group()):]
            salary_mat_search = salary_mat_a.group() \
```

```
                        if salary_mat_a else salary_mat_b.group()
                    res_line = line[line.find(salary_mat_a.group())
    + len(salary_mat_a.group())):] \
                        if salary_mat_a else line[line.find(salary_mat_b.group())
                                            + len(salary_mat_b.group())):]
                else:
                    digit_find = digit_pattern.search(line)
                    res_line = line[digit_find.span()[0]:]
                    primitive_salary_val = res_line

                if res_line:
                    salary_mat_res = salary_pat_a.search(res_line)
                    if not salary_mat_res:
                        salary_mat_res = salary_pat_b.search(res_line)

                    if salary_mat_res:
                        salary_res = self._salary_unified_fmt(salary_mat=salary_mat_res)

                    if not salary_mat_res and str_num_pat.search(res_line) \
                            and str_salary_pat.search(res_line):
                        salary_res = self._salary_unified_fmt(salary_val=res_line)

            if salary_mat_search:
                salary_mat_search = self._salary_unified_fmt(salary_val=salary_mat_
    search)

            total_salary = 0.0
            if line.find('*') > -1 and line.find('+') > -1:
                total_salary = self._total_salary(line)

            month_list = self._month_num(line)

            # 对 parser_salary 再执行一次 统一格式化
            parser_salary = self._salary_unified_fmt(salary_val=parser_salary)

            if conn_pat.search(parser_salary) and not parser_salary.find(INTERVAL_
    CONN) > -1:
                parser_salary = self._salary_unified_fmt(salary_val=parser_salary)

            min_year_salary, max_year_salary = self._salary_fmt(parser_salary,
                                                    month_list,
                                                    salary_res,
                                                    salary_mat_search,
                                                    total_salary)

            return min_year_salary, max_year_salary, primitive_salary_val


    test_case_str_lists = [
        # [0]
        ['目前年薪：28.8万(24000-25000元／月 * 13个月)', '288000元／年'],
        # [1]
        ['期望薪资：10000-14999元／月', '10000~14999元／月'],
        # [2]
        ['目前年收入 30 万元 (包含基本工资、补贴、奖金、股权收益等)', '300000元／年'],
```

```
# [3]
[' 期望薪资：30-40 万 元 / 年 ', '300000~400000 元 / 年 '],
# [4]
['2k 以下 ', '2000 元 / 月 '],
# [5]
[' 目前年薪：30 万 (25000 元 / 月 * 16 个月 )', '300000 元 / 年 '],
# [6]
[' 年薪 :50w( 税前 )', '500000 元 / 年 '],
# [7]
[' 目前年薪：28.8 万 (24000 元 / 月 * 13 个月 )', '288000 元 / 年 '],
# [8]
[' 目职位月薪 :40k/ 月以上 ', '40000 元 / 月 '],
# [9]
[' 期望薪资：30k-45k*14 薪 ', '30000~45000 元 / 月 '],
# [10]
[' 期望薪资：10000-14999 美元 / 月 ', '10000~14999 美元 / 月 '],
# [11]
[' 期望薪资：二万 - 三万 / 月 ', ' 二万 - 三万 / 月 '],
# [12]
[' 期望薪资：30k-45k*13-14 薪 ', '30000~45000 元 / 月 '],
# [13]
[' ￥ 10000', ' ￥ 10000'],
# [14]
[' 期望薪资：3-5 万 / 月 ', '3-5 万 / 月 '],
# [15]
[' 期望薪资：3-5k/ 月 *13-14 月 ', '3-5k/ 月 '],
# [16]
[' 期望薪资：35k/ 月 *13-14 月 ', '35000/ 月 '],
# [17]
['1 年 *14, 期望月薪：35k/ 月 ', '35000/ 月 '],
# [18]
['*14-16, 期望薪资：35k/ 月 ', '35000/ 月 '],
# [19]
[' 期望薪资：30k-45k*12.00 薪 ', '30000~45000 元 / 月 '],
# [20]
[' 薪酬状况 :36 万 / 年 ~ 60 万 / 年 ( 基础底薪 3 万 / 月 , 年终奖 , 提成 , 配股 )', '360000 元 /
年 '],
# [21]
[' 目前薪酬：税前 46.8 万 / 月 , 其中税前 3.9 万元 / 月 *12 个月 ', '46.8 万 / 月 '],
# [22]
[' 期望薪资：30k-45k*13+3', '30000~45000 元 / 月 '],
# [23]
[' 期望薪资：30k-45k*13+12', '30000~45000 元 / 月 '],
# [24]
[' 期望薪资：30k-45k*3+12', '30000~45000 元 / 月 '],
# [25]
[' 期望薪资：30k-45k*13+', '30000~45000 元 / 月 '],
# [26]
[' 期望薪资：30k-45k*+13', '30000~45000 元 / 月 '],
# [27]
[' 期望薪资：30k-45k*11+', '30000~45000 元 / 月 '],
# [28]
[' 期望薪资：30k-45k*+11', '30000~45000 元 / 月 '],
# [29]
[' 期望薪资：30k-45k*12+ 年终奖 3.5', '30000~45000 元 / 月 '],
```

```
            # [30]
            ['期望薪资：30k-45k* 年终奖 3.5+12', '30000~45000 元 / 月 '],
            # [31]
            [' 职位薪资 :2.5w*12+5w', '300000/ 年 '],
            # [32]
            [' 职位薪资 :5w+12*2.5w', '300000/ 年 '],
    ]


    class SalaryFuncTestCase(unittest.TestCase):
        def setUp(self):
            self.normalizer = SalaryNormalized()
            self.warmUp()

        def tearDown(self):
            self.normalizer = None

        def warmUp(self):
            pass

        def runTest(self):
            for case_list in test_case_str_lists[:]:
                if len(case_list) == 2:
                    salary_detail = self.normalizer.get_normalized_salary(case_
list[0],
                                                               case_list[1])
                elif len(case_list) == 3:
                    salary_detail = self.normalizer.get_normalized_salary(case_
list[0],
                                                               case_list[1],
                                                               case_list[2])
                elif len(case_list) == 4:
                    salary_detail = self.normalizer.get_normalized_salary(case_
list[0],
                                                               case_list[1],
                                                               case_list[2],
                                                               case_list[3])
                print(f' 原始文本内容：{case_list}\n 格式化后结果：{salary_detail}\n')


    if __name__ == "__main__":
        unittest.main()
```

执行 py 文件，输出结果类似如下：

原始文本内容：[' 目前年薪：28.8 万 (24000-25000 元 / 月 * 13 个月)', '288000 元 / 年 ']
格式化后结果：('24000.0 元 / 月 * 13.0 月 ', '25000.0 元 / 月 * 13.0 月 ', '28.8 万 (24000-
25000 元 / 月 * 13 个月)')

原始文本内容：[' 期望薪资：10000-14999 元 / 月 ', '10000~14999 元 / 月 ']
格式化后结果：('10000.0 元 / 月 * 12.0 月 ', '14999.0 元 / 月 * 12.0 月 ', '10000-14999 元
/ 月 ')

原始文本内容：[' 目前年收入 30 万元 (包含基本工资、补贴、奖金、股权收益等)', '300000 元 / 年 ']
格式化后结果：('25000.0 元 / 月 * 12.0 月 ', '25000.0 元 / 月 * 12.0 月 ', '30 万元 (包含基

本工资、补贴、奖金、股权收益等)')

　　原始文本内容：[' 期望薪资：30-40 万 元 / 年 ', '300000~400000元 / 年 ']
　　格式化后结果：('25000.0元 / 月 ＊ 12.0月', '33333.0元 / 月 ＊ 12.0月', '30-40 万 元 /
年 ')

　　原始文本内容：['2k 以下 ', '2000元 / 月 ']
　　格式化后结果：('2000.0元 / 月 ＊ 12.0月', '2000.0元 / 月 ＊ 12.0月', '2k 以下 ')

　　原始文本内容：[' 目前年薪：30 万 (25000元 / 月 ＊ 16个月)', '300000元 / 年 ']
　　格式化后结果：('25000.0元 / 月 ＊ 16.0月', '25000.0元 / 月 ＊ 16.0月', '30 万 (25000元 /
月 ＊ 16个月)')

　　原始文本内容：[' 年薪 :50w(税前)', '500000元 / 年 ']
　　格式化后结果：('41666.0元 / 月 ＊ 12.0月', '41666.0元 / 月 ＊ 12.0月', '50w(税前)')

　　原始文本内容：[' 目前年薪：28.8 万 (24000元 / 月 ＊ 13个月)', '288000元 / 年 ']
　　格式化后结果：('24000.0元 / 月 ＊ 13.0月', '24000.0元 / 月 ＊ 13.0月', '28.8 万 (24000
元 / 月 ＊ 13个月)')

　　原始文本内容：[' 目职位月薪 :40k/ 月以上 ', '40000元 / 月 ']
　　格式化后结果：('40000.0元 / 月 ＊ 12.0月', '40000.0元 / 月 ＊ 12.0月', '40k/ 月以上 ')

　　原始文本内容：[' 期望薪资：30k-45k*14 薪 ', '30000~45000元 / 月 ']
　　格式化后结果：('30000.0元 / 月 ＊ 14.0月', '45000.0元 / 月 ＊ 14.0月', '30k-45k*14 薪 ')

　　原始文本内容：[' 期望薪资：10000-14999 美元 / 月 ', '10000~14999 美元 / 月 ']
　　格式化后结果：('68288.0元 / 月 ＊ 12.0月', '102425.0元 / 月 ＊ 12.0月', '10000-14999 美
元 / 月 ')

　　原始文本内容：[' 期望薪资：二万 - 三万 / 月 ', ' 二万 - 三万 / 月 ']
　　格式化后结果：('20000.0元 / 月 ＊ 12.0月', '30000.0元 / 月 ＊ 12.0月', ' 二万 - 三万 / 月 ')

　　原始文本内容：[' 期望薪资：30k-45k*13-14 薪 ', '30000~45000元 / 月 ']
　　格式化后结果：('30000.0元 / 月 ＊ 13.0月', '45000.0元 / 月 ＊ 14.0月', '30k-45k*13-14
薪 ')

　　原始文本内容：[' ￥10000', ' ￥10000']
　　格式化后结果：('833.0元 / 月 ＊ 12.0月', '833.0元 / 月 ＊ 12.0月', '10000')

　　原始文本内容：[' 期望薪资：3-5 万 / 月 ', '3-5 万 / 月 ']
　　格式化后结果：('30000.0元 / 月 ＊ 12.0月', '50000.0元 / 月 ＊ 12.0月', '3-5 万 / 月 ')

　　原始文本内容：[' 期望薪资：3-5k/ 月 *13-14 月 ', '3-5k/ 月 ']
　　格式化后结果：('3000.0元 / 月 ＊ 13.0月', '5000.0元 / 月 ＊ 14.0月', '3-5k/ 月 *13-14
月 ')

　　原始文本内容：[' 期望薪资：35k/ 月 *13-14 月 ', '35000/ 月 ']
　　格式化后结果：('35000.0元 / 月 ＊ 13.0月', '35000.0元 / 月 ＊ 14.0月', '35k/ 月 *13-14
月 ')

　　原始文本内容：['1 年 *14, 期望月薪：35k/ 月 ', '35000/ 月 ']
　　格式化后结果：('35000.0元 / 月 ＊ 14.0月', '35000.0元 / 月 ＊ 14.0月', '14, 期望月薪：
35k/ 月 ')

原始文本内容：['*14-16,期望薪资：35k/月', '35000/月']
格式化后结果：('35000.0元/月 * 14.0月', '35000.0元/月 * 16.0月', '14-16,期望薪资：35k/月')

原始文本内容：[' 期望薪资：30k-45k*12.00薪', '30000~45000元/月']
格式化后结果：('30000.0元/月 * 12.0月', '45000.0元/月 * 12.0月', '30k-45k*12.00薪')

原始文本内容：[' 薪酬状况:36万/年 ~ 60万/年(基础底薪3万/月,年终奖,提成,配股)', '360000元/年']
格式化后结果：('30000.0元/月 * 12.0月', '50000.0元/月 * 12.0月', '36万/年 ~ 60万/年(基础底薪3万/月,年终奖,提成,配股)')

原始文本内容：[' 目前薪酬:税前46.8万/月,其中税前3.9万元/月*12个月', '46.8万/月']
格式化后结果：('39000.0元/月 * 12.0月', '39000.0元/月 * 12.0月', '46.8万/月,其中税前3.9万元/月*12个月')

原始文本内容：[' 期望薪资：30k-45k*13+3', '30000~45000元/月']
格式化后结果：('30000.0元/月 * 16.0月', '45000.0元/月 * 16.0月', '30k-45k*13+3')

原始文本内容：[' 期望薪资：30k-45k*13+12', '30000~45000元/月']
格式化后结果：('30000.0元/月 * 25.0月', '45000.0元/月 * 25.0月', '30k-45k*13+12')

原始文本内容：[' 期望薪资：30k-45k*3+12', '30000~45000元/月']
格式化后结果：('30000.0元/月 * 15.0月', '45000.0元/月 * 15.0月', '30k-45k*3+12')

原始文本内容：[' 期望薪资：30k-45k*13+', '30000~45000元/月']
格式化后结果：('30000.0元/月 * 13.0月', '45000.0元/月 * 13.0月', '30k-45k*13+')

原始文本内容：[' 期望薪资：30k-45k*+13', '30000~45000元/月']
格式化后结果：('30000.0元/月 * 13.0月', '45000.0元/月 * 13.0月', '30k-45k*+13')

原始文本内容：[' 期望薪资：30k-45k*11+', '30000~45000元/月']
格式化后结果：('30000.0元/月 * 12月', '45000.0元/月 * 12月', '30k-45k*11+')

原始文本内容：[' 期望薪资：30k-45k*+11', '30000~45000元/月']
格式化后结果：('30000.0元/月 * 12月', '45000.0元/月 * 12月', '30k-45k*+11')

原始文本内容：[' 期望薪资：30k-45k*12+年终奖3.5', '30000~45000元/月']
格式化后结果：('30000.0元/月 * 15.5月', '45000.0元/月 * 15.5月', '30k-45k*12+年终奖3.5')

原始文本内容：[' 期望薪资：30k-45k* 年终奖3.5+12', '30000~45000元/月']
格式化后结果：('30000.0元/月 * 15.5月', '45000.0元/月 * 15.5月', '30k-45k* 年终奖3.5+12')

原始文本内容：[' 职位薪资:2.5w*12+5w', '300000/年']
格式化后结果：('29166.0元/月 * 12.0月', '29166.0元/月 * 12.0月', '2.5w*12+5w')

原始文本内容：[' 职位薪资:5w+12*2.5w', '300000/年']
格式化后结果：('29166.0元/月 * 12.0月', '29166.0元/月 * 12.0月', '5w+12*2.5w')

```
Ran 1 test in 0.002s
OK
```

示例中使用了 unittest 模块，便于做相关的测试反馈。当然，读者也可以根据需要做相关的自定义操作。

上述示例是自然语言中文本处理的简单示例，有兴趣的读者可以根据示例进行进一步探究，使代码处理更加灵活，更加通用。

14.6 本章小结

本章主要讲解测试、调试和异常的操作处理。测试、调试与异常处理是编程过程中必不可少的环节。我们只有对程序进行充分测试与调试后，才能更好地发现并解决问题，使程序更加健壮。

异常处理更是编程中必须仔细考虑的部分。好的异常处理对问题排查有很大帮助，可以在一定程度上提升开发人员的效率，也可以使程序向更为健壮的方向完善。

第 15 章 *Chapter 15*

Python 的内存管理机制

对于 Python 这样的动态语言，内存管理是至关重要的一部分，它在很大程度上决定了 Python 的执行效率。

在 Python 程序运行中创建和销毁大量对象，都会涉及内存管理。和 Java、C# 这些编程语言一样，Python 也提供了内存管理机制，将开发者从烦琐的手动维护内存的工作中解放出来。

本章主要讲解 Python 内部所采用的内存管理机制。

15.1 Python 内存架构

在解析 Python 的内存管理架构之前，有一点需要说明：Python 中所有的内存管理机制都有两套实现方式，这两套实现方式由编译符号 PYMALLOC_DEBUG 控制。

当 PYMALLOC_DEBUG 被定义后，我们使用的就是 debug 模式下的内存管理机制。这套机制除了会执行正常的内存管理动作之外，还会记录许多关于内存的信息，以便在 Python 开发时进行调试；若 PYMALLOC_DEBUG 未被定义，内存管理机制只执行正常的内存管理动作。

本章将关注的焦点放在非 debug 模式下的内存管理机制上。

在 Python 中，内存管理机制被抽象成一种层次结构，如表 15-1 所示。

表 15-1 Python 内存管理机制的层次结构

第 3 层	[int](diet)[list] .. [string] Object-specific memory
第 2 层	Python's object allocator(PyObj_API) Object memory

（续）

第 1 层	Python's raw memory allocator (PyMem_ API)
	Python memory (under PyMem manager's control)
第 0 层	Underlying general-purpose allocator (ex C library malloc)

底层（第 0 层）是操作系统提供的内存管理接口，比如 C 运行时所提供的 malloc 和 free 接口。这一层是由操作系统实现并管理的，Python 不能干涉这一层的行为。从这一层往上，剩余的 3 层都是由 Python 实现并维护的。

第 1 层是 Python 基于第 0 层操作系统提供的内存管理接口包装而成的，这一层并没有在第 0 层上加入太多的接口，其仅仅是为 Python 提供统一的 raw memory 的管理接口。

既然 Python 是用 C 实现的，为什么还需要在 C 所提供的内存管理接口之上再提供一层并没有太多实际意义的包装层呢？这是因为虽然不同的操作系统都提供了 ANSI C 标准所定义的内存管理接口，但是对于某些特殊的情况，不同操作系统有不同的行为。比如调用 malloc(0)，有的操作系统会返回 NULL，表示内存申请失败；有的操作系统会返回一个看似正常的指针，但是这个指针所指的内存并不是有效的。为了实现最大的可移植性，Python 必须保证相同的语义代表相同的运行时行为。所以，为了处理这些与平台相关的内存分配行为，Python 必须在 C 的内存分配接口之上再提供一层包装。

在 Python 中，第 1 层的实现是一组以 PyMem_ 为前缀的函数族。第 1 层内存管理机制的源码位置为 Include/pymem.h。

> 注意 Python 不允许申请大小为 0 的内存空间，它会强制将大小为 0 的内存空间转换为大小为 1 字节的内存空间，从而避免不同操作系统上的不同运行时行为。

第 1 层所提供的内存管理接口功能是有限的，如要创建一个 PyIntObject 对象，还需要进行许多额外的工作，如设置对象的类型对象参数、初始化对象的引用计数值等。

为了简化 Python 自身的开发，Python 在比第 1 层更高的抽象层上提供了第 2 层内存管理接口。

第 2 层是一组以 PyObje_ 为前缀的函数族，主要提供了创建 Python 对象的接口。这一套函数族又被称为 Pymalloc 机制，并从 Python 2.1 版本开始登上历史舞台，在 Python 2.1 和 Python 2.2 版本中，Pymalloc 机制作为实验性质的机制，默认是不打开的，从 Python 2.3 版本才开始默认打开。

在第 2 层内存管理机制之上，对于一些常用对象，比如整数对象、字符串对象等，Python 又创建了更高层次的内存管理策略。

对于第 3 层的内存管理策略，其主要是对象缓冲池机制。第 1 层的内存管理机制仅仅是对 malloc() 函数的简单包装。真正在 Python 中发挥巨大作用，同时也是 GC 所在的内存管理机制在第 2 层中。下面对内存管理机制进行剖析。

15.2 小块空间的内存池

在 Python 中，我们大多时候申请的内存都是小块内存。这些小块内存在申请后，很快会被释放。由于这些内存的申请并不是为了创建对象，因此并没有对象级的内存池机制。这就意味着 Python 在运行期间会大量执行申请和释放操作，导致操作系统频繁地在用户态和核心态之间切换，严重影响 Python 的执行效率。

为了提高执行效率，Python 引入了内存池机制，用于对小块内存的申请和释放进行管理。

Python 2.5 版本后，管理小块内存的内存池默认为激活，由 PyObject_Malloc、PyObject_Realloc 和 PyObject_Free 三个接口显示给 Python。

同时，整个小块内存的内存池的层次结构共分为 4 层，从下至上分别是 block、pool、arena 和内存池。

pool 和 arena 都是 Python 源码中可以找到的实体，而 block 和最顶层的内存池只是概念，表示 Python 对于整个小块内存分配和释放行为的内存管理机制。

15.2.1 block

在底层，block 是一个固定大小的内存块。在 Python 中，有很多种 block，不同种类的 block 有不同的内存大小，这个内存大小的值被称为 size class。

为了在当前主流的 32 位平台和 64 位平台上都能获得最佳的性能，所有的 block 的长度都是 8 或 16 字节对齐的。该定义的源码位置为 Objects/obmalloc.c。源码如下：

```
#if SIZEOF_VOID_P > 4
#define ALIGNMENT               16              /* must be 2^N */
#define ALIGNMENT_SHIFT         4
#else
#define ALIGNMENT               8               /* must be 2^N */
#define ALIGNMENT_SHIFT         3
#endif
```

同时，Python 为 block 的大小设定了一个上限。当申请的内存小于这个上限时，Python 可以使用不同种类的 block 来满足该申请需求；当申请的内存超过这个上限时，我们会将对内存的请求转交给第 1 层的内存管理机制，即 PyMem 函数族来处理。这个上限值在 Python 3 中被设置为 512（Python2 中是 256）。源码定义如下：

```
// Objects/obmalloc.c
#define SMALL_REQUEST_THRESHOLD 512
#define NB_SMALL_SIZE_CLASSES   (SMALL_REQUEST_THRESHOLD / ALIGNMENT)
```

根据 SMALL_REQUEST_THRESHOLD 和 ALIGNMENT 的赋值的限定，可以得到不同种类的 block 的 size class 分别为 8、16、32…512。每个 size class 对应一个 size class index，是这个 index 从 0 开始。所以，对于小于 512 字节的小块内存的分配，源码中有如下注释：

```
// Objects/obmalloc.c
```

```
* Request in bytes     Size of allocated block     Size class idx
* -------------------------------------------------------------------
*        1-8                    8                        0
*        9-16                   16                       1
*        17-24                  24                       2
*        25-32                  32                       3
*        33-40                  40                       4
*        41-48                  48                       5
*        49-56                  56                       6
*        57-64                  64                       7
*        65-72                  72                       8
*        ...                    ...                      ...
*        497-504                504                      62
*        505-512                512                      63
*
*    0, SMALL_REQUEST_THRESHOLD + 1 and up: routed to the underlying
*    allocator.
```

也就是说，当申请一块大小为 28 字节的内存时，PyObject_Malloc 从内存池中划出的内存是 32 字节的 block，其从 size class indcx 为 3 的 pool 中划出。

 注意 虽然这里谈论了很多 block，但是在 Python 中，block 只是抽象出来的一个概念，虽具有一定大小的内存，但在 Python 源码中并没有与之对应的实体存在。不过，Python 提供了一个管理 block 的对象——pool。

15.2.2 pool

一组 block 的集合称为一个 pool，一个 pool 管理着很多有固定大小的内存块。pool 将大块内存划分为多个小的内存块。

在 Python 中，一个 pool 的大小通常为一个系统内存页。由于当前大多数 Python 支持的系统的内存页是 4KB，所以 Python 内部也将一个 pool 的大小定义为 4KB。源码定义如下：

```
// Objects/obmalloc.c
#define SYSTEM_PAGE_SIZE       (4 * 1024)
#define SYSTEM_PAGE_SIZE_MASK  (SYSTEM_PAGE_SIZE - 1)
```

Python 没有为 block 提供对应的代码结构，但为 pool 提供了代码实现。Python 源码中的 pool_header 是 pool 概念的实现。源码位置为 Objects/obmalloc.c。

 说明 pool 管理的所有 block 的大小都是一样的。也就是说，一个 pool 可能管理了 100 个 32 字节的 block，也可能管理了 100 个 64 字节的 block，但不会管理了 50 个 32 字节的 block 和 50 个 64 字节的 block。

15.2.3 arena

在 Python 中，多个 pool 聚合的结果就是一个 arena。

由 15.2.2 节知道 pool 的大小默认为 4KB。同理，每个 arena 都有一个默认值，在 Python3 中，这个值由名为 ARENA_SIZE 的对象定义，大小为 256KB。也就是说，一个 arena 中容纳的 pool 的个数就是 ARENA_SIZE/POOL_SIZE=64 个。源码定义如下：

```
#define ARENA_SIZE              (256 << 10)    /* 256KB */
```

概念上的 arena 在 Python 源码中对应的是 arena_object 结构体，源码位置为 Objects/obmalloc.c。arena_object 仅仅是 arena 的一部分，就像 pool_header 只是 pool 的一部分一样。一个完整的 arena 包括一个 arena_object 和由这个 arena_object 管理着的 pool 集合。

在运行期间，Python 使用 new_arena 来创建 arena，具体可以查看源码中的 new_arena 函数（Objects/obmalloc.c）。

15.2.4　内存池

在 Python 3 中，Python 内部默认的小块内存与大块内存的分界点为 512 字节，由名为 SMALL_REQUEST_THRESHOLD 的对象控制。

当申请的内存小于 512 字节时，PyObject_Malloc 会在内存池中申请内存；当申请的内存大于 512 字节时，PyObject_Malloc 的行为将蜕化为 malloc 的行为。

当申请的内存小于 512 字节时，Python 会使用 arena 所维护的内存空间。那么，Python 内部对于 arena 的个数是否有限制，即 Python 对这个小块空间内存池的大小是否有限制呢？这取决于用户，Python 提供了一个编译符号，用于控制是否限制内存池的大小。

当我们在 WITH_MEMORY_LIMITS 编译符号打开的背景下进行编译时，Python 内部的另一个符号（SMALL_MEMORY_LIMIT）会被激活。SMALL_MEMORY_LIMIT 限制了整个内存池的大小，同时也限制了可以创建的 arena 的个数。

在默认情况下，不论是 Win32 平台，还是 UNIX 平台，这个编译符号都是没有打开的，所以通常 Python 没有对小块内存的内存池大小做任何限制。源码如下：

```
// Objects/obmalloc.c
#ifdef WITH_MEMORY_LIMITS
#ifndef SMALL_MEMORY_LIMIT
#define SMALL_MEMORY_LIMIT      (64 * 1024 * 1024)       /* 64 MB -- more? */
#endif
#endif
```

在实际的使用中，Python 并不直接与 arena 打交道。当申请内存时，最基本的操作单元并不是 arena，而是 pool。

当申请一个 28 字节的内存时，Python 内部会在内存池中寻找一个能满足需求的 pool，从中取出一个 block 返回，而不会去寻找 arena。这实际上是由 pool 和 arena 自身的属性决定的。

在 Python 中，pool 是一个有大小概念的内存管理抽象体，一个 pool 中的 block 总是有固定大小的，且这个 pool 总是和某个 size class index 对应。而 arena 是没有大小概念的内存管理抽象体，这就意味着同一个 arena 在某个时刻的 pool 可能都是管理着 32 字节的

block；而到了另一时刻，由于系统需要，这个 arena 可能被重新划分，其中的 pool 集合可能改为管理 64 字节的 block，甚至改为一半管理 32 字节，一半管理 64 字节。这就决定了在进行内存分配和销毁时，所有动作都是在 pool 上完成的。

内存池中的 pool 不仅是一个有大小概念的内存管理抽象体，还是一个有状态的内存管理抽象体。pool 在程序运行的任何时刻，总是处于以下 3 种状态中的其中一种。

1）used 状态：pool 中至少有一个 block 已经被使用，并且至少有一个 block 还未被使用。这种状态的 pool 受控于 Python 内部维护的 usedpools 数组。

2）full 状态：pool 中所有的 block 都已经被使用。这种状态的 pool 在 arena 中，但不在 arena 的 freepools 链表中。

3）empty 状态：pool 中所有的 block 都未被使用。这个状态的 pool 的集合通过其 pool_header 中的 nextpool 构成一个链表，这个链表的表头就是 arena_object 中的 freepools。

arena 中包含 3 种状态的 pool 集合的可能状态如图 15-1 所示。

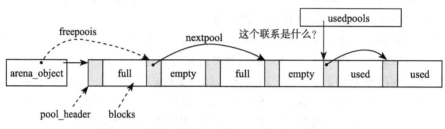

图 15-1　某个时刻 arena 中 pool 集合的可能状态

注意　arena 中处于 full 状态的 pool 是各自独立的，并没有像其他的 pool 一样链接成链表。

从图 15-1 中可以看到，所有处于 used 状态的 pool 都置于 usedpools 的控制之下。Python 内部维护的 usedpools 数组是一个非常巧妙的实现，维护着所有处于 used 状态的 pool。当申请内存时，程序会通过 usedpools 寻找到一块可用的（处于 used 状态的）pool，从中分配一个 block。

当 Python 程序启动之后，在 usedpools 这个小块空间内存池中并不存在任何可用的内存，即不存在任何可用的 pool。

此时，Python 采用延迟分配的策略，即当确实开始申请小块内存时，Python 才开始建立这个内存池。当申请 28 字节的内存时，Python 实际上将申请 32 字节的内存。Python 首先会根据 32 字节对应的 class size index(3) 在 usedpools 中对应的位置查找。如果发现在对应的位置并没有链接任何可用的 pool，Python 会从 usable_arenas 链表中的第一个可用的 arena 中获得一个 pool。

注意　当前获得的 arena 中包含的这些 pool 可能并不属于同一个 class size index。

前面讲解了对 block 的分配，现在讲解对 block 的释放。

对 block 的释放实际上就是将一块 block 归还给 pool。pool 有 3 种状态，分别为 used、empty、full 状态。当 pool 处于这三种状态时，pool 各自所处的位置是不同的。

当释放一个 block 后，会引起 pool 状态的转变，这种转变可分为两种情况：used 状态转变为 empty 状态；full 状态转变为 used 状态。

比较常见的情况是，尽管 pool 收回了一个 block，但是 pool 仍然处于 used 状态，（详情见 Objects/obmalloc.c 中的 PyObject_Free 方法）。

当 pool 的状态保持在 used 状态时，Python 仅仅将 block 重新放入自由 block 链表中。

如果释放 block 之前，block 所属的 pool 处于 full 状态，则 Python 仅仅是将 pool 重新链回到 usedpools 中（详情见 Objects/obmalloc.c 中的 PyObject_Free 方法）。

最复杂的情况发生在 pool 收回 block 后从 used 状态转为 empty 状态。此时，Python 要将 empty 状态的 pool 链入 freepools 中，待处理完 pool 之后，才开始处理 arena。

对 arena 的处理分为 4 种情况（处理源码见 Objects/obmalloc.c 中的 PyObject_Free 方法），具体如下：

1）如果 arena 中所有的 pool 都是 empty 状态，释放 pool 集合占用的内存。

2）如果之前 arena 中没有 empty 状态的 pool，那么在 usable_arenas 链表中就找不到该 arena。由于现在 arena 中有了一个 pool，因此需要将该 arena 链入 usable_arenas 链表的表头。

3）若 arena 中 empty 状态的 pool 个数为 n，则从 usable_arenas 开始寻找 arena 可以插入的位置，将 arena 插入 usable_arenas 中。由于 usable_arenas 实际上是一个有序的链表，从表头开始，每一个 arena 中 empty 状态的 pool 的个数即 nfreepools，且都不能大于后面的 arena，也不能小于后面的 arena。保持这种有序性的原因是在分配 block 时，是从 usable_arenas 的表头开始寻找可用的 arena 的，这样如果 arena 的 empty 状态的 pool 数量越多，它被使用的机会就越少，最终释放其维护的 pool 集合的内存的机会就越大，进而保证多余的内存被归还给系统。

4）其他情况下，不对 arena 进行任何处理。

15.3　循环引用的垃圾收集

15.3.1　引用计数与垃圾收集

随着软硬件的发展，垃圾收集几乎已经成了现代主流开发语言不可或缺的特性。Java、C# 等都在语言层面引入了垃圾收集机制。

Python 同样也在语言层面实现了内存的动态管理，从而将开发人员从管理内存的噩梦中解放出来。

Python 中的动态内存管理与 Java、C# 有很大不同。在 Python 中，大多数对象的生命周期是通过对象的引用计数来管理的。

从广义上来说，引用计数也是一种垃圾收集机制，而且是一种最直观、最简单的垃圾收集机制。

虽然引用计数必须在每次分配和释放内存的时候加入管理引用计数的动作，然而与其他主流的垃圾收集机制相比，其有一个最大的优点——实时性。任何内存只要没有指向它的引用，就会立即被回收。而其他垃圾收集机制必须在某种特殊条件下（比如内存分配失败）才能对无效内存进行回收。

引用计数机制所带来的维护操作与Python运行中所进行的内存分配和释放、引用赋值的次数是成正比的，这与主流的垃圾收集机制相比，如标记—清除（Mark—Sweep）、停止—复制（Stop—Copy）等方法，是一个弱点，因为其他机制所带来的额外操作基本上只与待回收的内存数量有关。

为了与引用计数机制搭配，并在内存的分配和释放上得到更高的执行效率，Python设计了大量内存池机制，如小块内存的内存池。

引用计数机制除了执行效率这个软肋，还存在一个致命的弱点——循环引用。

引用计数机制非常简单，当一个对象的引用被创建或复制时，对象的引用计数加1；当一个对象的引用被销毁时，对象的引用计数减1。如果对象的引用计数减为0，意味着对象已经不会被使用，系统可以将其占用的内存释放。问题的关键就在于，循环引用可以使一组对象的引用计数都不为0，然而这些对象实际上并没有被任何外部变量引用，它们之间只是互相引用。这意味着不会再有人使用这组对象，应该回收这些对象所占用的内存，然而由于互相引用的存在，每一个对象的引用计数都不为0，因此这些对象所占用的内存永远不会被回收。

毫无疑问，这一点是致命的，这与手动进行内存管理所产生的内存泄露毫无区别。

要解决这个问题，必须引入其他垃圾收集机制。Python引入了主流垃圾收集机制中的标记—清除和分代收集来填补其内存管理机制中最后的也是最致命的漏洞。

15.3.2 三色标记模型

无论哪种垃圾收集机制，一般都分为两个阶段：垃圾检测和垃圾回收。

垃圾检测是从所有已分配的内存中区别出可回收的内存和不可回收的内存；垃圾回收则是使系统重新掌握在垃圾检测阶段所标识出来的可回收内存块。

接下来看一看标记—清除（Mark—Sweep）方法是如何实现的，并为这个过程建立一个三色标记模型。Python中的垃圾收集正是基于这个模型完成的。

从具体的实现来讲，标记—清除方法同样遵循垃圾收集的两个阶段，其工作过程如下。

1）寻找根对象（Root Object）的集合，所谓的根对象是一些全局引用和函数栈中的引用。这些引用所用的对象是不可被删除的。根对象集合也是垃圾检测动作的起点。

2）从根对象t集合出发，如果沿着根对象集合中的每一个引用能到达某个对象A，则称A是可达的（Reachable）。可达对象不可被删除。这个阶段就是垃圾检测阶段。

3）垃圾检测阶段结束后，所有的对象将被分为可达的和不可达的（Unreachable）两部分。所有的可达对象必须予以保留，而所有的不可达对象所占用的内存将被回收。这就是垃圾回收阶段。

在垃圾收集动作被激活之前，系统中所分配的所有对象和对象之间的引用组成了一张有向图，其中对象是图中的节点，而对象间的引用是图的边。

在这个有向图的基础上建立一个三色标注模型可更形象地展示垃圾收集的整个动作。

当垃圾收集开始时，假设系统中的所有对象都是不可达的，对应在有向图上为白色，即所有的节点都标注为白色。随后，从垃圾收集的动作激活开始，沿着始于根对象集合中的某个对象的引用链在某个时刻到达对象 A，此时将 A 标记为灰色（灰色表示一个对象是可达的，但是其所包含的引用还没有被检查）。当检查了对象 A 中所包含的所有引用之后，A 将被标记为黑色，表示其包含的所有引用已经被检查过了。这时，A 所引用的对象则被标记为灰色。假如从根对象集合出发，采用广度优先的搜索策略，可以想象，灰色节点对象集合就如同一个波阵面不断向外扩散，随着所有的灰色节点都变为黑色节点，也就意味着垃圾检测阶段结束。图 15-2 展示了垃圾收集过程中的某个时刻有向图的一个局部示意图。

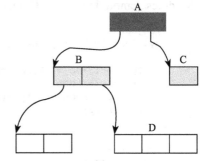

图 15-2　垃圾收集过程中某个时刻有向图的局部示意图

15.4　Python 垃圾收集

如前所述，在 Python 中，主要的内存管理手段是引用计数机制，而标记—消除和分代收集只是为了打破循环引用而引入的补充技术。这一事实意味着 Python 中的垃圾收集只关注可能会产生循环引用的对象。很显然，像 PyIntObject、PyStringObject 这些对象是绝不可能产生循环引用的，因为它们内部不可能持有对其他对象的引用。

Python 的循环引用总是发生在 container 对象之间。所谓 container 对象即内部持有对其他对象引用的对象，比如 list、dict、class、instance 等。

当 Python 的垃圾收集机制运行时，只需要去检查这些 container 对象，而无须理会 PyIntObject、PyStringObject 等对象，这使得垃圾收集带来的开销只依赖于 container 对象的数量，而非所有对象的数量。为了达到这一目标，Python 必须跟踪所创建的每一个 container 对象，并将这些对象组织到一个集合中。只有如此，才能将垃圾收集的动作限制在这些对象上。

那么，Python 采用了什么结构将这些 container 对象组织在一起呢？Python 采用了一个双向链表，所有 container 对象在创建之后都会被插入这个链表。

15.4.1　可收集对象链表

在对 Python 对象的分析中看到，任何一个 Python 对象都可分为两部分：一部分是

PyObject_HEAD，另一部分是对象自身的数据。

对于需要被垃圾收集机制跟踪的 container 对象而言，了解这些还不够，因为其还必须链入 Python 内部的可收集对象链表中。container 对象想要成为可收集的对象，必须加入另外的信息，这个信息位于 PyObject_HEAD 之前，称为 PyGC_Head（源码见 Modules/gcmodule.c）。

对于 Python 所创建的可收集的 container 对象，其内存分布与之前所了解的内存布局是不同的。我们可以从可收集的 container 对象的创建过程中窥见其内存分布（源码见 Modules/gcmodule.c 中 _PyObject_GC_New 方法）。

```c
PyObject *
_PyObject_GC_New(PyTypeObject *tp)
{
    PyObject *op = _PyObject_GC_Malloc(_PyObject_SIZE(tp));
    if (op != NULL)
        op = PyObject_INIT(op, tp);
    return op;
}

PyObject *
_PyObject_GC_Malloc(size_t basicsize)
{
    return _PyObject_GC_Alloc(0, basicsize);
}

static PyObject *
_PyObject_GC_Alloc(int use_calloc, size_t basicsize)
{
    struct _gc_runtime_state *state = &_PyRuntime.gc;
    PyObject *op;
    PyGC_Head *g;
    size_t size;
    if (basicsize > PY_SSIZE_T_MAX - sizeof(PyGC_Head))
        return PyErr_NoMemory();
    size = sizeof(PyGC_Head) + basicsize;
    if (use_calloc)
        g = (PyGC_Head *)PyObject_Calloc(1, size);
    else
        g = (PyGC_Head *)PyObject_Malloc(size);
    if (g == NULL)
        return PyErr_NoMemory();
    assert(((uintptr_t)g & 3) == 0);  // g must be aligned 4bytes boundary
    g->_gc_next = 0;
    g->_gc_prev = 0;
    state->generations[0].count++; /* number of allocated GC objects */
    if (state->generations[0].count > state->generations[0].threshold &&
        state->enabled &&
        state->generations[0].threshold &&
        !state->collecting &&
        !PyErr_Occurred()) {
        state->collecting = 1;
        collect_generations(state);
```

```
        state->collecting = 0;
    }
    op = FROM_GC(g);
    return op;
}
```

从源码中可以看到，当为可收集的 container 对象申请内存空间时，也会为 PyGC_Head 申请内存空间，并且其位置在 container 对象之前。

> **注意** 在申请内存时，使用的是 PyObject_MALLOC。

如图 15-3 所示，在可收集的 container 对象的内存分布中，内存分为 3 部分，首先有一块用于存储垃圾收集机制，后面紧跟着的是 Python 中所有对象都会有的 PyObject_HEAD，最后才是属于 container 对象自身的数据。这里的 Container Object 既可以是 PyDictObject，也可以是 PyListObject 等。

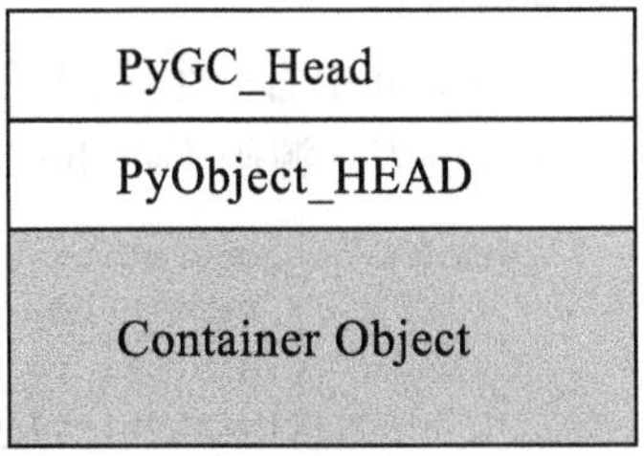

| PyGC_Head |
| PyObject_HEAD |
| Container Object |

图 15-3 被垃圾收集机制监控的 container 对象

15.4.2 分代垃圾收集

分代垃圾收集是 20 世纪 80 年代初发展起来的一种垃圾收集机制。

一系列研究表明，无论使用何种语言开发，无论开发的是何种类型、何种规模的程序，都存在这样一个相同之处，即一定比例的内存块的生存周期都比较短，通常是几百万条机器指令执行的时间，而剩下的内存块的生存周期会比较长，甚至会从程序开始一直持续到程序结束。对于不同的语言、不同的应用程序，这个比例在 80%~98% 之间。

这一发现对于垃圾收集机制有着重要的意义。从前面的分析可以看到，像标记—清除这样的垃圾收集技术所带来的额外操作实际上与系统中总的内存块的数量相关。当需回收的内存块越多时，垃圾检测带来的额外操作就越多，而垃圾回收带来的额外操作就越少；反之，当需回收的内存块越少时，垃圾检测带来的额外操作将比垃圾回收带来的少。无论如何，当系统内存使用越少时，整个垃圾收集所带来的额外操作也就越少。

为了提高垃圾收集的效率，基于研究人员所发现的统计规律，我们可以采用一种以空间换时间的策略。

以空间换时间的策略的总体思路是：根据存活时间将系统中的所有内存块划分为不同的集合，每一个集合称为一个代。垃圾收集的频率随着代的存活时间的增加而减小。活得越长的对象，就越可能不是垃圾，就应该越少去收集。这个存活时间由垃圾收集的次数来衡量，一个对象经过的垃圾收集次数越多，那么其存活时间就越长。

当某些内存块 M 经过 3 次垃圾收集的洗礼还依然存活时，就将内存块 M 划到一个集合 A 中，而将新分配的内存块划到集合 B 中。垃圾收集开始时，大多数情况下只对集合 B 进行垃圾回收，对集合 A 的回收则会在相当长一段时间后才进行，这就使得垃圾收集需要处理的内存变少了，效率得到提高。集合 B 中的内存在经过几次垃圾收集之后，有一些内存块会被转移到集合 A 中，但在集合 A 中实际上会存在一些垃圾，这些垃圾的回收因为这种分代机制被延迟。这就是以空间换时间的策略。

Python 中也引入了分代垃圾收集机制。在 _PyObject_GC_TRACK 中有一个名为 _PyGC_generation0 的神秘变量，这个变量是 Python 内部维护的一个指针，指向的是 Python 中第 0 代的内存块集合。

在 Python 中，一个代就是一个链表，所有属于同一代的内存块链接在同一个链表中。

Python 中总共有 3 代，所以 Python 实际是维护了 3 个链表。一个代就是一个可收集的对象链表。

Python 中有一个维护了 3 个 gc_generation 结构的数组，通过这个数组控制 3 条可收集的对象链表。源码（Modules/gcmodule.c）如下：

```
struct gc_generation generations[NUM_GENERATIONS] = {
    /* PyGC_Head,                                         threshold,    count */
    {{(uintptr_t)_GEN_HEAD(0), (uintptr_t)_GEN_HEAD(0)},    700,        0},
    {{(uintptr_t)_GEN_HEAD(1), (uintptr_t)_GEN_HEAD(1)},    10,         0},
    {{(uintptr_t)_GEN_HEAD(2), (uintptr_t)_GEN_HEAD(2)},    10,         0},
};
```

在 gc_generation 中，threshold 记录了该条可收集对象链表中最多可容纳的可收集对象的数量。从 Python 源码中可见，第 0 代链表中最多可以容纳 700 个 container 对象，一旦第 0 代链表中的 container 对象超过了 700 这个极限值，则会立刻触发垃圾收集机制。

15.4.3 Python 中的标记——清除方法

前面提到 Python 采用了三代的分代收集机制，如果当前收集的是第 1 代，那么在开始垃圾收集之前，Python 会将比其年轻的所有代的内存链表（在这里只有第 0 代）整个链接到第 1 代内存链表之后，这是通过 gc_lisc_merge 实现的（源码详情见 Modules/gcmodule.c 中的 gc_list_merge 函数）。

为了使用标记—清除算法，按照前面对垃圾收集机制的一般性描述，首先需要寻找根对象集合。

现在换个角度来思考，前面提到根对象是不能被删除的。也就是说，如果可收集对象链表外部的某个引用在引用根对象，当删除这个对象时就会导致错误发生。

如果两个对象的引用计数都为 1，但是仅仅存在它们之间的相互引用，那么这两个对象都是需要被回收的，也就是说，虽然它们的引用计数表现为非 0，但实际上有效引用计数为 0。

这里提出了有效引用计数的概念，为了获得有效引用计数，必须将循环引用的影响去除，即将循环从引用中删除，具体的实现就是两个对象各自的引用计数值都减 1，这样两个对象的引用计数就都成为 0。

那么，如何使两个对象的引用计数都减 1 呢？很简单，假设两个对象为 A、B，从 A 出发，因为它有一个对 B 的引用，将 B 的引用计数计减 1；然后顺着引用到达 B，因为 B 有一个对 A 的引用，同样将 A 的引用计数减 1，这样就完成了循环引用对象间循环的删除。

但是这样就引出了一个问题，假设可收集对象链表中的 container 对象 A 有一个对对象 C 的引用，而 C 并不在这个链表中，如果将 C 的引用计数减 1，而最后 A 并没有被回收，那么 C 的引用计数会被错误地减 1，导致在未来的某个时刻出现一个对 C 的悬空引用。这就要求必须在 A 没有被删除的情况下复原 C 的引用计数。如果采用这样的方案，维护引用计数的复杂度将成倍增长。我们其实可以不改动真实的引用计数，而是改动引用计数的副本。

对副本做任何改动都不会影响对对象生命周期的维护。副本的唯一作用就是寻找根对象集合，示例中的副本是 PyGC_Head 中的 gc.gc_ref。

垃圾收集的第一步就是遍历可收集对象链表，将每个对象的 gc.gc_ref 值设置为 ob_refcnt 值。

成功寻找到根对象集合之后，就可以从根对象集合出发沿着引用链，一个接一个地标记不能回收的内存。由于根对象集合中的对象是不能回收的，因此被这些对象直接或间接引用的对象也是不能回收的。在从根对象集合出发之前，首先要将现在的内存链表一分为二：一条链表维护根对象集合，称为 root 链表，另一条链表维护剩下的对象，称为 unreachable 链表。

之所以要分成两个链表，是因为现在的 unreachable 链表名不副实，其中可能存在被 root 链表中的对象直接或间接引用的对象，这些对象也是不能回收的，一旦在标记的过程中发现这样的对象，就需要将其从 unreachable 链表移到 root 链表中。完成标记后，unreachable 链表中剩下的对象就是名副其实的垃圾对象了。接下来的垃圾回收只需限制在 unreachable 链表中即可。

当 move_unreachable 执行完之后，最初的一条链表就被分成两条链表。unreachable 链表中存储的就是所发现的垃圾对象，是垃圾回收的目标。但不是所有在 unreachable 链表中的对象都能被安全回收。例如，container 对象，即从类对象实例化得到的实例对象，就不能被安全回收。

当用 Python 定义一个 class 时，我们可以为该 class 定义一个特殊的方法——__del__，这在 Python 中被称为 finalizer。当一个拥有 finalizer 的实例对象被销毁时，首先会调用 finalizer，因为 __del__ 就是 Python 为开发人员提供的在对象被销毁时进行某些资源释放的 Hook 机制。

最终，unreachable 链表中出现的对象都是只存在循环引用的对象，需要被销毁。假如现在 unreachbale 中有两个对象，对象 B 在 finalizer 中调用了对象 A 的某个操作，这意味着必须保证对象 A 一定要在对象 B 之后被回收。但 Python 无法做到这一点，因为 Python 在垃圾收集时不能保证回收的顺序，有可能在 A 被销毁之后，B 才访问 A。

虽然同时满足存在 finalizer 和循环引用这两个条件的概率非常低，但 Python 不能对此置之不理。这是一个非常棘手的问题，拿掉 __del__ 的做法显然是错误的，所以 Python 采用了一种保守的做法，即将 unreachable 链表中拥有 finalizer 的 PyInstanceObject 对象统统移到一个名为 garbage 的 PyListObject 对象中，再对 PyListObject 对象执行上述操作。

15.5 实战——内存监控

本章前面主要讲解了内存架构、垃圾收集等一些偏底层的知识，在实际应用中，对内存的监控是一个比较常见的操作。

很多项目在使用中都是要配备内存监控的，否则很容易被一些莫名奇妙的问题中断，示例（memory_monitor.py）如下：

```python
import psutil

from email.mime.text import MIMEText
import smtplib
from email.header import Header


def mem():
    """
    监控内存信息
    :return:
    """
    mem_total = int(psutil.virtual_memory()[0]/1024/1024)
    mem_used = int(psutil.virtual_memory()[3] / 1024 / 1024)
    mem_per = (mem_used / mem_total) * 100
    mem_info = {
        'mem_total' : mem_total,
        'mem_used' : mem_used,
        'mem_per' : mem_per
    }
    return mem_info


def send_email(info):
    sender = 'abc@163.com'
    pwd = '123456'
    receivers = ['def@163.com']

    subject = '监控报警'
    msg = MIMEText(info, 'plain', 'utf-8')
    msg['Subject'] = Header(subject, 'utf-8')
    msg['From'] = sender
    msg['To'] = receivers[0]

    try:
        # 使用非本地服务器，需要建立 SSL 连接
        smtp_obj = smtplib.SMTP_SSL("smtp.163.com", 465)
        smtp_obj.login(sender, pwd)
        smtp_obj.sendmail(sender, receivers, msg.as_string())
        print(" 邮件发送成功 ")
    except smtplib.SMTPException as e:
        print(f"Error: 无法发送邮件 .Case:{e}")

def cpu():
    """
    监控 CPU 信息
```

```
    :return:
    """
    # 每秒 CPU 使用率,(1, True)每个 CPU 的每秒使用率
    cpu_per = int(psutil.cpu_percent(1))
    return cpu_per


def monitor_info():
    cpu_info = cpu()
    mem_info = mem()
    info = f'''
                    监控信息
        =========================
        CPU 使用率: : {cpu_info},
        =========================
        内存总大小(MB): {mem_info['mem_total']},
        内存使用大小(MB): {mem_info['mem_used']},
        内存使用率 : {mem_info['mem_per']: 0.2f}%,
    '''
    print(info)
    is_danger = False
    if mem_info['mem_per'] > 50:
        send_email(info)
        is_danger = True
    return is_danger


if __name__ == "__main__":
    monitor_info()
```

执行 py 文件,可以看到类似如下输出:

```
                监控信息
    =========================
    CPU 使用率: : 16,
    =========================
    内存总大小(MB): 8192,
    内存使用大小(MB): 4387,
    内存使用率 :  53.55%,
```

邮件发送成功

在实际应用中,一般监控信息都会通过邮件发送到指定人员的邮箱中,以便相关人员及时了解出现的问题。

这里编写好了监控模块后,就可以通过其他程序来调用该模块做内存相关的监控了。

如在文本的处理中会涉及将 csv 文件中的内容根据指定规则转化后写入数据库或写入其他格式的文件中,示例(read_csv.py)如下:

```
import time
import csv
import os

from chapter15.memory_monitor import monitor_info
```

```python
    csv_file_path = os.path.join(os.getcwd(), 'files/query_hive.csv')
    # 取得文件完整路径
    txt_file_path = os.path.join(os.getcwd(), 'files/read_info.txt')


    # 读取 csv 文件
    def read_csv_file():
        start_time = time.time()
        # 打开文件并读取内容
        with open(csv_file_path, 'r') as r_read:
            # 读取 csv 文件所有内容
            file_read = csv.reader(r_read)
            # 按行遍历读取内容
            row_count = 0
            # 按行读取 csv 文件内容，并按行插入 MySQL 数据库
            for row in file_read:
                if row_count == 0:
                    row_count += 1
                    print(row)
                    continue

                row_count += 1
                image_id = row[0]
                file_path = row[1]
                modify_timestamp = row[2]
                product_code = row[3]
                en_name = row[4]
                full_path_id = row[5]
                full_path_en_name = row[6]

                read_info = ','.join([image_id, file_path, modify_timestamp,
                                      product_code, en_name, full_path_id,
                                      full_path_en_name, '\n'])
                with open(txt_file_path, 'a') as f_write:
                    f_write.write(read_info)

                # 内存使用情况监控
                is_danger = monitor_info()
                if is_danger:
                    print('内存使用超出预定警戒值，程序中断执行。')
                    break
            print('完成插入 ({0}) 条记录, 花费: {1}s'.format(row_count - 1, time.time() -
    start_time))


    if __name__ == "__main__":
        read_csv_file()
```

对于该示例，没有必要加内存使用监控。该示例的操作是读取一条记录，就往文件中写入一条，对内存的占用比较小，基本上不会引起内存占用过大的情况，但这样操作的效率非常低。特别是对于数据量很大的情况，按照示例中的操作方式耗时太久，在实际应用中是不允许这么操作的。

对于以上示例，我们可以通过批量处理的方式以提高效率。批量处理的示例（batch_

read.py）如下：

```python
import time
import csv
import os

from chapter15.memory_monitor import monitor_info

csv_file_path = os.path.join(os.getcwd(), 'files/query_hive.csv')
# 取得文件完整路径
txt_file_path = os.path.join(os.getcwd(), 'files/batch_read_info.txt')


def lines_count():
    """
    csv 文件总行数统计
    :return: 总行数
    """
    f_read = open(csv_file_path, "r")
    cline = 0
    while True:
        buffer = f_read.read(8*1024*1024)
        if not buffer:
            break
        cline += buffer.count('\n')
    f_read.seek(0)
    return cline


# 读取 csv 文件
def read_csv_file():
    start_time = time.time()
    # csv 文件总行数统计
    total_line = lines_count()
    # 打开文件并读取内容
    with open(csv_file_path, 'r') as r_read:
        # 读取 csv 文件所有内容
        file_read = csv.reader(r_read)
        # 按行遍历读取内容
        row_count = 0
        basic_info_obj_list = list()
        for row in file_read:
            if row_count == 0:
                row_count += 1
                print(row)
                continue

            image_id = row[0]
            file_path = row[1]
            modify_timestamp = row[2]
            product_code = row[3]
            en_name = row[4]
            full_path_id = row[5]
            full_path_en_name = row[6]
```

```
        read_info = ','.join([image_id, file_path, modify_timestamp,
                              product_code, en_name, full_path_id,
                              full_path_en_name, '\n'])
        basic_info_obj_list.append(read_info)
        row_count += 1

        # 内存使用情况监控
        is_danger = monitor_info()
        if is_danger:
            print('内存使用超出预定警戒值，程序中断执行。')
            break

        # 每1000条记录做一次插入
        if row_count % 1000 == 0:
            with open(txt_file_path, 'a') as f_write:
                f_write.write(''.join(basic_info_obj_list))
            basic_info_obj_list.clear()
            continue

        # 剩余数据插入数据库
        if row_count == total_line:
            with open(txt_file_path, 'a') as f_write:
                f_write.write(''.join(basic_info_obj_list))
            basic_info_obj_list.clear()

    print('插入 ({0}) 条记录, 花费: {1}s'.format(row_count - 1, time.time() -
start_time))


if __name__ == "__main__":
    read_csv_file()
```

使用批量处理的执行速度一般比单个处理的速度快几十甚至上百倍，具体取决于每次批量执行的数量。如该示例中定义每次批量执行 1000 条，笔者本地执行速率是比单条处理快 15 倍左右，若更改为插入 MySQL 数据库，执行速度将相差 100 倍左右。

在实际应用中，我们应尽可能选择批量处理，同时要考虑批量处理的数量。

当然，我们也要考虑将批量数据存放在内存中时内存的可承受度，不要因为一次处理太多记录，导致内存溢出，那就没有达到解决问题的效果。

对于内存的管理，在实际应用中，我们需要从空间和时间的角度综合度量，选择最为合适的点切入，而不要一味只追求某一种效率的提升。

15.6　本章小结

本章主要讲解 Python 的内存管理。熟悉 Python 的内存管理，对 Python 的学习是很有帮助的，特别是在遇到偏底层的问题时，通过阅读源码就可以很快找到问题所在。

第 16 章 *Chapter 16*

性能优化与实践

Python 的高效体现在它的开发效率、完善的类库支持上，但 Python 代码的运行效率一直被诟病。要让 Python 高效运行，了解性能优化是很重要的。

本章主要讲解关于优化的相关实践操作，提供一些优化指南和瓶颈查找方式，以及一些案例，实现理论与实践相结合。

16.1　优化的规则

过早进行优化是编程中的万恶之源。不管结果如何，优化工作都是有代价的。当代码工作正常时，不去理会它（有时）可能比不惜一切代价尝试使它运行得更快要好一些。

优化代码时，需要记住几条原则。

1）首先要使程序能够正常工作。

2）从用户的角度进行优化。

3）保证代码易读。

16.1.1　先使程序可以正常工作

在编写代码的同时对其进行优化是常见的错误，这是不可能实现优化的，因为瓶颈常常出现在意想不到的地方。

应用程序是由非常复杂的交互组成的，在实际使用之前不可能得到一个完整的视图。

当然，这不是不尝试尽可能编写更快的函数或方法的理由。我们应该使程序复杂度尽可能降低，并避免无用的重复。但是，首要目标是使它能够正常工作，优化不应该阻碍这一目标的实现。

对于行级代码，Python 的思想是完成一个目标尽可能有且只有一个方法。所以，只要坚持遵循 PEP8 的 Python 编码风格，代码就应该很好。往往编写的代码越少，代码就越好并且运行速度越快。

在使代码能够正常工作并且做好剖析准备之前，不要做以下事情。

1）开始编写为函数缓存数据的全局字典。

2）考虑以 C 语言或诸如 Pyrex 之类混杂的语言对代码的部分进行扩展。

3）寻找外部程序库来完成一些基本计算。

对于一些特殊程序，如科学计算程序或游戏，专业的程序库和扩展的使用从一开始就无法避免。另一方面，使用像 Numeric 这样的程序库可以简化专业功能的开发并且能够生成更简单、更高效的代码。而且，我们不应该在有很好的程序库可利用的时候自己重新编写函数。

优化应该在已经能够正常工作的程序上进行——先让它能够正常工作，然后让它变得更好，最后使它更快。

16.1.2　从用户的角度进行

笔者曾经看到一些团队对应用程序服务器的启动时间进行优化，在提升程序运行速度之后，就向客户宣传这一改进。但客户对此并不关心。这是因为速度的优化并不是由客户的反馈推动的，而是出自于开发人员的观点。构建该系统的开发人员每天都要启动服务器，所以启动时间对于他们来说很重要，但是对于客户来说并不重要。

虽然程序启动更快绝对是件好事，但是团队应该认真地安排优化的优先级，并且问自己以下问题。

1）客户是否要求提升应用的速度？

2）谁发现程序慢了？

3）它真的很慢，还是可以接受？

4）提升它的速度需要多少成本？值得吗？哪部分需要提升速度？

注意　优化是有成本的，开发人员的观点对于客户来说也许并没有意义，除非编写的是框架或程序库，客户也是开发人员。

16.1.3　保证代码易读

优化工作可能使代码变得混乱，并且使它难以阅读。在易读、易于维护、运行速度更快之间，开发人员要找到一个平衡点。

当达到优化目标的 90% 时，如果剩下的 10% 会使代码完全无法理解，那停止优化工作并且寻求其他解决方案可能是个好主意。

优化不应该使代码难以理解，如果发生这种情况，应该寻求替代方案，如扩展或重新设计。在代码易读性和速度上总会有一个合理的方案。

16.2 优化策略

假设程序有一个需要解决的速度问题，不要尝试猜测如何才能够提升它的速度。瓶颈往往难以在代码中找到，这需要一组工具来找到真正的问题。

一个好的优化策略可以从以下 3 个方面开始。

1）寻找其他原因：确定第三方服务器或资源不是问题所在。

2）度量硬件：确定资源足够用。

3）编写速度测试代码：创建带有速度要求的场景。

16.2.1 寻找其他原因

性能问题大多发生在生产环境中，客户会提醒软件的运行和测试环境不一样。性能问题可能是因为开发人员没有考虑到现实世界中用户数或数据量不断增长的情况。

如果应用程序存在与其他应用程序的交互，那么首先要做的是检查瓶颈是否出在这些交互上。如数据库服务器或 LDAP 服务器可能带来额外的开销，从而使程序运行速度变慢。

应用程序之间的物理连接也应该考虑，可能因为应用服务器和其他企业内网连接配置错误而变慢，或者防病毒软件对所有 TCP 包进行扫描而导致程序运行速度变慢。

设计文档应该提供对所有交互和每个链接特性的一个描述图表，以获得对系统的全面认识。

如果应用程序使用了第三方服务器或资源，那么开发人员应该评估每个交互以确定瓶颈所在。

16.2.2 度量硬件

内存不够用时，系统会使用硬盘来存储数据，也就是页面交换（Swapping）。这会带来许多开销，导致性能急剧下降。从用户的角度看，系统在这种情况下被认为处于死机状态。所以，度量硬件的能力是很重要的。

虽然系统上有足够的内存很重要，但是确保应用程序不要吞噬太多内存也是很重要的。如程序将使用数百兆大小的视频文件，那么它不应该将该文件全部装入内存中，而应该分块载入或者使用磁盘流。

磁盘的使用也很重要。如果代码中有隐藏 I/O 错误，应尝试重复写入磁盘。一个内存占满的分区也可能降低应用程序的速度。即使代码只写入一次，硬件和操作系统也可能会尝试多次写入。

16.2.3 编写速度测试代码

开始优化工作时，开发人员应该在测试程序上花工夫，而不是不断地进行手工测试。一个好的做法是在应用程序中专门创建一个测试模块，编写一系列针对优化的调用。这种方案可在优化应用程序的同时跟踪进度。

开发人员甚至可以编写一些断言，在代码中设置一些速度要求。为了避免速度退化，这些测试可以留到代码被优化之后执行。

16.3　查找瓶颈

开发人员可以通过以下几个步骤查找瓶颈。

1）剖析 CPU 的使用情况。

2）剖析内存的使用情况。

3）剖析网络的使用情况。

16.3.1　剖析 CPU 使用情况

瓶颈的第一个来源是代码本身。标准程序库提供了执行代码剖析所需的所有工具，它们都是针对确定性方法打造的。

确定性剖析程序通过在最低层级上添加定时器来度量每个函数所花费的时间，这将带来一些开销。但是它是获取时间消耗信息的一个好思路。另一方面，统计剖析程序将采样指令指针的使用情况而不采样代码。后者比较不精确，但是能够全速运行目标程序。

剖析代码有以下两种方法。

1）宏观剖析：在使用的同时剖析整个程序，并生成统计。

2）微观剖析：人工执行以度量程序中某个确定的部分。

1. 宏观剖析

宏观剖析通过在特殊模式下运行应用程序来完成。在这种模式下，解释程序将收集代码使用情况的统计信息。Python 为此提供了多个工具，具体包括 profile：一个纯 Python 实现的工具；cProfile：用 C 实现的，界面和 profile 相同，开销更小。

下面通过一个示例，分析哪一步耗时多（fib_test_1.py）：

```python
def fib(n):
    if n == 0:
        return 0
    elif n == 1:
        return 1
    else:
        return fib(n-1) + fib(n-2)


def fib_seq(n):
    res = []
    if n > 0:
        res.extend(fib_seq(n-1))
    res.append(fib(n))
    return res
```

```
if __name__ == "__main__":
    fib_seq(30)
```

在上面代码段加上如下代码，并执行：

```
import cProfile
cProfile.run('fib_seq(30)')
```

可以看到打印结果如下：

```
   ncalls  tottime  percall  cumtime  percall filename:lineno(function)
        1    0.000    0.000    2.716    2.716 <string>:1(<module>)
 7049123/31    2.716    0.000    2.716    0.088 fib_test.py:1(fib)
       31/1    0.000    0.000    2.716    2.716 fib_test.py:10(fib_seq)
        1    0.000    0.000    2.716    2.716 {built-in method builtins.exec}
       31    0.000    0.000    0.000    0.000 {method 'append' of 'list' objects}
        1    0.000    0.000    0.000    0.000 {method 'disable' of '_lsprof.
Profiler' objects}
       30    0.000    0.000    0.000    0.000 {method 'extend' of 'list' objects}
```

或是不增加代码，使用如下命令执行 py 文件：

```
python -m cProfile fib_test.py
```

执行该命令也可以得到同样的输出结果。

结果解释如下。

1）ncalls：相应代码 / 函数被调用的次数；

2）tottime：对应代码 / 函数总共执行所需要的时间（并不包括命令调用的其他代码 / 函数的执行时间）；

3）percall：上述两者相除的结果，也就是 tottime/ncalls；

4）cumtime：对应代码 / 函数总共执行所需要的时间，包括命令调用的其他代码 / 函数的执行时间；

5）cumtime percall：cumtime 和 ncalls 相除的平均结果。

了解这些参数后，再来看前面的输出结果。我们可以清晰地看到，这段程序执行效率的瓶颈在于 fib() 函数，它被调用了 700 多万次。

有没有办法可以改进呢？观察代码可以发现，程序中有很多对 fib() 函数的调用是重复的，那就可以用字典来保存计算的结果，防止重复调用。改进后的代码（fib_test_2.py）如下：

```
def memoize(f):
    memo = {}
    def helper(x):
        if x not in memo:
            memo[x] = f(x)
        return memo[x]
    return helper


@memoize
def fib(n):
    if n == 0:
```

```
        return 0
    elif n == 1:
        return 1
    else:
        return fib(n-1) + fib(n-2)


def fib_seq(n):
    res = []
    if n > 0:
        res.extend(fib_seq(n-1))
    res.append(fib(n))
    return res


if __name__ == "__main__":
    fib_seq(30)


import cProfile
cProfile.run('fib_seq(30)')
```

执行 py 文件，得到输出结果如下：

```
    ncalls  tottime  percall  cumtime  percall filename:lineno(function)
         1    0.000    0.000    0.000    0.000 <string>:1(<module>)
      31/1    0.000    0.000    0.000    0.000 fib_test_2.py:20(fib_seq)
        31    0.000    0.000    0.000    0.000 fib_test_2.py:3(helper)
         1    0.000    0.000    0.000    0.000 {built-in method builtins.exec}
        31    0.000    0.000    0.000    0.000 {method 'append' of 'list' objects}
         1    0.000    0.000    0.000    0.000 {method 'disable' of '_lsprof.
Profiler' objects}
        30    0.000    0.000    0.000    0.000 {method 'extend' of 'list' objects}
```

由现在的输出结果和前面的输出结果比对，可以看到时间花费减少了。

这里使用 cProfile 对代码进行分析，从而发现耗时的关键问题所在，并做了一个简单的性能优化。

2. 微观剖析

当找到导致速度缓慢的函数后，我们还需要知道是函数中的哪一行或几行代码导致函数执行很慢的。这时可以使用 line_profiler。

line_profiler 可以分析函数内每一行代码的执行时间，很方便地找出性能瓶颈。

要使用 line_profiler，需要先安装，安装方式如下：

```
pip install line_profiler
```

安装成功后，使用示例（fib_test_3.py）如下：

```
@profile
def fib(n):
    if n == 0:
        return 0
    elif n == 1:
```

```
        return 1
    else:
        return fib(n-1) + fib(n-2)


def fib_seq(n):
    res = []
    if n > 0:
        res.extend(fib_seq(n-1))
    res.append(fib(n))
    return res


if __name__ == "__main__":
    fib_seq(30)
```

注意 fib(n) 函数中的 @profile 装饰器，以及 line_profiler 使用装饰器 @profile 标记需要调试的函数。

line_profiler 使用方式如下：

```
kernprof -l -v fib_test_3.py
```

命令中，-l 参数表示逐行分析，-v 参数用于显示输出。默认情况下，kernprof 会把分析结果写入被执行的 py 文件名后面再加 .lprof 的文件中。

执行该命令，得到类似如下输出结果：

```
Wrote profile results to fib_test_3.py.lprof
Timer unit: 1e-06 s

Total time: 9.64167 s
File: fib_test_3.py
Function: fib at line 1

Line #      Hits         Time  Per Hit   % Time  Line Contents
==============================================================
     1                                           @profile
     2                                           def fib(n):
     3   7049123    2692047.0      0.4     27.9      if n == 0:
     4   1346269     438918.0      0.3      4.6          return 0
     5   5702854    2060879.0      0.4     21.4      elif n == 1:
     6   2178308     712661.0      0.3      7.4          return 1
     7                                               else:
     8   3524546    3737168.0      1.1     38.8          return fib(n-1) + fib(n-2)
```

返回结果中的一些字段具体含义解读如下。

1）Total time：测试代码的总运行时间。

2）Line：代码行号。

3）Hits：表示每行代码运行的次数。

4）Time：每行代码运行的总时间。

5）Per Hits：每行代码运行一次的时间。

6）% Time：每行代码运行时间的百分比。

7）Line Contents：代码内容。

执行完后，fib_test_3.py 所在文件夹中有名为 fib_test_3.py.lprof 的文件，这是执行代码后新增加的文件。我们可以通过如下命令查看该文件中的内容：

```
python -m line_profiler fib_test_3.py.lprof
```

由前面返回的结果可知，使用 line_profiler 可以得到非常细粒度的分析结果。通过这些细粒度的结果，就可以做行级别相关的优化操作了。

16.3.2 剖析内存使用情况

另一个问题是内存消耗。如果程序在运行时消耗太多内存而导致系统出现页面交换，那么可能是应用程序创建了太多对象，这一般可以通过检测 CPU 所要执行的工作发现。但是有时候它不明显，需要对内存的使用情况进行剖析。

1. Python 处理内存的方式

使用 CPython 时，内存的使用可能是最难剖析的。C 语言允许获得任何元素所占用的内存大小，但 Python 不知道指定对象消耗了多少内存。这是因为 Python 语言所具有的动态特性，以及对象实例化的自动管理——垃圾收集。如两个指向相同字符串的变量在内存中不一定指向相同的字符串对象。

内存管理所采用的方法大约是基于这样一个简单的命题：如果指定的对象不再被引用，那么将被删除。所有函数的局部引用在解释程序出现下述情况时将被删除。

1）离开该函数；

2）确定该对象不再被使用。

在正常情况下，收集器能够工作得很好，可以使用 del 调用来协助删除对象的引用。

留在内存中的对象将是全局对象、仍然以某种方式被引用的对象。

对参数输入、输出的边界值要小心。如果一个对象是在参数中创建的，并且函数返回了该对象，那么该参数引用将仍然存在。如果它被作为默认值使用，可能导致不可预测的结果。

垃圾收集给开发人员带来了方便，可以避免跟踪对象，并且可以手工销毁它们。但由于开发人员大多不在内存中清除对象实例，所以如果不注意使用数据结构的方式，可能缓存增长会变得不可控制。

通常，消耗内存的情况包括：

1）增长速度不可控制的缓存；

2）注册全局对象并且不跟踪其使用的对象工厂，如数据库连接创建器；

3）没有正常结束的线程；

4）具有 __del__ 方法并且涉及循环对象。Python 中垃圾收集不会打断循环，因为它不能确定对象是否应该被先删除，容易导致内存泄露。

2. 剖析内存

想知道垃圾收集机制控制了多少对象以及它实际的大小是需要技巧的。如要知道指定的对象有多少字节，这就涉及统计其所有的特性、交叉引用，然后累加所有值。如果再考虑对象间可能存在的互相引用，这将是一个相当复杂的问题。gc 模块不提供高层级的函数，并且要求 Python 在调试模式下编译，以获得完整的信息。

编程人员往往只查询在指定操作执行前后应用程序的内存使用情况。但是这一度量只是一个近似值，而且很大程度上依赖于内存管理方式。比如在 Linux 下使用 top 命令或者在 Windows 下使用任务管理器都可能发现明显的内存问题，但是要跟踪错误的代码块，就需要对代码进行修改。

幸运的是，有一些工具可用来创建内存快照，并计算载入对象的大小。我们可以使用如下工具做内存分析。

1）memory_profiler：可以分析出每一行代码所增减的内存状况。

2）guppy3（python2 中为 guppy）：支持对象和堆内存大小调整、分析和调试。

在实际应用中，由于 memory_profiler 使用更为便捷，代码量也少，所以我们应该更多地使用 memory_profiler 做内存分析。

要使用 memory_profiler，首先是安装，安装命令如下：

```
pip install memory_profiler
```

然后使用 @profiler 装饰器装饰要查看的函数名，代码（mem_pro_exp.py）如下：

```
@profile
def my_func():
    a = [1] * (10 ** 6)
    b = [2] * (2 * 10 ** 7)
    del b
    return a


if __name__ == '__main__':
    my_func()
```

要查看结果，需要使用如下形式的执行命令：

```
python -m memory_profiler mem_pro_exp.py
```

执行该命令，可以得到如下输出结果：

```
Filename: mem_pro_exp.py

Line #    Mem usage    Increment   Line Contents
================================================
     1   37.820 MiB   37.820 MiB   @profile
     2                             def my_func():
     3   45.457 MiB    7.637 MiB       a = [1] * (10 ** 6)
     4  198.047 MiB  152.590 MiB       b = [2] * (2 * 10 ** 7)
     5   45.457 MiB    0.000 MiB       del b
     6   45.457 MiB    0.000 MiB       return a
```

memory_profiler 的功能很强大，这里只做一个展示，读者若想深入了解，可以查看相关资料。对 guppy3 感兴趣的读者也可以查看相关资料。

如果 Python 代码看上去合理，但是循环执行被隔离的函数时内存占用仍然在增加，那么导致内存泄露的问题可能位于用 C 写的那部分代码。当 Py_DECREF 之类的调用丢失时，就会发生这样的情况。

Python 核心代码相当健壮，并且进行了内存泄露测试。如果使用具有 C 扩展的包，我们应该首先关注这些扩展。

16.4 降低复杂度

对于程序复杂化，我们有很多种定义，也有很多表现它的方法。但是在代码级别，要使独立的语句序列执行得更快，只有有限的几种技术能够快速检查导致瓶颈产生的代码行。

两种主要的技术是：测量回路复杂度（cyclomatic complexity）；测量 Landau 符号，也称为大 O 记号（Big-O notation）。

16.4.1 测量回路复杂度

回路复杂度是 McCabe 引入的一种度量，用于测量代码中线性独立路径的数量。所有 if、for 和 while 循环被计为一个度量值。

代码分类如表 16-1 所示。

表 16-1 代码分类

回路复杂度	含义
1 ～ 10	不复杂
11 ～ 20	适度复杂
21 ～ 50	真正复杂
>50	过于复杂

在 Python 中，我们可以通过解析 AST（抽象语法树）自动完成回路复杂度测量。

16.4.2 测量大 O 记号

函数复杂度可以用大 O 记号来表示，这个度量定义了输入数据的大小对算法的影响，如算法与输入数据的大小呈线性关系还是平方关系。

人工计算算法的大 O 记号是优化代码的最佳方法，因为这能够检测和关注真正使代码速度降低的部分。

为了测量大 O 记号，所有常量和低阶条款（low-order terms）将被删除，以便聚焦于输入数据增加时真正受影响的部分。思路是尝试将算法分类（如表 16-2 所示），尽管它们只是近似的。

表 16-2　算法分类

复杂度	类型
$O(1)$	常数，不依赖于输入数据
$O(n)$	线性，和 n 一起增长
$O(n \lg n)$	准线性
$O(n^2)$	2 次方复杂度
$O(n^3)$	3 次方复杂度
......	......
$O(n!)$	阶乘复杂度

　　如 dict 查找的时间复杂度是 $O(1)$，被认为是常数。不管 dict 中有多少个元素，其查找元素的复杂度都是 $O(1)$。而在一个项目列表中查找特定项目的时间复杂度则是 $O(n)$。

注意　一般假定复杂度为 $O(n^2)$（2 次方）的函数要比复杂度为 $O(n^3)$（3 次方）的函数执行更快，但并不总是这样。有时候，对于较小的 n 值，3 次方复杂度的函数运行可能更快；而对于更大的 n 值，则 2 次方函数的运行速度更快。如被简化为 $O(n^2)$ 的 $O(100n^2)$ 不一定比简化为 $O(5n^3)$ 的运行速度快。这就是在剖析已经显示出问题所在位置时进行优化的原因。

16.4.3　简化

　　对于算法的复杂度，数据的存储方式是基础，我们应当谨慎选用数据结构。我们可以通过如下一些方式来降低算法的复杂度（其中一些方法已经在前面的章节有详细介绍）。

　　1）在列表中查找。将列表排序后查找，可以将复杂度从 O(n) 降到 O(n log n)。

　　2）使用集合代替列表。集合中元素不可重复，列表中元素是可以重复的。在获得不重复序列值时，使用集合更为高效。

　　3）减少外部调用，降低工作负载。程序复杂度可能是在调用其他函数、方法和类时引入的。一般应尽量将代码放在循环之外，不要在循环中计算可以在循环开始之前计算的数值。内循环应该保持简洁。

　　4）使用集合。当需要在中间或表头插入新元素时，使用 deque 比使用列表要快得多，使用 defaultdict 为新的键值添加一个默认工厂（defaultdict 可在一些情形中替代 dict，前面讲解字典时有具体讲解），使用 namedtuple 类工厂实例化类似于元组的对象，并为元素提供访问程序。

　　当解决方案不容易确定时，我们应该考虑放弃并且重写出现问题的部分，而不是为了性能而破坏代码的可读性。

　　为了使 Python 代码更易读且执行速度更快，我们要尝试找到一个好的方法，而不是避开有漏洞的设计。

16.5　实战——爬虫程序的性能优化

前面已经讲解不少优化技术，并结合一些示例进行优化的展示，接下来结合一个爬虫示例了解使用多进程多线程进行优化的技术，要求是从一个指定网站爬取一些数据，并将爬取的结果写入指定文本。

接下来以从 QQ 音乐官网获取一些歌手信息并将爬取的指定信息写入文件为例进行讲解。

为便于监控程序运行时间，先定义如下装饰器函数（/spider/time_cost.py）：

```python
import time
from functools import wraps

def time_use(func):
    """
    Decorator that reports the execution time.
    :param func:
    :return:
    """
    @wraps(func)
    def wrapper(*args, **kwargs):
        start = time.time()
        result = func(*args, **kwargs)
        end = time.time()
        print(f'func name is: {func.__name__}, time use: {end - start} s')
        return result
    return wrapper
```

数据爬取实现示例代码如下（/spider/singer_song.py）：

```python
import requests
import os
from chapter16.spider.time_cost import time_use

# 创建请求头和会话
headers = {'User-Agent': 'Mozilla/5.0 (Windows NT 6.3; WOW64; rv:41.0) '
                         'Gecko/20100101 Firefox/41.0'}
"""
创建一个 session 对象
requests 库的 session 对象能够帮我们跨请求保持某些参数，也会在同一个 session 实例
发出的所有请求之间保持 cookies
session 对象还能为我们提供请求方法的缺省数据，通过设置 session 对象的属性来实现
"""
req_session = requests.session()

# 取得文件完整路径
txt_file_path = os.path.join(os.getcwd(), 'files/singer_info.txt')


# 获取歌手的全部歌曲
# @profile
def get_singer_songs(singer_mid):
    try:
```

```python
    """
    获取歌手姓名和歌曲总数
    原生地址形式:
    https://c.y.qq.com/v8/fcg-bin/fcg_v8_singer_track_cp.fcg?g_tk=5381&
    jsonpCallback=MusicJsonCallbacksinger_track&loginUin=0&hostUin=0&
    format=jsonp&inCharset=utf8&outCharset=utf-8&notice=0&platform=yqq&
    needNewCode=0&singermid=003oUwJ54CMqTT&order=listen&begin=0&num=30&songs-
status=1
    优化后地址形式:
    https://c.y.qq.com/v8/fcg-bin/fcg_v8_singer_track_cp.fcg?loginUin=
0&hostUin=0&
    singermid=003oUwJ54CMqTT&order=listen&begin=0&num=30&songstatus=1
    """
    url = f'https://c.y.qq.com/v8/fcg-bin/fcg_v8_singer_track_cp.fcg?' \
        f'loginUin=0&hostUin=0&singermid={singer_mid}' \
        f'&order=listen&begin=0&num=30&songstatus=1'
    response = req_session.get(url)
    # 获取歌手姓名
    song_singer = response.json()['data']['singer_name']
    # 获取歌曲总数
    song_count = str(response.json()['data']['total'])
    print(f' 歌手名称 :{song_singer}, 歌手歌曲总数 :{song_count}')

    singer_info = ','.join([song_singer, song_count, singer_mid, '\n'])

    with open(txt_file_path, 'a') as f_write:
        f_write.write(singer_info)
except Exception as ex:
    print('get singer info error:{}'.format(ex))


# 获取当前字母下全部歌手
def get_singer_letter(chr_key, page_list):
    for page_num in page_list:
        url = f'https://c.y.qq.com/v8/fcg-bin/v8.fcg?channel=singer&page=list' \
            f'&key=all_all_{chr_key}&pagesize=100&pagenum={page_num + 1}' \
            f'&loginUin=0&hostUin=0&format=jsonp'
        response = req_session.get(url)
        # 循环每一个歌手
        per_singer_count = 0
        for k_item in response.json()['data']['list']:
            singer_mid = k_item['Fsinger_mid']
            get_singer_songs(singer_mid)
            per_singer_count += 1
            # 演示使用，每位歌手最多遍历 5 首歌
            if per_singer_count > 5:
                break
        # 演示使用，只遍历第一页
        break


# 单进程单线程方式获取全部歌手
@time_use
def get_all_singer():
    # 获取字母 A-Z 全部歌手
```

```python
    for chr_i in range(65, 91):
        key_chr = chr(chr_i)
        # 获取每个字母分类下总歌手页数
        url = f'https://c.y.qq.com/v8/fcg-bin/v8.fcg?channel=singer&' \
              f'page=list&key=all_all_{key_chr}&pagesize=100&pagenum={1}' \
              f'&loginUin=0&hostUin=0&format=jsonp'
        response = req_session.get(url, headers=headers)
        page_num = response.json()['data']['total_page']
        page_list = [x for x in range(page_num)]
        # 获取当前字母下全部歌手
        get_singer_letter(key_chr, page_list)


if __name__ == '__main__':
    # 获取全部歌手
    get_all_singer()
```

执行 py 文件，得到输出类似如下：

```
...
歌手名称:×××，歌手歌曲总数:1141
歌手名称:×××，歌手歌曲总数:675
func name is: get_all_singer, time use: 31.10727310180664 s
```

该示例为了演示方便，在代码中做了一些限制。代码中有注释，显示的结果是根据限制条件执行的，若打开限制条件，实际执行会更久，此处不具体演示。

以上示例代码主要存在如下两个问题。

1）由于是单进程、单线程处理，对于从 A 到 Z 的 26 个字母，要顺序遍历，处理速度无法提升。

2）对于每个字母对应的全部歌手列表，代码也是单线程处理的。

对于以上问题，解决方案如下：

1）对于字母的遍历，采用多进程处理。每个进程处理部分字母的遍历，比如分 4 个进程，每个进程处理约 7 个字母。

2）对于每个字母中全部歌手列表的处理，由于其属于 I/O 密集型操作，可以使用多线程方式进行处理，即分成若干个线程，每个线程处理对应的列表子集数。

使用多进程及多线程改进代码（/spider/multi_pro_singer_song.py）如下：

```python
import math
import os
import requests
from concurrent.futures import ThreadPoolExecutor, ProcessPoolExecutor
from chapter16.spider.time_cost import time_use

# 创建请求头和会话
headers = {'User-Agent': 'Mozilla/5.0 (Windows NT 6.3; WOW64; rv:41.0) '
                         'Gecko/20100101 Firefox/41.0'}
"""
创建一个 session 对象
requests 库的 session 对象能够帮我们跨请求保持某些参数，也会在同一个 session 实例发出
的所有请求之间保持 cookies
```

session 对象还能为我们提供请求方法的缺省数据，通过设置 session 对象的属性来实现

```python
"""
session = requests.session()

# 取得文件完整路径
txt_file_path = os.path.join(os.getcwd(), 'files/t_singer_info.txt')


# 获取歌手的全部歌曲
def get_singer_songs(singer_mid):
    try:
        """
        获取歌手姓名和歌曲总数
        原生地址形式：
        https://c.y.qq.com/v8/fcg-bin/fcg_v8_singer_track_cp.fcg?g_tk=5381&
        jsonpCallback=MusicJsonCallbacksinger_track&loginUin=0&hostUin=0&
        format=jsonp&inCharset=utf8&outCharset=utf-8&notice=0&platform=yqq&
        needNewCode=0&singermid=003oUwJ54CMqTT&order=listen&begin=0&num=30&songs-
tatus=1
        优化后地址形式：
        https://c.y.qq.com/v8/fcg-bin/fcg_v8_singer_track_cp.fcg?loginUin=
0&hostUin=0&
        singermid=003oUwJ54CMqTT&order=listen&begin=0&num=30&songstatus=1
        """
        url = f'https://c.y.qq.com/v8/fcg-bin/fcg_v8_singer_track_cp.fcg?' \
              f'loginUin=0&hostUin=0&singermid={singer_mid}' \
              f'&order=listen&begin=0&num=30&songstatus=1'
        response = session.get(url)
        # 获取歌手姓名
        song_singer = response.json()['data']['singer_name']
        # 获取歌曲总数
        song_count = str(response.json()['data']['total'])
        print('歌手名称:{}, 歌手歌曲总数:{}'.format(song_singer, song_count))

        singer_info = ','.join([song_singer, song_count, singer_mid, '\n'])

        with open(txt_file_path, 'a') as f_write:
            f_write.write(singer_info)
    except Exception as ex:
        print('get singer info error:{}'.format(ex))


# 获取当前字母下全部歌手
def get_alphabet_singer(alphabet, page_list):
    for page_num in page_list:
        url = f'https://c.y.qq.com/v8/fcg-bin/v8.fcg?channel=singer' \
              f'&page=list&key=all_all_{alphabet}&pagesize=100' \
              f'&pagenum={page_num + 1}&loginUin=0&hostUin=0&format=jsonp'
        response = session.get(url)
        # 循环每一个歌手
        per_singer_count = 0
        for k_item in response.json()['data']['list']:
            singer_mid = k_item['Fsinger_mid']
            get_singer_songs(singer_mid)
            per_singer_count += 1
```

```
            # 演示使用，每位歌手最多遍历 5 首歌
            if per_singer_count > 5:
                break
        # 演示使用，只遍历第一页
        break


    # 多线程
    def multi_threading(alphabet):
        # 每个字母分类的歌手列表页数
        url = f'https://c.y.qq.com/v8/fcg-bin/v8.fcg?channel=singer' \
              f'&page=list&key=all_all_{alphabet}&pagesize=100' \
              f'&pagenum={1}&loginUin=0&hostUin=0&format=jsonp'
        r = session.get(url, headers=headers)
        page_num = r.json()['data']['total_page']
        page_list = [x for x in range(page_num)]
        thread_num = 10
        # 将每个分类总页数平均分给线程数
        per_thread_page = math.ceil(page_num / thread_num)
        # 设置线程对象
        thread_obj = ThreadPoolExecutor(max_workers=thread_num)
        for thread_order in range(thread_num):
            # 计算每条线程应执行的页数
            start_num = per_thread_page * thread_order
            if per_thread_page * (thread_order + 1) <= page_num:
                end_num = per_thread_page * (thread_order + 1)
            else:
                end_num = page_num
            # 每个线程各自执行不同的歌手列表页数
            thread_obj.submit(get_alphabet_singer, alphabet, page_list[start_num:
end_num])


    # 多进程
    @time_use
    def execute_process():
        # max_workers 用于指定进程数
        with ProcessPoolExecutor(max_workers=4) as executor:
            for i in range(65, 90):
                # 创建 26 个线程，分别执行 A-Z 分类
                executor.submit(multi_threading, chr(i))


    if __name__ == '__main__':
        # 执行多进程多线程
        execute_process()
```

执行 py 文件，输出结果类似如下：

```
...
歌手名称：×××，歌手歌曲总数：45
歌手名称：×××，歌手歌曲总数：44
func name is: execute_process, time use: 6.438228130340576 s
```

由输出结果可见，改进后的执行速度比改进之前提高了将近 5 倍。若将限制条件打开，

执行的结果会更加直观，有兴趣的读者可以自行尝试比对。

对于该示例代码，在指定多进程时，使用了 max_workers 参数。该参数用于指定分配进程的数量，如示例中分配的是 4 个进程，若将 max_workers=4 更改为 max_workers=1，得到的输出结果如下：

```
...
歌手名称:**, 歌手歌曲总数:265
歌手名称:**, 歌手歌曲总数:15
func name is: execute_process, time use: 19.252480030059814 s
```

将 max_workers=4 更改为 max_workers=2，得到的输出结果如下：

```
...
歌手名称:×××&×××, 歌手歌曲总数:13
歌手名称:×××, 歌手歌曲总数:5
func name is: execute_process, time use: 9.114173889160156 s
```

将 max_workers=4 更改为 max_workers=6，得到的输出结果如下：

```
...
歌手名称:World Class Sound Effects, 歌手歌曲总数:1114
歌手名称:World Class Trance, 歌手歌曲总数:9
func name is: execute_process, time use: 7.342928886413574 s
```

由以上输出的结果比对可知，对于本机当前环境，该程序执行最适合的进程数是 4 个。对于示例中 max_workers 的最适合的值，读者可以根据自己的情况进行调试，从而适配出最合适的值。

对于该示例更为完整的内容，有兴趣的读者可以查看 CSDN，地址为 https://edu.csdn.net/huiyiCourse/detail/858；

百度网盘地址为 https://pan.baidu.com/s/1rYuvlJ11W36qXdFqDN_Tlg，提取码：37sz。

示例从多进程、多线程的角度进行了优化，我们还可以从批量写入文本的角度再继续优化，有兴趣的读者可以作为练习进行实战。除此之外，读者还可以考虑与数据库结合寻找更多优化操作，比如将爬取的数据插入 MySQL 使处理更加高效等。

16.6　本章小结

本章主要讲解 Python 中的性能优化与实践，从优化的规则、策略到瓶颈查找、降低复杂度来诠释性能优化，最后以一个爬虫示例展示如何做性能优化。

性能优化在编程中是需要持续进行的，选择一个好的优化方式是很重要的，这需要读者在应用中不断摸索。

推荐阅读

中台战略

这是一本全面讲解企业如何建设各类中台，并利用中台以数字营销为突破口，最终实现数字化转型和商业创新的著作。

云徙科技是国内双中台技术和数字商业云领域领先的服务提供商，在中台领域有雄厚的技术实力，也积累了丰富的行业经验，已经成功通过中台系统和数字商业云服务帮助近百家国内外行业龙头企业实现了数字化转型。

数据中台

这是一部系统讲解数据中台建设、管理与运营的著作，旨在帮助企业将数据转化为生产力，顺利实现数字化转型。

本书由国内数据中台领域的领先企业数澜科技官方出品，几位联合创始人亲自执笔，7位作者都是资深的数据人，大部分作者来自原阿里巴巴数据中台团队。他们结合过去帮助百余家各行业头部企业建设数据中台的经验，系统总结了一套可落地的数据中台建设方法论。

中台实践

本书是国内领先的中台服务提供商云徙科技为近百家头部企业提供中台服务和数字化转型指导的经验总结。主要讲解了如下4个方面的内容：

第一，中台如何帮助企业让数字化转型落地，以及中台在资源整合、业务创新、数据闭环、应用移植、组织演进 5 个方面为企业带来的价值；

第二，业务中台、数据中台、技术平台这3大平台的建设内容、策略和方法；

第三，中台如何驱动新地产、新汽车、新直销、新零售、新渠道5大行业和领域实现数字化转型，给出了成熟的解决方案（实现目标、解决方案和实现路径）和成功案例；

第四，开创性地提出了"软件定义中台"的思想，通过对中台的进化历程和未来演进方向的阐述，帮助读者更深入地理解中台并明确未来的行动方向。

中台架构与实现

这是一部系统讲解如何基于DDD思想实现中台和微服务协同设计和落地的著作。

它将DDD、中台和微服务三者结合，一方面，它为中台的划分和领域建模提供指导，帮助企业更好地完成中台建设，实现中台的能力复用；一方面，它为微服务的拆分和设计提供指导，帮助团队提升分布式微服务的架构设计能力。给出了一套体系化的基于DDD思想的企业级前、中、后台协同设计方法。